Matemàtiques aplicades a les ciències socials II

Jordi Besora i Torradeflot
Josep Maria Guiteras i Piella
Àngela Jané i Sanahuja
Anna Auria Rasclosa
Mireia Vinyoles Serra
Joan Alemany Flos

Revisió tècnica

Javier Giménez
José Javier Lozano
Jordi Mena

2

BATXILLERAT

Mc Graw Hill

MADRID · LONDRES · MILÀ · BOGOTÀ · CIUTAT DE MÈXIC · TORONTO · DUBAI · NOVA DELHI
SYDNEY · SINGAPUR · TAIPEI · PEQUÍN · HONG KONG · XANGAI · KUALA LUMPUR
BANGKOK · NOVA YORK · CHICAGO · COLUMBUS · DUBUQUE · LOS ANGELES

Índex

Com s'utilitza aquest llibre

Presentació de la unitat

Caixa de **referències iconogràfiques,** amb el significat de les icones que trobareu en cada unitat.

Sumari, que recull els continguts que es treballaran a la unitat.

Per iniciar la unitat es proposa als alumnes, en el marc d'una **situació d'aprenentatge,** resoldre un repte o unes qüestions vinculades amb els continguts de la unitat, apuntant als **ODS,** i que es resoldrà en finalitzar la unitat.

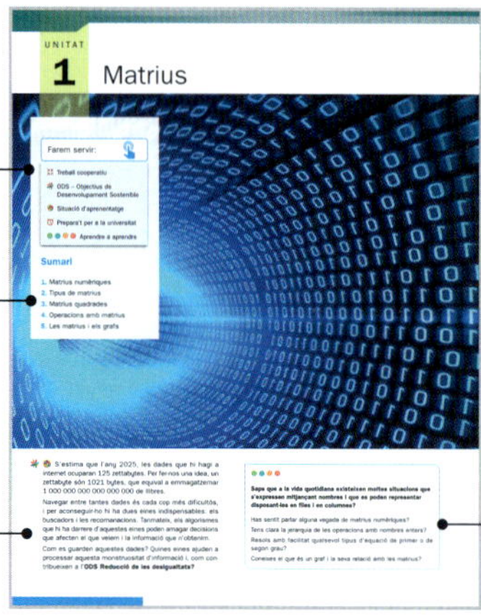

Aprendre a aprendre és una proposta de metacognició inicial per evocar coneixements previs, i interessant-los per abordar els continguts de la unitat.

Desenvolupament dels continguts

Exposició clara i estructurada dels continguts.

Exemples resolts que il·lustren tots els conceptes essencials.

Activitats al llarg de la unitat per treballar els continguts i consolidar un aprenentatge progressiu.

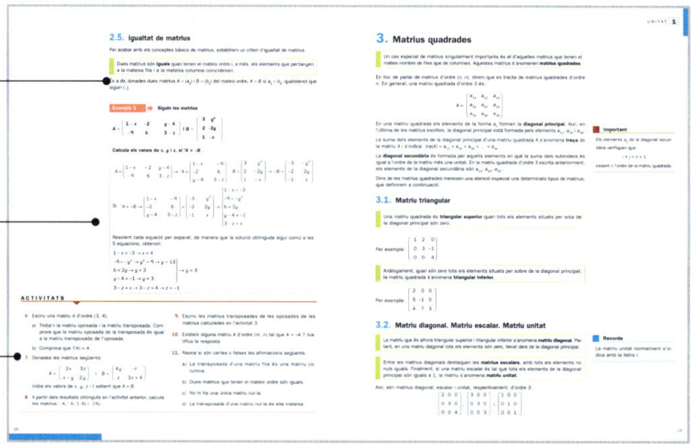

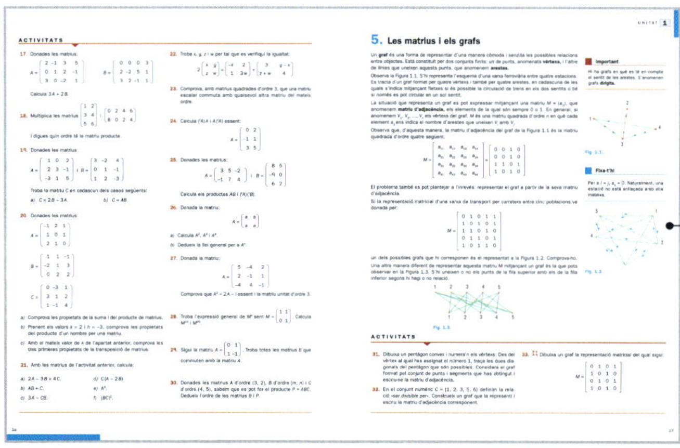

El desenvolupament de la unitat es complementa amb multitud d'imatges, esquemes, taules i **infografies** que ajuden a exemplificar i a entendre la teoria d'una manera fàcil i molt visual.

Navega en el teu entorn digital: **www.tusrecursosmh.com/practicamates**

Seccions finals

Activitats finals. Recull d'exercicis i de problemes proposats amb la finalitat que l'alumnat sedimenti i apliqui els coneixements adquirits.

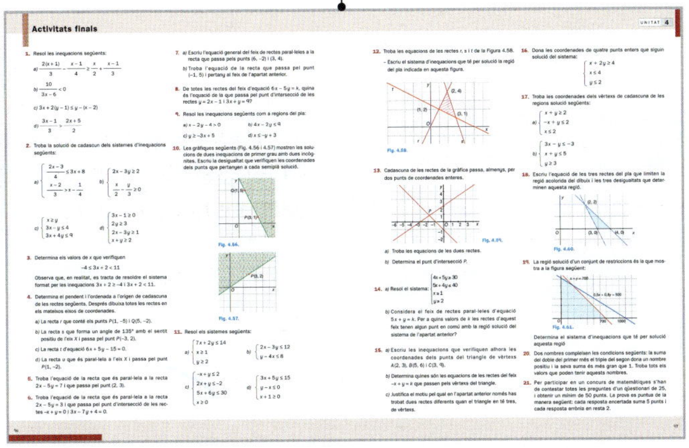

Inclou l'apartat **Prepara't per a la universitat,** com a recull d'activitats tipus avaluació, semblants a les aparegudes en proves recents d'accés a la universitat.

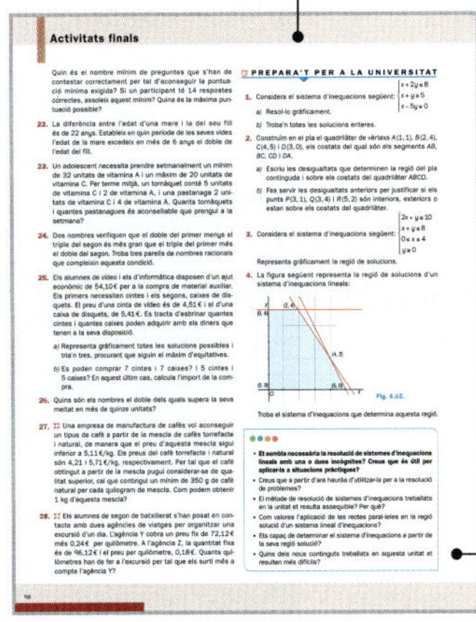

Amb una proposta de **metacognició** final per promoure el procés de reflexió sobre el mateix aprentatge: detecció de dificultats, transferència i aplicació dels continguts.

Per tancar la unitat.

En el marc d'una **situació d'aprenentatge** (treball col·laboratiu, producte final, desenvolupament de competències...), responem les qüestions que s'han proposat a l'entrada aplicant els continguts matemàtics que s'han anat aprenent al llarg de la unitat.

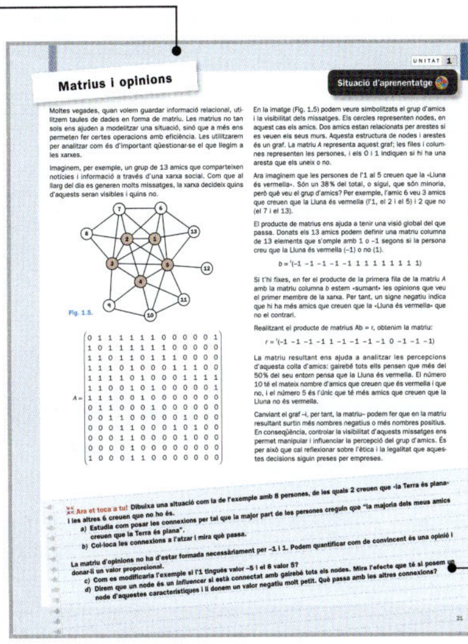

En relació amb el cas de cada unitat es proposa un projecte de recerca per treballar en equip.

Annex: Prepara't

Al final del llibre oferim una proposta d'**activitats d'avaluació competencial,** que aniran configurant les proves d'accés a la universitat, resoltes amb les solucions i orientacions per als alumnes, i a continuació una proposta per resoldre.

Seran tres propostes model atenent tres components transversals de les competències clau del batxillerat:

- Pensament crític
- Gestió i comunicació de la informació
- (Aplicació integrada de coneixements en la) Resolució de problemes

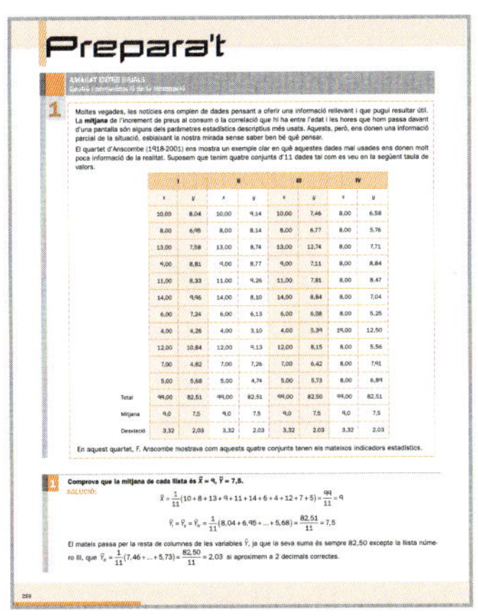

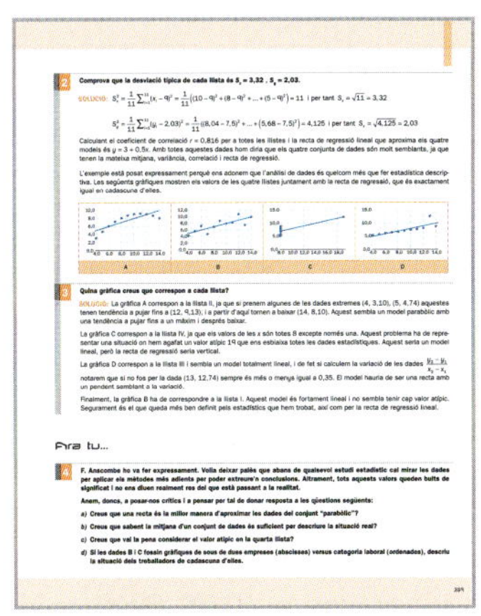

UNITAT

1 Matrius

Farem servir:

- Treball cooperatiu
- ODS – Objectius de Desenvolupament Sostenible
- Situació d'aprenentatge
- Prepara't per a la universitat
- Aprendre a aprendre

Sumari

S'estima que l'any 2025, les dades que hi hagi a internet ocuparan 125 zettabytes. Per fer-nos una idea, un zettabyte són 1021 bytes, que equival a emmagatzemar 1 000 000 000 000 000 000 de llibres.

Navegar entre tantes dades és cada cop més dificultós, i per aconseguir-ho hi ha dues eines indispensables: els buscadors i les recomanacions. Tanmateix, els algorismes que hi ha darrere d'aquestes eines poden amagar decisions que afecten el que veiem i la informació que n'obtenim.

Com es guarden aquestes dades? Quines eines ajuden a processar aquesta monstruositat d'informació i, com contribueixen a l'**ODS Reducció de les desigualtats?**

Saps que a la vida quotidiana existeixen moltes situacions que s'expressen mitjançant nombres i que es poden representar disposant-les en files i en columnes?

Has sentit parlar alguna vegada de matrius numèriques?

Tens clara la jerarquia de les operacions amb nombres enters?

Resols amb facilitat qualsevol tipus d'equació de primer o de segon grau?

Coneixes el que és un graf i la seva relació amb les matrius?

Classroom mates:
jK7ka6F

1. Matrius numèriques

Com veurem en aquesta unitat, en la major part dels casos tractarem col·leccions de nombres que disposarem agrupats en files i en columnes. Les matrius s'utilitzen per expressar informació mitjançant els nombres.

> Una **matriu numèrica** és un conjunt de nombres disposats en files i en columnes.

De la mateixa manera que hi posem nombres, podem construir matrius amb funcions o amb qualsevol altre tipus d'elements; així, la matriu:

$$\begin{pmatrix} x^2 & 2x+3 \\ \frac{1}{2}x & x^2+1 \end{pmatrix}$$

és una matriu formada per funcions polinòmiques. El nostre interès està en les matrius formades per nombres reals.

> Una **matriu d'ordre** (m, n) és un conjunt de nombres reals, disposats en m files i en n columnes. Cadascun dels nombres de què consta una matriu n'és un element. Un element es distingeix d'un altre per la seva posició, que queda definida per la fila i la columna que ocupa dins de la matriu.

Una matriu A d'ordre (m, n) es pot definir de la manera següent:

$$A = \begin{pmatrix} a_{11} & a_{12} & a_{13} & \dots & a_{1n} \\ a_{21} & a_{22} & a_{23} & \dots & a_{2n} \\ a_{31} & a_{32} & a_{33} & \dots & a_{3n} \\ \dots & \dots & & \dots & \dots \\ a_{m1} & a_{m2} & a_{m3} & \dots & a_{mn} \end{pmatrix}$$

Els subíndexs indiquen la posició del nombre dins de la matriu. El primer indica la fila i el segon, la columna; així, per exemple, a_{23} indica l'element situat a la segona fila, tercera columna. El nombre de files i columnes de què consta una matriu defineix l'ordre de la matriu. L'ordre d'una matriu és determinat per un parell de nombres naturals. Una matriu A podem expressar-la escrivint: $A = (a_{ij})$ amb $i = 1, 2, \dots, m; j = 1, 2, \dots, n$.

Si disposem un determinat conjunt de nombres en files i en columnes, obtenim una matriu.

Tenim, per exemple: $B = \begin{pmatrix} -1 & 3 & 2 \\ 0 & 2 & 1 \end{pmatrix}$, que és una matriu d'ordre (2, 3).

En canvi, si els mateixos nombres els disposem intercanviant les files per les columnes, obtenim una nova matriu:

$$C = \begin{pmatrix} -1 & 0 \\ 3 & 2 \\ 2 & 1 \end{pmatrix}$$, l'ordre de la qual és (3, 2).

Com hem vist, les matrius s'escriuen sempre entre parèntesis, i es designen, quan cal, amb lletres majúscules.

Important

Files i columnes

Les expressions:

$i = 1, 2, \dots, m$ i $j = 1, 2, \dots, n$

indiquen que el nombre de files va des d'1 fins a m, i que el nombre de columnes va des d'1 fins a n.

Exemple 1 **Una fàbrica d'automòbils disposa de quatre models: utilitari, de luxe, esportiu i SUV. En una ciutat determinada, la marca hi té tres concessionaris diferents: *A*, *B* i *C*.**

En un cert moment, el concessionari *A* posseeix en estoc 4 utilitaris, 3 de luxe, 2 esportius i 2 SUV. El concessionari *B*, 5 utilitaris, 2 de luxe, 1 esportiu i 2 SUV, i el concessionari *C*, respectivament, 3, 3, 1 i 2. Escriu una matriu que expressi la situació dels tres concessionaris. Indica'n l'ordre.

Si disposem en files els tres concessionaris A, B i C, en aquest ordre, i en columnes els diferents models, utilitari, de luxe, esportiu i SUV, també en aquest ordre, obtenim la matriu següent:

$$M = \begin{pmatrix} 4 & 3 & 2 & 2 \\ 5 & 2 & 1 & 2 \\ 3 & 3 & 2 & 1 \end{pmatrix}$$

La matriu *M* és d'ordre (3, 4), ja que té 3 files, que indiquen els tres concessionaris, i 4 columnes, que indiquen els quatre models diferents de la marca d'automòbils.

Exemple 2 **Sabem que $a_{ij} = 2i + j$; quina és la matriu $A = (a_{ij})$ d'ordre (3, 2)?**

$$A = \begin{pmatrix} a_{11} & a_{12} \\ a_{21} & a_{22} \\ a_{31} & a_{32} \end{pmatrix} \quad \text{d'on} \quad \begin{aligned} a_{11} &= 2\cdot 1 + 1 = 2 + 1 = 3 \\ a_{12} &= 2\cdot 1 + 2 = 2 + 2 = 4 \\ a_{21} &= 2\cdot 2 + 1 = 4 + 1 = 5 \\ a_{22} &= 2\cdot 2 + 2 = 4 + 2 = 6 \\ a_{31} &= 2\cdot 3 + 1 = 6 + 1 = 7 \\ a_{32} &= 2\cdot 3 + 2 = 6 + 2 = 8 \end{aligned} \quad \text{així obtenim: } A = \begin{pmatrix} 3 & 4 \\ 5 & 6 \\ 7 & 8 \end{pmatrix}$$

ACTIVITATS

1. Donada la matriu $A = \begin{pmatrix} 2 & -5 & 1 & \pi & -3 \\ -27 & 8 & -1 & -5 & 0 \\ 1 & 1 & \sqrt{5} & 3 & -2 \end{pmatrix}$, indica'n:

a) l'ordre.

b) els elements a_{11}, a_{23} i a_{34}.

c) la quarta columna.

d) la primera fila.

2. En la matriu anterior troba *ij* tal que:

a) $a_{ij} = \pi$ *b)* $a_{ij} = \sqrt{5}$

c) $a_{ij} = 0$ *d)* $a_{ij} = 8$

3. Escriu les matrius següents:

a) $A = (a_{ij})$ on $i = 1, 2, 3, 4$; $j = 1, 2, 3$, per a $a_{ij} = \dfrac{i}{j}$.

b) $B = (b_{ij})$ d'ordre (2, 4), sabent que $b_{ij} = (-1)^i + (-1)^j$.

c) $C = (c_{ij})$ de tres files i tres columnes per a $c_{ij} = j^i$.

4. *a)* Escriu les matrius que s'obtenen de les de l'activitat anterior intercanviant les files per les columnes.

b) Indica l'ordre de cadascuna d'aquestes noves matrius.

5. Escriu la matriu transposada de la matriu *M* de l'exemple 1. Indica'n l'ordre i el que expressa cada fila i cada columna d'aquesta nova matriu.

2. Tipus de matrius

2.1. Matriu fila i matriu columna

Parlarem tot seguit dels diferents tipus de matrius i establirem el criteri que ens permet identificar dues matrius iguals.

Les matrius d'una sola fila s'anomenen **matriu fila**. De manera semblant, les que estan formades per una sola columna s'anomenen **matriu columna**.

Les matrius files són del tipus: $(a_{11}\, a_{12}\, a_{13} \dots a_{1n})$

La forma general d'una matriu columna és: $\begin{pmatrix} a_{11} \\ a_{21} \\ \dots \\ a_{m1} \end{pmatrix}$

L'ordre d'una matriu fila de n columnes és $(1, n)$, i l'ordre d'una matriu columna de m files és $(m, 1)$.

2.2. Matriu nul·la o matriu zero

La matriu que té tots els elements zero és la **matriu nul·la.**

No cal dir que hi ha infinites matrius nul·les que es distingeixen entre si pel seu ordre. Per a cada ordre hi ha una única matriu nul·la; així, per exemple, la matriu:

$$O = \begin{pmatrix} 0 & 0 \\ 0 & 0 \\ 0 & 0 \end{pmatrix}$$ és la matriu nul·la d'ordre (3, 2).

Recorda

La matriu nul·la normalment s'indica amb la lletra O.

2.3. Matriu oposada

La **matriu oposada** d'una matriu és la que s'obté canviant cadascun dels elements pel seu oposat.

Una matriu A té una i només una matriu oposada, que s'indica per $-A$. Es pot definir dient: si $A = (a_{ij})$, la seva oposada és $-A = (-a_{ij})$.

Per exemple, la matriu oposada de $A = \begin{pmatrix} 3 & 1 & 0 \\ 2 & -1 & 1 \end{pmatrix}$ és la matriu: $-A = \begin{pmatrix} -3 & -1 & 0 \\ -2 & 1 & -1 \end{pmatrix}$

2.4. Matriu transposada

La matriu que s'obté en intercanviar les files per les columnes en una matriu A s'anomena **matriu transposada** de A, i es designa per ${}^tA$. Si l'ordre de A és (m, n), l'ordre de ${}^tA$ és (n, m).

La transposada de $A = \begin{pmatrix} -1 & 1 \\ 1 & 1 \\ -2 & 1 \end{pmatrix}$ és ${}^tA = \begin{pmatrix} -1 & 1 & -2 \\ 1 & 1 & 1 \end{pmatrix}$

Important

Per la mateixa definició de matriu transposada es dedueix que ${}^t({}^tA) = A$.

2.5. Igualtat de matrius

Per acabar amb els conceptes bàsics de matrius, establirem un criteri d'igualtat de matrius.

Dues matrius són **iguals** quan tenen el mateix ordre i, a més, els elements que pertanyen a la mateixa fila i a la mateixa columna coincideixen.

És a dir, donades dues matrius $A = (a_{ij})$ i $B = (b_{ij})$ del mateix ordre, $A = B$ si $a_{ij} = b_{ij}$, qualssevol que siguin i, j.

Exemple 3 **Siguin les matrius**

$$A = \begin{pmatrix} 1-x & -2 & y-4 \\ -9 & 6 & 3-z \end{pmatrix} \text{ i } B = \begin{pmatrix} 3 & y^2 \\ 2 & -2y \\ 1 & -x \end{pmatrix}$$

Calcula els valors de x, y i z, si $^tA = -B$.

$$A = \begin{pmatrix} 1-x & -2 & y-4 \\ -9 & 6 & 3-z \end{pmatrix} \to {}^tA = \begin{pmatrix} 1-x & -9 \\ -2 & 6 \\ y-4 & 3-z \end{pmatrix} \quad B = \begin{pmatrix} 3 & y^2 \\ 2 & -2y \\ 1 & -x \end{pmatrix} \to -B = \begin{pmatrix} -3 & -y^2 \\ -2 & 2y \\ -1 & x \end{pmatrix}$$

$$\text{Si } {}^tA = -B \to \begin{pmatrix} 1-x & -9 \\ -2 & 6 \\ y-4 & 3-z \end{pmatrix} = \begin{pmatrix} -3 & -y^2 \\ -2 & 2y \\ -1 & x \end{pmatrix} \to \begin{cases} 1-x=-3 \\ -9=-y^2 \\ 6=2y \\ y-4=-1 \\ 3-z=x \end{cases}$$

Resolent cada equació per separat, de manera que la solució obtinguda sigui comú a les 5 equacions, obtenim:

$$1-x=-3 \to x=4$$

$$\left.\begin{array}{l} -9=-y^2 \to y^2=9 \to y=\pm 3 \\ 6=2y \to y=3 \\ y-4=-1 \to y=3 \end{array}\right\} \to y=3$$

$$3-z=x \to 3-z=4 \to z=-1$$

ACTIVITATS

6. Escriu una matriu A d'ordre (3, 4).

a) Troba'n la matriu oposada i la matriu transposada. Comprova que la matriu oposada de la transposada és igual a la matriu transposada de l'oposada.

b) Comprova que $^t(^tA) = A$.

7. Donades les matrius següents:

$$A = \begin{pmatrix} 2x & 3z \\ x-y & 2y \end{pmatrix} \quad \text{i} \quad B = \begin{pmatrix} 4y & -t \\ z & 3x+4 \end{pmatrix}$$

troba els valors de x, y, z i t sabent que $A = B$.

8. A partir dels resultats obtinguts en l'activitat anterior, calcula les matrius: $-A$, ^tA, $^t(-A)$ i $-(^tA)$.

9. Escriu les matrius transposades de les oposades de les matrius calculades en l'activitat 3.

10. Existeix alguna matriu A d'ordre (m, n) tal que $A = -A$? Justifica la resposta.

11. Raona si són certes o falses les afirmacions següents:

a) La transposada d'una matriu fila és una matriu columna.

b) Dues matrius que tenen el mateix ordre són iguals.

c) No hi ha una única matriu nul·la.

d) La transposada d'una matriu nul·la és ella mateixa.

3. Matrius quadrades

Un cas especial de matrius singularment importants és el d'aquelles matrius que tenen el mateix nombre de files que de columnes. Aquestes matrius s'anomenen **matrius quadrades**.

En lloc de parlar de matrius d'ordre (n, n), direm que es tracta de matrius quadrades d'ordre n. En general, una matriu quadrada d'ordre 3 és:

$$A = \begin{pmatrix} a_{11} & a_{12} & a_{13} \\ a_{21} & a_{22} & a_{23} \\ a_{31} & a_{32} & a_{33} \end{pmatrix}$$

En una matriu quadrada els elements de la forma a_{ii} formen la **diagonal principal**. Així, en l'última de les matrius escrites, la diagonal principal està formada pels elements a_{11}, a_{22} i a_{33}.

La suma dels elements de la diagonal principal d'una matriu quadrada A s'anomena **traça** de la matriu A i s'indica: $tra(A) = a_{11} + a_{22} + a_{33} + \ldots + a_{nn}$.

La **diagonal secundària** és formada per aquells elements en què la suma dels subíndexs és igual a l'ordre de la matriu més una unitat. En la matriu quadrada d'ordre 3 escrita anteriorment, els elements de la diagonal secundària són a_{13}, a_{22}, a_{31}.

Dins de les matrius quadrades mereixen una atenció especial uns determinats tipus de matrius, que definirem a continuació.

Important

Els elements a_{ij} de la diagonal secundària verifiquen que:

$$i + j = n + 1$$

essent n l'ordre de la matriu quadrada.

3.1. Matriu triangular

Una matriu quadrada és **triangular superior** quan tots els elements situats per sota de la diagonal principal són zero.

Per exemple: $\begin{pmatrix} 1 & 2 & 0 \\ 0 & 3 & -1 \\ 0 & 0 & 4 \end{pmatrix}$

Anàlogament, quan són zero tots els elements situats per sobre de la diagonal principal, la matriu quadrada s'anomena **triangular inferior**.

Per exemple: $\begin{pmatrix} 2 & 0 & 0 \\ 5 & -1 & 0 \\ 4 & 7 & 3 \end{pmatrix}$

3.2. Matriu diagonal. Matriu escalar. Matriu unitat

La matriu que és alhora triangular superior i triangular inferior s'anomena **matriu diagonal**. Per tant, en una matriu diagonal tots els elements són zero, llevat dels de la diagonal principal.

Entre les matrius diagonals destaquen les **matrius escalars**, amb tots els elements no nuls iguals. Finalment, si una matriu escalar és tal que tots els elements de la diagonal principal són iguals a 1, la matriu s'anomena **matriu unitat**.

Recorda

La matriu unitat normalment s'indica amb la lletra I.

Així, són matrius diagonal, escalar i unitat, respectivament, d'ordre 3:

$$\begin{pmatrix} 2 & 0 & 0 \\ 0 & 3 & 0 \\ 0 & 0 & 4 \end{pmatrix}, \begin{pmatrix} 3 & 0 & 0 \\ 0 & 3 & 0 \\ 0 & 0 & 3 \end{pmatrix} \text{ i } \begin{pmatrix} 1 & 0 & 0 \\ 0 & 1 & 0 \\ 0 & 0 & 1 \end{pmatrix}$$

3.3. Matriu simètrica. Matriu antisimètrica

Important

Una matriu quadrada A és **simètrica** si ${}^tA = A$. Una matriu quadrada A és **antisimètrica** si ${}^tA = -A$.

> Una matriu quadrada és **simètrica** quan els elements verifiquen $a_{ij} = a_{ji}$, qualssevol que siguin i, j.

Cada element d'una matriu simètrica coincideix amb l'element que ocupa la posició simètrica respecte de la diagonal principal.

Quan en transposar una matriu en trobem una altra que és precisament l'oposada de la matriu primera, diem que la matriu inicial és *antisimètrica*.

> Una matriu quadrada és **antisimètrica** quan els elements verifiquen $a_{ij} = -a_{ji}$, qualssevol que siguin i, j.

Els elements de la diagonal principal d'una matriu antisimètrica han de ser zero, i cadascun dels elements restants coincideix, llevat del signe, amb l'element que ocupa la posició simètrica respecte a la diagonal principal. Les matrius:

$$\begin{pmatrix} 1 & 3 & 5 \\ 3 & 4 & 2 \\ 5 & 2 & 0 \end{pmatrix} \text{ i } \begin{pmatrix} 0 & 3 & -2 \\ -3 & 0 & 1 \\ 2 & -1 & 0 \end{pmatrix}$$

són exemples d'una matriu simètrica i d'una matriu antisimètrica, respectivament.

Exemple 4 **Classifica les matrius quadrades següents:**

$$A = \begin{pmatrix} 1 & 0 & 0 & 0 \\ 2 & 4 & 0 & 0 \\ -3 & 5 & 2 & 0 \\ 1 & 2 & 7 & -5 \end{pmatrix} \quad B = \begin{pmatrix} 4 & 0 & 0 \\ 0 & -3 & 0 \\ 0 & 0 & 2 \end{pmatrix} \quad C = \begin{pmatrix} 0 & -2 & 7 & 1 \\ 2 & 0 & 1 & -4 \\ -7 & -1 & 0 & 3 \\ -1 & 4 & -3 & 0 \end{pmatrix}$$

D'acord amb les definicions que acabem de veure, és senzill adonar-se que:

A és una matriu quadrada triangular inferior d'ordre 4.

B és una matriu quadrada diagonal d'ordre 3.

C és una matriu antisimètrica d'ordre 4. Comprova que es verifica ${}^tA = -A$.

ACTIVITATS

12. Escriu una matriu quadrada d'ordre 3 que sigui triangular superior. Calcula'n la traça.

13. Escriu una matriu quadrada d'ordre 4 que sigui alhora simètrica i antisimètrica. Hi ha moltes matrius que tinguin aquesta característica?

14. Qualsevol matriu diagonal és simètrica? I antisimètrica? Justifica les respostes.

15. Per què han de ser zero els elements de la diagonal principal d'una matriu antisimètrica?

16. Tenim la matriu $A = \begin{pmatrix} 6 & 2 & 1 & 4 \\ 2 & 4 & -1 & -2 \\ 1 & -1 & 0 & 1 \\ 4 & -2 & 1 & 3 \end{pmatrix}$

a) Com és aquesta matriu?

b) Troba la matriu transposada de la matriu oposada.

c) Com són entre elles la matriu que has trobat en l'apartat anterior i la matriu inicial?

d) Es pot enunciar, en aquest sentit, alguna propietat general?

4. Operacions amb matrius

4.1. Suma de matrius del mateix ordre

Donades dues matrius $A = (a_{ij})$ i $B = (b_{ij})$, del mateix ordre, anomenem **matriu suma** de A i B la matriu que s'obté de la suma de cada terme de A amb el corresponent terme de B:

$$A + B = (a_{ij} + b_{ij})$$

És a dir, la matriu suma s'obté sumant els elements de les dues matrius sumands que pertanyen a la mateixa fila i a la mateixa columna. La suma de matrius així definida només té sentit quan les matrius sumands són matrius del mateix ordre.

Es pot comprovar fàcilment que la suma de matrius d'ordre (m, n) té les propietats següents:

- *Associativa*: $(A + B) + C = A + (B + C)$
- *Commutativa*: $A + B = B + A$
- *Existència d'element neutre*: $A + O = A$
- *Existència d'element simètric*: $A + (-A) = O$

siguin quines siguin les matrius A, B i C d'ordre (m, n).

L'element neutre O és la matriu nul·la d'ordre (m, n). Pel que fa a l'element simètric, és, simplement, la matriu oposada. L'existència d'element simètric ens permet restar matrius, per la qual cosa entenem la resta de matrius com la suma d'una matriu amb l'oposada de l'altra:

$$A - B = A + (-B)$$

4.2. Producte d'un nombre per una matriu

Donat un nombre real k i una matriu $A = (a_{ij})$ d'ordre (m, n), definim el producte de k per A de la manera:

$$kA = (ka_{ij})$$

la qual cosa significa que multipliquem el nombre k per cadascun dels elements de la matriu A.

Com a cas particular, s'obté que $(-1)A = -A$ per a qualsevol matriu A. Les propietats fonamentals d'aquesta operació, en relació amb la suma de matrius, són les següents:

- $k(A + B) = kA + kB$
- $(k + h)A = kA + hA$
- $k(hA) = (kh)A$
- $1A = A$

I això, per a qualssevol que siguin els nombres reals k i h, i les matrius A i B d'ordre (m, n).

Totes aquestes propietats es comproven fàcilment perquè són conseqüència immediata de les conegudes propietats de la suma i del producte de nombres reals.

Important

Seria el mateix escriure kA que Ak, però se sol escriure primer el nombre i a continuació la matriu, és una qüestió de conveni.

Exemple 5 ➡ **Siguin les matrius** $\mathbf{A} = \begin{pmatrix} 5 & 4 \\ 8 & 2 \\ 7 & 1 \end{pmatrix}$ **i** $\mathbf{B} = \begin{pmatrix} 2 & 3 \\ 1 & 6 \\ 0 & 7 \end{pmatrix}$ **troba la matriu** $2A + \frac{1}{2}B$.

$$2A + \frac{1}{2}B = 2\begin{pmatrix} 5 & 4 \\ 8 & 2 \\ 7 & 1 \end{pmatrix} + \frac{1}{2}\begin{pmatrix} 2 & 3 \\ 1 & 6 \\ 0 & 7 \end{pmatrix} = \begin{pmatrix} 10 & 8 \\ 16 & 4 \\ 14 & 2 \end{pmatrix} + \begin{pmatrix} 1 & \frac{3}{2} \\ \frac{1}{2} & 3 \\ 0 & \frac{7}{2} \end{pmatrix} = \begin{pmatrix} 11 & \frac{19}{2} \\ \frac{33}{2} & 7 \\ 14 & \frac{11}{2} \end{pmatrix}$$

4.3. Producte de matrius

Definim prèviament el producte d'una matriu fila A per una matriu columna B amb el mateix nombre n d'elements.

> **Important**
>
> Si el nombre d'elements de la matriu fila i la matriu columna és diferent, el producte de les dues matrius no és possible.

Siguin les matrius $A = (a_{11}\ a_{12}\ \dots\ a_{1n})$ i $B = \begin{pmatrix} b_{11} \\ b_{21} \\ \dots \\ b_{n1} \end{pmatrix}$

La **matriu producte *AB*** és un nombre que es calcula mitjançant l'expressió:

$$AB = a_{11}b_{11} + a_{12}b_{21} + \dots + a_{1n}b_{n1}$$

El resultat és una matriu quadrada d'ordre 1. Així,

$$(2\quad 3\quad 7)\begin{pmatrix} 4 \\ -2 \\ 5 \end{pmatrix} = (2\cdot 4 + 3\cdot(-2) + 7\cdot 5) = (8 - 6 + 35) = (37)$$

> **Recorda**
>
> Multiplicar una fila per una columna és com multiplicar una matriu fila per una matriu columna.

Suposem ara que el nombre de columnes de A coincideix amb el nombre de files de B. En aquest cas, si A i B són d'ordre (m, n) i (n, p), respectivament, tant les files de A com les columnes de B tenen n elements i podem multiplicar-les tal com hem multiplicat una matriu fila per una matriu columna. Per tant, només tindrà sentit el producte AB si el nombre de columnes de A coincideix amb el nombre de files de B.

Sigui, per exemple, $A = (a_{ij})$ una matriu d'ordre (3, 2) i $B = (b_{ij})$ una altra matriu d'ordre (2, 3), la matriu producte AB és una matriu quadrada d'ordre 3 i es defineix mitjançant:

$$AB = \begin{pmatrix} a_{11} & a_{12} \\ a_{21} & a_{22} \\ a_{31} & a_{32} \end{pmatrix} \cdot \begin{pmatrix} b_{11} & b_{12} & b_{13} \\ b_{21} & b_{22} & b_{23} \end{pmatrix} = \begin{pmatrix} a_{11}b_{11} + a_{12}b_{21} & a_{11}b_{12} + a_{12}b_{22} & a_{11}b_{13} + a_{12}b_{23} \\ a_{21}b_{11} + a_{22}b_{21} & a_{21}b_{12} + a_{22}b_{22} & a_{21}b_{13} + a_{22}b_{23} \\ a_{31}b_{11} + a_{32}b_{21} & a_{31}b_{12} + a_{32}b_{22} & a_{31}b_{13} + a_{32}b_{23} \end{pmatrix}$$

> **Important**
>
> La matriu producte AB té tantes files com la matriu A i tantes columnes com presenta la matriu B.

Cada element de la matriu AB s'obté de la multiplicació de cada fila de la matriu A per la columna corresponent de la matriu B. Per exemple, l'element que ocupa el lloc determinat per la fila 3 i la columna 2 de la matriu AB s'obté de la multiplicació de la tercera fila de A per la segona columna de B.

Exemple 6 ➡ **Donades les matrius $A = \begin{pmatrix} 2 & 3 & -1 \\ 1 & -2 & 0 \end{pmatrix}$ i $B = \begin{pmatrix} 1 & -1 & 0 & 2 \\ 3 & 2 & -1 & 1 \\ 4 & 1 & 2 & 0 \end{pmatrix}$.**

Calcula la matriu *AB*.

$$AB = \begin{pmatrix} 2 & 3 & -1 \\ 1 & -2 & 0 \end{pmatrix} \cdot \begin{pmatrix} 1 & -1 & 0 & 2 \\ 3 & 2 & -1 & 1 \\ 4 & 1 & 2 & 0 \end{pmatrix} =$$

$$= \begin{pmatrix} 2 + 9 - 4 & -2 + 6 - 1 & -3 - 2 & 4 + 3 \\ 1 - 6 & -1 - 4 & 2 & 2 - 2 \end{pmatrix} = \begin{pmatrix} 7 & 3 & -5 & 7 \\ -5 & -5 & 2 & 0 \end{pmatrix}$$

Com hem vist en l'exemple, el resultat de multiplicar una matriu d'ordre (2, 3) per una matriu d'ordre (3, 4) dona una matriu d'ordre (2, 4).

No podem parlar de commutativitat del producte de matrius, perquè si A i B són d'ordre (m, n) i (n, p), respectivament, el producte BA és impossible, tret del cas en què $p = m$. En aquest cas obtindríem com a resultats: AB d'ordre (m, m) i BA d'ordre (n, n), que no són comparables, llevat del cas en què $m = n$, en el qual les matrius serien quadrades del mateix ordre. Però fins i tot en aquest cas el producte no és commutatiu, com ho prova l'exemple següent:

$$AB = \begin{pmatrix} 1 & 4 \\ 2 & 1 \end{pmatrix} \cdot \begin{pmatrix} 2 & 1 \\ 1 & 3 \end{pmatrix} = \begin{pmatrix} 6 & 13 \\ 5 & 5 \end{pmatrix} \qquad BA = \begin{pmatrix} 2 & 1 \\ 1 & 3 \end{pmatrix} \cdot \begin{pmatrix} 1 & 4 \\ 2 & 1 \end{pmatrix} = \begin{pmatrix} 4 & 9 \\ 7 & 7 \end{pmatrix}$$

Important

Dues matrius quadrades A i B commuten si es verifica que $AB = BA$.

Les propietats del producte de matrius, sempre que les operacions siguin possibles, són:

- *Associativa*: $(AB)C = A(BC)$
- *Distributiva*: $A(B + C) = AB + AC$ i $(A + B)C = AC + BC$

I per a les matrius quadrades, a més a més, es verifica la propietat:

- *Existència d'element neutre:* $IA = AI = A$

L'element neutre del producte de matrius quadrades d'ordre n és la matriu unitat d'ordre n.

4.4. Potència d'una matriu quadrada

La propietat associativa permet definir la potència d'una matriu.

La **potència enèsima d'una matriu quadrada *A*** és un producte de n factors tots ells iguals a A: $A^2 = AA$, $A^3 = A^2A = (AA)A = AAA$. En general: $A^n = A \overset{(n)}{\ldots} A$.

Això només és possible en matrius quadrades. Si la matriu no és quadrada, la potència no està definida.

És immediat provar que $A^{m+n} = A^m A^n$, per m i n naturals.

Una vegada s'han definit les operacions amb matrius, podem indicar les propietats que té la matriu transposada respecte a les operacions:

- ${}^t(A + B) = {}^tA + {}^tB$
- ${}^t(kA) = k\,({}^tA)$
- ${}^t(AB) = ({}^tB)({}^tA)$
- ${}^t(A^n) = ({}^tA)^n$

És evident que aquestes propietats es verifiquen sempre que les operacions siguin possibles. Observem, en aquest sentit, el canvi d'ordre dels factors en la tercera propietat, ja que en transposar matrius s'intercanvien files i columnes, motiu pel qual el producte podria no ser possible.

Exemple 7 **Donada la matriu $A = \begin{pmatrix} 0 & 1 \\ 1 & 0 \end{pmatrix}$, calcula A^6 i A^7.**

Calculant primer A^2 i A^3:

$$A^2 = \begin{pmatrix} 0 & 1 \\ 1 & 0 \end{pmatrix} \cdot \begin{pmatrix} 0 & 1 \\ 1 & 0 \end{pmatrix} = \begin{pmatrix} 0+1 & 0+0 \\ 0+0 & 1+0 \end{pmatrix} = \begin{pmatrix} 1 & 0 \\ 0 & 1 \end{pmatrix} = 1$$

$$A^3 = A^2 A = \begin{pmatrix} 1 & 0 \\ 0 & 1 \end{pmatrix} \cdot \begin{pmatrix} 0 & 1 \\ 1 & 0 \end{pmatrix} = \begin{pmatrix} 0 & 1 \\ 1 & 0 \end{pmatrix} = A$$

Observem que A^2 és la matriu unitat d'ordre 2, i que A^3 coincideix amb la matriu A. D'on tenim que:

$$A^6 = A^3 A^3 = A\,A = A^2 = 1 = \begin{pmatrix} 1 & 0 \\ 0 & 1 \end{pmatrix}$$

$$A^7 = A^6 A = I A = A = \begin{pmatrix} 0 & 1 \\ 1 & 0 \end{pmatrix}$$

ACTIVITATS

17. Donades les matrius:

$$A = \begin{pmatrix} 2 & -1 & 3 & 5 \\ 0 & 1 & 2 & -1 \\ 3 & 0 & -2 & 1 \end{pmatrix} \qquad B = \begin{pmatrix} 0 & 0 & 0 & 3 \\ 2 & -2 & 5 & 1 \\ 3 & 2 & -1 & 1 \end{pmatrix}$$

Calcula $3A + 2B$.

18. Multiplica les matrius $\begin{pmatrix} 1 & 2 \\ 3 & 4 \\ 5 & 6 \end{pmatrix}$ i $\begin{pmatrix} 0 & 2 & 4 & 6 \\ 8 & 0 & 2 & 4 \end{pmatrix}$

i digues quin ordre té la matriu producte.

19. Donades les matrius:

$$A = \begin{pmatrix} 1 & 0 & 2 \\ 2 & 3 & -1 \\ -3 & 1 & 5 \end{pmatrix} \text{ i } B = \begin{pmatrix} 3 & -2 & 4 \\ 0 & 1 & -1 \\ 1 & 2 & -3 \end{pmatrix}$$

Troba la matriu C en cadascun dels casos següents:

a) $C = 2B - 3A$.

b) $C = AB$.

20. Donades les matrius:

$$A = \begin{pmatrix} -1 & 2 & 1 \\ 1 & 0 & 1 \\ 2 & 1 & 0 \end{pmatrix}$$

$$B = \begin{pmatrix} 1 & 1 & -1 \\ -2 & 1 & 3 \\ 0 & 2 & 2 \end{pmatrix}$$

$$C = \begin{pmatrix} 0 & -3 & 1 \\ 3 & 1 & 2 \\ 1 & -1 & 4 \end{pmatrix}$$

a) Comprova les propietats de la suma i del producte de matrius.

b) Prenent els valors $k = 2$ i $h = -3$, comprova les propietats del producte d'un nombre per una matriu.

c) Amb el mateix valor de k de l'apartat anterior, comprova les tres primeres propietats de la transposició de matrius.

21. Amb les matrius de l'activitat anterior, calcula:

a) $2A - 3B + 4C$.

b) $AB + C$.

c) $3A - CB$.

d) $C(A - 2B)$.

e) A^3.

f) $(BC)^2$.

22. Troba x, y, z i w per tal que es verifiqui la igualtat:

$$2\begin{pmatrix} x & y \\ z & w \end{pmatrix} = \begin{pmatrix} -x & 2 \\ 1 & 3w \end{pmatrix} + \begin{pmatrix} 3 & y - x \\ z + w & 4 \end{pmatrix}$$

23. Comprova, amb matrius quadrades d'ordre 3, que una matriu escalar commuta amb qualsevol altra matriu del mateix ordre.

24. Calcula $({}^tA)A$ i $A({}^tA)$ essent:

$$A = \begin{pmatrix} 0 & 2 \\ -1 & 1 \\ 3 & 5 \end{pmatrix}$$

25. Donades les matrius:

$$A = \begin{pmatrix} 3 & 5 & -2 \\ -1 & 7 & 4 \end{pmatrix} \text{ i } B = \begin{pmatrix} 8 & 5 \\ -9 & 0 \\ 6 & 2 \end{pmatrix}$$

Calcula els productes AB i $({}^tA)({}^tB)$.

26. Donada la matriu:

$$A = \begin{pmatrix} a & a \\ a & a \end{pmatrix}$$

a) Calcula A^2, A^3 i A^4.

b) Dedueix la llei general per a A^n.

27. Donada la matriu:

$$A = \begin{pmatrix} 5 & -4 & 2 \\ 2 & -1 & 1 \\ -4 & 4 & -1 \end{pmatrix}$$

Comprova que $A^2 = 2A - I$ essent I la matriu unitat d'ordre 3.

28. Troba l'expressió general de M^n sent $M = \begin{pmatrix} 1 & 1 \\ 0 & 1 \end{pmatrix}$. Calcula M^{10} i M^{20}.

29. Sigui la matriu $A = \begin{pmatrix} 0 & 1 \\ 1 & -1 \end{pmatrix}$. Troba totes les matrius B que commuten amb la matriu A.

30. Donades les matrius A d'ordre $(3, 2)$, B d'ordre (m, n) i C d'ordre $(4, 5)$, sabem que es pot fer el producte $P = ABC$. Dedueix l'ordre de les matrius B i P.

5. Les matrius i els grafs

Un **graf** és una forma de representar d'una manera còmoda i senzilla les possibles relacions entre objectes. Està constituït per dos conjunts finits: un de punts, anomenats **vèrtexs,** i l'altre de línies que uneixen aquests punts, que anomenem **arestes.**

Observa la Figura 1.1. S'hi representa l'esquema d'una xarxa ferroviària entre quatre estacions. Es tracta d'un graf format per quatre vèrtexs i també per quatre arestes, en cadascuna de les quals s'indica mitjançant fletxes si és possible la circulació de trens en els dos sentits o bé si només es pot circular en un sol sentit.

La situació que representa un graf es pot expressar mitjançant una matriu $M = (a_{ij})$, que anomenem **matriu d'adjacència,** els elements de la qual són sempre 0 o 1. En general, si anomenem $V_1, V_2, \ldots, V_n$ els vèrtexs del graf, M és una matriu quadrada d'ordre n en què cada element a_{ij} ens indica el nombre d'arestes que uneixen V_i amb V_j.

Observa que, d'aquesta manera, la matriu d'adjacència del graf de la Figura 1.1 és la matriu quadrada d'ordre quatre següent:

$$M = \begin{bmatrix} a_{11} & a_{12} & a_{13} & a_{14} \\ a_{21} & a_{22} & a_{23} & a_{24} \\ a_{31} & a_{32} & a_{33} & a_{34} \\ a_{41} & a_{42} & a_{43} & a_{44} \end{bmatrix} = \begin{bmatrix} 0 & 0 & 1 & 0 \\ 0 & 0 & 1 & 0 \\ 1 & 1 & 0 & 1 \\ 1 & 0 & 1 & 0 \end{bmatrix}$$

El problema també es pot plantejar a l'inrevés: representar el graf a partir de la seva matriu d'adjacència.

Si la representació matricial d'una xarxa de transport per carretera entre cinc poblacions ve donada per:

$$M = \begin{bmatrix} 0 & 1 & 0 & 1 & 1 \\ 1 & 0 & 1 & 0 & 1 \\ 1 & 1 & 0 & 1 & 0 \\ 0 & 1 & 1 & 0 & 1 \\ 1 & 0 & 1 & 1 & 0 \end{bmatrix}$$

un dels possibles grafs que hi corresponen és el representat a la Figura 1.2. Comprova-ho.

Una altra manera diferent de representar aquesta matriu M mitjançant un graf és la que pots observar en la Figura 1.3. S'hi uneixen o no els punts de la fila superior amb els de la fila inferior segons hi hagi o no relació.

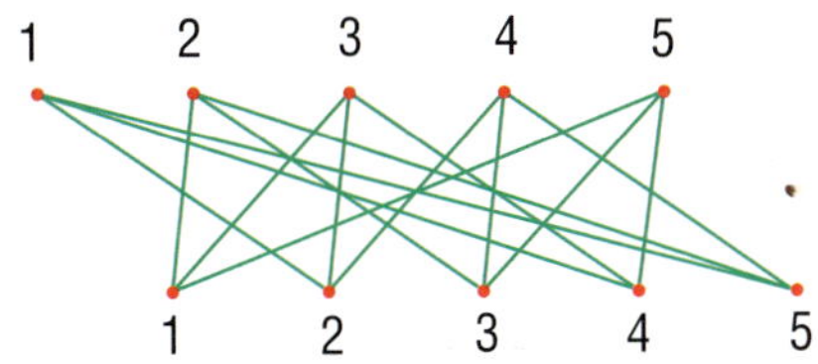

Fig. 1.3.

Important

Hi ha grafs en què es té en compte el sentit de les arestes. S'anomenen grafs **dirigits.**

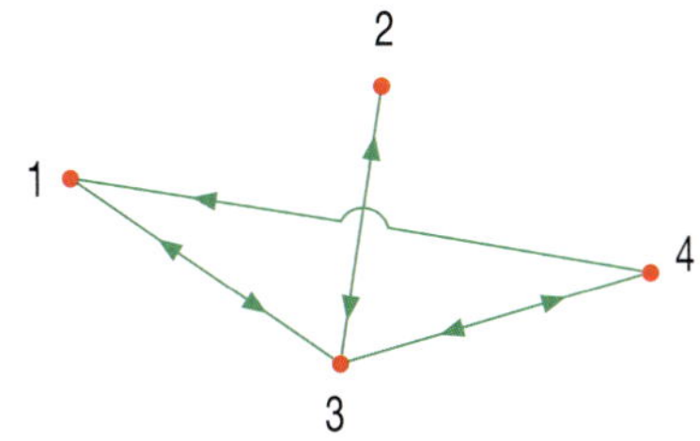

Fig. 1.1.

Fixa-t'hi

Per a $i = j$, $a_{ij} = 0$. Naturalment, una estació no està enllaçada amb ella mateixa.

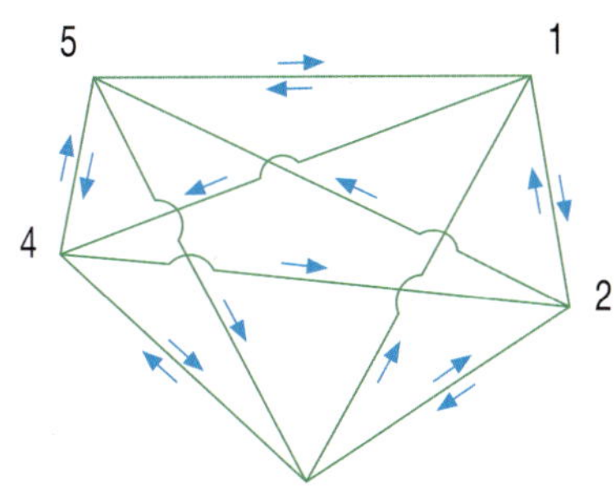

Fig. 1.2.

ACTIVITATS

31. Dibuixa un pentàgon convex i numera'n els vèrtexs. Des del vèrtex al qual has assignat el número 1, traça les dues diagonals del pentàgon que són possibles. Considera el graf format pel conjunt de punts i segments que has obtingut i escriu-ne la matriu d'adjacència.

32. En el conjunt numèric $C = \{1, 2, 3, 5, 6\}$ definim la relació «*ser divisible per*». Construeix un graf que la representi i escriu la matriu d'adjacència corresponent.

33. Dibuixa un graf la representació matricial del qual sigui:

$$M = \begin{bmatrix} 0 & 1 & 0 & 1 \\ 1 & 0 & 1 & 0 \\ 0 & 1 & 0 & 1 \\ 1 & 0 & 1 & 0 \end{bmatrix}$$

Activitats finals

1. Cada 100 g de producte d'un aliment determinat conté 0,06 g de vitamina A, 0,3 g de vitamina B i 0,2 g de calci. Anàlogament, un altre aliment conté 0,1 g de vitamina A, 0,2 g de vitamina B i 0,15 g de calci, també per cada 100 g. Escriu la matriu corresponent.

2. Escriu dues matrius A i B que siguin quadrades d'ordre 3, de manera que es verifiquin les igualtats:

a) $A + {}^tA = 2A$.

b) $B + {}^tB = 0$, essent 0 la matriu quadrada nul·la d'ordre 3.

3. Donades les matrius:

$$A = \begin{pmatrix} -1 & 1 & 3 \\ 1 & 0 & 2 \\ 2 & -1 & 1 \end{pmatrix} \qquad B = \begin{pmatrix} 4 & -1 & 0 \\ 2 & 1 & 3 \\ 1 & 2 & 1 \end{pmatrix}$$

$$C = \begin{pmatrix} 1 & 2 & 2 \\ -2 & -1 & 0 \\ 3 & 2 & -4 \end{pmatrix}$$

Troba, si existeix, la matriu X:

a) $2A - B + X = C$

b) $\frac{1}{2}X - 3B = A - C$

4. Siguin A i B dues matrius quadrades d'ordre 2, tals que:

$A = (a_{ij})$; $a_{11} = a_{22} = 1$, $a_{12} = 2$, $a_{21} = 0$

$B = (b_{ij})$; $b_{11} = b_{22} = a_{12}$, $b_{12} = b_{11} + 1$, $b_{21} = 0$

a) Escriu les dues matrius.

b) Les matrius A i B commuten?

c) Comprova que $(A + B) \cdot (A - B) = A^2 - B^2$. Per què creus que passa això? Justifica'n la resposta.

5. Calcula:

$$\begin{pmatrix} 1 & 2 & -1 & 0 \\ 3 & 1 & 1 & -1 \end{pmatrix} \cdot \begin{pmatrix} 1 & 4 \\ 2 & 3 \\ 0 & 1 \\ 1 & -1 \end{pmatrix}$$

6. Les matrius:

$$A = \begin{pmatrix} a & b \\ -b & a \end{pmatrix} \text{ i } B = \begin{pmatrix} c & d \\ -d & c \end{pmatrix}$$

commuten? Justifica'n la resposta.

7. Demostra que si A i B no commuten, aleshores:

$$(A + B)^2 \neq A^2 + 2AB + B^2$$

8. Siguin A, B i C matrius quadrades d'ordre 3 i no nul·les.

a) És possible que AB doni la matriu nul·la d'ordre 3?

b) Si es verifica que $AB = AC$, podem assegurar que $B = C$?

Justifica'n les respostes.

9. En la matriu $M = \begin{pmatrix} a_{11} & a_{12} \\ a_{21} & a_{22} \end{pmatrix}$, l'element a_{ij} representa el nombre d'articles del tipus j comprats pel client i (i, j valen 1 o 2).

Sigui la matriu fila $P = (p_1 \quad p_2)$, on p_j és el preu unitari de l'article j, què representa la primera fila de la matriu $M \cdot ({}^tP)$?

10. Sigui A la matriu fila $A = (1 \quad 1 \quad 0)$ i B la matriu columna $B = \begin{pmatrix} 0 \\ 1 \\ 1 \end{pmatrix}$, calcula les matrius AB i BA.

11. Donada la matriu $A = \begin{pmatrix} 1 & 2 \\ 1 & 0 \end{pmatrix}$, troba A^2 i A^3.

12. Sent A una matriu quadrada d'ordre n, demostra que les matrius A i A^2 commuten. Comprova-ho amb la matriu A de l'activitat anterior.

13. Troba una matriu X que verifiqui la igualtat $AB - X = A^2$, essent:

$$A = \begin{pmatrix} 1 & -1 & 0 \\ 1 & 0 & 1 \\ 1 & 0 & 0 \end{pmatrix} \qquad B = \begin{pmatrix} 1 & 0 & 1 \\ 0 & 1 & 1 \\ 1 & 1 & 0 \end{pmatrix}$$

14. Sigui $B = (b_{ij})$ una matriu quadrada d'ordre 2, tal que $b_{11} = b_{12} = 1$ i $b_{21} = b_{22} = x$. Troba algun valor de x, per al qual es verifiqui la igualtat $B^2 = B$.

15. Troba A^n si: $A = \begin{pmatrix} a & 1-a \\ 1+a & -a \end{pmatrix}$

16. Calcula A^5, essent $A = \begin{pmatrix} 0 & 0 & 1 \\ 0 & 1 & 0 \\ 1 & 0 & 0 \end{pmatrix}$.

17. Perquè una matriu quadrada sigui ortogonal s'ha de complir el fet que, multiplicant-la per la seva transposada, en resulti la matriu unitat. Determina si les matrius següents són ortogonals:

$$A = \begin{pmatrix} 0 & 1 \\ 1 & 0 \end{pmatrix} \qquad B = \begin{pmatrix} 1 & 0 & 1 \\ 0 & 1 & 0 \\ 0 & 0 & 1 \end{pmatrix}$$

18. Resol les equacions matricials:

a) $A + 2X = B$

b) $X - B^2 = AB$

essent $A = \begin{pmatrix} 2 & -1 \\ 1 & 1 \end{pmatrix}$ i $B = \begin{pmatrix} 1 & 1 \\ 1 & -1 \end{pmatrix}$

19. Calcula A^3, per a $a_{11} = a_{22} = a_{33} = a_{21} = a_{31} = a_{32} = 1$ i $a_{12} = a_{13} = a_{23} = 0$.

Com són les matrius A i A^3?

20. Calcula les matrius A i B que són solucions del sistema següent:

$$\begin{cases} 3A + 2B = \begin{pmatrix} 2 & -1 \\ 5 & 4 \end{pmatrix} \\ 2A + B = \begin{pmatrix} 1 & 3 \\ -2 & 0 \end{pmatrix} \end{cases}$$

21. Considera la matriu $A = \begin{pmatrix} 0 & 1 \\ p & q \end{pmatrix}$.

Troba els valors de p i q que fan que es verifiqui $A^2 = A$. En aquest cas, raona sense calcular què val A^{10}.

22. Considera la matriu $A = \begin{pmatrix} -1 & 2 & 2 \\ 2 & 1 & -1 \end{pmatrix}$.

a) Una matriu B, la primera fila de la qual és $(1 \quad 0)$, té dues columnes i compleix que $AB = \begin{pmatrix} 5 & -2 \\ 3 & -5 \end{pmatrix}$.

Completa-la.

b) Fes els càlculs pertinents per comprovar que:

$${}^t(A\,B) = {}^tB\,{}^tA$$

23. Considera les matrius $A = \begin{pmatrix} 2 & 1 & 3 \\ -1 & 0 & 4 \end{pmatrix}$ i $B = \begin{pmatrix} 1 & -1 \\ 0 & 5 \end{pmatrix}$.

a) Justifica si és possible efectuar AB o BA. En cas afirmatiu, calcula-ho.

b) Calcula B^2 i B^3.

24. Considera la matriu $A = \begin{pmatrix} a & 0 \\ 1 & -b \end{pmatrix}$.

Calcula el valor dels paràmetres a i b perquè $A^2 = \begin{pmatrix} 1 & 0 \\ -2 & 1 \end{pmatrix}$.

25. Siguin les matrius $A = \begin{pmatrix} 2 & a \\ -2 & 0 \end{pmatrix}$ i $B = \begin{pmatrix} 3 & 0 \\ b & -1 \end{pmatrix}$.

a) Determina el valor dels paràmetres a i b que fan que $AB = BA$.

b) Determina els valors de a per al qual es verifica $A^2 = 2A$.

26. Sigui la matriu $A = \begin{pmatrix} 0 & -1 \\ 1 & 0 \end{pmatrix}$. Calcula:

a) A^2, A^3 i A^4.

b) A^{201} i A^{344}.

27. Siguin les matrius:

$$A = \begin{pmatrix} x & 0 \\ 0 & x \end{pmatrix} \text{ i } I = \begin{pmatrix} 1 & 0 \\ 0 & 1 \end{pmatrix}$$

Determina x per tal que es verifiqui l'equació $A^2 - 6A + 5I = O$, on O és la matriu nul·la.

28. Siguin les matrius:

$$A = \begin{pmatrix} 1 & a \\ 2 & -a \end{pmatrix} \text{ i } B = \begin{pmatrix} b & c \\ 1 & 1 \end{pmatrix}$$

a) Calcula les matrius $A + B$ i AB.

b) Determina els valors de a, b i c que compleixen que:

$$A + B = AB$$

29. Troba les matrius A i B sabent que:

$$A - 2B = \begin{pmatrix} 0 & -3 \\ -3 & 4 \end{pmatrix} \text{ i } 2A + 3B = \begin{pmatrix} 7 & 15 \\ 8 & -6 \end{pmatrix}$$

30. Considera les matrius $P = \begin{pmatrix} 0 & 2 & -1 \\ 2 & 2 & 3 \end{pmatrix}$ i $A = \begin{pmatrix} -1 & -2 \\ 0 & 1 \\ 1 & -1 \end{pmatrix}$

troba la matriu X tal que: $PA + X = 1$, en què I denota la matriu unitat d'ordre 2.

31. La matriu M mostra els ingressos, en milers d'euros, d'una botiga que disposa de tres locals, durant els mesos de gener, febrer i març de 2023.

$$A = \begin{pmatrix} 13{,}5 & 13{,}2 & 4{,}2 \\ 11 & 12{,}5 & 3{,}8 \\ 15 & 14 & 2{,}7 \end{pmatrix}$$

S'ha recollit la informació en què cada fila indica un local i cada columna el mes corresponent.

Considera les matrius $A = (1 \quad 1 \quad 1)$ i $B = \begin{pmatrix} 1 \\ 1 \\ 1 \end{pmatrix}$.

Fes les operacions AM i MB. Interpreta en cada cas el resultat obtingut.

32. Calcula els valors de a i b per tal que es verifiqui la igualtat $M^2 + aM + bI = O$, sent $M = \begin{pmatrix} 2 & 5 \\ 2 & -1 \end{pmatrix}$, I la matriu unitat i O la matriu nul·la.

Activitats finals

33. Considera les matrius $A = \begin{pmatrix} 1 & -1 \\ 0 & 2 \end{pmatrix}$ i $B = \begin{pmatrix} 2 & 1 \\ 0 & a \end{pmatrix}$, en què a és un paràmetre real.

a) Calcula per a quin valor de a les dues matrius commuten.

b) Comprova que pel valor de a trobat en l'apartat anterior se satisfà que $AB = 2I$, en què I és la matriu unitat.

34. Volem enviar una data codificada. Per fer-ho, considerem la matriu fila $X = (d \quad m \quad a)$, en la qual d expressa el dia, m el mes i a l'any. Tot seguit, fem l'operació $XA + B$, en què A i B són les matrius:

$$A = \begin{pmatrix} 1 & 0 & -1 \\ 0 & 1 & -1 \\ 1 & 0 & 0 \end{pmatrix} \text{ i } B = (5 \quad -5 \quad 5).$$

El resultat d'aquesta operació és la matriu codificada que enviem. Si la data que volem enviar és l'1 de gener de 2023, quina és la matriu codificada que enviarem?

35. Donada la matriu $M = \begin{pmatrix} 2 & -1 \\ 7 & -3 \end{pmatrix}$.

a) Comprova que $M^3 = I$, en què I és la matriu unitat.

b) Calcula M^{11} utilitzant la informació de l'apartat anterior.

36. Considera la matriu $A = \begin{pmatrix} 0 & 0 & 1 \\ 1 & 0 & 0 \\ 0 & -1 & 0 \end{pmatrix}$.

a) Calcula A^2 i A^3.

b) Determina, raonadament, el valor de $A^{60\,124}$.

37. Escriu la matriu d'adjacència que correspon al graf de la Figura 1.4.

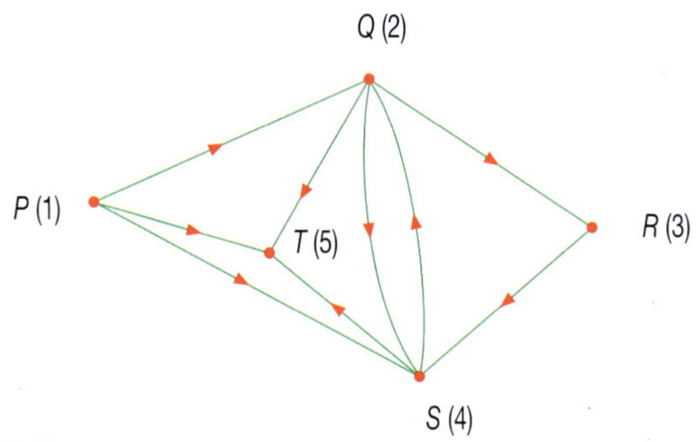

Fig. 1.4.

38. Fes l'esquema d'un graf la matriu d'adjacència del qual és:

$$M = \begin{bmatrix} 0 & 1 & 0 & 1 & 1 \\ 1 & 0 & 1 & 0 & 0 \\ 0 & 1 & 0 & 1 & 0 \\ 1 & 0 & 1 & 0 & 1 \\ 1 & 0 & 0 & 1 & 0 \end{bmatrix}$$

PREPARA'T PER A LA UNIVERSITAT

1. Sigui $A = \begin{pmatrix} x & 3 \\ -2 & y \end{pmatrix}$. Troba els valors de les variables x i y perquè es compleixi que $A^2 = A$.

2. Considera la matriu $A = \begin{pmatrix} a+b & 1 \\ 0 & a-b \end{pmatrix}$, on a i b són nombres reals.

a) Calcula el valor de a i b per tal que $A^2 = \begin{pmatrix} 1 & 2 \\ 0 & 1 \end{pmatrix}$.

b) Segons els valors obtinguts a l'apartat anterior, calcula A^3 i A^4.

c) Si n és un nombre natural qualsevol, dona l'expressió de A^n en funció de n.

3. Siguin les matrius $A = \begin{pmatrix} 1 & -3 \\ -2 & -8 \end{pmatrix}$ i $B = \begin{pmatrix} 8 & 3 \\ 4 & -1 \end{pmatrix}$.

a) Determina les matrius X i Y que compleixin que $X - 2Y = A$ i $2X - Y = B$.

b) Calcula $(A + 2I)^2$, on I és la matriu unitat d'ordre 2.

4. Donades les matrius $A = \begin{pmatrix} 2 & -1 \\ 1 & 0 \end{pmatrix}$ i $B = \begin{pmatrix} 1 & 3 \\ 2 & -2 \end{pmatrix}$.

Calcula:

a) $A^2 + 2AB + B^2$

b) $(A + B)^2$

5. Considera les matrius següents:

$$A = \begin{pmatrix} 2 & 1 \\ -4 & -2 \end{pmatrix}, B = \begin{pmatrix} 1 & 6 \\ 5 & -4 \end{pmatrix} \text{ i } C = \begin{pmatrix} 0 & 1 \\ 1 & 0 \end{pmatrix}.$$

Determina la matriu X perquè $X + BC = A^2$.

- **Domines correctament el càlcul matricial?**
- Consideres que les matrius són presents en moltes situacions de la vida quotidiana?
- Saps escriure una matriu a partir de la informació donada en un determinat context? I saps interpretar la informació a partir d'una matriu donada?
- Ets capaç d'escriure la matriu d'adjacència d'un determinat graf? I de representar un graf a partir de la seva matriu d'adjacència?
- Quin dels aspectes que has treballat en aquesta unitat t'ha semblat més interessant? Per quin motiu?

Matrius i opinions

Situació d'aprenentatge

Moltes vegades, quan volem guardar informació relacional, utilitzem taules de dades en forma de matriu. Les matrius no tan sols ens ajuden a modelitzar una situació, sinó que a més ens permeten fer certes operacions amb eficiència. Les utilitzarem per analitzar com és d'important qüestionar-se el que llegim a les xarxes.

Imaginem, per exemple, un grup de 13 amics que comparteixen notícies i informació a través d'una xarxa social. Com que al llarg del dia es generen molts missatges, la xarxa decideix quins d'aquests seran visibles i quins no.

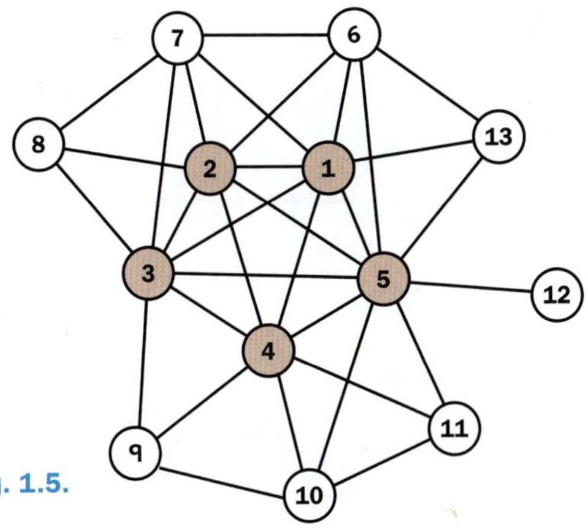

Fig. 1.5.

$$A = \begin{pmatrix}
0 & 1 & 1 & 1 & 1 & 1 & 1 & 0 & 0 & 0 & 0 & 0 & 1 \\
1 & 0 & 1 & 1 & 1 & 1 & 1 & 1 & 0 & 0 & 0 & 0 & 0 \\
1 & 1 & 0 & 1 & 1 & 0 & 1 & 1 & 1 & 0 & 0 & 0 & 0 \\
1 & 1 & 1 & 0 & 1 & 0 & 0 & 0 & 1 & 1 & 1 & 0 & 0 \\
1 & 1 & 1 & 1 & 0 & 1 & 0 & 0 & 0 & 1 & 1 & 1 & 1 \\
1 & 1 & 0 & 0 & 1 & 0 & 1 & 0 & 0 & 0 & 0 & 0 & 1 \\
1 & 1 & 1 & 0 & 0 & 1 & 0 & 0 & 0 & 0 & 0 & 0 & 0 \\
0 & 1 & 1 & 0 & 0 & 0 & 1 & 0 & 0 & 0 & 0 & 0 & 0 \\
0 & 0 & 1 & 1 & 0 & 0 & 0 & 0 & 0 & 1 & 0 & 0 & 0 \\
0 & 0 & 0 & 1 & 1 & 0 & 0 & 0 & 1 & 0 & 1 & 0 & 0 \\
0 & 0 & 0 & 1 & 1 & 0 & 0 & 0 & 0 & 1 & 0 & 0 & 0 \\
0 & 0 & 0 & 0 & 1 & 0 & 0 & 0 & 0 & 0 & 0 & 0 & 0 \\
1 & 0 & 0 & 0 & 1 & 1 & 0 & 0 & 0 & 0 & 0 & 0 & 0
\end{pmatrix}$$

En la imatge (Fig. 1.5) podem veure simbolitzats el grup d'amics i la visibilitat dels missatges. Els cercles representen nodes, en aquest cas els amics. Dos amics estan relacionats per arestes si es veuen els seus murs. Aquesta estructura de nodes i arestes és un graf. La matriu A representa aquest graf; les files i columnes representen les persones, i els 0 i 1 indiquen si hi ha una aresta que els uneix o no.

Ara imaginem que les persones de l'1 al 5 creuen que la «Lluna és vermella». Són un 38 % del total, o sigui, que són minoria, però què veu el grup d'amics? Per exemple, l'amic 6 veu 3 amics que creuen que la Lluna és vermella (l'1, el 2 i el 5) i 2 que no (el 7 i el 13).

El producte de matrius ens ajuda a tenir una visió global del que passa. Donats els 13 amics podem definir una matriu columna de 13 elements que s'omple amb 1 o –1 segons si la persona creu que la Lluna és vermella (–1) o no (1).

$$b = {}^{t}(-1\ \ -1\ \ -1\ \ -1\ \ -1\ \ 1\ \ 1\ \ 1\ \ 1\ \ 1\ \ 1\ \ 1\ \ 1)$$

Si t'hi fixes, en fer el producte de la primera fila de la matriu A amb la matriu columna b estem «sumant» les opinions que veu el primer membre de la xarxa. Per tant, un signe negatiu indica que hi ha més amics que creuen que la «Lluna és vermella» que no el contrari.

Realitzant el producte de matrius Ab = r, obtenim la matriu:

$$r = {}^{t}(-1\ \ -1\ \ -1\ \ -1\ \ 1\ \ -1\ \ -1\ \ -1\ \ -1\ \ 0\ \ -1\ \ -1\ \ -1)$$

La matriu resultant ens ajuda a analitzar les percepcions d'aquesta colla d'amics: gairebé tots ells pensen que més del 50 % del seu entorn pensa que la Lluna és vermella. El número 10 té el mateix nombre d'amics que creuen que és vermella i que no, i el número 5 és l'únic que té més amics que creuen que la Lluna no és vermella.

Canviant el graf –i, per tant, la matriu– podem fer que en la matriu resultant surtin més nombres negatius o més nombres positius. En conseqüència, controlar la visibilitat d'aquests missatges ens permet manipular i influenciar la percepció del grup d'amics. És per això que cal reflexionar sobre l'ètica i la legalitat que aquestes decisions siguin preses per empreses.

Ara et toca a tu! Dibuixa una situació com la de l'exemple amb 8 persones, de les quals 2 creuen que «la Terra és plana» i les altres 6 creuen que no ho és.

a) Estudia com posar les connexions per tal que la major part de les persones creguin que "la majoria dels meus amics creuen que la Terra és plana".

b) Col·loca les connexions a l'atzar i mira què passa.

La matriu d'opinions no ha d'estar formada necessàriament per –1 i 1. Podem quantificar com de convincent és una opinió i donar-li un valor proporcional.

c) Com es modificaria l'exemple si l'1 tingués valor –5 i el 8 valor 5?

d) Direm que un node és un *influencer* si està connectat amb gairebé tots els nodes. Mira l'efecte que té si posem un node d'aquestes característiques i li donem un valor negatiu molt petit. Què passa amb les altres connexions?

UNITAT

2 Determinants

Farem servir:

- Treball cooperatiu
- ODS – Objectius de Desenvolupament Sostenible
- Situació d'aprenentatge
- Prepara't per a la universitat
- Aprendre a aprendre

Sumari

Recordes què és l'ordre d'una matriu?

Distingeixes les matrius quadrades de les no quadrades?

Saps què són els determinants i quina és la seva relació amb les matrius?

Tens dificultats en el càlcul de nombres reals?

Resols amb facilitat equacions de fins a tercer grau?

Què et suggereix la paraula *rang*?

Coneixes el que és la matriu inversa d'una matriu quadrada?

Moltes de les tasques que portem a terme avui en dia s'han de sistematitzar per poder fer-les per ordinador. El que per a un humà seria molt fàcil, per a una màquina no ho és. Per exemple, determinar si un punt es troba dins d'una regió tancada és una tasca fonamental en el camp de la geometria computacional.

El nostre cervell distingeix les nocions de *dins* i *fora* des de ben petits, però com explicaries a una màquina si un punt es troba dins o fora d'una regió?

1. Determinants d'una matriu quadrada

L'estudi d'algunes qüestions matemàtiques va portar G. W. Leibniz (1646-1716), a la darreria del segle XVII, a la **teoria dels determinants**. A nosaltres, l'estudi d'aquests nous ens matemàtics ens portarà a la solució de diferents qüestions que desenvoluparem al llarg d'aquesta unitat i la següent. Com veurem tot seguit, els determinants van sempre associats a les matrius quadrades, de manera que el determinant d'una matriu quadrada A se simbolitza per $|A|$.

1.1. Determinants d'ordre 2

Anomenem **determinant** d'una matriu quadrada A, d'ordre 2, el nombre obtingut de la manera següent:

$$|A| = \begin{vmatrix} a_{11} & a_{12} \\ a_{21} & a_{22} \end{vmatrix} = a_{11}\,a_{22} - a_{12}\,a_{21}$$

Per indicar que es tracta d'un determinant de la matriu quadrada, s'han substituït amb barres verticals els parèntesis que engloben els elements de la matriu.

Per calcular un determinant d'ordre 2, associat a una matriu quadrada d'ordre 2, només cal multiplicar els elements de la diagonal principal i restar-ne el producte dels elements de la diagonal secundària.

El desenvolupament d'un determinant d'ordre 2 consta de dos sumands, cadascun dels quals és un producte de dos factors. En cadascun dels sumands hi figura una vegada, i només una, cada fila i cada columna de la matriu.

Donada, per exemple, la matriu quadrada $A = \begin{pmatrix} 4 & 3 \\ -2 & 2 \end{pmatrix}$, el determinant d'ordre 2 associat a la matriu és:

$$|A| = \begin{vmatrix} 4 & 3 \\ -2 & 2 \end{vmatrix} = 4\cdot 2 - 3(-2) = 8 + 6 = 14$$

Important

Per indicar el determinant d'una matriu quadrada A, s'utilitza $|A|$ o $\det(A)$.

1.2. Determinants d'ordre 3

Sigui A una matriu quadrada d'ordre 3; anomenem **determinant** de la matriu A el nombre que s'obté de la manera següent:

$$|A| = \begin{vmatrix} a_{11} & a_{12} & a_{13} \\ a_{21} & a_{22} & a_{23} \\ a_{31} & a_{32} & a_{33} \end{vmatrix} =$$

$$= a_{11}a_{22}a_{33} + a_{12}a_{23}a_{31} + a_{13}a_{21}a_{32} - (a_{13}a_{22}a_{31} + a_{12}a_{21}a_{33} + a_{11}a_{23}a_{32})$$

Observem que l'expressió anterior és la suma de 6 sumands, cadascun dels quals és un producte de tres factors.

Per recordar aquesta expressió es pot recórrer a l'anomenada **regla de Sarrus**:

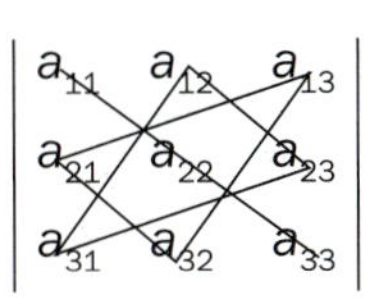

Important

La regla de Sarrus només és vàlida per a determinants d'ordre 3.

Es multipliquen els tres elements de la diagonal principal; tot seguit es multipliquen els dos elements situats sobre una línia paral·lela a aquesta diagonal; el tercer factor d'aquest producte és l'element situat en el vèrtex oposat a aquesta línia; es multipliquen els dos elements situats sobre l'altra línia paral·lela per l'element del vèrtex oposat, i al final se sumen els tres nombres obtinguts.

Es procedeix de manera anàloga amb la diagonal secundària i les seves línies paral·leles, i se sumen els tres resultats. Finalment, el nombre obtingut es resta del que correspon a les operacions efectuades a partir de la diagonal principal:

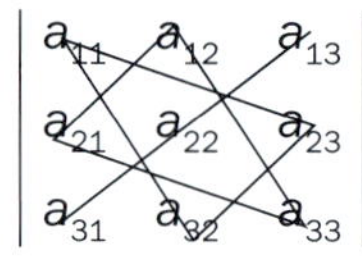

Es pot observar, igual que en el cas dels determinants d'ordre 2, que en cada sumand del desenvolupament hi figura un element de cada fila i un de cada columna.

Exemple 1 ➡ **Calcula el determinant associat a la matriu quadrada**

$$A = \begin{pmatrix} 2 & 2 & 3 \\ 4 & -2 & 5 \\ 2 & 3 & 4 \end{pmatrix}$$

$$|A| = \begin{vmatrix} 2 & 2 & 3 \\ 4 & -2 & 5 \\ 2 & 3 & 4 \end{vmatrix} = 2\cdot(-2)\cdot 4 + 2\cdot 5\cdot 2 + 3\cdot 4\cdot 3 - [3\cdot(-2)\cdot 2 + 2\cdot 4\cdot 4 + 2\cdot 5\cdot 3] =$$

$$= -16 + 20 + 36 + 12 - 32 - 30 = -10$$

ACTIVITATS

1. Calcula els determinants següents:

a) $\begin{vmatrix} \sqrt{2}-1 & \sqrt{2} \\ \sqrt{2} & \sqrt{2}+1 \end{vmatrix}$ *b)* $\begin{vmatrix} e^{-x} & 1 \\ 1 & e^{x} \end{vmatrix}$

c) $\begin{vmatrix} 1 & -1 & -1 \\ -1 & 1 & -1 \\ -1 & -1 & 1 \end{vmatrix}$ *d)* $\begin{vmatrix} 1 & 2 & 3 \\ 2 & 3 & 4 \\ 3 & 4 & 5 \end{vmatrix}$

2. Donades les matrius:

$$A = \begin{pmatrix} 1 & 3 & -1 \\ 2 & 0 & 3 \\ 4 & 1 & 2 \end{pmatrix} \quad B = \begin{pmatrix} -2 & 1 & 4 \\ 1 & -1 & 7 \\ 1 & 1 & -3 \end{pmatrix} \quad C = \begin{pmatrix} 3 & -5 & 1 \\ 2 & -3 & 1 \\ 1 & 0 & 4 \end{pmatrix}$$

calcula $|A|$, $|B|$, $|C|$ i $|A + B + C|$.

3. Calcula el valor numèric de $P(-2)$ per a:

$$P(x) = \begin{vmatrix} 1 & x & x+1 \\ x & 1 & 1 \\ 1 & 1 & x+1 \end{vmatrix}$$

4. Comprova les igualtats següents:

a) $\begin{vmatrix} 2t-10 & t-5 \\ 1+t & t \end{vmatrix} = (t-1)\,(t-5)$

b) $\begin{vmatrix} 1 & x \\ x & 1 \end{vmatrix} = (x+1)\,(1-x)$

c) $\begin{vmatrix} a & 1 & 1 \\ 1 & a & 1 \\ 1 & 1 & a \end{vmatrix} = (a-1)^2\,(a+2)$

5. Resol les equacions:

a) $\begin{vmatrix} 1+x & 1 & 1 \\ 1 & 1+x & 1 \\ 1 & 1 & 1+x \end{vmatrix} = 0$

b) $\begin{vmatrix} x-1 & x+4 \\ 1+x & x \end{vmatrix} = -10$ *c)* $\begin{vmatrix} 0 & x & 1 \\ x & 1 & 0 \\ 1 & 0 & x \end{vmatrix} = 7$

2. Menors i adjunts d'una matriu quadrada

D'una matriu qualsevol en podem extreure submatrius quadrades. Els determinants d'aquestes submatrius els anomenem **menors** d'ordre *k* de la matriu inicial.

En la matriu

$$B = \begin{pmatrix} -1 & 1 & 2 & -1 \\ 1 & 2 & 3 & 0 \\ 2 & -3 & 0 & 1 \end{pmatrix}$$

podem calcular menors d'ordre 3 i menors d'ordre 2.

En suprimir una columna qualsevol de la matriu, obtindríem una submatriu quadrada d'ordre 3, el determinant de la qual seria un menor d'ordre 3 de la matriu; si suprimim, per exemple, la segona columna i fem el determinant que resulta, obtindrem:

$$\begin{vmatrix} -1 & 2 & -1 \\ 1 & 3 & 0 \\ 2 & 0 & 1 \end{vmatrix} = -3 + 6 - 2 = 1$$

que és un menor d'ordre 3 de la matriu *B*.

Si suprimim les dues últimes columnes i l'última fila, obtenim el menor d'ordre 2:

$$\begin{vmatrix} -1 & 1 \\ 1 & 2 \end{vmatrix} = -2 - 1 = -3$$

Si la matriu és quadrada, els menors obtinguts s'anomenen *menors complementaris*.

Un **menor complementari** és el determinant que resulta en suprimir una fila i una columna d'una matriu quadrada. Els menors complementaris els denotarem per M_{ij}, per indicar el determinant de la matriu que s'obté en suprimir la fila *i* i la columna *j*.

Important

En una matriu quadrada d'ordre 3 es poden calcular 9 menors complementaris, un per a cada element de la matriu.

Així, en una matriu quadrada d'ordre 3, el menor complementari M_{21} seria el determinant d'ordre 2 que queda en suprimir la segona fila i la primera columna de la matriu.

Exemple 2 ➡ **En la matriu quadrada** $A = \begin{pmatrix} -1 & 1 & 3 \\ 2 & 0 & 2 \\ 1 & -1 & 4 \end{pmatrix}$ **calcula el menor complementari que s'obté en suprimir la segona fila i la primera columna.**

$$M_{21} = \begin{vmatrix} 1 & 3 \\ -1 & 4 \end{vmatrix} = 4 + 3 = 7$$

El nombre que s'obté a partir de l'expressió $(-1)^{i+j} M_{ij}$ s'anomena **adjunt** de l'element de lloc *ij*. Denotarem els adjunts amb el símbol m_{ij}, de manera que:

$$m_{ij} = (-1)^{i+j} M_{ij}$$

En la matriu de l'exemple 2 que hem definit, l'adjunt de l'element a_{21} és:

$$m_{21} = (-1)^3 M_{21} = -M_{21} = -7$$

Important

Els adjunts, igual que els menors complementaris, només es poden calcular en matrius quadrades.

Per saber el signe que cal considerar en calcular els adjunts, no és necessari fer cada vegada $(-1)^{i+j}$, sinó que es pot fer a partir de la taula de signes associats als menors complementaris que, escrita en forma de matriu quadrada d'ordre 3, és:

$$\begin{pmatrix} + & - & + \\ - & + & - \\ + & - & + \end{pmatrix}$$

Així, el signe associat a l'element a_{23} és negatiu, ja que en la segona fila, tercera columna, hi ha un signe menys. Això ens indica que $m_{23} = -M_{23}$.

Considerem una matriu quadrada A. Anomenem **matriu adjunta** de A la matriu formada pels adjunts dels elements de A. Designarem aquesta matriu amb el símbol A^*, de manera que $A^* = (m_{ij})$.

Important

La matriu adjunta d'una matriu quadrada A també s'indica per adj(A).

Exemple 3 **Calcula la matriu adjunta de la matriu A definida a l'exemple 2.**

Per fer-ho, caldrà calcular tots els adjunts. Per tant, haurem de calcular primer tots els menors complementaris i, a continuació, multiplicar cada menor complementari per 1 o –1, segons el lloc que ocupi cada element dins de la matriu.

$m_{11} = M_{11} = 0 - (-2) = 2$ $\quad m_{12} = -M_{12} = -(8 - 2) = -6$ $\quad m_{13} = M_{13} = -2 - 0 = -2$

$m_{21} = -M_{21} = -7 - (4 + 3)$ $\quad m_{22} = M_{22} = -4 - 3 = -7$ $\quad m_{23} = -M_{23} = -(1 - 1) = 0$

$m_{31} = M_{31} = 2 - 0 = 2$ $\quad m_{32} = -M_{32} = -(-2 - 6) = 8$ $\quad m_{33} = M_{33} = 0 - 2 = -2$

Un cop tenim tots els adjunts calculats, podem escriure la matriu adjunta, que és:

$$A^* = \begin{pmatrix} 2 & -6 & -2 \\ -7 & -7 & 0 \\ 2 & 8 & -2 \end{pmatrix}$$

2.1. Desenvolupament d'un determinant pels elements d'una línia

Ho farem per a determinants d'ordre 3:

$$\begin{vmatrix} a_{11} & a_{12} & a_{13} \\ a_{21} & a_{22} & a_{23} \\ a_{31} & a_{32} & a_{33} \end{vmatrix} =$$

$$= a_{11}a_{22}a_{33} + a_{12}a_{23}a_{31} + a_{13}a_{21}a_{32} - (a_{13}a_{22}a_{31} + a_{12}a_{21}a_{33} + a_{11}a_{23}a_{32}) =$$

$$= a_{11}a_{22}a_{33} + a_{12}a_{23}a_{31} + a_{13}a_{21}a_{32} - a_{13}a_{22}a_{31} - a_{12}a_{21}a_{33} - a_{11}a_{23}a_{32} =$$

$$= a_{12}a_{23}a_{31} - a_{12}a_{21}a_{33} + a_{11}a_{22}a_{33} - a_{13}a_{22}a_{31} + a_{13}a_{21}a_{32} - a_{11}a_{23}a_{32} =$$

$$= a_{12}(a_{23}a_{31} - a_{21}a_{33}) + a_{22}(a_{11}a_{33} - a_{13}a_{31}) + a_{32}(a_{13}a_{21} - a_{11}a_{23}) =$$

$$= a_{12}(-M_{12}) + a_{22}M_{22} + a_{32}(-M_{32}) = a_{12}m_{12} + a_{22}m_{22} + a_{32}m_{32}$$

Desenvolupant el determinant d'ordre 3 per la regla de Sarrus, aplicant la propietat commutativa i traient com a factor comú els elements de la segona columna, hem arribat a la darrera expressió, la qual ens indica que el determinant és igual a la suma dels elements de la segona columna multiplicats pels seus adjunts.

De manera semblant es pot fer pels elements d'una fila, per exemple per la tercera:

$$\begin{vmatrix} a_{11} & a_{12} & a_{13} \\ a_{21} & a_{22} & a_{23} \\ a_{31} & a_{32} & a_{33} \end{vmatrix} =$$

$$= a_{11} a_{22} a_{33} + a_{12} a_{23} a_{31} + a_{13} a_{21} a_{32} - (a_{13} a_{22} a_{31} + a_{12} a_{21} a_{33} + a_{11} a_{23} a_{32}) =$$
$$= a_{11} a_{22} a_{33} + a_{12} a_{23} a_{31} + a_{13} a_{21} a_{32} - a_{13} a_{22} a_{31} - a_{12} a_{21} a_{33} - a_{11} a_{23} a_{32} =$$
$$= a_{12} a_{23} a_{31} - a_{13} a_{22} a_{31} + a_{13} a_{21} a_{32} - a_{11} a_{23} a_{32} + a_{11} a_{22} a_{33} - a_{12} a_{21} a_{33} =$$
$$= a_{31} (a_{12} a_{23} - a_{13} a_{22}) + a_{32} (a_{13} a_{21} - a_{11} a_{23}) + a_{33} (a_{11} a_{22} - a_{12} a_{21}) =$$
$$= a_{31} M_{31} + a_{32} (-M_{32}) + a_{33} M_{33} = a_{31} m_{31} + a_{32} m_{32} + a_{33} m_{33}$$

Acabem de veure que el determinant d'ordre 3 també és igual a la suma dels elements de la tercera fila multiplicats pels seus adjunts.

En general podem afirmar que:

Un **determinant** és igual a la suma dels elements d'una línia multiplicats pels seus adjunts corresponents.

Per tant, podem calcular determinants d'ordre 3 a partir de determinants d'ordre 2, determinants d'ordre 4 a partir de determinants d'ordre 3, i així successivament.

Qualsevol determinant es pot calcular desenvolupant-lo pels elements de qualsevol línia. En tot cas, val la pena aprofitar la línia que tingui més zeros entre els seus elements.

Recorda

Els determinants d'ordre 3 també es poden calcular per la regla de Sarrus.

Exemple 4 **Calcula el determinant** $\begin{vmatrix} 2 & 1 & 2 \\ 3 & 0 & 1 \\ -1 & 1 & 4 \end{vmatrix}$ **desenvolupant-lo pels elements**

a) **de la primera columna.**

b) **de la segona fila.**

a) $\begin{vmatrix} 2 & 1 & 2 \\ 3 & 0 & 1 \\ -1 & 1 & 4 \end{vmatrix} = 2 \begin{vmatrix} 0 & 1 \\ 1 & 4 \end{vmatrix} - 3 \begin{vmatrix} 1 & 2 \\ 1 & 4 \end{vmatrix} - \begin{vmatrix} 1 & 2 \\ 0 & 1 \end{vmatrix} = 2\,(-1) - 3 \cdot 2 - 1 = -2 - 6 - 1 = -9$

b) $\begin{vmatrix} 2 & 1 & 2 \\ 3 & 0 & 1 \\ -1 & 1 & 4 \end{vmatrix} = -3 \begin{vmatrix} 1 & 2 \\ 1 & 4 \end{vmatrix} - \begin{vmatrix} 2 & 1 \\ -1 & 1 \end{vmatrix} = -3 \cdot 2 - 3 = -6 - 3 = -9$

ACTIVITATS

6. Considerant la matriu A de l'exemple 2, calcula $|A|$ i $|A^*|$. Quina relació hi ha entre els dos determinants?

7. Sigui $A = (a_{ij})$ una matriu quadrada d'ordre 3, definida per $a_{ij} = i - j + 1$. Troba la matriu A^*.

8. Sigui la matriu: $B = \begin{pmatrix} 1 & -1 \\ 2 & 1 \end{pmatrix}$

a) Troba B^*.

b) Les matrius B i B^* commuten? Justifica'n la resposta.

c) Calcula $|B|$, $|B^*|$, $|BB^*|$ i $|B^*B|$.

9. Calcula el determinant $\begin{vmatrix} 3 & 1 & -2 \\ -1 & 3 & 5 \\ 2 & 1 & 0 \end{vmatrix}$

a) Per la regla de Sarrus.

b) Desenvolupant-lo pels elements de la segona fila.

c) Desenvolupant-lo pels elements de la tercera columna.

10. Desenvolupa, per la columna o la fila més adequada, els determinants:

a) $\begin{vmatrix} 3 & -2 & 0 \\ -3 & 9 & 5 \\ 6 & 5 & 0 \end{vmatrix}$ *b)* $\begin{vmatrix} 2 & 1 & -6 \\ 3 & -1 & 7 \\ 0 & 0 & 4 \end{vmatrix}$ *c)* $\begin{vmatrix} 3 & -1 & 5 \\ 0 & 2 & 0 \\ 1 & 1 & -1 \end{vmatrix}$

3. Propietats dels determinants

Les propietats dels determinants són generalitzables, és a dir, els determinants d'ordre 3 tenen les mateixes propietats que els d'ordre 2, i els d'ordre 4, les dels d'ordre 3, i així successivament.

Per justificar les propietats dels determinants utilitzarem determinants d'ordre 2.

***a)* El determinant d'una matriu és igual al de la seva transposada.**

Aquesta propietat es pot indicar escrivint $|A| = |{}^tA|$. En efecte:

Per a $A = \begin{pmatrix} a_{11} & a_{12} \\ a_{21} & a_{22} \end{pmatrix}$, tenim que: ${}^tA = \begin{pmatrix} a_{11} & a_{21} \\ a_{12} & a_{22} \end{pmatrix}$

d'on: $|A| = \begin{vmatrix} a_{11} & a_{12} \\ a_{21} & a_{22} \end{vmatrix} = a_{11}\,a_{22} - a_{12}\,a_{21} = a_{11}\,a_{22} - a_{21}\,a_{12} = \begin{vmatrix} a_{11} & a_{21} \\ a_{12} & a_{22} \end{vmatrix} = |{}^tA|$

Tenint en compte aquesta propietat, podem afirmar que totes les propietats que es verifiquen per a les columnes també es verifiquen per a les files, i viceversa. Per tant, tot i que en l'enunciat de les propietats següents aparegui la paraula *línia*, aquesta es pot substituir per *fila* o per *columna*. Per demostrar les diferents propietats hem utilitzat columnes.

***b)* Si en una matriu quadrada s'intercanvien dues línies, el seu determinant canvia de signe.**

Considerem la mateixa matriu A, i la matriu B, que és la que s'obté en intercanviar les columnes de la matriu A. Tenim que:

$$|A| = \begin{vmatrix} a_{11} & a_{12} \\ a_{21} & a_{22} \end{vmatrix} = a_{11}\,a_{22} - a_{12}\,a_{21},\ |B| = \begin{vmatrix} a_{12} & a_{11} \\ a_{22} & a_{21} \end{vmatrix} = a_{12}\,a_{21} - a_{11}\,a_{22} = -|A|$$

***c)* Si multipliquem una línia per un nombre, el determinant queda multiplicat per aquest nombre.**

$$\begin{vmatrix} a_{11} & ka_{12} \\ a_{21} & ka_{22} \end{vmatrix} = a_{11}\,ka_{22} - ka_{12}\,a_{21} = k\,(a_{11}\,a_{22} - a_{12}\,a_{21}) = k \cdot |A|$$

Aquesta propietat ens indica que si multipliquem un nombre k per una matriu quadrada d'ordre 2, el determinant queda multiplicat per k^2. És a dir, si A és una matriu quadrada d'ordre 2, aleshores $|kA| = k^2 \cdot |A|$. I si la matriu és quadrada d'ordre 3, $|kA| = k^3 \cdot |A|$.

Recorda

En les matrius hi ha dos tipus de línies: les files i les columnes.

***d)* Si dues línies són iguals, el determinant és zero.**

$$\begin{vmatrix} a_{11} & a_{11} \\ a_{21} & a_{21} \end{vmatrix} = a_{11}\,a_{21} - a_{11}\,a_{21} = 0$$

Una conseqüència d'aquesta propietat i de l'anterior és: si dues línies són proporcionals, el determinant és zero.

En efecte: $\begin{vmatrix} a_{11} & ka_{11} \\ a_{21} & ka_{21} \end{vmatrix} = k \begin{vmatrix} a_{11} & a_{11} \\ a_{21} & a_{21} \end{vmatrix} = k \cdot 0 = 0$

***e)* Un determinant amb una línia de zeros és zero.**

Efectivament: $\begin{vmatrix} a_{11} & 0 \\ a_{21} & 0 \end{vmatrix} = a_{11} \cdot 0 - 0 \cdot a_{21} = 0 - 0 = 0$

f) **El determinant de la matriu escalar 1 és 1.**

$$\begin{vmatrix} 1 & 0 \\ 0 & 1 \end{vmatrix} = 1 - 0 = 1$$

g) **Si $a_{12} = b_{12} + c_{12}$ i $a_{22} = b_{22} + c_{22}$, aleshores:**

$$\begin{vmatrix} a_{11} & a_{12} \\ a_{21} & a_{22} \end{vmatrix} = \begin{vmatrix} a_{11} & b_{12}+c_{12} \\ a_{21} & b_{22}+c_{22} \end{vmatrix} = \begin{vmatrix} a_{11} & b_{12} \\ a_{21} & b_{22} \end{vmatrix} + \begin{vmatrix} a_{11} & c_{12} \\ a_{21} & c_{22} \end{vmatrix}$$

Vegem-ho amb un exemple: $\begin{vmatrix} 2 & 5 \\ 3 & 7 \end{vmatrix} = 14 - 15 = -1.$

$$\begin{vmatrix} 2 & 5 \\ 3 & 7 \end{vmatrix} = \begin{vmatrix} 2 & 3+2 \\ 3 & 3+4 \end{vmatrix} = \begin{vmatrix} 2 & 3 \\ 3 & 3 \end{vmatrix} + \begin{vmatrix} 2 & 2 \\ 3 & 4 \end{vmatrix} = -3 + 2 = -1$$

h) **Si una línia és combinació lineal de les altres, el determinant és zero.**

Per a determinants d'ordre 2, ja s'ha demostrat en la propietat *d*). I per a determinants d'ordre 3, aplicant propietats anteriors tenim:

$$\begin{vmatrix} a_{11} & a_{12} & ka_{11}+ha_{12} \\ a_{21} & a_{22} & ka_{21}+ha_{22} \\ a_{31} & a_{32} & ka_{31}+ha_{32} \end{vmatrix} = \begin{vmatrix} a_{11} & a_{12} & ka_{11} \\ a_{21} & a_{22} & ka_{21} \\ a_{31} & a_{32} & ka_{31} \end{vmatrix} + \begin{vmatrix} a_{11} & a_{12} & ha_{12} \\ a_{21} & a_{22} & ha_{22} \\ a_{31} & a_{32} & ha_{32} \end{vmatrix} =$$

$$= k\begin{vmatrix} a_{11} & a_{12} & a_{11} \\ a_{21} & a_{22} & a_{21} \\ a_{31} & a_{32} & a_{31} \end{vmatrix} + h\begin{vmatrix} a_{11} & a_{12} & a_{12} \\ a_{21} & a_{22} & a_{22} \\ a_{31} & a_{32} & a_{32} \end{vmatrix} = k \cdot 0 + h \cdot 0 = 0 + 0 = 0$$

Important

La tercera columna c_3 és combinació lineal de les columnes c_1 i c_2 si existeixen *k*, *h*, tals que $c_3 = kc_1 + hc_2$. Semblantment, es pot dir el mateix per les files del determinant.

i) **Si se suma a una línia una combinació lineal de les altres, el determinant no varia.**

$$\begin{vmatrix} a_{11} & a_{12}+ka_{11} \\ a_{21} & a_{22}+ka_{21} \end{vmatrix} = a_{11}(a_{22}+ka_{21}) - (a_{12}+ka_{11})a_{21} =$$

$$= a_{11}a_{22} + a_{11}ka_{21} - a_{12}a_{21} - ka_{11}a_{21} = a_{11}a_{22} - a_{12}a_{21} = \begin{vmatrix} a_{11} & a_{12} \\ a_{21} & a_{22} \end{vmatrix}$$

En general, per a determinants d'ordre 3 es pot demostrar de la manera següent:

$$\begin{vmatrix} a_{11} & a_{12} & a_{13}+ka_{11}+ha_{12} \\ a_{21} & a_{22} & a_{23}+ka_{21}+ha_{22} \\ a_{31} & a_{32} & a_{33}+ka_{31}+ha_{32} \end{vmatrix} =$$

$$= \begin{vmatrix} a_{11} & a_{12} & a_{13} \\ a_{21} & a_{22} & a_{23} \\ a_{31} & a_{32} & a_{33} \end{vmatrix} + \begin{vmatrix} a_{11} & a_{12} & ka_{11} \\ a_{21} & a_{22} & ka_{21} \\ a_{31} & a_{32} & ka_{31} \end{vmatrix} + \begin{vmatrix} a_{11} & a_{12} & ha_{12} \\ a_{21} & a_{22} & ha_{22} \\ a_{31} & a_{32} & ha_{32} \end{vmatrix} = \begin{vmatrix} a_{11} & a_{12} & a_{13} \\ a_{21} & a_{22} & a_{23} \\ a_{31} & a_{32} & a_{33} \end{vmatrix}$$

ja que en els dos últims determinants hi ha dues columnes els elements de les quals són proporcionals, i per la propietat *d*) sabem que, en aquests casos, el determinant és igual a zero.

Podem calcular un determinant d'ordre 3 calculant només un determinant d'ordre 2.

Exemple 5 **Calcula el determinant $\begin{vmatrix} 2 & -1 & 1 \\ -3 & 1 & -2 \\ 1 & -1 & 1 \end{vmatrix}$ calculant només un determinant d'ordre 2.**

Considerem les files del determinant inicial F_1, F_2 i F_3. Per la darrera propietat podem canviar les files F_1 i F_2 per $F_1' = F_1 - 2F_3$ i $F_2' = F_2 + 3F_3$, respectivament.

$$\begin{vmatrix} 2 & -1 & 1 \\ -3 & 1 & -2 \\ 1 & -1 & 1 \end{vmatrix} = \begin{vmatrix} 0 & 1 & -1 \\ 0 & -2 & 1 \\ 1 & -1 & 1 \end{vmatrix}$$

Si desenvolupem el segon determinant pels elements de la primera columna, obtenim un determinant d'ordre 2.

$$\begin{vmatrix} 0 & 1 & -1 \\ 0 & -2 & 1 \\ 1 & -1 & 1 \end{vmatrix} = \begin{vmatrix} 1 & -1 \\ -2 & 1 \end{vmatrix} = 1 - 2 = -1$$

Per comprovar-ho, podem calcular el determinant inicial per la regla de Sarrus, i veurem que dona el mateix resultat.

Aquest procés es pot utilitzar per calcular qualsevol determinant. Així, un determinant d'ordre 4 es pot calcular amb només un determinant d'ordre 3.

j) **La suma dels elements d'una línia multiplicats pels adjunts dels elements d'una línia paral·lela és zero.**

Aquesta darrera propietat no s'utilitza per calcular determinants; és una curiositat que es dona entre els determinants.

Ho veurem amb un exemple, en aplicar-ho a un determinant d'ordre 3: $\begin{vmatrix} 1 & 2 & -2 \\ 0 & -1 & 3 \\ 2 & -3 & 0 \end{vmatrix}$.

Farem la suma dels elements de la primera columna multiplicats pels adjunts dels elements de la tercera columna:

$$\begin{vmatrix} 0 & -1 \\ 2 & -3 \end{vmatrix} + 2\begin{vmatrix} 1 & 2 \\ 0 & -1 \end{vmatrix} = 2 + 2(-1) = 2 - 2 = 0$$

ACTIVITATS

11. Comprova amb determinants d'ordre 3 i utilitzant la regla de Sarrus les propietats *a*, *b*, *c*, *f* i *g*.

12. Troba els valors de *a* per tal que cadascun dels determinants següents sigui zero.

a) $\begin{vmatrix} 1 & 2 & 5 \\ 1 & -3 & a \\ a & -2 & -8 \end{vmatrix}$ *b)* $\begin{vmatrix} 1 & 2 & 2 \\ -3 & 1 & -13 \\ 2 & a & 13 \end{vmatrix}$

13. Calcula el determinant següent, calculant només un determinant d'ordre 2:

$$\begin{vmatrix} 2 & 1 & 4 \\ 1 & -1 & 2 \\ -3 & 1 & -2 \end{vmatrix}$$

14. Calcula el determinant de l'activitat anterior per la regla de Sarrus.

4. Rang d'una matriu

El **rang d'una matriu** és l'ordre màxim dels seus menors no nuls.

Vegem com es calcula el rang d'una matriu en la pràctica. Ho farem a partir d'uns quants exemples.

Exemple 6 ➡ **Troba el rang de la matriu següent:** $A = \begin{pmatrix} 0 & -1 \\ 1 & 2 \\ -1 & 3 \end{pmatrix}$.

En aquesta matriu, l'ordre màxim dels menors és 2. Per tant, si trobem un menor d'ordre 2 diferent de zero voldrà dir que el rang de la matriu és 2.

Com que: $\begin{vmatrix} 0 & -1 \\ 1 & 2 \end{vmatrix} = 1 \neq 0$ tenim que, efectivament, el rang de la matriu A és 2.

Ho escriurem: rang $A = 2$.

Exemple 7 ➡ **Determina el rang de les matrius quadrades d'ordre 3 següents:**

a) $B = \begin{pmatrix} -1 & 0 & 1 \\ 3 & 2 & 1 \\ 1 & -1 & 2 \end{pmatrix}$ *b)* $C = \begin{pmatrix} 1 & 1 & -1 \\ 0 & 1 & 1 \\ 3 & 0 & -6 \end{pmatrix}$

És convenient utilitzar els determinants per calcular el rang d'una matriu quan no s'observa cap combinació lineal entre les línies de la matriu.

a) En ser una matriu quadrada d'ordre 3, el rang, com a màxim, pot ser 3.

Calculem el determinant: $|B| = \begin{vmatrix} -1 & 0 & 1 \\ 3 & 2 & 1 \\ 1 & -1 & 2 \end{vmatrix} = -4 - 3 - 2 - 1 = -10$

Com que dona diferent de zero, rang $B = 3$.

b) És un cas semblant a l'anterior $|C| = \begin{vmatrix} 1 & 1 & -1 \\ 0 & 1 & 1 \\ 3 & 0 & -6 \end{vmatrix} = -6 + 3 + 3 = 0$

En donar zero el determinant, sabem que rang $C \neq 3$.

Per saber si el rang de la matriu és 2, haurem de trobar algun menor d'ordre 2 dins de la matriu C que sigui diferent de zero. Calculem el menor complementari que s'obté en suprimir la tercera fila i la tercera columna:

$$M_{33} = \begin{vmatrix} 1 & 1 \\ 0 & 1 \end{vmatrix} = 1 \neq 0 \rightarrow \text{rang } C = 2$$

Per calcular el rang d'una matriu amb més files que columnes, el procediment és una mica diferent. Vegem-ho en la matriu següent:

$$D = \begin{pmatrix} 2 & 4 & 0 & 7 \\ 1 & 3 & 1 & 8 \\ 1 & 0 & -2 & -9 \end{pmatrix}$$

Important

També es pot dir que el rang d'una matriu és igual a l'ordre del menor no nul més gran que hi ha dins de la matriu.

En aquesta matriu podem fer quatre menors d'ordre 3. Si algun d'ells és diferent de zero, el rang de la matriu serà 3, però si tots els menors d'ordre 3 són zero, el rang de la matriu no serà 3. Per no haver de calcular tots els menors d'ordre 3 possibles, s'utilitza un mètode sistemàtic que es descriu a continuació.

Si a un menor d'ordre $k \neq 0$ se li afegeix una fila i una columna, s'obté un determinant d'ordre $k+1$. Aquest determinant s'anomena **menor orlat.** Emprem el verb *orlar* en el sentit d'ampliar un menor en la forma descrita.

En l'exemple orlarem un menor d'ordre 2 diferent de zero, per passar a menors d'ordre 3. Aquest mètode permet saber de manera ràpida el rang d'una matriu, ja que si, quan orlem un menor d'ordre k no nul d'una matriu, tots els menors d'ordre $k+1$ que s'obtenen són nuls, el rang de la matriu és k.

Primer cal localitzar un menor d'odre 2 no nul. Dins de la matriu D, considerem el menor definit per les dues primeres columnes i les dues primeres files:

$$\begin{vmatrix} 2 & 4 \\ 1 & 3 \end{vmatrix} = 6 - 4 = 2 \neq 0$$

Orlem aquest menor amb la tercera fila i la tercera columna:

$$\begin{vmatrix} 2 & 4 & 0 \\ 1 & 3 & 1 \\ 1 & 0 & -2 \end{vmatrix} = -12 + 4 + 8 = 0$$

Ja que dona zero el primer menor d'ordre 3 orlat del d'ordre 2, cal que calculem el menor d'ordre 3 que falta orlant el menor d'ordre 2 no nul. Si aquest menor és diferent de zero, el rang serà 3; si és zero, el rang serà 2, i no caldrà calcular els altres dos menors d'ordre 3.

Per calcular el menor que falta, orlem el menor d'ordre 2 no nul, amb la tercera fila i la quarta columna. Obtenim el següent:

$$\begin{vmatrix} 2 & 4 & 7 \\ 1 & 3 & 8 \\ 1 & 0 & -9 \end{vmatrix} = -54 + 32 - 21 + 36 = -7 \neq 0 \rightarrow \text{rang } D = 3$$

Exemple 8 ➡ **Troba el rang de la matriu** $N = \begin{pmatrix} 1 & -2 & -1 \\ -2 & 4 & 2 \end{pmatrix}$.

Com que l'ordre de la matriu N és (2, 3), el seu rang serà 1 o 2, ja que no pot ser 0 perquè no és la matriu nul·la, que és l'única matriu de rang 0; i no pot ser una matriu de rang superior a 2, perquè només té 2 files.

Observant la matriu, es dedueix fàcilment que no conté cap menor d'ordre 2 que sigui diferent de 0. És a dir, tots els menors d'ordre 2 de la matriu N són 0, efectivament:

$$\begin{vmatrix} 1 & -2 \\ -2 & 4 \end{vmatrix} = 0, \begin{vmatrix} 1 & -1 \\ -2 & 2 \end{vmatrix} = 0 \text{ i } \begin{vmatrix} -2 & -1 \\ 4 & 2 \end{vmatrix} = 0$$

Amb la qual cosa tenim que rang $N \neq 2$. Per tant, rang $N = 1$.

Exemple 9 **Troba el rang de la matriu** $M = \begin{pmatrix} 1 & 2 & 5 \\ 1 & -3 & -6 \\ -6 & -2 & -8 \\ 0 & 5 & 11 \\ 2 & -1 & -1 \end{pmatrix}$.

Com en el cas de la matriu *D* del text, comencem localitzant un menor d'ordre 2 diferent de zero; prenem el menor definit per les dues primeres files i les dues primeres columnes:

$$\begin{vmatrix} 1 & 2 \\ 1 & -3 \end{vmatrix} = -3 - 2 = -5 \neq 0$$

Orlem aquest menor fins a trobar un menor d'ordre 3 diferent de zero, si és possible:

$$\begin{vmatrix} 1 & 2 & 5 \\ 1 & -3 & -6 \\ -6 & -2 & -8 \end{vmatrix} = 24 + 72 - 10 - 90 + 16 - 12 = 0$$

$$\begin{vmatrix} 1 & 2 & 5 \\ 1 & -3 & -6 \\ 0 & 5 & 11 \end{vmatrix} = -33 + 25 - 22 + 30 = 0$$

$$\begin{vmatrix} 1 & 2 & 5 \\ 1 & -3 & -6 \\ 2 & -1 & -1 \end{vmatrix} = 3 - 24 - 5 + 30 + 2 - 6 = 0$$

Com que tots els menors d'ordre 3 orlats a partir del menor d'ordre 2 no nul són zero, tenim que: rang $M = 2$.

Per concloure, podem afirmar que:

Sigui *A* una matriu en què hi ha un menor no nul d'ordre *k* i on tots els menors d'ordre k + 1 són nuls. Es verifica que el rang de la matriu *A* és *k*.

Recíprocament, si el rang és *k*, hi ha un menor no nul d'ordre *k* i són nuls tots els menors d'ordre $k + 1$.

ACTIVITATS

15. Troba el rang de les matrius següents:

$$A = \begin{pmatrix} 3 & 1 & 2 \\ 1 & 2 & -1 \\ 1 & 1 & 0 \end{pmatrix} \quad B = \begin{pmatrix} 3 & 1 & 2 & 5 \\ 1 & 2 & -1 & 2 \\ 1 & 1 & 0 & 1 \end{pmatrix}$$

$$C = \begin{pmatrix} 3 & 1 & 5 \\ 1 & 2 & 5 \\ 2 & -1 & 0 \\ 5 & 2 & 1 \end{pmatrix} \quad D = \begin{pmatrix} 2 & -1 & 1 \\ 1 & -2 & -1 \\ 3 & 1 & 0 \end{pmatrix}$$

16. Troba els valors de *a* pels quals el rang de $A \neq 3$.

$$A = \begin{pmatrix} 1 & a & 1 \\ a+1 & 1 & -a \\ 2 & 1 & -1 \end{pmatrix}$$

17. Decideix, segons els valors de *k*, el rang de la matriu:

$$\begin{pmatrix} 1 & k & k^2 \\ 1 & 2 & 4 \\ 1 & 3 & 9 \end{pmatrix}$$

5. Matriu inversa

La **matriu inversa** d'una matriu quadrada A, que designem per A^{-1}, és la matriu que verifica:

$$AA^{-1} = A^{-1}A = I$$

en què I és la matriu unitat corresponent. Diem que una matriu és **regular** si té matriu inversa.

Recorda

Una matriu quadrada és **regular** o **invertible** si el seu determinant no és zero.

Sigui la matriu $A = \begin{pmatrix} -2 & 3 \\ 1 & -1 \end{pmatrix}$, calculem la seva inversa $A^{-1} = \begin{pmatrix} x & y \\ z & t \end{pmatrix}$ a partir de la definició.

Apliquem la definició: $\begin{pmatrix} -2 & 3 \\ 1 & -1 \end{pmatrix} \cdot \begin{pmatrix} x & y \\ z & t \end{pmatrix} = \begin{pmatrix} 1 & 0 \\ 0 & 1 \end{pmatrix}$

d'on obtenim la igualtat entre matrius: $\begin{pmatrix} -2x + 3z & -2y + 3t \\ x - z & y - t \end{pmatrix} = \begin{pmatrix} 1 & 0 \\ 0 & 1 \end{pmatrix}$

Igualant cadascun dels elements, obtenim: $\begin{cases} -2x + 3z = 1 \\ x - z = 0 \end{cases}$ i $\begin{cases} -2y + 3t = 0 \\ y - t = 1 \end{cases}$

Resolent cada sistema per separat s'obté la solució: $x = 1$, $y = 3$, $z = 1$ i $t = 2$.

Substituint, obtenim la matriu inversa: $A^{-1} = \begin{pmatrix} 1 & 3 \\ 1 & 2 \end{pmatrix}$.

Buscar la matriu inversa a partir de la definició resulta senzill en matrius quadrades d'ordre 2, però en matrius quadrades d'ordre superior a 2 esdevé un mètode molt complex, pel nombre d'equacions i d'incògnites que apareixen en cadascun dels sistemes que s'han de resoldre.

Ens cal, doncs, un mètode general de càlcul de la matriu inversa que serveixi per a qualsevol matriu quadrada regular.

La matriu inversa de la matriu quadrada A regular queda determinada per les igualtats següents:

Recorda

Per tal que una matriu quadrada A tingui matriu inversa cal que $|A| \neq 0$.

$$A^{-1} = \frac{1}{|A|}\,[{}^t(A^*)] \quad \text{o} \quad A^{-1} = \frac{1}{|A|}\,[({}^tA)^*]$$

que es fonamenten en les propietats dels determinants i en la definició de matriu inversa.

A continuació presentem un esquema dels passos que cal fer per trobar la matriu inversa d'una matriu quadrada A, calculant prèviament el determinant, per assegurar-nos que la matriu és regular:

Important

La transposada de l'adjunta coincideix amb l'adjunta de la transposada.

$$A \nearrow A^* \rightarrow {}^t(A^*) \rightarrow A^{-1} = \frac{1}{|A|}\,[{}^t(A^*)]$$

$$A \searrow {}^tA \rightarrow ({}^tA)^* \rightarrow A^{-1} = \frac{1}{|A|}\,[({}^tA)^*]$$

Com veiem en l'esquema, per calcular la matriu inversa tenim dos camins: fer la transposada de l'adjunta o l'adjunta de la transposada, i finalment dividir cadascun dels elements d'aquesta última matriu pel determinant de la matriu inicial.

Exemple 10 **Calcula la matriu inversa de la matriu quadrada A anterior, aplicant aquest nou mètode.**

$A = \begin{pmatrix} -2 & 3 \\ 1 & -1 \end{pmatrix}$. Observem que és regular, ja que $|A| = 2 - 3 = -1 \neq 0 \rightarrow \exists A^{-1}$.

Calculem l'adjunta de la matriu A: $A^* = \begin{pmatrix} -1 & -1 \\ -3 & -2 \end{pmatrix}$

D'aquesta en fem la transposada: ${}^t(A^*) = \begin{pmatrix} -1 & -3 \\ -1 & -2 \end{pmatrix}$

Finalment dividim cada element per -1, i obtenim: $A^{-1} = \begin{pmatrix} 1 & 3 \\ 1 & 2 \end{pmatrix}$

Com veiem, dona la mateixa matriu que la que ha donat quan ho hem calculat a partir de la definició.

En aquest segon mètode, si volem comprovar que A^{-1} és efectivament la matriu inversa de A, n'hi ha prou de veure que verifica la definició de matriu inversa:

$$AA^{-1} = A^{-1}A = I$$

$$AA^{-1} = \begin{pmatrix} -2 & 3 \\ 1 & -1 \end{pmatrix} \cdot \begin{pmatrix} 1 & 3 \\ 1 & 2 \end{pmatrix} = \begin{pmatrix} -2+3 & -6+6 \\ 1-1 & 3-2 \end{pmatrix} = \begin{pmatrix} 1 & 0 \\ 0 & 1 \end{pmatrix}$$

$$A^{-1}A = \begin{pmatrix} 1 & 3 \\ 1 & 2 \end{pmatrix} \cdot \begin{pmatrix} -2 & 3 \\ 1 & -1 \end{pmatrix} = \begin{pmatrix} -2+3 & 3-3 \\ -2+2 & 3-2 \end{pmatrix} = \begin{pmatrix} 1 & 0 \\ 0 & 1 \end{pmatrix}$$

Exemple 11 **Amb la matriu A de l'exemple anterior, comprova que la matriu transposada de la matriu adjunta coincideix amb la matriu adjunta de la matriu transposada.**

En l'exemple 10, tenim que:

$${}^t(A^*) = \begin{pmatrix} -1 & -3 \\ -1 & -2 \end{pmatrix}.$$

A partir de la matriu $A = \begin{pmatrix} -2 & 3 \\ 1 & -1 \end{pmatrix}$, calculem:

$${}^tA = \begin{pmatrix} -2 & 1 \\ 3 & -1 \end{pmatrix}$$

I finalment: $({}^tA)^* = \begin{pmatrix} -1 & -3 \\ -1 & -2 \end{pmatrix}$

En efecte, es verifica: ${}^t(A^*) = ({}^tA)^*$

Exemple 12 ➡ **Calcula ara la inversa de la matriu quadrada d'ordre 3:**

$$\mathbf{B} = \begin{pmatrix} \mathbf{1} & \mathbf{3} & \mathbf{1} \\ \mathbf{2} & \mathbf{-1} & \mathbf{2} \\ \mathbf{3} & \mathbf{2} & \mathbf{-3} \end{pmatrix}$$

Calculem el determinant: $|B| = \begin{vmatrix} 1 & 3 & 1 \\ 2 & -1 & 2 \\ 3 & 2 & -3 \end{vmatrix} = 3 + 18 + 4 + 3 + 18 - 4 = 42 \neq 0 \rightarrow \exists\, B^{-1}$.

A continuació hem de trobar la transposada de l'adjunta:

$$B^* = \begin{pmatrix} -1 & 12 & 7 \\ 11 & -6 & 7 \\ 7 & 0 & -7 \end{pmatrix} \rightarrow {}^t(B^*) = \begin{pmatrix} -1 & 11 & 7 \\ 12 & -6 & 0 \\ 7 & 7 & -7 \end{pmatrix}$$

Dividint cada element de la matriu ${}^t(B^*)$ per $|B| = 42$, obtenim la matriu inversa de B:

$$B^{-1} = \frac{1}{42}\begin{pmatrix} -1 & 11 & 7 \\ 12 & -6 & 0 \\ 7 & 7 & 7 \end{pmatrix} = \begin{pmatrix} -\frac{1}{42} & \frac{11}{42} & \frac{1}{6} \\ \frac{2}{7} & -\frac{1}{7} & 0 \\ \frac{1}{6} & \frac{1}{6} & -\frac{1}{6} \end{pmatrix}$$

Fem-ne la comprovació:

$$BB^{-1} = \begin{pmatrix} 1 & 3 & 1 \\ 2 & -1 & 2 \\ 3 & 2 & -3 \end{pmatrix} \cdot \begin{pmatrix} -\frac{1}{42} & \frac{11}{42} & \frac{1}{6} \\ \frac{2}{7} & -\frac{1}{7} & 0 \\ \frac{1}{6} & \frac{1}{6} & -\frac{1}{6} \end{pmatrix} = \begin{pmatrix} -\frac{1}{42}+\frac{6}{7}+\frac{1}{6} & \frac{11}{42}-\frac{3}{7}+\frac{1}{6} & \frac{1}{6}-\frac{1}{6} \\ -\frac{1}{21}-\frac{2}{7}+\frac{1}{3} & \frac{11}{21}+\frac{1}{7}+\frac{1}{3} & \frac{1}{3}-\frac{1}{3} \\ -\frac{1}{14}+\frac{4}{7}-\frac{1}{2} & \frac{11}{14}-\frac{2}{7}-\frac{1}{2} & \frac{1}{2}+\frac{1}{2} \end{pmatrix} = \begin{pmatrix} 1 & 0 & 0 \\ 0 & 1 & 0 \\ 0 & 0 & 1 \end{pmatrix}$$

Inverse
- det.
- adjunt
- transposada

$$B^{-1}B = \begin{pmatrix} -\frac{1}{42} & \frac{11}{42} & \frac{1}{6} \\ \frac{2}{7} & -\frac{1}{7} & 0 \\ \frac{1}{6} & \frac{1}{6} & -\frac{1}{6} \end{pmatrix} \cdot \begin{pmatrix} 1 & 3 & 1 \\ 2 & -1 & 2 \\ 3 & 2 & -3 \end{pmatrix} =$$

$$= \begin{pmatrix} -\frac{1}{42}+\frac{11}{21}+\frac{1}{2} & -\frac{1}{14}-\frac{11}{42}+\frac{1}{3} & -\frac{1}{42}+\frac{11}{21}-\frac{1}{2} \\ \frac{2}{7}-\frac{2}{7} & \frac{6}{7}+\frac{1}{7} & \frac{2}{7}-\frac{2}{7} \\ \frac{1}{6}+\frac{1}{3}-\frac{1}{2} & \frac{1}{2}-\frac{1}{6}-\frac{1}{3} & \frac{1}{6}+\frac{1}{3}+\frac{1}{2} \end{pmatrix} = \begin{pmatrix} 1 & 0 & 0 \\ 0 & 1 & 0 \\ 0 & 0 & 1 \end{pmatrix}$$

ACTIVITATS

18. Sigui A una matriu quadrada regular. Demostra:

a) Si $AX = B$, aleshores $X = A^{-1}B$.

b) Si $XA = C$, aleshores $X = CA^{-1}$.

c) Aplica-ho a les matrius:

$$A = \begin{pmatrix} 2 & 3 \\ -1 & 5 \end{pmatrix}$$

$$B = \begin{pmatrix} -1 & 4 & 1 \\ 0 & 2 & -1 \end{pmatrix}$$

$$C = \begin{pmatrix} 1 & 0 \\ -2 & -1 \\ 3 & 1 \end{pmatrix}$$

19. De les matrius:

$$A = \begin{pmatrix} 1 & 0 \\ 2 & 4 \end{pmatrix}$$

$$B = \begin{pmatrix} 1 & 2 & 3 \\ 0 & 3 & 0 \end{pmatrix}$$

$$C = \begin{pmatrix} 3 & -2 & 1 \\ 1 & 1 & 1 \end{pmatrix}$$

a) Indica'n una que tingui inversa.

b) Troba aquesta inversa. Fes-ne la comprovació.

20. Amb les matrius de l'activitat anterior, troba una matriu X tal que $AX - B = C$.

21. Troba la inversa de la matriu següent i comprova-la.

$$A = \begin{pmatrix} 1 & 2 & 3 \\ -1 & 1 & 2 \\ 3 & 4 & 2 \end{pmatrix}$$

Calcula $|A^{-1}|$ i compara-ho amb $|A|$. Què hi observes?

22. Troba una matriu B, tal que $BA = (1 \quad 2 \quad 0)$, essent A la matriu de l'activitat anterior.

23. Considera la matriu $M = \begin{pmatrix} 8 & -3a \\ 2a & -3 \end{pmatrix}$, en què a és un nombre real. Troba per a quins valors de a la matriu M no és regular.

24. Considera les matrius:

$$A = \begin{pmatrix} 3 & 1 & 2 \\ 0 & 1 & -1 \\ 1 & 1 & 2 \end{pmatrix}$$

$$B = \begin{pmatrix} 0 & 0 & 1 \\ 0 & 1 & 0 \\ 1 & 0 & 0 \end{pmatrix}$$

Comprova que:

$$(BA)^{-1} = (A^{-1})\,(B^{-1})$$

$$(AB)^{-1} = (B^{-1})\,(A^{-1})$$

25. De les matrius següents indica'n una que tingui inversa i calcula aquesta inversa:

$$A = \begin{pmatrix} 1 & 0 & 0 \\ 0 & 1 & 0 \\ 2 & 4 & 1 \end{pmatrix}$$

$$B = \begin{pmatrix} 1 & 2 & 3 \\ 1 & -1 & 3 \\ 0 & 3 & 0 \end{pmatrix}$$

$$C = \begin{pmatrix} 3 & -2 & 1 \\ 1 & -4 & -1 \\ 1 & 1 & 1 \end{pmatrix}$$

Troba una matriu X tal que $XA + B = 2C$.

26. Donades dues matrius

$$A = \begin{pmatrix} 3 & 1 \\ 2 & -1 \end{pmatrix} \text{ i } B = \begin{pmatrix} 0 & 1 \\ 2 & -1 \end{pmatrix}$$

Esbrina si existeix una matriu C que compleixi $BC = A$, i si s'escau, calcula-la.

27. Calcula, si existeix, la matriu inversa de la matriu:

$$M = \begin{pmatrix} 1 & -2 & 1 \\ 0 & 2 & -1 \\ 1 & -4 & 2 \end{pmatrix}$$

La matriu M és regular? Justifica la resposta.

Activitats finals

1. Troba el valor del determinant corresponent a la matriu:

$$B = \begin{pmatrix} 7 & 2 & 4 \\ -5 & -3 & 2 \\ 3 & 5 & 1 \end{pmatrix}$$

2. Calcula el determinant d'una matriu quadrada A d'ordre 3, definida per les condicions: $a_{ij} = 3\ (i = j)$, $a_{ij} = 1\ (i \neq j)$.

3. Resol l'equació següent:

$$\begin{vmatrix} x & 2x+1 & 2x+1 \\ 2x+1 & 3x-1 & 4x \\ 3x-1 & 4x & 6x-1 \end{vmatrix} = 0$$

4. Demostra que les arrels del polinomi següent són 4, 8 i –12.

$$p(x) = \begin{vmatrix} x & 8 & 8 \\ 8 & x & 4 \\ 4 & 4 & x \end{vmatrix}$$

5. Troba el rang de les matrius següents:

$$A = \begin{pmatrix} 1 & 1 & -1 & 1 \\ 3 & 2 & 1 & 1 \\ 5 & 3 & 3 & 2 \end{pmatrix} \quad C = \begin{pmatrix} 1 & 5 & 3 & 2 & 2 \\ 2 & 3 & 1 & 1 & 2 \\ 0 & 7 & 5 & 3 & 2 \end{pmatrix}$$

$$B = \begin{pmatrix} 2 & 1 \\ -3 & -2 \\ 1 & -1 \\ 1 & 2 \end{pmatrix} \quad D = \begin{pmatrix} 1 & 1 & 1 \\ 1 & 1 & 1 \\ 1 & 1 & -1 \\ 1 & -1 & 0 \\ 1 & -1 & 0 \end{pmatrix}$$

6. Calcula el rang de la matriu $A = \begin{pmatrix} -1 & 1 & 0 & 2 \\ 1 & 1 & 1 & 1 \\ -3 & 1 & -1 & -5 \end{pmatrix}$.

7. Donades les matrius:

$$A = \begin{pmatrix} -1 & 1 & 3 \\ 1 & 0 & 2 \\ 2 & -1 & 1 \end{pmatrix} \quad B = \begin{pmatrix} 4 & -1 & 0 \\ 2 & 1 & 3 \\ 1 & 2 & 1 \end{pmatrix}$$

$$C = \begin{pmatrix} 1 & 2 & 2 \\ -2 & -1 & 0 \\ 3 & 2 & -4 \end{pmatrix}$$

Troba, si existeix, la matriu X:

a) $XB = C$

b) $AX = B$

8. Comprova que la inversa de $A = \begin{pmatrix} a & b \\ c & d \end{pmatrix}$ és:

$$A^{-1} = \frac{1}{ad - bc} \begin{pmatrix} d & -b \\ -c & a \end{pmatrix}$$

Demostra que $|A^{-1}| = \dfrac{1}{|A|}$.

9. Sigui $A = \begin{pmatrix} 3 & 4 \\ -1 & -2 \end{pmatrix}$ troba una altra matriu quadrada B d'ordre 2 tal que $AB = 3A$.

10. Troba les matrius inverses de:

$$A = \begin{pmatrix} 1 & 2 & -3 \\ 0 & 1 & 2 \\ 0 & 0 & -1 \end{pmatrix} \quad B = \begin{pmatrix} 2 & 2 & 3 \\ 1 & -1 & 0 \\ -1 & 2 & 1 \end{pmatrix} \quad C = \begin{pmatrix} 2 & 4 & 3 \\ 0 & 1 & -1 \\ 2 & 2 & -1 \end{pmatrix}$$

Fes-ne la comprovació.

11. Calcula la matriu inversa de:

$$A = \begin{pmatrix} 5 & 0 & 1 \\ -2 & -3 & 0 \\ 1 & 4 & -1 \end{pmatrix}$$

12. Calcula el determinant de la matriu inversa de la matriu:

$$A = \begin{pmatrix} 2 & -3 & 1 \\ 1 & 4 & -1 \\ 1 & -1 & 1 \end{pmatrix}$$

13. Té inversa la matriu B? Justifica la resposta.

$$B = \begin{pmatrix} 1 & 2 & 3 \\ 4 & 5 & 6 \\ 7 & 8 & 9 \end{pmatrix}$$

14. Tres de les matrius següents no tenen inversa.

$$A = \begin{pmatrix} 2 & 1 & 1 \\ 0 & 1 & 2 \end{pmatrix} \quad B = \begin{pmatrix} 2 & -4 \\ -1 & 2 \end{pmatrix}$$

$$C = \begin{pmatrix} 1 & 1 & 0 \\ 1 & 2 & 0 \\ 2 & 0 & 3 \end{pmatrix} \quad D = \begin{pmatrix} 1 & 1 & 0 \\ 1 & 2 & 0 \\ 2 & 3 & 1 \end{pmatrix}$$

Digues quines són, calcula la matriu inversa de la que en té i fes-ne la comprovació.

15. *a)* Calcula el determinant:

$$\begin{vmatrix} a & a & a \\ a+b & a & a \\ a & a+c & a \end{vmatrix}$$

b) Resol l'equació:

$$\begin{vmatrix} 2x+2 & x & 2 \\ 2 & 2-x & 0 \\ x+1 & 0 & x+1 \end{vmatrix} = 0$$

16. Donada la matriu:

$$A = \begin{pmatrix} 1 & -2 & 3 \\ 1 & 1 & 2 \\ -2 & 0 & -1 \end{pmatrix}$$

Troba la matriu inversa de A i calcula el determinant de la inversa.

17. Resol l'equació $XA = B + C$,

sabent que: $A = \begin{pmatrix} 1 & 1 \\ 1 & 2 \end{pmatrix}$, $B = \begin{pmatrix} 1 & 0 \\ 0 & 1 \end{pmatrix}$ i $C = \begin{pmatrix} 0 & 1 \\ 1 & 0 \end{pmatrix}$.

18. Estudia el rang de la matriu:

$$A = \begin{pmatrix} m & 2 & -3 \\ 3 & 0 & 1 \\ 2 & m & -1 \end{pmatrix}$$

19. Considera la matriu $A = \begin{pmatrix} 1 & 2 \\ a & b \\ b & a^2 \end{pmatrix}$.

Troba els valors dels paràmetres a i b perquè la matriu tingui rang 1.

20. Donades les matrius següents:

$$A = \begin{pmatrix} -1 & 0 \\ 1 & 1 \end{pmatrix}, B = \begin{pmatrix} 1 & 2 \\ 2 & 3 \end{pmatrix} \text{ i } C = \begin{pmatrix} 2 & 0 \\ -1 & 2 \end{pmatrix}$$

a) Calcula A^{-1} i B^{-1}.

b) Determina X perquè es compleixi l'equació $AXB = 2C$.

21. Siguin les matrius $A = \begin{pmatrix} 2 & 1 \\ -1 & -1 \end{pmatrix}$ i $B = (-2 \quad 5)$.

a) Resol l'equació matricial $X + 2A = XA$, on X és la matriu incògnita.

b) Hi ha cap matriu Y que verifiqui $YA = B$? I que verifiqui $AY = B$? Justifica les respostes.

22. Siguin les matrius:

$$A = \begin{pmatrix} 2 & 3 \\ 1 & 2 \end{pmatrix}, B = \begin{pmatrix} 0 & -1 \\ -1 & -0 \end{pmatrix} \text{ i } I = \begin{pmatrix} 1 & 0 \\ 0 & 1 \end{pmatrix}$$

Determina una matriu:

a) X que verifiqui $AX = I$.

b) Y que verifiqui $AYA = B$.

23. Donades les matrius $A = \begin{pmatrix} 1 & -1 \\ 0 & 2 \end{pmatrix}$ i $B = \begin{pmatrix} -3 & 0 \\ 2 & 1 \end{pmatrix}$, calcula la matriu X que compleix $XA + B^2 = 2I$, on $I = \begin{pmatrix} 1 & 0 \\ 0 & 1 \end{pmatrix}$ és la matriu identitat d'ordre 2.

24. Considera la matriu $A = \begin{pmatrix} a-1 & 1 \\ 1 & a+1 \end{pmatrix}$.

Sigui I la matriu identitat d'ordre 2.

a) Troba el valor del paràmetre a perquè es compleixi que $A^2 - 2A = I$.

b) Calcula la matriu inversa de la matriu A quan $a = -2$.

25. Sigui la matriu $A = \begin{pmatrix} 0 & a & 1 \\ 1 & 0 & -2 \\ 1 & 1 & -a \end{pmatrix}$.

a) Determina per a quins valors de a existeix A^{-1}.

b) Calcula A^{-1} per a $a = 0$.

26. Troba totes les matrius de la forma $A = \begin{pmatrix} a & 0 \\ b & 1 \end{pmatrix}$ que siguin inverses d'elles mateixes, és a dir, que $A^2 = \begin{pmatrix} 1 & 0 \\ 0 & 1 \end{pmatrix}$.

27. Respon a les qüestions següents:

a) Demostra que si A és una matriu quadrada que satisfà la igualtat $A^2 = I$, on I és la matriu identitat, aleshores A és invertible i A^{-1} satisfà $(A^{-1})^2 = I$.

b) Calcula l'expressió general de les matrius de la forma

$A = \begin{pmatrix} a & b \\ c & 2 \end{pmatrix}$ amb $b \neq 0$ que satisfan la igualtat $A^2 = I$.

c) Calcula la matriu de la forma $A = \begin{pmatrix} 1 & a \\ 1 & 0 \end{pmatrix}$ que satisfà $A^2 - A = I$, en què I és la matriu identitat $I = \begin{pmatrix} 1 & 0 \\ 0 & 1 \end{pmatrix}$.

d) Calcula A^{-1} i comprova que el resultat es correspon amb el que s'obté de deduir la matriu A^{-1} a partir de la igualtat $A^2 - A = I$.

Activitats finals

28. Troba una matriu X tal que $AXA=B$, sent

$$A=\begin{pmatrix}2&1\\0&2\end{pmatrix} \text{ i } B=\begin{pmatrix}2&-1\\0&1\end{pmatrix}.$$

29. Considera la matriu $M=\begin{pmatrix}2&a\\-a&0\end{pmatrix}$, en què a és un nombre real. Determina el valor de a de manera que

$$M^{-1}=\begin{pmatrix}0&1\\-1&2\end{pmatrix}.$$

30. Siguin les matrius $A=\begin{pmatrix}0&1\\-1&-1\end{pmatrix}$ i $B=\begin{pmatrix}2&1\\1&2\end{pmatrix}$.

a) Comprova que $A^{-1}=A^2$.

b) Resol l'equació matricial $AX+B=I$.

31. Considera la matriu $B=\begin{pmatrix}2&6&4\\2&7&5\\4&11&x\end{pmatrix}$. Troba el valor de x sabent que el rang de la matriu B és 2.

32. Donades les matrius $A=\begin{pmatrix}0&2&-1\\a&2&3\end{pmatrix}$ i $B=\begin{pmatrix}-1&-2\\0&1\\1&-1\end{pmatrix}$, en què a és un nombre real, troba per a quins valors de a és invertible la matriu obtinguda del resultat dels productes:

a) AB

b) BA

33. Considera la matriu

$$A=\begin{pmatrix}x&-2\\5&-x\end{pmatrix}.$$

Estudia per a quins valors de x la matriu inversa de la matriu A coincideix amb la seva oposada, és a dir, $A^{-1}=-A$.

34. Donada la matriu següent dependent d'un paràmetre m:

$$A=\begin{bmatrix}1&1&2\\2&m&2m\\m&2&2+m\end{bmatrix}$$

Estudia'n el rang segons els valors de m.

PREPARA'T PER A LA UNIVERSITAT

1. Siguin $A=\begin{pmatrix}0&1&0\\0&0&1\\1&0&0\end{pmatrix}$ i $B=\begin{pmatrix}0&0&1\\1&0&0\\0&1&0\end{pmatrix}$. Comprova que:

a) La matriu inversa de A és A^2.

b) $A^{518}=B$.

2. Considera la matriu $A=\begin{bmatrix}1&-1&3\\-3&1&-2\end{bmatrix}$.

a) Una matriu B, la primera fila de la qual és $(2\ \ 1)$, té dues columnes i compleix que $AB=\begin{bmatrix}1&3\\1&2\end{bmatrix}$. Completa-la.

b) Calcula $(AB)^{-1}$.

3. Considera les matrius:

$$A=\begin{bmatrix}2&1\\1&1\end{bmatrix},\ B=\begin{bmatrix}3&5\\1&2\end{bmatrix} \text{ i } C=\begin{bmatrix}1&0\\2&1\end{bmatrix}.$$

a) Calcula les matrius inverses de A i de B.

b) Determina una matriu X de manera que $AXB=C$.

4. Considera les matrius $A=\begin{bmatrix}1&-3\\2&2\end{bmatrix}$, $B=\begin{bmatrix}1&3\\2&-2\end{bmatrix}$.

a) Troba la matriu M, quadrada d'ordre 2, tal que $MA=B$.

b) Comprova que $M^2=I$ (matriu identitat d'ordre 2) i dedueix l'expressió de M^n.

5. Donada la matriu $M=\begin{bmatrix}k+1&1&1\\0&k-2&1\\0&k-2&-k\end{bmatrix}$.

Calcula:

a) Els valors del paràmetre k per als quals la matriu M no és invertible.

b) M^{-1} per a $k=0$.

- **Domines correctament el càlcul de determinants?**
- Saps calcular el rang d'una matriu de qualsevol ordre?
- Ets capaç de calcular i comprovar l'existència de la matriu inversa?
- Consideres que els determinants són útils i necessaris per al càlcul matricial?
- Quins dels procediments treballats en aquesta unitat t'han semblat més difícils?
- De tot el que s'ha tractat en aquesta unitat, què creus que hauries de reforçar?

Determinants i videojocs

Situació d'aprenentatge

Fins ara has utilitzat els determinants per al càlcul de la matriu inversa, però té moltes altres aplicacions, una de les quals la trobem en el camp de la geometria computacional per al posicionament de punts en imatges fetes per ordinador. Aquest camp de les matemàtiques uneix els aprenentatges en geometria i en algorísmica. En aquest context, sovint cal determinar si un punt es troba dins d'una regió tancada o no i, encara que no ho sembli, els determinants ens poden ajudar en aquesta tasca.

Analitzem un d'aquests casos: la regió triangular. Suposem que en el pla $\mathbb{R}^2$ tenim un triangle format per tres punts *A*, *B* i *C*, i ens interessa saber si un quart punt *D* es troba, o no, dins d'aquest triangle. Com en molts problemes la resolució dels quals és difícil de començar, n'abordem primer un de més simple: com podem saber si un punt D (D_x, D_y) es troba a la dreta o a l'esquerra d'una recta que passa per dos punts A (A_x, A_y) i B (B_x, B_y)? (Fixa't que *dreta* i *esquerra* només estan ben definides si dotem la recta d'un sentit!)

Matemàticament, es pot demostrar que resoldre aquest problema és tan senzill com conèixer el signe del següent determinant:

$$\begin{vmatrix} A_x & A_y & 1 \\ B_x & B_y & 1 \\ D_x & D_y & 1 \end{vmatrix}$$

A partir d'aquí, saber si un punt es troba dins o no d'un triangle equival a veure si, quan recorrem tots els seus vèrtexs en un mateix sentit, deixem el punt sempre al mateix costat. Podem imaginar-nos que anem en cotxe i sempre veiem un mateix objecte per la finestra del conductor. Si hem donat una volta sencera, voldrà dir que l'objecte quedava dins de la regió limitada pel nostre recorregut.

L'algorisme per decidir si el punt es troba o no dins de la regió quedaria, doncs, així:

1. Es calculen els determinants definits amb els punts *[A, B, D]*, *[B, C, D]* i *[C, A, D]* (i la columna d'uns).
2. Si tots tenen el mateix signe, *D* està dins del triangle.
3. Si no, *D* es troba fora del triangle.

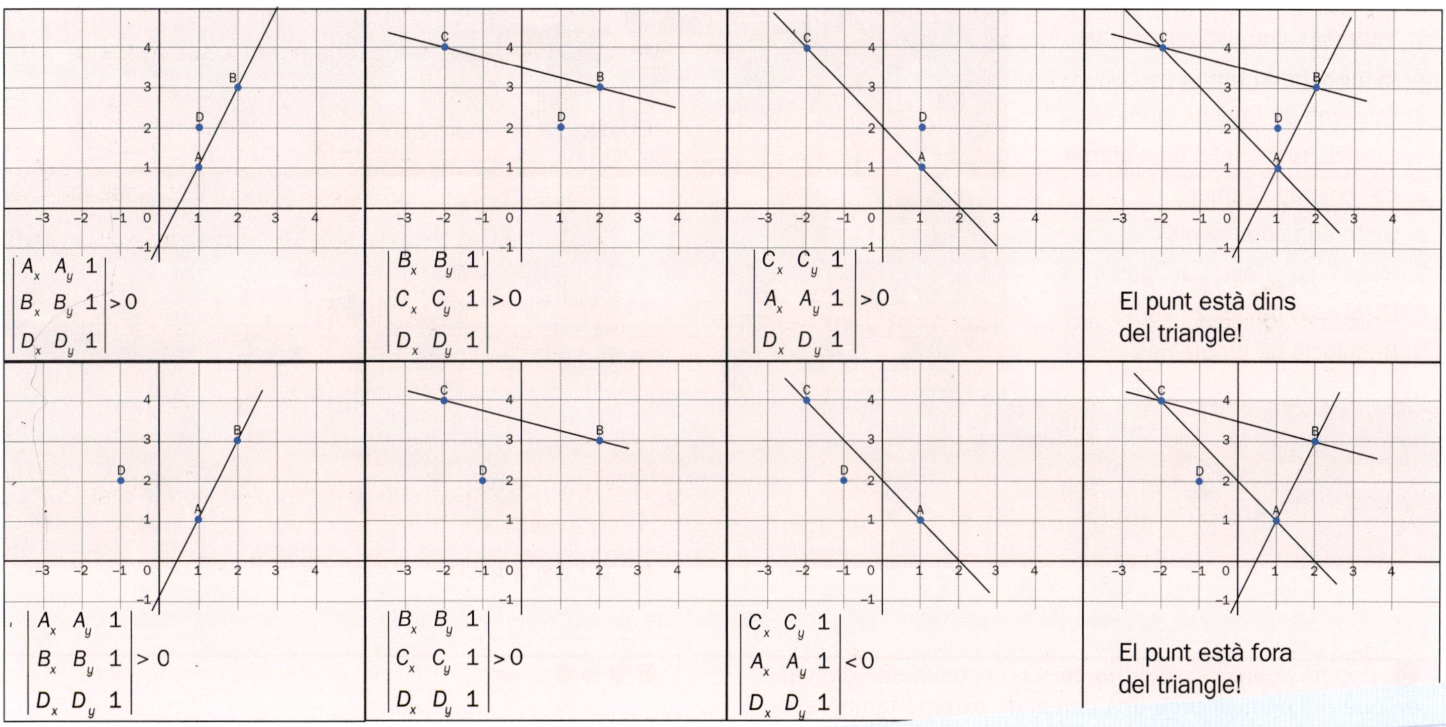

Ara et toca a tu! Estàs creant un videojoc i et falta la part del programa per determinar si el protagonista està dins o no d'una figura tancada.

a) Com podries adaptar l'algorisme de posicionament dins del triangle per determinar si el punt està situat dins una regió quadrada?

b) Què voldria dir que un dels determinants fos igual a 0?

c) Per veure si un punt D està dins o fora del cercle limitat per la circumferència que passa per A, B, C, hi ha un mètode equivalent que consisteix a determinar el signe del següent determinant:

$$\begin{vmatrix} A_x & A_y & A_x^2 + A_y^2 & 1 \\ B_x & B_y & B_x^2 + B_y^2 & 1 \\ C_x & C_y & C_x^2 + C_y^2 & 1 \\ D_x & D_y & D_x^2 + D_y^2 & 1 \end{vmatrix}$$

Experimenta agafant 4 punts i esbrinant què succeeix.

UNITAT

3 Sistemes d'equacions lineals

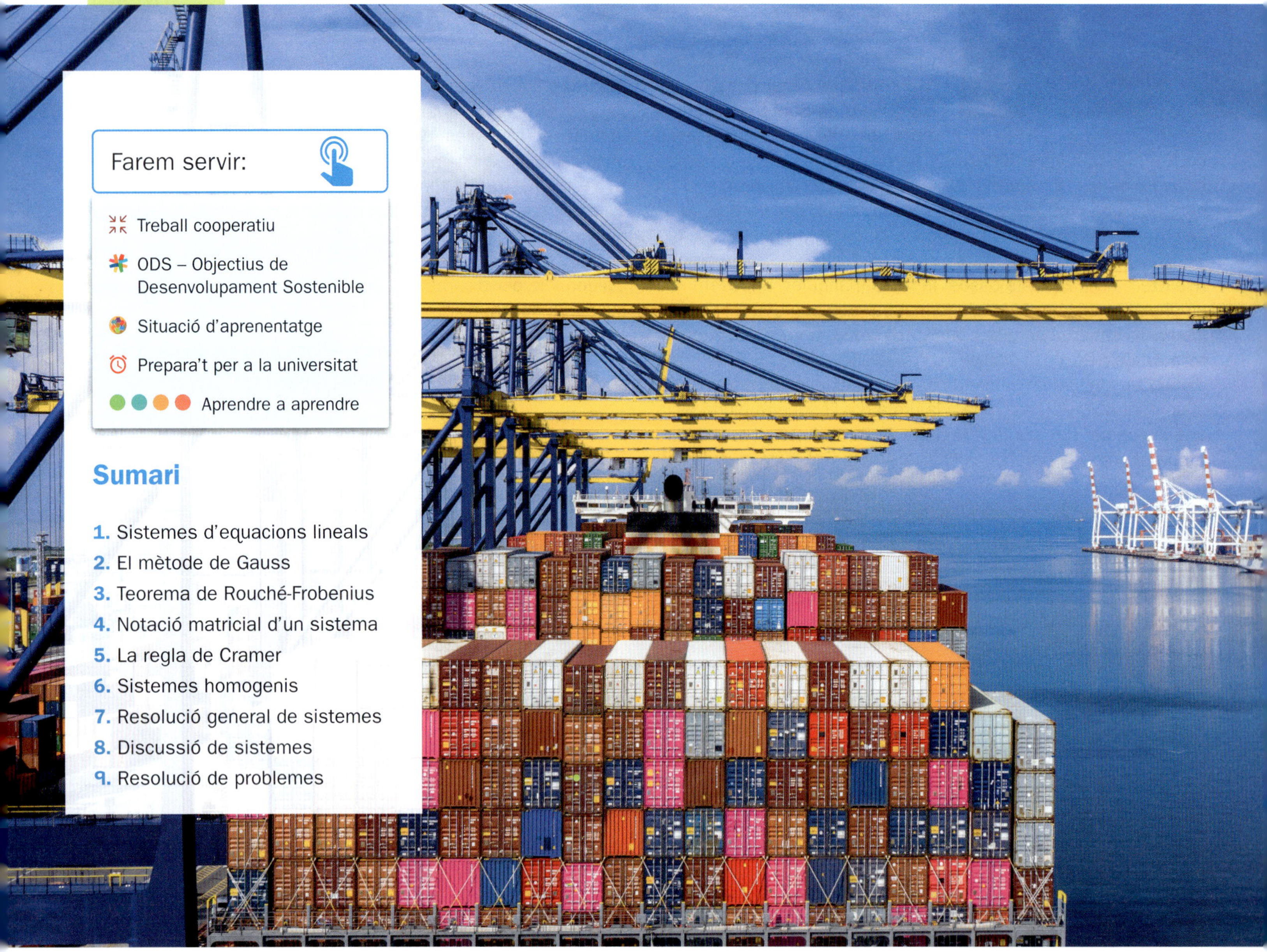

Farem servir:

- Treball cooperatiu
- ODS – Objectius de Desenvolupament Sostenible
- Situació d'aprenentatge
- Prepara't per a la universitat
- Aprendre a aprendre

Sumari

Podem veure la indústria com un ecosistema delicat, en què per complir amb una demanda externa també s'ha d'equilibrar amb producció interna. Els grans sectors de l'economia no són independents els uns dels altres. El sector de serveis necessita part de la producció del sector agrícola, de l'industrial, etc. De la mateixa manera, els altres sectors també necessiten el de serveis. I a més a més, amb el compromís de contribuir a l'**ODS Producció i consum responsables.**

Com s'equilibra la producció i la demanda quan, a part d'unes necessitats externes, també hi ha restriccions internes? Wassily Levontief va estudiar un model que, amb l'ajuda de variables i matrius, donava resposta a aquesta pregunta que, tot i semblar complexa d'entrada, té una interpretació simple.

Recordes els tres mètodes de resolució de sistemes lineals de dues equacions amb dues incògnites? Saps utilitzar-los indistintament?

Saps resoldre sistemes de tres equacions lineals amb tres incògnites?

Tens dificultats en la resolució d'equacions i de sistemes d'equacions en general?

Domines el càlcul de matrius i de determinants?

Ets capaç de plantejar un problema mitjançant una equació o un sistema d'equacions?

Saps interpretar el resultat obtingut en la resolució d'un problema?

1. Sistemes d'equacions lineals

Un **sistema d'equacions lineals** està format per equacions de **primer grau** en cadascuna de les incògnites, i totes les igualtats s'han de verificar alhora.

Un sistema $m \times n$ està format per m equacions lineals amb n incògnites i, després d'efectuar les operacions que calgui, es pot expressar:

$$\begin{cases} m_{11}x_1 + m_{12}x_2 + \ldots + m_{1n}x_n = b_1 \\ m_{21}x_1 + m_{22}x_2 + \ldots + m_{2n}x_n = b_2 \\ \ldots \\ m_{m1}x_1 + m_{m2}x_2 + \ldots + m_{mn}x_n = b_m \end{cases}$$

on m_{ij} representa el coeficient de les incògnites x_j i b_i, el terme independent.

Si ens centrem en els sistemes de tres equacions amb tres incògnites, aquesta notació ens porta a escriure:

$$\begin{cases} m_{11}x_1 + m_{12}x_2 + m_{13}x_3 = b_1 \\ m_{21}x_1 + m_{22}x_2 + m_{23}x_3 = b_2 \\ m_{31}x_1 + m_{32}x_2 + m_{33}x_3 = b_3 \end{cases}$$

La **solució d'un sistema** de tres equacions amb tres incògnites x, y i z és una terna de nombres reals $x = a$, $y = b$ i $z = c$ que verifiquen totes i cadascuna de les equacions del sistema.

1.1. Tipus de sistemes

Els sistemes d'equacions lineals es classifiquen segons la solució:

- Els sistemes **compatibles** són els que tenen solució.
  - Un sistema és **compatible determinat** si té una solució única.
  - Un sistema és **compatible indeterminat** si té infinites solucions.
- Els sistemes **incompatibles** són els que no tenen solució.

Aquesta classificació ja es va donar quan es va estudiar els sistemes de dues equacions amb dues incògnites. Aquí només la fem extensiva per a qualsevol nombre d'equacions i d'incògnites.

1.2. Sistemes equivalents

Es diu que dos o més sistemes són **equivalents** si tenen la mateixa solució per a totes i cadascuna de les incògnites.

Donat un sistema d'equacions lineals, podem obtenir-ne d'equivalents si efectuem algunes operacions amb les equacions. Aquestes operacions són:

a) Intercanviar equacions.

b) Multiplicar els dos membres d'una equació E_i per un nombre $k \neq 0$.

c) Substituir una equació per aquella que resulta de sumar-li'n una altra, o altres, multiplicades per un nombre $k \neq 0$. És a dir, substituir una equació per una combinació lineal d'aquesta amb altres.

Recorda

Les equacions com ara

$$\frac{1}{x} + 3x^2 = 1 \quad \text{i} \quad \sqrt{x} + 3 = e^x$$

no són lineals.

Important

Les incògnites x_j es poden representar per lletres diferents, com x, y, z, t, etc.

Important

Les propietats de les igualtats ens permeten fer operacions amb les equacions d'un sistema per tal d'obtenir-ne d'equivalents.

En la pràctica, les operacions *b* i *c* són les que s'apliquen en el mètode de reducció per resoldre sistemes de dues equacions amb dues incògnites. La finalitat de la seva aplicació és arribar a un sistema equivalent al donat, però que tingui solució gairebé immediata. Fixa't en el sistema:

$$\begin{cases} x + 2y - 3z = 8 \\ y - z = 3 \\ 2z = -2 \end{cases}$$

Diem que està en forma esglaonada. A partir de la tercera equació, trobem $z = -1$. Substituint el valor de z en la segona, tenim $y = 2$. Finalment, substituint y i z en la primera, trobem $x = 1$. Com pots veure, aquest tipus de sistemes tenen una resolució molt senzilla.

Exemple 1 ➡ **Resol el sistema següent obtenint-ne d'equivalents:**

$$\begin{cases} \mathbf{3x - 3y + z = 0} \\ \mathbf{x - 2y + 2z = 3} \\ \mathbf{2x + 2y - 3z = 6} \end{cases}$$

Apliquem la propietat *a* intercanviant la primera i la segona equacions. És bo que la primera equació sigui la més senzilla pel que fa als coeficients.

$$\begin{cases} 3x - 3y + z = 0 \\ x - 2y + 2z = 3 \\ 2x + 2y - 3z = 6 \end{cases} \rightarrow \begin{cases} x - 2y + 2z = 3 \\ 3x - 3y + z = 0 \\ 2x + 2y - 3z = 6 \end{cases}$$

Anomenem E_1, E_2 i E_3 cadascuna de les tres equacions.

Apliquem la propietat *c* segons l'esquema següent:

$$\begin{matrix} \\ E'_2 = -3E_1 + E_2 \rightarrow \\ E'_3 = -2E_1 + E_3 \rightarrow \end{matrix} \begin{cases} x - 2y + 2z = 3 \\ 3y - 5z = -9 \\ 6y - 7z = 0 \end{cases}$$

$$E''_3 = -2E'_2 + E'_3 \rightarrow \begin{cases} x - 2y + 2z = 3 \\ 3y - 5z = -9 \\ 3z = 18 \end{cases}$$

Tots els sistemes són equivalents al donat i tenen la mateixa solució. L'últim sistema obtingut està en forma esglaonada i ens permet trobar el valor de cada incògnita:

$$\begin{cases} x - 2y + 2z = 3 \\ 3y - 5z = -9 \\ 3z = 18 \rightarrow z = 6 \end{cases}$$

Substituint z en la segona equació: $3y - 30 = -9 \rightarrow 3y = 21 \rightarrow y = 7$

Substituint en la primera equació els valors de y i z: $x - 14 + 12 = 3 \rightarrow x = 5$

La solució del sistema és: $x = 5$, $y = 7$ i $z = 6$, que es pot escriure com una terna de nombres ordenats: $(x, y, z) = (5, 7, 6)$. El sistema és compatible determinat, té solució i és única.

ACTIVITATS

1. Esbrina si (0, 1, 2) és la solució d'algun dels sistemes següents:

a) $\begin{cases} x - 2y + z = 0 \\ 3y - 2z = -1 \\ 5x + y - z = -1 \end{cases}$ *b)* $\begin{cases} x - 2y = 0 \\ 3x + y = 1 \\ 3x - y + z = 2 \end{cases}$

2. Aplica les propietats de l'equivalència de sistemes fins a arribar a un sistema esglaonat, per trobar la solució dels sistemes següents:

a) $\begin{cases} x + y + z = 0 \\ 2x - 3y + 2z = 1 \\ x + y - 2z = -3 \end{cases}$ *b)* $\begin{cases} -x + y + z = 2 \\ 3x - y + z = 0 \\ -2x + 3y - 5z = -2 \end{cases}$

2. El mètode de Gauss

Considerem sistemes de 3 equacions i 3 incògnites.

Donat el sistema $\begin{cases} m_{11}x_1 + m_{12}x_2 + m_{13}x_3 = b_1 \\ m_{21}x_1 + m_{22}x_2 + m_{23}x_3 = b_2 \\ m_{31}x_1 + m_{32}x_2 + m_{33}x_3 = b_3 \end{cases}$

hi podem associar dues matrius:

- La matriu M, formada pels coeficients de les incògnites: $M = \begin{pmatrix} m_{11} & m_{12} & m_{13} \\ m_{21} & m_{22} & m_{23} \\ m_{31} & m_{32} & m_{33} \end{pmatrix}$

- La matriu M', formada ampliant l'anterior amb la columna que correspon als termes independents:

$$M' = \begin{pmatrix} m_{11} & m_{12} & m_{13} & b_1 \\ m_{21} & m_{22} & m_{23} & b_2 \\ m_{31} & m_{32} & m_{33} & b_3 \end{pmatrix}, \text{ simbòlicament: } \underbrace{\left(\underbrace{\begin{matrix} m_{11} & m_{12} & m_{13} \\ m_{21} & m_{22} & m_{23} \\ m_{31} & m_{32} & m_{33} \end{matrix}}_{M} \left| \begin{matrix} b_1 \\ b_2 \\ b_3 \end{matrix}\right.\right)}_{M'}$$

La matriu M s'anomena **matriu del sistema** i la matriu M' s'anomena **matriu ampliada.**

Les operacions que hem fet en l'apartat anterior per tal d'obtenir sistemes d'equacions equivalents en forma esglaonada només afecten els coeficients de les incògnites i els termes independents. Per aquest motiu, el mètode de Gauss treballa només amb els coeficients i els termes independents, és a dir, amb la matriu ampliada M'.

Cada fila d'aquesta matriu correspon a una equació del sistema. Les operacions que hem fet abans amb les equacions, les farem ara amb les files d'aquesta matriu per tal d'obtenir una matriu esglaonada que ens permeti resoldre el sistema proposat.

Biografia

Carl Friedrich Gauss (1777-1855), matemàtic i científic alemany.

Important

En resoldre sistemes pel mètode de Gauss, tindrem cura de posar les incògnites en columna de manera que cada columna correspongui a una mateixa incògnita.

Exemple 2 **Resol el sistema de l'exemple 1 per mitjà del mètode de Gauss. Observa que cal fer les mateixes operacions en ambdós casos.**

$$\begin{cases} 3x - 3y + z = 0 \\ x - 2y + 2z = 3 \\ 2x + 2y - 3z = 6 \end{cases} \rightarrow \left(\begin{array}{rrr|r} 3 & -3 & 1 & 0 \\ 1 & -2 & 2 & 3 \\ 2 & 2 & -3 & 6 \end{array}\right)$$

Intercanviem les dues primeres files:

$$\left(\begin{array}{rrr|r} 1 & -2 & 2 & 3 \\ 3 & -3 & 1 & 0 \\ 2 & 2 & -3 & 6 \end{array}\right)$$

Substituïm la segona fila per la que resulta de sumar-li la primera multiplicada per -3, i la tercera per la que resulta de sumar-li la primera multiplicada per -2:

$$\left(\begin{array}{rrr|r} 1 & -2 & 2 & 3 \\ 0 & 3 & -5 & -9 \\ 0 & 6 & -7 & 0 \end{array}\right)$$

Substituïm la tercera per la que resulta de sumar-li la segona multiplicada per -2:

$$\left(\begin{array}{ccc|c} 1 & -2 & 2 & 3 \\ 0 & 3 & -5 & -9 \\ 0 & 0 & 3 & 18 \end{array}\right)$$

Aquesta matriu correspon al sistema: $\begin{cases} x - 2y + 2z = 3 \\ 3y - 5z = -9 \\ 3z = 18 \end{cases}$

del qual pots obtenir la solució $z = 6$, $y = 7$ i $x = 5$ de manera immediata.

En la pràctica cal tenir en compte les recomanacions en l'ordre que s'enumeren tot seguit:

- Col·locar en la primera fila l'equació que tingui com a coeficient de la primera incògnita la unitat, sempre que sigui possible.
- Mantenir la primera fila invariable.
- En un primer pas, reduir la mateixa incògnita en les files segona i tercera amb la primera.
- Mantenir les dues primeres files invariables.
- Reduir una incògnita en la fila tercera amb la segona.

Fixa-t'hi

Tot i que hi ha moltes combinacions possibles, és aconsellable, però, seguir aquest ordre.

Ja et deus haver adonat que es tracta d'anar aplicant el mètode de reducció de manera successiva.

El sistema que hem resolt és **compatible determinat**, ja que té solució única.

En aplicar aquest mètode ens podem trobar amb una fila formada tota per zeros; això equival a una equació del tipus:

$$0x + 0y + 0z = 0$$

que es verifica per a qualsevol valor de les incògnites. En aquest cas, es tracta d'un **sistema compatible indeterminat**.

També ens podem trobar amb una fila en què tots els coeficients són zeros i diferent de zero el terme independent. Aquesta fila correspondria a una equació del tipus:

$$0x + 0y + 0z = b$$

que no té solució, ja que el primer membre de la igualtat és 0 i $b \neq 0$. El sistema seria **incompatible**.

Exemple 3 → **Resol pel mètode de Gauss els sistemes:**

a) $\begin{cases} \mathbf{x - 3y + 5z = 2} \\ \mathbf{2x - 4y + 2z = 1} \\ \mathbf{-x + y + 3z = 1} \end{cases}$ ***b)*** $\begin{cases} \mathbf{x - 3y + 5z = 2} \\ \mathbf{2x - 4y + 2z = 1} \\ \mathbf{-x + y + 3z = 2} \end{cases}$

a) La matriu ampliada del sistema és:

$$M' = \left(\begin{array}{ccc|c} 1 & -3 & 5 & 2 \\ 2 & -4 & 2 & 1 \\ -1 & 1 & 3 & 1 \end{array}\right)$$

$$\left(\begin{array}{ccc|c} 1 & -3 & 5 & 2 \\ 0 & 2 & -8 & -3 \\ 0 & -2 & 8 & 3 \end{array}\right) \rightarrow \left(\begin{array}{ccc|c} 1 & -3 & 5 & 2 \\ 0 & 2 & -8 & -3 \\ 0 & 0 & 0 & 0 \end{array}\right)$$

El sistema és compatible indeterminat i queda reduït a:

$$\begin{cases} x - 3y + 5z = 2 \\ 2y - 8z = -3 \end{cases}$$

Podem expressar les solucions del sistema en funció d'una de les incògnites, per exemple z, així:

$$y = \frac{8z-3}{2} \rightarrow x = 3y - 5z + 2 = 3 \cdot \frac{8z-3}{2} - 5z + 2 = \frac{14z-5}{2}$$

Les solucions del sistema les podem expressar per:

$$x = \frac{14z-5}{2};\ y = \frac{8z-3}{2};\ z = z,\ \forall z \in \mathbb{R}$$

Cada cop que donem un valor a z, tindrem una de les infinites solucions del sistema indeterminat proposat. Una solució particular s'obté en donar un valor a z. Per exemple, si $z = 0$, una solució particular és $\left(-\frac{5}{2}, -\frac{3}{2}, 0\right)$.

b) La matriu ampliada del sistema és:

$$M' = \left(\begin{array}{ccc|c} 1 & -3 & 5 & 2 \\ 2 & -4 & 2 & 1 \\ -1 & 1 & 3 & 2 \end{array}\right)$$

Apliquem el mètode de Gauss:

$$\left(\begin{array}{ccc|c} 1 & -3 & 5 & 2 \\ 0 & 2 & -8 & -3 \\ 0 & -2 & 8 & 4 \end{array}\right) \rightarrow \left(\begin{array}{ccc|c} 1 & -3 & 5 & 2 \\ 0 & 2 & -8 & -3 \\ 0 & 0 & 0 & 1 \end{array}\right)$$

L'última fila correspon a l'equació $0x + 0y + 0z = 1$, que no té solució. La suma de productes per 0 no pot donar 1. És un sistema incompatible.

ACTIVITATS

3. Aplica el mètode de Gauss per resoldre, si és possible, els sistemes següents. Explica en cada cas de quin tipus de sistema es tracta.

a) $\begin{cases} 3x - 3y + z = 0 \\ x - 2y + 2z = 3 \\ x + y - 3z = -2 \end{cases}$ *b)* $\begin{cases} 3x - 3y + z = 0 \\ x - 2y + 2z = 3 \\ 2x + 2y - 3z = 6 \end{cases}$

c) $\begin{cases} 3x - 3y + z = 0 \\ x - 2y + 2z = 3 \\ 2x + 2y - 3z = -12 \end{cases}$ *d)* $\begin{cases} x + y + z = 2 \\ 3x - y + 2z = 0 \\ 5x + y - z = 1 \end{cases}$

4. Si en un sistema de tres equacions i tres incògnites substitueixes una equació per la que resulta de sumar les tres, obtens un sistema equivalent? Raona la teva resposta.

5. Escriu dues equacions lineals amb tres incògnites. Afegeix una tercera equació de manera que el sistema format per aquesta i les altres dues sigui compatible indeterminat. Pots afegir una tercera equació perquè el sistema sigui incompatible?

6. Resol els sistemes que et proposem a continuació en cas que siguin compatibles:

a) $\begin{cases} 2x + y + z = 4 \\ 3x + 4y - z = 4 \\ x + 3y + 2z = 4 \end{cases}$ *b)* $\begin{cases} 3x - 5y + 3z = 1 \\ x - 3y + 2z = 2 \\ x + y - z = -3 \end{cases}$

c) $\begin{cases} x - 2y = 15 \\ -3x + 4y = 7 \end{cases}$ *d)* $\begin{cases} 12x - y = 10 \\ 14x + 5y = 1 \end{cases}$

3. Teorema de Rouché-Frobenius

Vegem amb alguns exemples cadascun dels diferents tipus de sistema i com els relacionem amb els rangs de les matrius M i M'.

3.1. Sistema compatible determinat

Considerem el sistema: $\begin{cases} 2x + 4y + 5z = 1 \\ x + 3y + 3z = -1 \\ 2x + 5y - z = -7 \end{cases}$

Les matrius M i M' són: $M = \begin{pmatrix} 2 & 4 & 5 \\ 1 & 3 & 3 \\ 2 & 5 & -1 \end{pmatrix}$ i $M' = \left(\begin{array}{ccc|c} 2 & 4 & 5 & 1 \\ 1 & 3 & 3 & -1 \\ 2 & 5 & -1 & -7 \end{array}\right)$

Hi apliquem el mètode de Gauss:

$$\left(\begin{array}{ccc|c} 2 & 4 & 5 & 1 \\ 1 & 3 & 3 & -1 \\ 2 & 5 & -1 & -7 \end{array}\right) \rightarrow \left(\begin{array}{ccc|c} 2 & 4 & 5 & 1 \\ 0 & -2 & -1 & 3 \\ 0 & 1 & -6 & -8 \end{array}\right) \rightarrow \left(\begin{array}{ccc|c} 2 & 4 & 5 & 1 \\ 0 & -2 & -1 & 3 \\ 0 & 0 & -13 & -13 \end{array}\right)$$

Veurem com la matriu dels coeficients M és de rang 3 i l'ampliada també. El sistema és compatible determinat.

Si calculem els rangs de M i M' utilitzant els determinants, tenim:

- El determinant de segon ordre $\begin{vmatrix} 2 & 4 \\ 1 & 3 \end{vmatrix} = 2 \neq 0$ la matriu M és, com a mínim, de rang 2.
- El determinant de M, $|M| = \begin{vmatrix} 2 & 4 & 5 \\ 1 & 3 & 3 \\ 2 & 5 & -1 \end{vmatrix} = -13 \neq 0$ la matriu M és de rang 3.

No cal calcular el rang de la matriu M', ja que aquest també és 3. La matriu M' d'ordre (3, 4) com a màxim pot ser de rang 3. Podem afirmar que ho és, ja que conté el determinant d'ordre 3 que ens ha permès afirmar que el rang de M és 3.

En aquest sistema:

- rang M = rang M' = 3
- nombre d'incògnites: 3

El sistema és compatible determinat.

Exemple 4 **Comprova sense resoldre'l que el sistema següent $\begin{cases} 2x - 3y = 4 \\ x + 2y = -5 \end{cases}$ és compatible determinat.**

Per determinar de quin tipus de sistema es tracta, calcularem el rang de cadascuna de les dues matrius, la matriu del sistema M i la matriu ampliada M', que són, respectivament:

$$M = \begin{pmatrix} 2 & -3 \\ 1 & 2 \end{pmatrix} \text{ i } M' = \begin{pmatrix} 2 & -3 & 4 \\ 1 & 2 & -5 \end{pmatrix}.$$

Observant l'ordre de les dues matrius, es dedueix fàcilment que ambdues són de rang màxim 2; per tant, si el rang de M és 2, el rang de M' també serà 2.

Comencem, doncs, per esbrinar el rang de la matriu M, per la qual cosa calculem el seu determinant: $|M| = \begin{vmatrix} 2 & -3 \\ 1 & 2 \end{vmatrix} = 4 + 3 = 7.$

En ser $|M| \neq 0$, tenim que rang M = rang M' = 2. Com que les dues matrius tenen el mateix rang, i aquest coincideix amb el nombre d'incògnites, efectivament el sistema és compatible determinat, i això vol dir que el sistema té una única solució. Pots comprovar que la solució és: $x = -1$, $y = -2$.

3.2. Sistema compatible indeterminat

Considerem el sistema $\begin{cases} 2x + 4y + 5z = 1 \\ x + 3y + 3z = -1 \\ 3x + 7y + 8z = 0 \end{cases}$

Les matrius M i M' són: $M = \begin{pmatrix} 2 & 4 & 5 \\ 1 & 3 & 3 \\ 3 & 7 & 8 \end{pmatrix}$ i $M' = \left(\begin{array}{ccc|c} 2 & 4 & 5 & 1 \\ 1 & 3 & 3 & -1 \\ 3 & 7 & 8 & 0 \end{array}\right)$

Hi apliquem el mètode de Gauss:

$$\left(\begin{array}{ccc|c} 2 & 4 & 5 & 1 \\ 1 & 3 & 3 & -1 \\ 3 & 7 & 8 & 0 \end{array}\right) \rightarrow \left(\begin{array}{ccc|c} 2 & 4 & 5 & 1 \\ 0 & -2 & -1 & 3 \\ 0 & -2 & -1 & 3 \end{array}\right)$$

La matriu equivalent a M' té dues files iguals i el seu rang és 2.

Calculem, utilitzant determinants, els rangs de M i M'.

El determinant $\begin{vmatrix} 2 & 4 \\ 1 & 3 \end{vmatrix} = 2 \neq 0$ i la matriu M és com a mínim de rang 2.

$|M| = \begin{vmatrix} 2 & 4 & 5 \\ 1 & 3 & 3 \\ 3 & 7 & 8 \end{vmatrix} = 0$, la matriu M és de rang 2, ja que l'únic determinant d'ordre 3 és 0.

En la matriu M' podem considerar el determinant d'ordre 3 orlant el determinant d'ordre 2 diferent de 0, amb la quarta columna:

$$\begin{vmatrix} 2 & 4 & 1 \\ 1 & 3 & -1 \\ 3 & 7 & 0 \end{vmatrix} = 0, \text{ la matriu } M' \text{ també és de rang 2.}$$

En aquest sistema, rang M = rang $M' = 2 < 3$, que és el nombre d'incògnites; el sistema és compatible indeterminat amb un grau de llibertat: $3 - 2 = 1$.

Vegem com expressar la **solució general** d'aquest sistema.

El sistema és equivalent al de dues equacions, ja que les dues últimes files són iguals i en podem suprimir una:

$$\begin{cases} 2x + 4y + 5z = 1 \\ -2y - z = 3 \end{cases}$$

Expressem la incògnita z, per exemple, en funció d'un paràmetre λ, i $\forall\, \lambda \in \mathbb{R}$, $z = \lambda$:

$y = \dfrac{-3 - \lambda}{2}$ i substituint en la primera equació, expressem la incògnita x:

$$2x = 1 - 4y - 5z = 1 - 4 \cdot \frac{-3 - \lambda}{2} - 5\lambda = 7 - 3\lambda \rightarrow x = \frac{7 - 3\lambda}{2}$$

La solució general del sistema és: $x = \dfrac{7 - 3\lambda}{2}$; $y = \dfrac{-3 - \lambda}{2}$; $z = \lambda$.

Cada cop que donem a λ un valor, tindrem una solució particular de les infinites que té el sistema. Si fem $\lambda = 0$, una solució particular és: $x = \dfrac{7}{2}$, $y = -\dfrac{3}{2}$, $z = 0$.

3.3. Sistema incompatible

Considerem el sistema: $\begin{cases} x - y + z = 2 \\ x + y - z = -1 \\ x - 5y + 5z = -4 \end{cases}$

Les matrius M i M' són: $M = \begin{pmatrix} 1 & -1 & 1 \\ 1 & 1 & -1 \\ 1 & -5 & 5 \end{pmatrix}$ $\quad M' = \begin{pmatrix} 1 & -1 & 1 & 2 \\ 1 & 1 & -1 & -1 \\ 1 & -5 & 5 & -4 \end{pmatrix}$

Hi apliquem el mètode de Gauss a la matrius M':

$$\left(\begin{array}{ccc|c} 1 & -1 & 1 & 2 \\ 1 & 1 & -1 & -1 \\ 1 & -5 & 5 & -4 \end{array}\right) \rightarrow \left(\begin{array}{ccc|c} 1 & -1 & 1 & 2 \\ 0 & 2 & -2 & -3 \\ 0 & -2 & 2 & -3 \end{array}\right) \rightarrow \left(\begin{array}{ccc|c} 1 & -1 & 1 & 2 \\ 0 & 2 & -2 & -3 \\ 0 & 0 & 0 & -6 \end{array}\right)$$

És un sistema incompatible, ja que l'última equació és $0x + 0y + 0z = -6$. El rang de la matriu M és 2, ja que té una fila de zeros. La matriu M' és de rang 3; el rang $M \neq$ rang M', i, per tant, el sistema és incompatible, no té solució.

Aquestes associacions entre els rangs de les matrius i la compatibilitat dels sistemes són donades pel **teorema de Rouché-Frobenius**, que enunciarem de manera general.

Considerem un sistema de m equacions lineals amb n incògnites:

$$\begin{cases} m_{11} x_1 + m_{12} x_2 + \dots + m_{1n} x_n = b_1 \\ m_{21} x_1 + m_{22} x_2 + \dots + m_{2n} x_n = b_2 \\ \dots \\ m_{m1} x_1 + m_{m2} x_2 + \dots + m_{mn} x_n = b_m \end{cases}$$

Amb les matrius:

$$M = \begin{pmatrix} m_{11} & m_{12} & \dots & m_{1n} \\ m_{21} & m_{22} & \dots & m_{2n} \\ \dots & \dots & \dots & \dots \\ m_{m1} & m_{m2} & \dots & m_{mn} \end{pmatrix} \qquad M' = \begin{pmatrix} m_{11} & m_{12} & \dots & m_{1n} & b_1 \\ m_{21} & m_{22} & \dots & m_{2n} & b_2 \\ \dots & \dots & \dots & \dots & \dots \\ m_{m1} & m_{m2} & \dots & m_{mn} & b_m \end{pmatrix}$$

L'enunciat del **teorema de Rouché-Frobenius** ens diu:

> Un sistema és **compatible** si rang M = rang M'. En cas contrari, el sistema és **incompatible**.
>
> Si rang M = rang $M' = r$ i $r = n$, on n és el nombre d'incògnites, el sistema és **compatible determinat**.
>
> Si rang M = rang $M' = r$ i $r < n$, el sistema és **compatible indeterminat** amb $n - r$ graus de llibertat.

Biografia

Eugène Rouché (1832-1910), matemàtic francès.

Ferdinand Georg Frobenius (1849-1917), matemàtic alemany.

En els exemples previs del text podem constatar com es verifica aquest teorema:

- En el sistema compatible determinat, rang M = rang M' = 3, que és el nombre d'incògnites.
- En el sistema compatible indeterminat, rang M = rang M' = 2, i la diferència entre el nombre d'incògnites, 3, i el rang és 1, que és el grau de llibertat en què s'expressa la solució general.
- En el sistema incompatible, rang M = 2 i rang M' = 3, la diferència en els rangs ens indica que el sistema no té solució.

Exemple 5 **Aplica el teorema de Rouché-Frobenius per esbrinar la solució del sistema:**

$$\begin{cases} 4x + 4y - z = -1 \\ 2x + 3y - 2z = -4 \\ -3x + 2y - 3z = 6 \\ x + 4y - 4z = 5 \end{cases}$$

És un sistema de quatre equacions amb tres incògnites. Les matrius M i M' són:

$$M = \begin{pmatrix} 4 & 4 & -1 \\ 2 & 3 & -2 \\ -3 & 2 & -3 \\ 1 & 4 & -4 \end{pmatrix} \qquad M' = \begin{pmatrix} 4 & 4 & -1 & -1 \\ 2 & 3 & -2 & -4 \\ -3 & 2 & -3 & 6 \\ 1 & 4 & -4 & 5 \end{pmatrix}$$

Comprovem que el rang M és 3. Efectivament, un determinant de segon ordre $\begin{vmatrix} 4 & 4 \\ 2 & 3 \end{vmatrix} = 4 \neq 0$, i un de tercer ordre $\begin{vmatrix} 4 & 4 & -1 \\ 2 & 3 & -2 \\ -3 & 2 & -3 \end{vmatrix} = 15 \neq 0$.

El rang M' pot ser 4, ja que M' és una matriu quadrada d'ordre 4. Caldrà calcular el determinant d'ordre 4 corresponent. Ho podem fer pels productes dels elements de la primera fila pels seus adjunts. Així,

$$|M'| = 4\begin{vmatrix} 3 & -2 & -4 \\ 2 & -3 & 6 \\ 4 & -4 & 5 \end{vmatrix} - 4\begin{vmatrix} 2 & -2 & -4 \\ -3 & -3 & 6 \\ 1 & -4 & 5 \end{vmatrix} - \begin{vmatrix} 2 & 3 & -4 \\ -3 & 2 & 6 \\ 1 & 4 & 5 \end{vmatrix} + \begin{vmatrix} 2 & 3 & -2 \\ -3 & 2 & -3 \\ 1 & 4 & -4 \end{vmatrix} = 168$$

$|M'| \neq 0 \rightarrow$ rang $M' = 4$. El sistema és incompatible.

ACTIVITATS

7. Aplica el teorema de Rouché als sistemes següents i troba la solució dels que siguin compatibles.

a) $\begin{cases} x - y + z = 7 \\ x + y - z = 3 \\ -x + y + z = 1 \end{cases}$ *b)* $\begin{cases} x + y + z = 11 \\ 2x - y + z = 5 \\ 3x + 2y - z = 24 \end{cases}$

c) $\begin{cases} 2x + y - z = 15 \\ 5x - y + 5z = 16 \\ x + 4y + z = 20 \end{cases}$ *d)* $\begin{cases} 3x - y = 0 \\ x + y + z = 1 \\ -x + 3y - z = -2 \end{cases}$

8. Comprova que els sistemes següents són incompatibles:

a) $\begin{cases} 2x - y + z = 2 \\ 3x + 2y - 4z = 1 \\ x + 3y - 5z = 4 \end{cases}$ *b)* $\begin{cases} x + y - z = 0 \\ 2x - y - 2z = 1 \\ 3x - 3y = 2 \end{cases}$

9. Respon si cadascuna de les afirmacions és veritat o falsa:

a) Un sistema de tres equacions i tres incògnites és sempre compatible determinat.

b) Un sistema compatible indeterminat té només dues solucions.

c) La matriu del sistema de dues equacions i tres incògnites és de rang 3.

d) Un sistema és incompatible quan té més equacions que incògnites.

e) En un sistema compatible determinat de tres equacions amb tres incògnites, la matriu ampliada és de rang 3.

f) Un sistema compatible indeterminat pot tenir tres solucions diferents.

g) El rang de la matriu ampliada és més gran que el rang de la matriu del sistema.

4. Notació matricial d'un sistema

Considerem el sistema:

$$\begin{cases} m_{11}\,x_1 + m_{12}\,x_2 + m_{13}\,x_3 = b_1 \\ m_{21}\,x_1 + m_{22}\,x_2 + m_{23}\,x_3 = b_2 \\ m_{31}\,x_1 + m_{32}\,x_2 + m_{33}\,x_3 = b_3 \end{cases}$$

i observem que cadascuna de les equacions es pot escriure com una igualtat d'un producte de matrius:

$$(m_{11}\ m_{12}\ m_{13}) \begin{pmatrix} x_1 \\ x_2 \\ x_3 \end{pmatrix} = (m_{11}\,x_1 + m_{12}\,x_2 + m_{13}\,x_3)$$

Per tant,

$$(m_{11}\,x_1 + m_{12}\,x_2 + m_{13}\,x_3) = (b_1)$$

és el producte d'una matriu d'ordre (1, 3) per la matriu de les incògnites, que és d'ordre (3, 1).

Si considerem les tres equacions del sistema, veiem que es pot obtenir com a producte d'una matriu quadrada d'ordre 3, la formada pels coeficients, per la matriu de les incògnites d'ordre (3, 1).

Important

Per multiplicar dues matrius cal que el nombre de columnes de la primera sigui igual al nombre de files de la segona.

$$\begin{pmatrix} m_{11} & m_{12} & m_{13} \\ m_{21} & m_{22} & m_{23} \\ m_{31} & m_{32} & m_{33} \end{pmatrix} \begin{pmatrix} x_1 \\ x_2 \\ x_3 \end{pmatrix} = \begin{pmatrix} m_{11}\,x_1 + m_{12}\,x_2 + m_{13}\,x_3 \\ m_{21}\,x_1 + m_{22}\,x_2 + m_{23}\,x_3 \\ m_{31}\,x_1 + m_{32}\,x_2 + m_{33}\,x_3 \end{pmatrix} = \begin{pmatrix} b_1 \\ b_2 \\ b_3 \end{pmatrix}$$

Si en aquesta igualtat anomenem M la matriu dels coeficients, X la de les incògnites i B la dels termes independents, la podem expressar:

$$M\,X = B$$

Si la matriu M té inversa, és a dir, si existeix M^{-1}, podem resoldre aquesta equació matricial:

$$M^{-1}\,(M\,X) = M^{-1}\,B \rightarrow (M^{-1}\,M)\,X = M^{-1}\,B$$

$$I\,X = M^{-1}\,B \rightarrow X = M^{-1}\,B$$

Important

Una matriu M té inversa si és quadrada i $|M| \neq 0$.

La matriu columna de les incògnites es troba multiplicant la matriu inversa de la dels coeficients per la matriu dels termes independents.

Si la matriu dels coeficients té inversa, això implica que $|M| \neq 0$. El rang d'aquesta matriu coincideix amb l'ordre del determinant, que en aquest cas és 3.

La matriu ampliada M' tindrà el mateix rang, ja que és d'ordre (3, 4) i com a màxim és de rang 3.

En conclusió, el sistema és compatible determinat.

Vegem tot seguit amb un exemple com aplicar aquest mètode per resoldre un sistema.

Observa que només podem aplicar-lo si la matriu M té inversa, és a dir, si el sistema té el mateix nombre d'equacions que d'incògnites i és compatible.

Exemple 6 **Escriu el sistema següent en notació matricial i utilitza la matriu inversa per resoldre'l:**

$$\begin{cases} 2x - y + z = 2 \\ 3x - y + z = 1 \\ x + 3y + z = 1 \end{cases}$$

Escrivim el sistema en notació matricial

$$\begin{pmatrix} 2 & -1 & 1 \\ 3 & -1 & 1 \\ 1 & 3 & 1 \end{pmatrix} \begin{pmatrix} x \\ y \\ z \end{pmatrix} = \begin{pmatrix} 2 \\ 1 \\ 1 \end{pmatrix} \rightarrow M\,X = B \rightarrow X = M^{-1}\,B$$

Cal calcular M^{-1}, si existeix.

Calculem, en primer lloc, el determinant de M:

$$|M| = \begin{vmatrix} 2 & -1 & 1 \\ 3 & -1 & 1 \\ 1 & 3 & 1 \end{vmatrix} = -2 - 1 + 9 + 1 + 3 - 6 = 4 \neq 0$$

La matriu M té inversa.

La matriu M és de rang 3 i l'ampliada M' també. El sistema és compatible determinat, ja que 3 és el nombre d'incògnites. En la unitat anterior hem calculat la matriu inversa utilitzant el determinant i les matrius adjunta i transposada. L'expressió que ens dona la matriu inversa és:

$$M^{-1} = \frac{1}{|M|}\,{}^{t}(M^{*})$$

Cal calcular la matriu transposada de la dels adjunts, o la matriu adjunta de la transposada que, com ja saps, coincideixen.

$$M^{*} = \begin{pmatrix} -4 & -2 & 10 \\ 4 & 1 & -7 \\ 0 & 1 & 1 \end{pmatrix} \qquad {}^{t}(M^{*}) = \begin{pmatrix} -4 & 4 & 0 \\ -2 & 1 & 1 \\ 10 & -7 & 1 \end{pmatrix}$$

$$M^{-1} = \frac{1}{4} \begin{pmatrix} -4 & 4 & 0 \\ -2 & 1 & 1 \\ 10 & -7 & 1 \end{pmatrix} = \begin{pmatrix} -1 & 1 & 0 \\ -\frac{1}{2} & \frac{1}{4} & \frac{1}{4} \\ \frac{5}{2} & -\frac{7}{4} & \frac{1}{4} \end{pmatrix}$$

$$\begin{pmatrix} x \\ y \\ z \end{pmatrix} = \begin{pmatrix} -1 & 1 & 0 \\ -\frac{1}{2} & \frac{1}{4} & \frac{1}{4} \\ \frac{5}{2} & -\frac{7}{4} & \frac{1}{4} \end{pmatrix} \begin{pmatrix} 2 \\ 1 \\ 1 \end{pmatrix} = \begin{pmatrix} -1 \\ -\frac{1}{2} \\ \frac{7}{2} \end{pmatrix}$$

La solució del sistema és: $x = -1$, $y = -\frac{1}{2}$ i $z = \frac{7}{2}$.

Comprova amb el sistema inicial que la solució és aquesta.

Exemple 7 ➡ **Comprova que el sistema** $\begin{cases} x - 2y + z = 3 \\ 2x + y - z = 4 \\ 3x + 4y - 3z = 5 \end{cases}$

no es pot resoldre pel mètode de la matriu inversa.

Per utilitzar el mètode de la matriu inversa, tal com hem indicat anteriorment, cal que el sistema sigui compatible determinat, per la qual cosa cal que $|M| \neq 0$, sent M la matriu del sistema.

Si és així, existeix la matriu M^{-1} i es pot resoldre mitjançant la resolució de l'equació matricial corresponent.

Per tant, només cal comprovar que la matriu M del sistema no té inversa.

$$M = \begin{pmatrix} 1 & -2 & 1 \\ 2 & 1 & -1 \\ 3 & 4 & -3 \end{pmatrix} \rightarrow |M| = \begin{vmatrix} 1 & -2 & 1 \\ 2 & 1 & -1 \\ 3 & 4 & -3 \end{vmatrix} = -3+6+8-(3+12-4) = 11-11 = 0$$

En ser $|M| = 0$, no existeix M^{-1}, així que efectivament el sistema no es pot resoldre per la matriu inversa.

No es pot resoldre pel mètode de la matriu inversa perquè el determinant de la matriu del sistema dona 0, i per tant, el seu rang no és 3, la qual cosa ens indica que el sistema no és compatible determinat.

Comprova que es tracta d'un sistema compatible indeterminat amb un grau de llibertat, i que una solució particular és $x = 3$, $y = 2$ i $z = 4$

ACTIVITATS

10. Escriu els sistemes següents en forma matricial i troba'n la solució, si són compatibles i determinats, utilitzant la matriu inversa:

a) $\begin{cases} 2x + y - z = 3 \\ x + 3y + 2z = -1 \\ 3x - y + 5z = 7 \end{cases}$

b) $\begin{cases} x + y + z = 6 \\ 3x - y + 2z = 7 \\ 2x + 3y - z = 5 \end{cases}$

11. Escriu un sistema de dues equacions amb tres incògnites. Posa'l en forma matricial. Té inversa, la matriu del sistema? És un sistema compatible i determinat? Raona les teves respostes.

12. Escriu en forma matricial el sistema:

$$\begin{cases} 2x - y + 2z = 0 \\ -x + 2y - z = 1 \\ x + y + z = 1 \end{cases}$$

El pots resoldre utilitzant la matriu inversa? Raona la teva resposta.

13. Resol el sistema següent en forma matricial:

$$\begin{cases} x - 3y = 2 \\ 2x + y = 3 \end{cases}$$

14. Escriu l'equació matricial del sistema de l'exemple 1 i troba'n la solució utilitzant la matriu inversa. Compara'n el resultat.

15. Resol el sistema de l'exemple 4 pel mètode de la matriu inversa.

5. La regla de Cramer

Els càlculs que hem fet en l'apartat anterior per obtenir la solució del sistema són força complicats. La regla de Cramer dona un procediment equivalent més senzill, que veurem tot seguit amb un exemple.

Considerem el sistema de l'exemple 6 per comprovar que ambdós procediments són equivalents:

$$\begin{cases} 2x - y + z = 2 \\ 3x - y + z = 1 \\ x + 3y + z = 1 \end{cases}$$

El sistema és compatible i determinat, ja que $|M| = 4$. La matriu M és de rang 3, i M' també.

Utilitzant la matriu inversa, la solució era donada per:

$$X = M^{-1}\,B \text{ amb } M^{-1} = \frac{1}{|M|}\,{}^t(M^*) \text{ d'on } X = \frac{1}{|M|}\,{}^t(M^*)\,B$$

Si ens fixem en el producte de matrius:

$${}^t(M^*)\,B = \begin{pmatrix} -4 & 4 & 0 \\ -2 & 1 & 1 \\ 10 & -7 & 1 \end{pmatrix} \begin{pmatrix} 2 \\ 1 \\ 1 \end{pmatrix} = \begin{pmatrix} -4 \\ -2 \\ 14 \end{pmatrix}$$

per a cadascuna de les incògnites de la matriu X, cada fila és el desenvolupament del determinant que resulta de substituir en $|M|$ la columna de la incògnita considerada per la columna dels termes independents, és a dir, pels elements de la matriu B. Vegem-ho.

Anomenem Δ_x el determinant que resulta de substituir en $|M|$ la columna de la incògnita x per la dels termes independents:

$$\Delta_x = \begin{vmatrix} 2 & -1 & 1 \\ 1 & -1 & 1 \\ 1 & 3 & 1 \end{vmatrix} = -4$$

De manera semblant definim Δ_y i Δ_z: $\Delta_y = \begin{vmatrix} 2 & 2 & 1 \\ 3 & 1 & 1 \\ 1 & 1 & 1 \end{vmatrix} = -2 \qquad \Delta_z = \begin{vmatrix} 2 & -1 & 2 \\ 3 & -1 & 1 \\ 1 & 3 & 1 \end{vmatrix} = 14$

Amb aquesta notació, les incògnites s'obtenen:

$$x = \frac{\Delta_x}{|M|} \qquad y = \frac{\Delta_y}{|M|} \qquad z = \frac{\Delta_z}{|M|}$$

$$x = -1 \qquad y = -\frac{1}{2} \qquad z = \frac{7}{2}$$

Observa que la condició perquè es puguin obtenir aquests valors és que $|M| \neq 0$, la mateixa condició perquè la matriu M tingui inversa.

Un sistema es diu que és de Cramer quan es pot aplicar aquest mètode per resoldre'l, és a dir, si $|M| \neq 0$. Per resoldre sistemes compatibles determinats és bo aplicar aquesta regla.

En definitiva, la resolució d'un sistema pel mètode de Cramer comporta el càlcul de quatre determinants. Si el sistema és de tres equacions amb tres incògnites, primer calcularem el determinant del sistema $|M|$, per veure si és diferent de zero, i després els determinants que associem a cada incògnita.

El sistema que acabem de resoldre pel mètode de Cramer és compatible determinat. Vegem en l'exemple següent que també es pot utilitzar per resoldre sistemes compatibles indeterminats.

Biografia

Gabriel Cramer (1704-1752), matemàtic suís.

Recorda

$$|M| = \begin{vmatrix} 2 & -1 & 1 \\ 3 & -1 & 1 \\ 1 & 3 & 1 \end{vmatrix} = 4$$

Important

S'utilitza el símbol Δ, que és la lletra grega delta majúscula, per representar els determinants. També es pot escriure $|M| = \Delta$.

Exemple 8 → **Resol el sistema:**

$$\begin{cases} 3x - y + 2z = 1 \\ 2x + y - z = 3 \\ x - 2y + 3z = -2 \end{cases}$$

Estudiem la compatibilitat del sistema calculant els rangs de les matrius:

$$M = \begin{pmatrix} 3 & -1 & 2 \\ 2 & 1 & -1 \\ 1 & -2 & 3 \end{pmatrix} \qquad M' = \begin{pmatrix} 3 & -1 & 2 & 1 \\ 2 & 1 & -1 & 3 \\ 1 & -2 & 3 & -2 \end{pmatrix}$$

Rang de M: $\begin{vmatrix} 3 & -1 \\ 2 & 1 \end{vmatrix} = 5;$ $\begin{vmatrix} 3 & -1 & 2 \\ 2 & 1 & -1 \\ 1 & -2 & 3 \end{vmatrix} = 0 \rightarrow \text{rang } M = 2$

Rang de M': $\begin{vmatrix} 3 & -1 & 1 \\ 2 & 1 & 3 \\ 1 & -2 & -2 \end{vmatrix} = 0 \rightarrow \text{rang } M' = 2$

El sistema és compatible indeterminat. Considerem el sistema format per les dues equacions que tenen com a base el determinant de segon ordre diferent de zero:

$$\begin{cases} 3x - y + 2z = 1 \\ 2x + y - z = 3 \end{cases} \rightarrow \begin{cases} 3x - y = 1 - 2z \\ 2x + y = 3 + z \end{cases}$$

Per aplicar el mètode de Cramer en els sistemes indeterminats cal triar les equacions convenients per tal que $\Delta \neq 0$.

En aquest sistema, $\Delta = 5$:

$$\Delta_x = \begin{vmatrix} 1 - 2z & -1 \\ 3 + z & 1 \end{vmatrix} = 4 - z; \qquad \Delta_y = \begin{vmatrix} 3 & 1 - 2z \\ 2 & 3 + z \end{vmatrix} = 7 + 7z$$

Solució del sistema: $x = \dfrac{4 - z}{5}$; $y = \dfrac{7 + 7z}{5}$; $z = z$

Si fem $z = \lambda$, la solució general és:

$$x = \frac{4 - \lambda}{5} = \frac{4}{5} - \frac{1}{5}\lambda \; ; \; y = \frac{7 + 7\lambda}{5} = \frac{7}{5} + \frac{7}{5}\lambda \; ; z = \lambda$$

Observa que la solució general és donada en funció d'un paràmetre, λ. És un sistema amb un grau de llibertat. La solució general del sistema es pot escriure:

$$(x, y, z) = \left(\frac{4}{5}, \frac{7}{5}, 0\right) + \lambda\left(-\frac{1}{5}, \frac{7}{5}, 1\right)$$

ACTIVITATS

16. Comprova que els sistemes següents són de Cramer i troba'n la solució utilitzant aquest mètode:

a) $\begin{cases} x + y - z = 3 \\ 2x - 2y - 3z = 1 \\ x + y - 2z = 2 \end{cases}$ b) $\begin{cases} 3x - 4y - z = 1 \\ 2x + y - 6z = 1 \\ x + y - 3z = 2 \end{cases}$

c) $\begin{cases} x + y + 2z = 1 \\ 2x + 3y + 3z = 1 \\ 3x - y + 5z = 2 \end{cases}$ d) $\begin{cases} x - y + z = 1 \\ -x + 3y = 2 \\ 2x + 2y + 5z = 8 \end{cases}$

17. Considera el sistema:

$$\begin{cases} x - y + z = 3 \\ 2x + y - 2z = 1 \\ -x + 4y - 5z = -8 \end{cases}$$

a) Comprova que té infinites solucions. Determina-les.

b) Determina, si és possible, una solució en què la suma de les tres incògnites sigui 5.

6. Sistemes homogenis

S'anomenen **sistemes homogenis** els que tenen tots els termes independents nuls.

Així, el sistema

$$\begin{cases} m_{11}x_1 + m_{12}x_2 + m_{13}x_3 = 0 \\ m_{21}x_1 + m_{22}x_2 + m_{23}x_3 = 0 \\ m_{31}x_1 + m_{32}x_2 + m_{33}x_3 = 0 \end{cases}$$

és un sistema homogeni.

Un sistema homogeni sempre és **compatible**.

Podem fer aquesta afirmació per dos motius equivalents:

a) La matriu M' és l'ampliada de la M amb una columna de zeros. Tindran, per tant, el mateix rang.

b) Aquests sistemes tenen sempre la solució trivial $x_1 = x_2 = x_3 = 0$.

Caldrà veure si el sistema compatible és determinat (solució única (0, 0, 0)) o indeterminat.

Si el rang de les dues matrius és igual al nombre d'incògnites, el sistema és **determinat** i només té la **solució trivial**.

- Si el rang de les dues matrius és inferior al nombre d'incògnites, el sistema és **indeterminat** i haurem de calcular l'expressió de la **solució general**.

Vegem els dos casos amb dos exemples:

- El sistema $\begin{cases} 2x + y + 2z = 0 \\ 3y + z = 0 \\ 4x - 2y + z = 0 \end{cases}$

  és compatible i determinat, ja que $|M| \neq 0$ i, per tant, el rang de M és 3, igual que el nombre d'incògnites.

  Efectivament: $\begin{vmatrix} 2 & 1 & 2 \\ 0 & 3 & 1 \\ 4 & -2 & 1 \end{vmatrix} = -10$

  La solució del sistema és la **trivial**: $x = y = z = 0$.

- El sistema següent $\begin{cases} 2x + y + 2z = 0 \\ 4x - 2y + z = 0 \\ 2x - 3y - z = 0 \end{cases}$

  és compatible indeterminat, ja que $|M| = 0$ i, per tant, el rang de M és 2. Efectivament:

$$\begin{vmatrix} 2 & 1 & 2 \\ 4 & -2 & 1 \\ 2 & -3 & -1 \end{vmatrix} = 0$$

  La **solució general** del sistema s'expressa en funció d'un paràmetre, ja que la diferència entre el nombre d'incògnites i el rang és 1.

Important

Un sistema homogeni té almenys la solució trivial.

Podem aplicar el mètode de Gauss:

$$\left(\begin{array}{ccc|c} 2 & 1 & 2 & 0 \\ 0 & -4 & -3 & 0 \\ 0 & -4 & -3 & 0 \end{array}\right) \rightarrow \left(\begin{array}{ccc|c} 2 & 1 & 2 & 0 \\ 0 & -4 & -3 & 0 \\ 0 & 0 & 0 & 0 \end{array}\right)$$

El sistema equivalent és: $\begin{cases} 2x + y + 2z = 0 \\ -4y - 3z = 0 \end{cases}$

Si fem $z = \lambda$, $y = -\dfrac{3}{4}\lambda$, que substituint en la primera equació dona $x = -\dfrac{5}{8}\lambda$.

La solució general és:

$$x = -\frac{5}{8}\lambda;\ y = -\frac{3}{4}\lambda;\ z = \lambda;\ \forall\, \lambda \in \mathbb{R}$$

que per a $\lambda = 0$, Z la solució trivial $x = y = z = 0$.

Exemple 9 ➡ **Resol el sistema:** $\begin{cases} \mathbf{x - 2y + 3z = 0} \\ \mathbf{-3x + 6y - 9z = 0} \\ \mathbf{2x - 4y + 6z = 0} \end{cases}$

Calculem el rang de la matriu M. Si observem detingudament el sistema veurem que la segona i la tercera equacions resulten de multiplicar la primera per -3 i 2, respectivament. Aquestes dues equacions són proporcionals a la primera. És a dir, aquest sistema es redueix a una sola equació i, per tant, rang $M = 1$. És compatible indeterminat.

Com que la diferència entre el nombre d'equacions, 3, i el rang, 1, és 2, la solució general del sistema té dos graus de llibertat. Això vol dir que es pot expressar amb dos paràmetres diferents.

Fem $z = \mu$ i $y = \lambda$, que substituïts en la primera equació ens dóna $x = 2\lambda - 3\mu$.

La solució general del sistema és: $\begin{cases} x = 2\lambda - 3\mu \\ y = \lambda \\ z = \mu \end{cases}$

Aquesta solució es pot expressar de la manera següent:

$$(x, y, z) = \lambda\,(2, 1, 0) + \mu\,(-3, 0, 1)$$

que per a $\lambda = \mu = 0$ conté la solució trivial $x = y = z = 0$.

ACTIVITATS

18. Resol els sistemes homogenis següents:

a) $\begin{cases} x - y + z = 0 \\ 2x + y - z = 0 \\ y + z = 0 \end{cases}$

b) $\begin{cases} x + y + z = 0 \\ 2x - y + 3z = 0 \\ 4x + y + 5z = 0 \end{cases}$

c) $\begin{cases} x + y = 0 \\ y + z = 0 \\ x + z = 0 \end{cases}$

d) $\begin{cases} 3x + y - z = 0 \\ -2x - y + 2z = 0 \\ x + z = 0 \end{cases}$

e) $\begin{cases} x - y - z = 0 \\ 3x + 5y + z = 0 \\ -x + 2y = 0 \end{cases}$

f) $\begin{cases} x + y + z = 0 \\ 2x - 3y + z = 0 \\ 5x + y - z = 0 \end{cases}$

7. Resolució general de sistemes

En els apartats anteriors hem vist diferents procediments per resoldre sistemes d'equacions lineals. Els procediments que hem utilitzat són vàlids per a qualsevol nombre d'equacions i d'incògnites, però la resolució es complica quan aquest nombre és superior a tres, ja que implica el càlcul de determinants d'ordre superior a 3.

Amb el que hem vist fins ara es pot resoldre qualsevol sistema d'equacions lineals. Cal tenir en compte els passos que hem de seguir:

- Aplicar el teorema de Rouché-Frobenius.
  - Calcular els rangs de les matrius M i M' per establir-ne la compatibilitat.
  - Classificar el sistema segons el tipus de solució.
- Si el sistema és incompatible, ja hem acabat.
- Si el sistema és compatible, cal resoldre'l.

a) Si és compatible determinat es pot resoldre per la regla de Cramer, pel mètode de Gauss o pel mètode de la matriu inversa.
  - Cal considerar el sistema equivalent format per les equacions que donen el determinant tal que el seu ordre és el rang de les matrius M i M'.

b) Si és compatible indeterminat es pot resoldre per la regla de Cramer o pel mètode de Gauss.
  - Cal considerar el sistema equivalent format per les equacions que donen el determinant tal que el seu ordre és el rang de les matrius M i M'.
  - Expressar la solució general amb un nombre de paràmetres igual a la diferència entre el nombre d'incògnites i el rang de les matrius.

- Els mètodes de reducció, substitució i igualació que ja has estudiat en cursos anteriors són igualment vàlids per resoldre sistemes senzills.

Important

Algunes calculadores i alguns programes informàtics permeten calcular determinants d'ordre superior a 3 de manera senzilla.

Exemple 10 **Considera el sistema d'equacions** $\begin{cases} -x + 2y = 5 \\ 2x - ay = 2 \end{cases}$

***a)* Calcula el valor de *a* pel qual el sistema és incompatible.**

***b)* Resol el sistema per a *a* = 1.**

a) Definim les matrius: $M = \begin{pmatrix} -1 & 2 \\ 2 & -a \end{pmatrix}$ i $M' = \begin{pmatrix} -1 & 2 & 5 \\ 2 & -a & 2 \end{pmatrix}$.

Tenim que: $\begin{vmatrix} -1 & 5 \\ 2 & 2 \end{vmatrix} = -2-10 = -12 \neq 0 \rightarrow \text{rang } M' = 2.$

Perquè sigui incompatible cal que rang $M = 1 \rightarrow |M| = 0$, per tant:

$$\begin{vmatrix} -1 & 2 \\ 2 & -a \end{vmatrix} = 0 \rightarrow a - 4 = 0 \rightarrow a = 4$$

b) Per a $a = 1$ cal resoldre el sistema: $\begin{cases} -x+2y=5 \\ 2x-y=2 \end{cases}$, que és compatible determinat,

ja que $|M| = \begin{vmatrix} -1 & 2 \\ 2 & -1 \end{vmatrix} = -3 \rightarrow \text{rang } M = \text{rang } M' = 2$.

El resolem per Cramer:

$$\Delta_x = \begin{vmatrix} 5 & 2 \\ 2 & -1 \end{vmatrix} = -9 \rightarrow x = \frac{\Delta_x}{|M|} = \frac{-9}{-3} = 3$$

$$\Delta_y = \begin{vmatrix} -1 & 5 \\ 2 & 2 \end{vmatrix} = -12 \rightarrow y = \frac{\Delta_y}{|M|} = \frac{-12}{-3} = 4$$

Exemple 11 → **Resol el sistema:**

$$\begin{cases} \mathbf{2x + 4y = 1} \\ \mathbf{x + 3y = -1} \\ \mathbf{4x + 5y = 2} \\ \mathbf{3x + 3y = 2} \end{cases}$$

Apliquem el teorema de Rouché-Frobenius:

$$M = \begin{pmatrix} 2 & 4 \\ 1 & 3 \\ 4 & 5 \\ 3 & 3 \end{pmatrix} \qquad M' = \begin{pmatrix} 2 & 4 & 1 \\ 1 & 3 & -1 \\ 4 & 5 & 2 \\ 3 & 3 & 2 \end{pmatrix}$$

Rang $M = 2$, ja que és el rang màxim que pot tenir, i el determinant $\begin{vmatrix} 2 & 4 \\ 1 & 3 \end{vmatrix} = 2 \neq 0$.

Calculem el rang de M': $\begin{vmatrix} 2 & 4 & 1 \\ 1 & 3 & -1 \\ 4 & 5 & 2 \end{vmatrix} = -9 \neq 0$.

Rang $M' = 3$, que és el rang màxim que pot tenir.

Rang $M \neq$ rang $M' \rightarrow$ el sistema és incompatible.

En aquest cas es podria resoldre el sistema format per les dues primeres equacions, i comprovar que la solució obtinguda no ho és de les altres dues.

$$\begin{cases} 2x + 4y = 1 \\ x + 3y = -1 \end{cases}$$

Per reducció: $\begin{cases} 2x + 4y = 1 \\ -2x - 6y = 2 \end{cases} \rightarrow -2y = 3 \rightarrow y = -\dfrac{3}{2}; x = \dfrac{7}{2}$

Mirem si aquesta solució ho és d'una altra equació del sistema, com ara de la tercera:

$$4x + 5y = 2 \rightarrow 4 \cdot \frac{7}{2} + 5\left(-\frac{3}{2}\right) = \frac{13}{2} \neq 2$$

Tampoc no és solució de la quarta equació:

$$3x + 3y = 2 \rightarrow 3 \cdot \frac{7}{2} + 3\left(-\frac{3}{2}\right) = 6 \neq 2$$

La solució del sistema format per les dues primeres equacions no és solució de la tercera ni de la quarta. En conclusió, el sistema és incompatible. Hem arribat a la mateixa conclusió que amb l'aplicació del teorema de Rouché-Frobenius.

ACTIVITATS

19. Estudia la compatibilitat dels sistemes següents i resol els que siguin compatibles.

a) $\begin{cases} x + y + z = 6 \\ 2x - y + 3z = 9 \\ 4x + y + 5z = 21 \end{cases}$ *b)* $\begin{cases} 2x - 3y + z = 9 \\ 4x + y - z = -1 \\ 3x - y = 4 \end{cases}$ *c)* $\begin{cases} 2x + 3y = 0 \\ x + 3z = 3 \\ x + y + 3z = -7 \end{cases}$

d) $\begin{cases} 2x - 4y + 6z = 2 \\ y + 2z = -3 \\ x - 3y + z = 4 \end{cases}$ *e)* $\begin{cases} 2x + 3y - z = -5 \\ x + 2y - z = -5 \\ 5x + y + z = 11 \end{cases}$ *f)* $\begin{cases} 2x - y = -7 \\ x + 2y = 4 \\ 5x + y = -7 \\ 3x + y = -3 \end{cases}$

8. Discussió de sistemes

Es poden presentar sistemes amb un paràmetre, el valor del qual determina la compatibilitat del sistema.

Trobar el valor d'un paràmetre que fa o no compatible un sistema s'anomena **fer-ne la discussió**.

Discutirem el sistema següent segons els valors que pot tenir k.

$$\begin{cases} x + y + 2z = 1 \\ 2x + 3y + 3z = 1 \\ 3x - y + kz = 2 \end{cases}$$

Utilitzem el teorema de Rouché-Frobenius.

$$M = \begin{pmatrix} 1 & 1 & 2 \\ 2 & 3 & 3 \\ 3 & -1 & k \end{pmatrix} \qquad M' = \begin{pmatrix} 1 & 1 & 2 & 1 \\ 2 & 3 & 3 & 1 \\ 3 & -1 & k & 2 \end{pmatrix}$$

$2 \leq$ rang $M \leq 3$, ja que:

$$\begin{vmatrix} 1 & 1 \\ 2 & 3 \end{vmatrix} = 1 \neq 0$$

Si l'únic determinant d'ordre 3 que es pot extreure de la matriu M és nul, el rang de M serà 2.

$$|M| = \begin{vmatrix} 1 & 1 & 2 \\ 2 & 3 & 3 \\ 3 & -1 & k \end{vmatrix} = k - 10 \rightarrow k - 10 = 0 \rightarrow k = 10$$

Per a $k = 10$, el rang de M és 2.

Per a $k \neq 10$, el rang de M és 3.

Rang $M' \geq 2$.

Si algun determinant d'ordre 3 extret de la matriu M' és diferent de zero, aleshores el rang de M' serà 3.

El determinant que resulta de substituir la tercera columna, on hi ha k, per la quarta, ens dirà si el rang de M' és 3.

$$\begin{vmatrix} 1 & 1 & 1 \\ 2 & 3 & 1 \\ 3 & -1 & 2 \end{vmatrix} = -5 \neq 0 \rightarrow \text{rang } M' = 3$$

Conclusió:

- Si $k = 10$, el sistema és incompatible.
- Si $k \neq 10$, el sistema és compatible determinat.

També es pot aplicar el mètode de Gauss per fer la discussió d'un sistema. Ho veurem tot seguit amb un exemple.

Exemple 12 **Troba els valors de t que fan compatible el sistema:**

$$\begin{cases} 3x - 2z = 11 \\ y + z = 6 \\ 2y - z = t \\ 2x + y - 4z = t \end{cases}$$

Escriurem la matriu associada al sistema com si volguéssim resoldre'l per Gauss i reduirem incògnites:

$$\left(\begin{array}{ccc|c} 3 & 0 & -2 & 11 \\ 0 & 1 & 1 & 6 \\ 0 & 2 & -1 & t \\ 2 & 1 & -4 & t \end{array}\right) \rightarrow \left(\begin{array}{ccc|c} 3 & 0 & -2 & 11 \\ 0 & 1 & 1 & 6 \\ 0 & 2 & -1 & t \\ 0 & 3 & -8 & 3t-22 \end{array}\right)$$

$$\left(\begin{array}{ccc|c} 3 & 0 & -2 & 11 \\ 0 & 1 & 1 & 6 \\ 0 & 0 & -3 & t-12 \\ 0 & 0 & -11 & 3t-40 \end{array}\right) \rightarrow \left(\begin{array}{ccc|c} 3 & 0 & -2 & 11 \\ 0 & 1 & 1 & 6 \\ 0 & 0 & -3 & t-12 \\ 0 & 0 & 0 & 2t-12 \end{array}\right)$$

Si $2t - 12 = 0 \rightarrow t = 6$, el sistema és compatible i determinat, ja que, en substituir aquest valor en la tercera fila, podem calcular z i les altres incògnites.

Si $t \neq 6$, el sistema és incompatible.

Observa que si:

- $t = 6 \rightarrow$ rang M = rang $M' = 3$
- $t \neq 6 \rightarrow$ rang $M = 3$ i rang $M' = 4$

ACTIVITATS

20. Discuteix els sistemes següents segons els valors del paràmetre k:

a) $\begin{cases} x - 2y + z = 1 \\ 2x + y - 3z = 2 \\ kx - y - 2z = 3 \end{cases}$

b) $\begin{cases} x + y + z = 0 \\ x + y + 2z = 0 \\ kx + 2y + z = 0 \end{cases}$

c) $\begin{cases} x + y + z = 0 \\ 3x + 2y + kz = 5 \\ 2x + y - z = 3 \end{cases}$

d) $\begin{cases} 2x + y + z = 3 \\ x - 3y + 8z = 2 \\ 3x + 5y + kz = 5 \end{cases}$

e) $\begin{cases} 2x + y + z = 1 \\ kx + 2z = 2 \\ 4x + z = 0 \end{cases}$

f) $\begin{cases} x - ky = 1 \\ 2x + ky = k \\ x + y = 2 \end{cases}$

21. Considera el sistema d'equacions següent:

$$\begin{cases} x + y + z = 5 \\ 2x + 3y + z = 3 \\ ax + 10y + 4z = 2 \end{cases}$$

Troba els valors de a per als quals:

a) El sistema no és compatible determinat.

b) El valor de x és 2. Determina també els valors de y i de z en aquest cas.

22. Discuteix el sistema segons els valors del paràmetre a:

$$\begin{cases} ax + 3y = 2 \\ 3x + 2y = a \\ 2x + ay = 3 \end{cases}$$

Resoldre'l quan sigui compatible.

9. Resolució de problemes

La majoria de sistemes d'equacions lineals sorgeixen en resoldre problemes en els quals hi ha incògnites que verifiquen unes condicions determinades. Força vegades has resolt ja problemes d'aquest tipus. És bo de recordar els passos que cal fer per resoldre problemes amb equacions i completar-ho amb la resolució general de sistemes que hem vist en aquesta unitat.

a) Identificar les incògnites.

b) Traduir les condicions de l'enunciat del problema a equacions amb les incògnites.

c) Plantejar el sistema format per les equacions i obtenir l'equivalent de la forma que hem estat utilitzant.

d) Estudiar les possibles solucions del sistema.

e) Resoldre el sistema pel mètode que sembli més senzill.

f) Comprovar la solució obtinguda en relació amb l'enunciat del problema.

Apliquem aquests passos a la resolució d'uns quants problemes.

Exemple 13 ➡ **En un centre de secundària han elaborat dos tipus diferents de rams de roses per a Sant Jordi. L'opció A consisteix en una rosa i una espiga, mentre que l'opció B està formada per tres roses i dues espigues. Sabem que s'han utilitzat 110 roses i 90 espigues. Quants rams s'han elaborat de cada tipus?**

a) Les incògnites són:

$x \rightarrow$ nombre de rams de l'opció A

$y \rightarrow$ nombre de rams de l'opció B

b) Condicions:

- El total de roses utilitzades és 110 $\rightarrow x + 3y = 110$.
- El total d'espigues utilitzades és 90 $\rightarrow x + 2y = 0$.

c) El sistema és: $\begin{cases} x+3y=110 \\ x+2y=90 \end{cases}$

d) La matriu del sistema és $M = \begin{pmatrix} 1 & 3 \\ 1 & 2 \end{pmatrix} \rightarrow |M| = -1 \neq 0$ $\rightarrow$ rang $M = 2$. És un sistema compatible determinat.

e) Resolem el sistema per reducció:

$$\begin{cases} x+3y=110 \\ x+2y=90 \end{cases} \rightarrow \begin{cases} x+3y=110 \\ -x-2y=-90 \end{cases} \rightarrow y = 20 \rightarrow x = 50.$$

f) Comprovació: s'han elaborat 50 rams de l'opció A i 20 rams de l'opció B.

Tenim, per tant, un total de roses de: $50 + 3 \cdot 20 = 50 + 60 = 110$, i un total d'espigues de: $50 + 2 \cdot 20 = 50 + 40 = 90$. El problema està ben resolt.

Exemple 14 ➡ **Un estat compra 540 000 bidons de petroli a tres subministradors diferents que el venen a 27, 28 i 31 euros el bidó, respectivament. La factura total puja a 16 milions d'euros. Si del primer subministrador rep el 30 % del petroli comprat, quina és la quantitat comprada a cadascun dels subministradors?**

a) Les incògnites són:

$x \rightarrow$ nombre de bidons comprats al primer subministrador a 27 euros el barril.

$y \rightarrow$ nombre de bidons comprats al segon subministrador a 28 euros el barril.

$z \rightarrow$ nombre de bidons comprats al tercer subministrador a 31 euros el barril.

b) Condicions:

- L'estat compra 540 000 bidons de petroli en total: $x + y + z = 540\,000$
- Paga per la compra 16 milions d'euros: $27x + 28y + 31z = 16\,000\,000$
- Compra el 30 % dels bidons al primer subministrador: $x = 0{,}3 \cdot 540\,000 = 162\,000$

c) El sistema és: $$\left\{\begin{array}{l} x + y + z = 540\,000 \\ 27x + 28y + 31z = 16\,000\,000 \\ x = 162\,000 \end{array}\right.$$

d) La matriu del sistema és: $$M = \begin{pmatrix} 1 & 1 & 1 \\ 27 & 28 & 31 \\ 1 & 0 & 0 \end{pmatrix}$$

$|M| = 3 \neq 0$. Per tant, el sistema és compatible determinat.

e) Resolució del sistema:

Ja coneixem el valor de x. Si el substituïm en les dues primeres equacions, obtenim el sistema de dues equacions amb dues incògnites:

$$\left\{\begin{array}{l} y + z = 378\,000 \\ 28x + 31z = 11\,626\,000 \end{array}\right.$$

que ens permet trobar, aplicant qualsevol dels mètodes que ja coneixes, el valor de y i el de z. S'obté:

$$y = \frac{92\,000}{3} \qquad z = \frac{1\,042\,000}{3}$$

En definitiva, la solució del sistema és:

$$x = 162\,000 \qquad y = \frac{92\,000}{3} \qquad z = \frac{1\,042\,000}{3}$$

f) La solució obtinguda verifica totes i cadascuna de les condicions de l'enunciat del problema. Comprova-ho.

Ara bé, és evident que el nombre de bidons ha de ser enter i, com pots veure, tant y com z són nombres racionals no enters. Perquè la solució tingui sentit, hem d'aproximar el nombre de bidons que hem comprat al segon i tercer subministradors:

$$y = \frac{92\,000}{3} = 30\,666{,}\hat{6} \cong 30\,667 \qquad z = \frac{1\,042\,000}{3} = 347\,333{,}\hat{3} \cong 347\,333$$

La resposta és: l'estat compra 162 000 bidons al primer subministrador; 30 667, al segon, i 347 333, al tercer.

Aquests valors verifiquen la primera i la tercera equacions del sistema, però no la segona. Si fas els càlculs, veuràs que el comprador s'estalvia un euro!

Exemple 15 **Una fàbrica disposa de tres màquines, A, B i C que produeixen el mateix article. Si les tres funcionen a la capacitat màxima, la fàbrica produeix 1 500 articles per dia. Si les màquines A i B funcionen a la capacitat màxima i la C a 2/3 de la capacitat màxima, la producció baixa un 10 %. Si només funcionen les màquines B i C, totes dues a la potència màxima, la producció de la fàbrica és un 60 % de la màxima.**

Quina és la capacitat productiva de cada màquina?

a) Les incògnites són:

$x \to$ capacitat productiva de la màquina *A*, és a dir, nombre d'articles que produeix diàriament la màquina *A* funcionant a la capacitat màxima.

$y \to$ capacitat productiva de la màquina *B*.

$z \to$ capacitat productiva de la màquina *C*.

b) Condicions:

- La fàbrica produeix 1 500 articles cada dia amb les tres màquines funcionant a la capacitat màxima: $x + y + z = 1500$.
- La producció baixa un 10%, o el que és el mateix, es redueix a un 90% si les màquines *A* i *B* funcionen a la potència màxima i la *C*, als 2/3 de la seva capacitat productiva: $x + y + \frac{2}{3}z = 0{,}9 \cdot 1500 = 1350$.
- La producció diària es redueix a un 60% de la màxima si només funcionen a ple rendiment les màquines *B* i *C*: $y + z = 0{,}6 \cdot 1500 = 900$.

c) El sistema és:

$$\begin{cases} x + y + z = 1500 \\ x + y + \dfrac{2}{3}z = 1350 \\ y + z = 900 \end{cases}$$

d) La matriu del sistema és:

$$M = \begin{pmatrix} 1 & 1 & 1 \\ 1 & 1 & \dfrac{2}{3} \\ 0 & 1 & 1 \end{pmatrix}$$

$|M| \neq 0$. El sistema és compatible determinat.

e) Resolució del sistema:

Naturalment, podem aplicar qualsevol dels mètodes de resolució que hem vist en la unitat. De tota manera, fixa't que si de la primera equació restes la segona, pots trobar directament el valor de *z*: $\frac{1}{3}z = 150 \to z = 450$.

Substituint *z* en la tercera equació, trobem $y = 450$. Finalment, substituint els valors de *y* i *z* en la primera equació, tenim $x = 600$.

La solució del sistema és $x = 600$, $y = z = 450$.

f) Pots comprovar que la solució obtinguda verifica totes les condicions de l'enunciat del problema. A més, la naturalesa d'aquestes solucions no ens obliga a fer cap consideració com la de l'exemple anterior. Per tant, ja podem donar la resposta:

Les capacitats productives de les màquines *A*, *B* i *C* d'aquesta fàbrica són, respectivament, de 600, 450 i 450 articles diaris.

Exemple 16 **El testament d'un pare de tres fills conté les clàusules següents:**

Al fill gran li correspondrà la mitjana aritmètica del que correspongui als altres dos, més 5 000 euros; al fill mitjà, la mitjana del que correspongui als altres dos i al fill petit, la mitjana del que correspongui als altres dos, menys 5 000 euros.

Quin capital correspon a cada fill?

a) Les incògnites són:

$x \rightarrow$ capital que correspon al fill gran.

$y \rightarrow$ capital que correspon al fill mitjà.

$z \rightarrow$ capital que correspon al fill petit.

b) Condicions:

- Al fill gran li correspondrà la mitjana aritmètica del que correspongui als altres dos, més 5 000 euros:

$$x = \frac{y+z}{2} + 5000 \rightarrow 2x - y - z = 10\,000$$

- Al fill mitjà li correspondrà la mitjana del que correspongui als altres dos:

$$y = \frac{x+z}{2} \rightarrow x - 2y + z = 0$$

- Al fill petit li correspondrà la mitjana del que correspongui als altres dos, menys 5 000 euros:

$$z = \frac{x+y}{2} - 5000 \rightarrow x + y - 2z = 10\,000$$

c) El sistema és: $\begin{cases} 2x - y - z = 10\,000 \\ x - 2y + z = 0 \\ x + y - 2z = 10\,000 \end{cases}$

d) La matriu del sistema és:

$$M = \begin{pmatrix} 2 & -1 & -1 \\ 1 & -2 & 1 \\ 1 & 1 & -2 \end{pmatrix}$$

$|M| = 0$. El rang de M no és 3. Atès que $\begin{vmatrix} 1 & -2 \\ 1 & 1 \end{vmatrix} = 3 \neq 0$, rang $M = 2$.

La matriu ampliada és:

$$M' = \begin{pmatrix} 2 & -1 & -1 & 10\,000 \\ 1 & -2 & 1 & 0 \\ 0 & 1 & -2 & 10\,000 \end{pmatrix}$$

El determinant:

$$\begin{vmatrix} 2 & -1 & 10\,000 \\ 1 & -2 & 0 \\ 1 & 1 & 10\,000 \end{vmatrix} = 0 \rightarrow \text{el rang de } M' \text{ no és 3.}$$

En definitiva, es verifica: rang M = rang $M' = 2$. En ser tres el nombre d'incògnites, el sistema és compatible indeterminat amb un grau de llibertat.

e) Resolució del sistema:

Hem de considerar el sistema equivalent:

$$\begin{cases} x - 2y + z = 0 \\ x + y - 2z = 10\,000 \end{cases}$$

les solucions del qual vindran en funció d'un paràmetre. Fent $z = \lambda$, s'obté:

$$x = \frac{20\,000}{3} + \lambda; \quad y = \frac{10\,000}{3} + \lambda; \quad z = \lambda$$

Per a cada valor del paràmetre λ obtindrem una solució particular del sistema.

f) La naturalesa de les solucions no ens permet donar una resposta concreta al que ens demana el problema. L'única cosa que podem afirmar és que el fill mitjà rebrà $\frac{10\,000}{3}$ euros més que el fill petit i que el fill gran rebrà $\frac{20\,000}{3}$ euros més que el fill petit.

Per saber quants euros corresponen a cada germà, ens caldria conèixer, per exemple, el capital que els deixa el pare en herència. Aquesta nova condició ens permetria afegir una nova equació al sistema, amb la qual cosa esdevindria compatible determinat.

Suposant que s'haguessin de repartir, d'acord amb les condicions del testament, 40 000 euros, comprova que al fill gran li'n correspondrien $\frac{50\,000}{3}$; al mitjà, $\frac{40\,000}{3}$, i al petit, 10 000.

Esbrina si aquesta solució particular verifica totes i cadascuna de les condicions de l'enunciat del problema.

ACTIVITATS

23. En una granja hi ha porcs, vaques i cavalls; en total, 54 animals. El nombre de vaques representa $\frac{3}{4}$ del nombre de porcs, i el de cavalls, $\frac{2}{3}$ del de vaques. Quants animals hi ha de cada classe a la granja?

24. La suma de les edats de tres persones és 100 anys. Troba l'edat de cadascuna d'elles si saps que la del mig té 10 anys més que la més petita, i que la més gran té tants anys com les altres dues juntes.

25. En un nombre de tres xifres la suma d'aquestes és 10. La xifra de les desenes és 3, i quan s'inverteix l'ordre d'aquestes xifres, s'obté un altre nombre que excedeix el primer en 495 unitats. Troba aquest nombre.

26. L'edat d'en Pere és el doble de l'edat de la Maria. Fa 7 anys la suma de les edats era igual a l'edat actual d'en Pere. Troba les dues edats.

27. Les edats d'una nena, el seu pare i la seva àvia sumen 100 anys. Calcula aquestes edats sabent que la diferència entre l'edat del pare i la de la filla és la meitat de l'edat de l'àvia i que 14 vegades l'edat de la nena és el doble de l'edat del pare.

28. D'un nombre de tres xifres sabem que:

- Sumant la xifra de les centenes amb la de les unitats s'obté la xifra de les desenes.
- Les tres xifres sumen 10.
- Si s'inverteix l'ordre de les xifres, s'obté un altre nombre 297 unitats més gran.

Calcula el nombre.

29. Si sumem 2 unitats al denominador d'una fracció, la nova fracció val 1 unitat. En canvi, si sumem 3 unitats al numerador de la fracció original, la nova fracció val 2 unitats. Determina la fracció original.

30. Les edats de tres germans sumen 30 anys. Sabent que l'edat d'un d'ells és la mitjana de les edats dels altres dos i que el germà gran té 4 anys més que el germà petit, calcula l'edat de cada germà.

31. La diferència entre un nombre de dues xifres i el nombre que resulta d'invertir les xifres del primer nombre és igual a la suma de les dues xifres. De quin nombre es tracta?

32. En una granja hi ha 1300 caps de bestiar distribuïts en tres corrals de manera que la relació entre el nombre d'animals del primer corral i el del segon és $\frac{19}{18}$ i la relació entre el nombre d'animals del segon i del tercer és $\frac{6}{5}$. Calcula quants animals hi ha en cada corral.

33. Un constructor compra tres parcel·les i paga, respectivament, 1 500 €/m², 1 800 €/ m² i 2 000 €/m². Calcula la superfície de cada una sabent que entre les tres fan 1 870 m², que el preu total de l'operació és de 3 360 000 € i que el preu de la tercera parcel·la representa les tres quartes parts del preu de les altres dues juntes.

34. Un antiquari compra tres peces d'art per dos milions d'euros. Confia a vendre-les amb uns guanys del 20%, del 50% i del 25%, respectivament, amb la qual cosa obtindria un benefici de 0,6 milions. Però en una subhasta ha aconseguit uns guanys del 80%, del 90% i del 85%, respectivament, fet que li ha representat un benefici de 1,7 milions. A quin preu va comprar cada peça?

35. Les tres xifres d'un nombre sumen 18. Si a aquest nombre li restem el que resulta d'invertir l'ordre de les seves xifres, s'obté 594. Troba aquest nombre si sabem que la xifra de les desenes és la mitjana aritmètica de les altres dues.

36. Per la festa major, un noi va a tres espectacles diferents. El primer dia va dues vegades a l'espectacle x, una al y i l'altra al z, i es gasta 130 €. El segon dia va tres vegades al x i una al y i es gasta 180 €. El tercer dia va un cop a cada espectacle i es gasta només 80 €. Quin era el preu de cada espectacle?

37. Troba l'edat de tres germans sabent que el triple de l'edat del primer menys el doble de l'edat del segon més l'edat del tercer fan 22 anys, l'edat del primer menys la del segon més el doble de la del tercer fan 8 anys, i el doble de la del primer més la del segon menys la del tercer fan 20 anys.

38. Una fàbrica d'electrodomèstics té una producció setmanal fixa de 42 unitats. La fàbrica proporciona subministrament a 3 establiments que li adquireixen tota la producció. Una setmana, el primer establiment va sol·licitar tantes unitats com els altres dos plegats, mentre que la comanda del segon establiment va superar en un 20% la meitat del que va demanar el primer més la tercera part del que va demanar el tercer. Quants electrodomèstics va sol·licitar cada establiment?

39. Un alumne ha presentat tres exercicis de matemàtiques, cadascun dels quals ha estat qualificat sobre 20 punts pel seu professor. La suma de les tres notes obtingudes és de 33 punts; la primera nota és igual a la semisuma de les altres dues i la diferència entre les dues primeres notes és de 8 punts. Determina les tres qualificacions obtingudes per aquest alumne.

40. Amb 48 monedes fem tres munts. Si del primer munt passem al segon tantes monedes com hi ha en aquest, del segon en passem al tercer tantes com n'hi ha al tercer i del tercer en passem al primer tantes com n'hi ha al primer, resulta que tenim el mateix nombre de monedes en cada munt. Com havíem distribuït les monedes al principi?

41. En sumar de dues en dues les edats de tres persones s'obtenen 39, 43 i 46 anys. Troba l'edat de cadascuna d'aquestes persones.

42. Un número consta de dues xifres que sumen 9. Esbrina de quin número es tracta sabent que, en dividir-lo pel que resulta d'invertir l'ordre de les seves xifres, s'obté 2 de quocient i 18 de residu.

Activitats finals

1. Esbrina si la solució $x = 0$, $y = 1$ i $z = 2$ és solució dels sistemes següents:

a) $\begin{cases} x - 2y + z = 0 \\ -2y + z = 0 \\ -4x + y + z = 3 \end{cases}$ b) $\begin{cases} 3x + 2z = 2 \\ x + 3y = 1 \\ y + z = 0 \end{cases}$

2. Troba la solució dels sistemes següents, aplicant les propietats de l'equivalència de sistemes fins a arribar a un sistema esglaonat.

a) $\begin{cases} x - y + z = 3 \\ 2x + y + 3z = 5 \\ -x + y - 8z = -1 \end{cases}$ b) $\begin{cases} 2x - y + z = 0 \\ 3x + y + z = 1 \\ x + y + z = 2 \end{cases}$

3. Comprova que els següents sistemes són de Cramer i troba'n la solució:

a) $\begin{cases} x + 3y = 6 \\ x - 8y = 16 \end{cases}$ b) $\begin{cases} x + y = 2 \\ 2x + 3y = 1 \end{cases}$

4. Considera el sistema següent i mira si el pots resoldre pel mètode de Cramer.

$$\begin{cases} 2x + 3y - 5z = 8 \\ -x + 2y - z = 5 \\ 5x - 3y - 2z = -7 \end{cases}$$

5. Estudia la compatibilitat dels sistemes següents i resol els que siguin compatibles.

a) $\begin{cases} x + y + z = 2 \\ 2x + 3y + 5z = 11 \\ x - 5y + 6z = 29 \end{cases}$ b) $\begin{cases} x - y + z = 3 \\ 2y + 3z = 15 \\ 3x + y = 12 \end{cases}$

c) $\begin{cases} x + y = 12 \\ y + z = 8 \\ x + z = 6 \end{cases}$ d) $\begin{cases} x + 2y - 3z = -16 \\ 3x + y - 2z = -10 \\ 2x - 3y + z = -4 \end{cases}$

e) $\begin{cases} 3x + y - z = 3 \\ -6x + 2y + z = 8 \\ 18x - 5y + 2z = -10 \end{cases}$

f) $\begin{cases} x + y - 2z = 9 \\ 2x - y + 4z = 4 \\ 2x - y - 6z = -1 \end{cases}$

g) $\begin{cases} 2x - 5y + 3z = -12 \\ 3x + 2y - 5z = 1 \\ 7x - 4y + 2z = 0 \end{cases}$ h) $\begin{cases} x + y + 3z = 0 \\ x - y + z = 0 \\ 2x + y + 5z = 0 \end{cases}$

i) $\begin{cases} x + (1 - \sqrt{3})y + (1 + \sqrt{3})z = 1 \\ (1 + \sqrt{3})x + y + (1 - \sqrt{3})z = 1 \\ (1 - \sqrt{3})x + (1 + \sqrt{3})y + z = 1 \end{cases}$

6. Raona per què tots els sistemes següents són compatibles. Expressa la solució dels indeterminats.

a) $\begin{cases} x + y + z = 0 \\ 2x - 3y - 2z = 0 \\ x - y - z = 0 \end{cases}$ b) $\begin{cases} 2x - 3y - z = 0 \\ -x + y - 3z = 0 \\ -x - 6y + 8z = 0 \end{cases}$

c) $\begin{cases} x + y - z = 0 \\ -x - y + z = 0 \\ 2x - y + z = 0 \end{cases}$ d) $\begin{cases} x - y - z = 0 \\ x + y - z = 0 \\ -x + y + z = 0 \end{cases}$

7. Considera el sistema: $\begin{cases} x + my + z = 4 \\ x + 3y + z = 5 \\ mx + y + z = 4 \end{cases}$

Troba els valors de m per als quals el sistema no és de Cramer. Resol el sistema per aquest mètode quan $m = -1$.

8. Discuteix el sistema següent segons els valors de t i prova de resoldre'l quan sigui compatible:

$$\begin{cases} 5x - 11y + 9z = t \\ x - 3y + 5z = 2 \\ 2x - 4y + 2z = 1 \end{cases}$$

9. Resol el sistema següent, analitza'n la compatibilitat. Demostra que hi ha solucions infinites que tenen els tres valors de les incògnites positius.

$$\begin{cases} 3x - y + z = 1 \\ -5x + 5y + z = -1 \\ x + 8y + 7z = 2 \end{cases}$$

10. Considera les equacions:

$$2x - y + z = 0 \quad \text{i} \quad 3x - 2y - z = 3$$

Escriu una tercera equació que, amb les dues anteriors, formi un sistema que sigui:

a) Compatible determinat.

b) Compatible indeterminat.

c) Incompatible.

11. Se sap que el gràfic de la funció:

$$f(x) = ax^2 + bx + c$$

passa pels punts (3, −1), (2, 0) i (−1, 15). Calcula'n els coeficients a, b i c.

12. Donat el sistema d'equacions lineals següent:

$$\begin{cases} x + y - z = 2 \\ x - y + 2z = 6 \\ 2x + 8y - 11z = -8 \end{cases}$$

a) Digues, raonadament, quantes solucions té.

b) Calcula, si és possible, una solució les tres components de la qual sumin 0.

13. En un garatge hi ha cotxes i motos. Si coneixem el nombre total de llums (dos cada cotxe i un cada moto) i el nombre total de rodes (quatre cada cotxe i dues cada moto), és possible determinar el nombre de cotxes i de motos que hi ha al garatge? Per què?

14. Un pare vol repartir una heretat entre els seus fills. Si dona 30 000 € a cadascun, li sobren 20 000 €, mentre que si dona 35 000 € a cada fill, li'n falten 5 000. Troba el nombre de germans i el valor de l'heretat.

15. Considera un sistema de dues equacions lineals amb dues incògnites i amb coeficients reals. És possible que el sistema tingui exactament dues solucions? I exactament tres solucions? Justifica les respostes.

16. En estudiar un sistema lineal dependent del paràmetre k pel mètode de Gauss, hem arribat a la matriu ampliada següent:

$$\left(\begin{array}{ccc|c} 1 & 3 & -2 & 8 \\ 0 & k-2 & 5 & 12 \\ 0 & 0 & k-1 & 0 \end{array}\right)$$

Discuteix el sistema en funció del paràmetre k.

17. Resol el sistema d'equacions següent:

$$\begin{cases} x + y + z = 1 \\ 2x + 3y - 4z = 9 \\ x - y + z = -1 \end{cases}$$

18. La Joana i la Mercè tenien 20 000 € cadascuna per invertir. Cadascuna d'elles fa la mateixa distribució dels seus diners en tres parts P, Q i R, i les porta a una entitat financera. Al cap d'un any, a la Joana li han donat un 4 % d'interès per la part P, un 5 % per la part Q i un 4 % per la part R, i a la Mercè li han donat un 5 % per la part P, un 6 % per la part Q i un 4 % per la part R. La Joana ha rebut en total 850 € d'interessos, mentre que la Mercè n'ha rebut 950 €.

De quants euros constava cadascuna de les parts P, Q i R?

19. He anat a una botiga i he decidit comprar uns pantalons, una camisa i unes sabates. Si faig la compra avui, em costarà tot plegat 120 €. A més, actualment, la camisa i les sabates costen, plegades, el doble dels pantalons.

Si m'espero una setmana, els pantalons i les sabates tindran un descompte del 20 %, mentre que la camisa només tindrà un descompte del 10 %. D'aquesta manera, pagaré 99 €. Quin és el preu inicial de cada article?

20. La Júlia, en Pol i la Maria han anat a comprar fruita. La Júlia ha comprat un quilogram de pomes, dos de préssecs i tres de taronges, i ha pagat 9 €. En Pol ha comprat dos quilograms de pomes i quatre de préssecs, i ha pagat 12 €. La Maria, en canvi, ha comprat quatre quilograms de pomes i dos de taronges, i ha pagat 8 €. Calcula el preu del quilogram de cada fruita.

21. Un botiguer vol determinar la quantitat de bitllets de 5 €, 10 € i 20 € que ha de tenir a la botiga per atendre millor els clients. En total, vol tenir 1 375 € en 90 bitllets a la caixa. A més, s'ha adonat que li convé tenir el doble de bitllets de 20 € que de 5 € i 10 € junts. Quants bitllets haurà de tenir de cada classe?

22. El propietari d'un bar ha comprat refrescos, cervesa i vi per un total de 5 000 €, sense impostos. El vi val 600 € menys que els refrescos i la cervesa plegats. Si tenim en compte que pels refrescos ha de pagar un IVA del 6 %, per la cervesa un del 12 % i pel vi un del 30 %, aleshores la factura total, amb els impostos inclosos, puja a 5 924 €. Calcula quant ha pagat, sense IVA, per cada classe de beguda.

23. En resoldre un sistema lineal de tres equacions amb tres incògnites, x, y i z, hem trobat que les solucions compleixen les condicions següents:

- La suma de les solucions és 6.
- La segona és la mitjana aritmètica de les altres dues.
- El valor de la tercera és la suma dels valors de les altres dues.

Escriu i resol el sistema d'equacions que satisfà les condicions anteriors, i indica si és compatible determinat o indeterminat.

24. El mes de gener passat, en Joan, la Carla i la Laura van invertir en borsa. La Carla va invertir el doble que la Laura. Aquell mes, en Joan i la Carla van tenir uns guanys del 30 %, mentre que la Laura va tenir unes pèrdues del 10 %. De resultes d'això, van obtenir conjuntament uns guanys del 20 %. Van acordar tornar a invertir el febrer, incrementant cadascú un 10 % les seves inversions inicials. Si el mes de febrer van invertir entre tots tres 770 €, quina quantitat havia invertit cadascú el mes de gener?

25. Una persona decideix invertir un total de 60 000 €, repartits entre tres entitats d'estalvi diferents: A, B i C. Aquesta persona decideix que la quantitat invertida a l'entitat A sigui la meitat de la quantitat total invertida a les entitats B i C. A més, sabem que l'entitat A li ha assegurat una rendibilitat del 5 %; l'entitat B, una rendibilitat del 10 %, i l'entitat C, una rendibilitat del 2 %. Calcula les quantitats invertides a cada entitat d'estalvi si sabem que aquest inversor obtindrà uns beneficis totals de 4 200 €.

26. En Pau, la Berta i la Marta han comprat un regal. La Berta ha gastat la meitat de diners que la Marta, i en Pau n'ha gastat el triple que la Berta.

a) Explica raonadament si amb aquestes dades en tenim prou per determinar quant ha gastat cadascun d'ells.

b) Si a més ens diuen que entre tots tres han gastat 63 €, quant ha gastat cadascú?

Activitats finals

27. Una empresa cinematogràfica disposa de tres sales A, B i C. Els preus d'entrada a aquestes sales són de 7 €, 8 € i 9 €, respectivament. Un dia determinat, la recaptació conjunta de les tres sales va ser de 1 520 €, i el nombre total d'espectadors va ser 200. Si s'haguessin intercanviat els espectadors de les sales A i B, la recaptació total s'hauria incrementat en 20 €. Calcula el nombre d'espectadors que va acudir a cada una de les sales.

28. Discuteix els sistemes següents en funció del paràmetre a:

a) $\begin{cases} 2x-y+z=2 \\ ax-y+z=1 \\ x+ay+z=1 \end{cases}$ b) $\begin{cases} x+y=1 \\ ay+z=0 \\ x+(1+a)y+az=a+1 \end{cases}$

29. L'autocar que va de Barcelona a Tarragona es va espatllar just a la meitat del trajecte. Des d'aquest punt, en Marcel, un dels passatgers, va anar caminant fins a la població més propera, de manera que va fer a peu la vintena part del total del trajecte. Allà va agafar un taxi fins a Tarragona, i diu que va fer 5 quilòmetres més en autocar que en taxi. Planteja i resol un sistema d'equacions per calcular quants quilòmetres va fer en Marcel en autocar, a peu i en taxi.

30. En una festa familiar s'han reunit 20 persones. Si comptem el total d'homes i dones junts, observem que n'hi ha el triple que de nens. A més, sabem que, si hi hagués assistit una dona més, el nombre de dones hauria estat igual que el nombre d'homes. Quants homes, quantes dones i quants nens van assistir a la festa familiar?

31. Un venedor d'una llibreria de vell cobra, a més a més d'un sou fix, diferents comissions depenent del tipus de llibre que ven. Cobra 1 € per cada còmic, 1,5 € per cada revista i 2 € per cada novel·la. Ahir va vendre el doble de revistes que de novel·les i 5 còmics menys que revistes, i va aconseguir en total una comissió de 30 €. Calcula quantes publicacions va vendre de cada tipus.

32. Un triatló consta de tres segments que cal fer consecutivament practicant tres modalitats d'esport diferents: natació, ciclisme i cursa a peu. La distància total que es recorrerà en el triatló és de 75 km. Sabem que el recorregut en bicicleta és igual a quatre vegades la distància que cal recórrer nedant i corrent conjuntament. Sabem també que si sumem 3 km a la distància que es fa corrent ens dona el mateix que cinc vegades el recorregut que es fa nedant. Determina la distància recorreguda en cada modalitat.

33. Escriu un sistema de tres equacions lineals amb tres incògnites que sigui compatible indeterminat amb un grau de llibertat. Justifica la teva resposta.

PREPARA'T PER A LA UNIVERSITAT

1. Donat el sistema d'equacions següent:

$$\begin{cases} x+5y+2z=2 \\ 2x+4y+z=4 \\ x-y-z=2 \end{cases}$$

a) Determina'n la solució general, en funció de z.

b) Calcula la solució particular segons la qual $z=2$.

2. Considera el sistema d'equacions lineals següent:

$$\begin{cases} x+y+3z=k \\ 2y+z=0 \\ x+3y+k^2z=2 \end{cases}$$

Discuteix el sistema en funció del paràmetre k.

3. Una botiga ha venut 225 llapis de memòria de tres models diferents, que anomenarem A, B i C, i ha ingressat un total de 10 500 €. El llapis A costa 50 €, i els models B i C són, respectivament, un 10 % i un 40 % més barats que el model A. La suma total de llapis venuts dels models B i C és la meitat que la de llapis venuts del model A. Calcula quants exemplars s'han venut de cada model.

4. Un trajecte de 200 km s'ha de fer combinant taxi, ferrocarril i autobús. El cost del taxi és de 5 €/km; el del ferrocarril, de 2 €/km, i el de l'autobús, de 3 €/km. El recorregut ens ha costat 500 €, per haver fet el doble de kilòmetres amb ferrocarril que amb taxi i autobús junts. Determina les distàncies que hem recorregut amb cada mitjà de transport.

5. En Joan, en Pere i en Marc tenen, entre els tres, seixanta-tres anys. Si en Joan tingués tres anys menys, la seva edat seria el doble de les edats d'en Pere i en Marc junts. Si en Pere tingués un any més, la seva edat seria la meitat de la d'en Marc. Quina és l'edat actual de cadascun d'ells?

- **Et semblen interessants els nous mètodes de resolució de sistemes tractats en aquesta unitat? Els trobes útils per aplicar-los?**
- A partir d'ara utilitzaràs més sovint els sistemes per a la resolució de problemes?
- De tots els mètodes de resolució de sistemes treballats en la unitat, quins et resulten més propers i assequibles? Per què?
- Com valores l'aplicació de les matrius i els determinants en la resolució de sistemes d'equacions lineals?
- Què creus que és millor en un sistema d'equacions lineals, primer resoldre'l i després classificar-lo o primer classificar-lo i després resoldre'l? Justifica la teva resposta.
- I finalment, quins dels nous continguts apresos en aquesta unitat t'han sorprès positivament?

Les matrius de Leontief

Situació d'aprenentatge

En general, una empresa ha de consumir matèries primeres i altres elements per produir, encara que siguin reciclats de diferents indústries. El model de subministrament-demanda de Leontief ens pot ajudar a veure les relacions ocultes en sistemes econòmics complexos. W. Leontief (1906-1999) va estudiar-los d'una manera quantitativa en lloc de qualitativa. L'any 1973 va ser guardonat amb el Premi Nobel per la seva recerca en aquest camp. Vegem com funciona aquest model.

Imaginem que tenim *n* sectors productors, i que cadascun produeix $X = ^t(x_1 x_2 ... x_n)$ unitats. Disposem d'una matriu A que conté els coeficients de producció intermèdia (quantitat necessària de cada sector per produir) i disposem també de la demanda final $D = ^t(d_1 d_2 ... d_n)$. Segons Leontief, aquests valors es relacionen amb el següent sistema d'equacions:

$$\begin{pmatrix} x_1 \\ x_1 \\ \vdots \\ x_n \end{pmatrix} = \begin{pmatrix} a_{11} & a_{11} & \cdots & a_{1n} \\ a_{21} & a_{22} & \cdots & a_{2n} \\ \vdots & \vdots & \ddots & \vdots \\ a_{n1} & a_{n2} & \cdots & a_{nn} \end{pmatrix} \begin{pmatrix} x_1 \\ x_2 \\ \vdots \\ x_n \end{pmatrix} + \begin{pmatrix} d_1 \\ d_2 \\ \vdots \\ d_n \end{pmatrix}$$

Resolent el sistema en funció de la matriu X tenim:

$$X = AX + D$$
$$X - AX = D$$
$$(I - A)X = D$$
$$X = (I - A)^{-1} D$$

La matriu inversa s'anomena *I* inversa de Leontief. Vegem aquest procés amb un exemple concret.

Imaginem que tenim dos serveis que es requereixen l'un de l'altre per funcionar. Per exemple, un granger G i un llenyataire L. El granger necessita consumir part dels aliments que produeix, i també necessita la fusta que li subministra el llenyataire. De manera similar, el llenyataire necessita els aliments del granger i la seva pròpia fusta. Tanmateix, tots dos necessiten vendre part dels seus productes externament.

Suposem que per produir una unitat, G necessita 0,1 unitats pròpies i 0,2 unitats de L. D'altra banda, per produir una unitat, L necessita 0,4 unitats de G i 0,3 pròpies. En total G vol cobrir una demanda externa de 30 unitats i L de 40. Quina és la producció total que han de fer?

El sistema d'equacions que cal resoldre és:

$$\begin{pmatrix} x_1 \\ x_2 \end{pmatrix} = \begin{pmatrix} 0{,}1 & 0{,}2 \\ 0{,}4 & 0{,}3 \end{pmatrix} \begin{pmatrix} x_1 \\ x_2 \end{pmatrix} + \begin{pmatrix} 30 \\ 40 \end{pmatrix}$$

$$\begin{pmatrix} x_1 \\ x_2 \end{pmatrix} = \begin{pmatrix} 1{,}27 & 0{,}365 \\ 0{,}727 & 1{,}64 \end{pmatrix} \begin{pmatrix} 30 \\ 40 \end{pmatrix} = \begin{pmatrix} 52{,}7 \\ 87{,}4 \end{pmatrix}$$

Part de l'interès d'aquestes matrius és que ens permeten aproximar com afectarà un canvi de la demanda d'un dels elements en els altres. Per exemple, una disminució en la demanda de L pot provocar una disminució en la producció de G. Seguint l'exemple anterior, si tenim una demanda exterior del 50 % de L, observem que la producció de G i L seran 45,4 i 54,6, respectivament. Això implica una disminució del 13,8 % en la producció de G i del 37,5 % en la producció de L.

Aquest exemple ens mostra la riquesa i debilitat del sistema econòmic d'un país, on tot està lligat i, per tant, alguns canvis en un sector afecten indirectament altres sectors.

Ara et toca a tu! Volem estudiar tres grans sectors —energia (*E*), indústria (*I*) i serveis (*S*)—, que estan interrelacionats entre si. *E* necessita 0,1 de *E*, 0,2 de *I* i 0,2 de S. De la mateixa manera, *I* necessita 0,4 de *E*, 0,3 de I i 0,3 de S. Finalment, S necessita 0,3 de *E*, 0, 1 de *I* i 0,3 de S.

a) Quina producció han de tenir si es vol cobrir una demanda externa de (50, 100, 50)?

b) Què afecta més al sistema, una davallada en la demanda de E, de I o de S?

c) Interpreta-ho a través de la inversa de Leontief.

UNITAT

4 Sistemes d'inequacions lineals

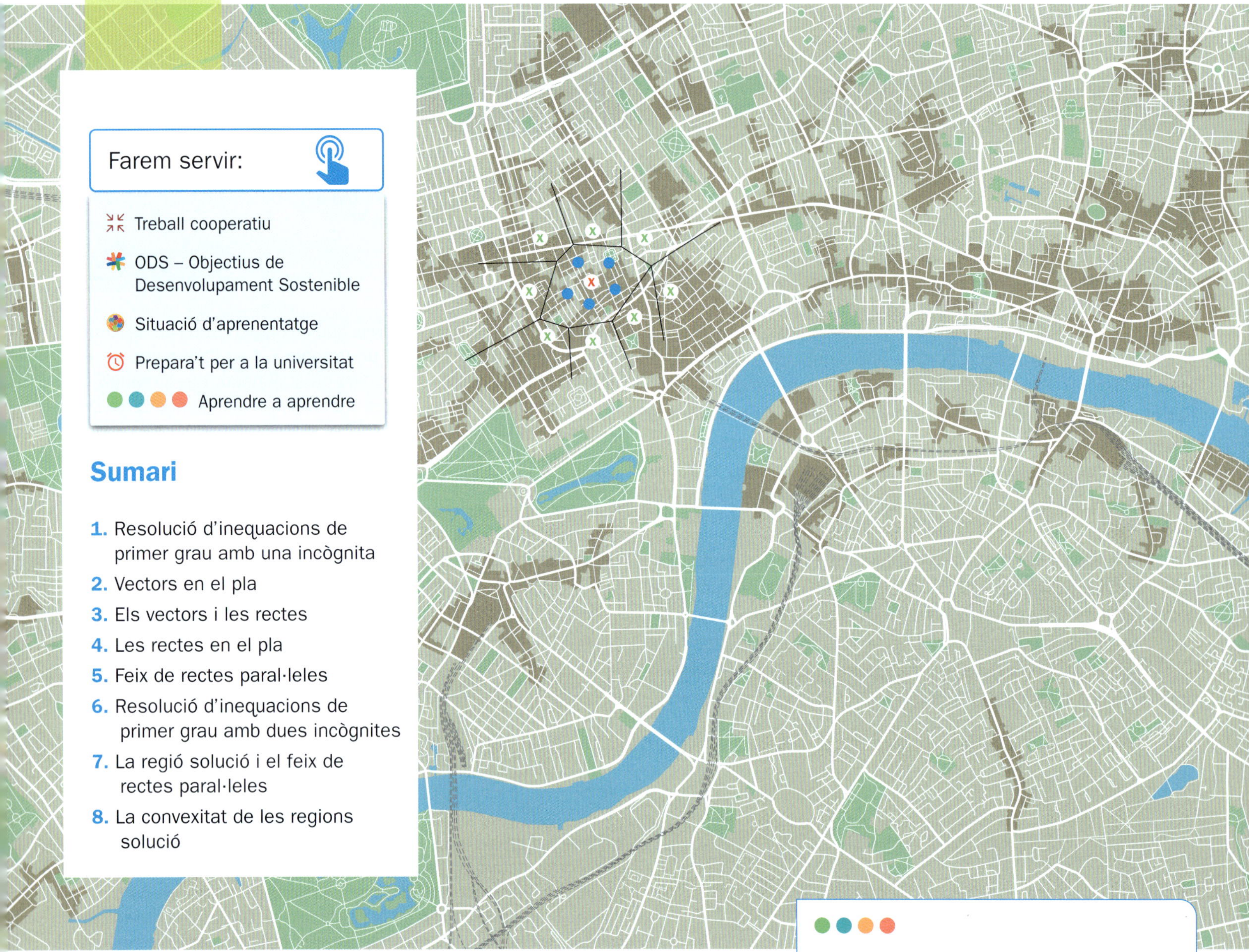

Farem servir:

- Treball cooperatiu
- ODS – Objectius de Desenvolupament Sostenible
- Situació d'aprenentatge
- Prepara't per a la universitat
- Aprendre a aprendre

Sumari

L'any 1854, Londres estava immersa en una epidèmia de còlera, malaltia que la majoria de metges assumien que es contagiava per l'aire. El doctor John Snow, però, va aconseguir convèncer la comunitat científica que el focus de contagi venia d'una de les bombes de subministrament d'aigua potable. Snow va fer un mapa on hi va marcar el domicili dels que havien mort a causa de la malaltia (punts blaus) i les bombes subministradores d'aigua (creus), evidenciant així la relació espacial que existia entre la distància a la bomba, efectivament contaminada, i el fet de contraure la malaltia.

Aquest tipus de diagrama posa de manifest la relació intuïtiva entre proximitat i pertinença. Al final del capítol presentem unes «construccions» matemàtiques que justament es basen en aquesta relació i són útils en camps ben diversos, des de l'epidemiologia fins a les cerques per internet, la presa de decisions comercials o la posició d'antenes per a mòbils, contribuint d'aquesta manera a l'**ODS Salut i benestar.**

Recordes com es resol una inequació de primer grau amb una incògnita? I amb dues incògnites?

Saps distingir els diferents tipus d'intervals a la recta real? Els saps interpretar?

Ets capaç d'expressar la solució d'un sistema d'inequacions de primer grau amb una incògnita en forma d'interval?

Tens dificultats per determinar i interpretar l'equació d'una recta en el pla?

Saps representar qualsevol recta del pla en uns eixos de coordenades?

Distingeixes les rectes que són paral·leles, coincidents o secants a una altra recta donada?

1. Resolució d'inequacions de primer grau amb una incògnita

Les expressions $a < b, a > b, a \leq b$ i $a \geq b$ són desigualtats. Podem donar a les desigualtats el mateix tractament que a les igualtats?. Ho veiem tot seguit, recordant quines són les seves propietats:

1. Si $a \leq b \rightarrow a + c \leq b + c, \forall c \in \mathbb{R}$
2. Si $a \leq b \rightarrow ac \leq bc, \forall c \in \mathbb{R}^+$. Si $a \leq b \rightarrow ac \geq bc, \forall c \in \mathbb{R}^-$
3. Si $a \leq b \rightarrow \frac{1}{a} \geq \frac{1}{b}$, per $ab > 0$. Si $a \leq b \rightarrow \frac{1}{a} \leq \frac{1}{b}$, per $ab < 0$

Important

Expressem amb $\mathbb{R}$ el conjunt dels nombres reals, amb $\mathbb{R}^+$ el conjunt dels nombres reals positius i amb $\mathbb{R}^-$ el conjunt dels nombres reals negatius.

Una **inequació** és una desigualtat entre expressions algèbriques, amb una o més incògnites, que es verifica per a un o diversos valors d'aquestes incògnites. També és possible que no hi hagi cap valor de les incògnites que verifiqui la desigualtat.

Els valors que fan que la desigualtat sigui certa són les **solucions** de la inequació. Hi ha inequacions que no tenen solució.

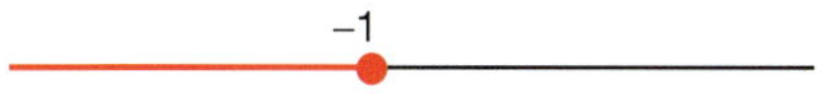

Fig. 4.1.

1.1. Inequacions de primer grau amb una incògnita

Comencem recordant la resolució d'inequacions de primer grau amb una incògnita, que ja vas treballar a l'etapa anterior.

Quins són els valors de x que verifiquen cadascuna d'aquestes inequacions?

a) $x + 3 \leq 2$

Si apliquem la primera propietat de les desigualtats i sumem –3 als dos membres de la inequació, obtenim la inequació $x \leq -1$, que ens indica els valors de x que són solució. Tots els nombres reals més petits o iguals que –1 verifiquen la desigualtat i constitueixen el **conjunt solució**.

Ho expressem: $S = \{x \in \mathbb{R} \mid x \leq -1\}$ o també $S = (-\infty, -1]$

La representació gràfica del conjunt solució de la inequació $x + 3 \leq 2$ és la semirecta de la Figura 4.1. Observa que hi assenyalem el valor –1 per indicar que també és solució de la inequació.

Important

Quan canviem de signe els membres d'una desigualtat, aquesta canvia de sentit perquè els multipliquem per –1.

b) $\frac{x+4}{3} - 1 < 2x - 5$

Multipliquem cada membre de la desigualtat per 3 i, per la segona propietat de les desigualtats, obtenim una nova desigualtat del mateix sentit.

$$x + 4 - 3 < 6x - 15 \rightarrow x + 1 < 6x - 15$$

Tot seguit, apliquem la primera propietat, transposant els termes en x a un dels membres i els termes independents a l'altre:

$$x - 6x < -15 - 1 \rightarrow -5x < -16$$

Multipliquem per –1 els dos membres de l'última desigualtat. La segona propietat ens obliga a canviar-ne el sentit:

$$5x > 16 \rightarrow x > \frac{16}{5}$$

Per tant:

$$S = \left\{x \in \mathbb{R} \mid x > \frac{16}{5}\right\} = \left(\frac{16}{5}, +\infty\right)$$

Fig. 4.2.

La representació gràfica del conjunt solució és la de la Figura 4.2. No hi assenyalem el valor $\frac{16}{5}$ perquè no és solució de la inequació.

c) $\frac{1}{2} - \frac{5(x+1)}{3} \geq \frac{2(x+1)}{3} - \frac{x}{2}$

Si apliquem les propietats de les desigualtats i fem operacions, obtenim:

$$-11x \geq 11 \rightarrow 11x \leq -11 \rightarrow x \leq -1$$

Per tant, $S = \{x \in \mathbb{R} \mid x \leq -1\} = (-\infty, -1]$

Observa que en les inequacions dels exemples *b)* i *c)* hem multiplicat per -1 els membres de cadascuna de les dues desigualtats abans d'aïllar x. Hem de fer-ho sempre així quan ens trobem davant d'inequacions del tipus $ax < b$, $ax > b$, $ax \leq b$ i $ax \geq b$ amb $a < 0$. En cas de no fer-ho, obtindríem una solució incorrecta. Pots comprovar-ho.

Dues o més inequacions són **equivalents** si tenen el mateix conjunt solució.

Les inequacions dels exemples *a)* i *c)* tenen les mateixes solucions i, per tant, són equivalents.

Quan apliquem les propietats de les desigualtats en el procés de resolució de les inequacions, el que fem és transformar-les en altres inequacions equivalents fins a arribar a una inequació la resolució de la qual és immediata.

Recorda

El conjunt que no té cap element es coneix amb el nom de *conjunt buit* i es representa mitjançant el símbol $\varnothing$.

d) $2x - 1 \geq 2(x + 1) \rightarrow 2x - 1 \geq 2x + 2 \rightarrow -1 \geq 2$

El resultat és una desigualtat que no es compleix mai. Això significa que no existeix cap valor de x que verifiqui la inequació proposada. Per tant, aquesta inequació no té solució. S'expressa: $S = \varnothing$.

e) $3x - 7 < 3(x - 2) \rightarrow 3x - 7 < 3x - 6 \rightarrow -7 < -6$

Observa que l'última desigualtat que s'ha obtingut és certa, independentment del valor de x. El conjunt solució és, per tant, $S = \mathbb{R} = (-\infty, +\infty)$.

Podem concloure que en la resolució d'inequacions de primer grau amb una incògnita apliquem els mateixos procediments que en la resolució d'equacions de primer grau amb una incògnita, amb una única però important diferència: quan multipliquem per -1 els dos membres d'una desigualtat o, el que és el mateix, quan en canviem el signe, la desigualtat canvia de sentit.

$$\text{Si } a = b \rightarrow -a = -b \qquad \text{Si } a < b \rightarrow -a > -b$$

1.2. Sistemes d'inequacions de primer grau amb una incògnita

Un sistema d'inequacions està format per dues o més inequacions de primer grau amb una incògnita que han de verificar-se simultàniament. Per resoldre'l, es troben les solucions de cadascuna de les inequacions per separat. El conjunt solució del sistema queda determinat pels valors de x que són, alhora, solució de totes i cadascuna de les inequacions que el formen. Si no hi ha cap valor de x que les verifiqui simultàniament, el sistema és incompatible, és a dir, el conjunt solució és el conjunt buit.

En els exemples següents resoldrem diferents sistemes formats per dues inequacions. El procés és el mateix si el sistema està constituït per més de dues inequacions.

a) $\begin{cases} 3x + 4 \leq 2x + 10 \\ 2x - 3 > -5 \end{cases}$

Resolem la primera inequació: $3x + 4 \leq 2x + 10 \rightarrow x \leq 6 \rightarrow S_1 = \{x \in \mathbb{R} \mid x \leq 6\} = (-\infty, 6]$

Fem el mateix amb la segona: $2x - 3 > -5 \rightarrow x > -1 \rightarrow S_2 = \{x \in \mathbb{R} \mid x > -1\} = (-1, +\infty)$

Si considerem els valors de x que són solució de les dues inequacions alhora, tindrem el conjunt solució S del sistema: $S = \{x \in \mathbb{R} \mid -1 < x \leq 6\} = (-1, 6]$

En la Figura 4.3 hem representat els conjunts S_1 i S_2 en la recta real. Observa que el conjunt solució S del sistema és la part comuna o intersecció de S_1 i S_2.

Fig. 4.3.

b) $\begin{cases} 3(x - 1) + 2 > 2(x + 2) \\ \dfrac{x - 2}{2} \leq \dfrac{x - 3}{4} \end{cases}$

La solució de la primera inequació és: $x > 5 \rightarrow S_1 = \{x \in \mathbb{R} \mid x > 5\} = (5, +\infty)$

I quan resolem la segona obtenim: $x \leq 1 \rightarrow S_2 = \{x \in \mathbb{R} \mid x \leq 1\} = (-\infty, 1]$

No hi ha cap nombre real que sigui, al mateix temps, més gran que 5 i més petit o igual que 1. Així doncs, el sistema és **incompatible,** $S = \emptyset$. Pots comprovar-ho gràficament en la Figura 4.4, on no hi ha coincidència de solucions.

Fig. 4.4.

c) $\begin{cases} 2(x-1)+3 < x+1 \\ \dfrac{x}{3} - \dfrac{x-1}{2} \geq \dfrac{x-2}{3} \end{cases}$

La solució de la primera inequació és: $x < 0 \rightarrow S_1 = \{x \in \mathbb{R} \mid x < 0\} = \mathbb{R}^- = (-\infty, 0)$.

I la de la segona: $x \leq \dfrac{7}{3} \rightarrow S_2 = \left\{x \in \mathbb{R} \;\middle|\; x \leq \dfrac{7}{3}\right\} = \left(-\infty, \dfrac{7}{3}\right]$.

Els valors de x que pertanyen simultàniament a S_1 i S_2 són precisament els del conjunt S_1.

Per tant, el conjunt solució del sistema és $S = S_1 = \mathbb{R}^-$. Pots comprovar-ho en el gràfic de la Figura 4.5.

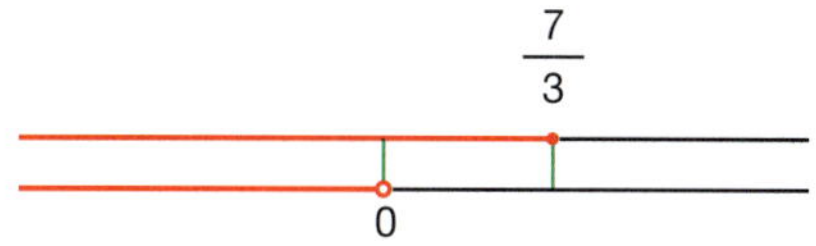

Fig. 4.5.

d) $\begin{cases} 3x+2 \geq x+4 \\ 2-x \leq 3-2x \end{cases}$

Les solucions de les inequacions són $x \geq 1$ i $x \leq 1$, respectivament. Així doncs, el conjunt solució és $S = \{1\}$, ja que $x = 1$ és l'únic valor que verifica les dues inequacions alhora.

ACTIVITATS

1. Esbrina si els nombres -3, -1, $\dfrac{1}{2}$, 2 i 5 són solució d'aquestes inequacions:

a) $3(x-2)+5 > 2x$

b) $x - 3 \geq 2$

c) $\dfrac{6x-5}{3} \leq 5x$

2. Resol les inequacions següents:

a) $3(x-5)+7 > 2x-3$ *b)* $2(3x-2) \leq 3(2x+1)$

c) $\dfrac{2x-3}{5} - \dfrac{1}{2} \leq \dfrac{x-1}{2}$

d) $\dfrac{4}{x+3} > 2$

3. Representa en la recta real el conjunt solució de cadascuna d'aquestes inequacions:

a) $2(3x-1) - 5(x-2) < 3(x-2)$

b) $-(3x+2) - 6 \geq 2x - 9$

c) $\dfrac{2x+1}{3} < x\dfrac{1-x}{2}$ *d)* $\dfrac{x}{2} - \dfrac{2x-1}{4} \geq 1 - \dfrac{x-3}{2}$

4. Escriu una inequació de primer grau amb una incògnita que:

a) No tingui solució. *b)* El conjunt solució sigui $S = \mathbb{R}$.

Justifica les respostes.

5. Resol gràficament aquests sistemes d'inequacions:

a) $\begin{cases} x \leq \dfrac{1}{2} \\ x > \dfrac{7}{3} \end{cases}$ *b)* $\begin{cases} x > -\dfrac{1}{2} \\ x \leq -5 \end{cases}$

c) $\begin{cases} 3 > x \\ x \geq -1 \end{cases}$ *d)* $\begin{cases} x \geq \dfrac{1}{3} \\ x > 2 \end{cases}$

6. Escriu, per a cada cas, un sistema de primer grau amb una incògnita la solució del qual sigui:

a) $S = \emptyset$ *b)* $S = \{-2\}$

c) $S = [3, +\infty)$ *d)* $S = (-\infty, -1)$

7. Resol aquests sistemes:

a) $\begin{cases} x+1 > 0 \\ 2x-1 < 3 \end{cases}$ *b)* $\begin{cases} 3(x-1)+2 \leq 2x-3(1-x) \\ 5x-2 > -1 \end{cases}$

c) $\begin{cases} \dfrac{2x-1}{3} \leq x+2 \\ \dfrac{x+1}{2} \geq \dfrac{x-2}{3} \end{cases}$ *d)* $\begin{cases} 2(x+1)-3 \geq 3x-2(1+x) \\ \dfrac{3x-2}{3} \leq \dfrac{x-1}{2} \end{cases}$

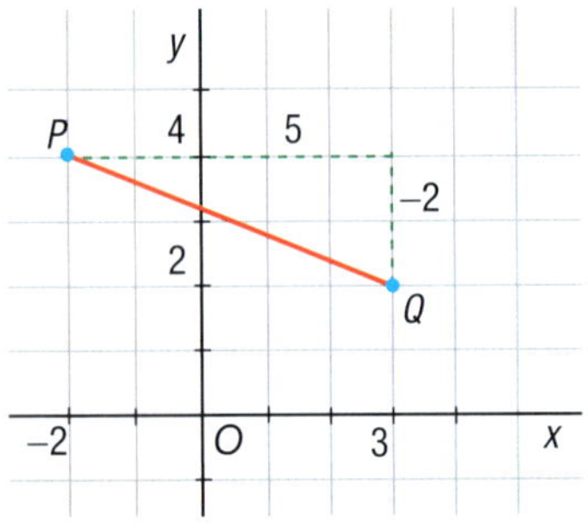

Fig. 4.6.

Important

Per indicar els vectors, habitualment s'utilitzen lletres minúscules amb una fletxa. Per exemple: $\vec{u}$, $\vec{v}$, $\vec{w}$ ...

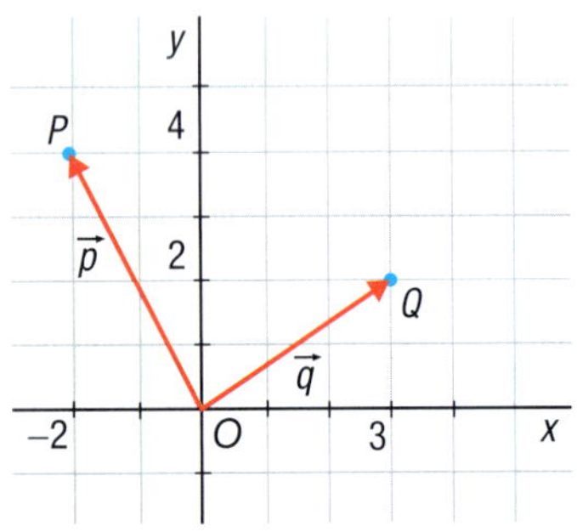

Fig. 4.7.

Important

Q(3, 2) indica les coordenades del punt Q. En canvi, $\vec{q} = (3, 2)$ indica els components cartesians del seu vector posició.

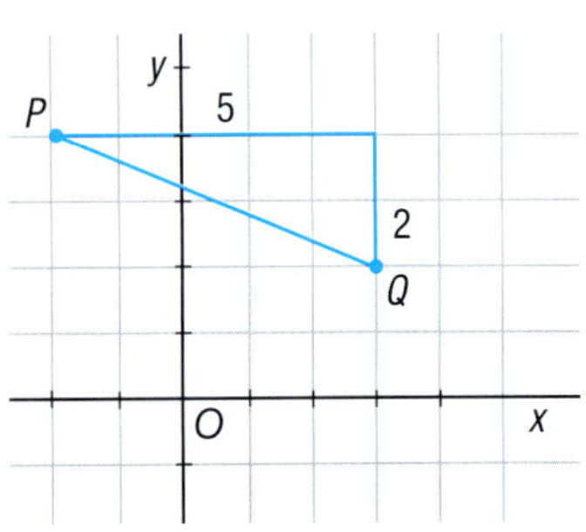

Fig. 4.8.

2. Vectors en el pla

Representem en uns eixos de coordenades cartesianes els punts $P(-2, 4)$ i $Q(3, 2)$. Per desplaçar-nos des del punt P al punt Q pel recorregut més curt, ho farem seguint la **direcció** de la recta determinada pels dos punts, el **sentit** $P \rightarrow Q$, i amb una distància igual a la **longitud** del segment PQ.

Per representar aquest desplaçament d'una manera senzilla, ho farem a partir del **vector** d'origen el punt P i extrem el punt Q, i l'anomenarem **vector translació** $\overrightarrow{PQ}$, ja que aquest vector ens permet passar del punt P al punt Q mitjançant una translació (Fig. 4.6).

Per anar del punt P al punt Q seguint les direccions dels eixos de coordenades, de manera que es comenci el moviment en la direcció de l'eix de les abscisses, haurem de moure'ns 5 unitats en el sentit positiu d'aquesta direcció i 2 unitats en el sentit negatiu de la direcció de l'eix d'ordenades. Per representar aquest moviment, utilitzarem el parell ordenat de nombres (5, −2), que anomenem **components cartesians** del vector translació $\overrightarrow{PQ}$. Ho indiquem així: $\overrightarrow{PQ}$ – (5, −2).

És fàcil observar que els components cartesians del vector translació $\overrightarrow{PQ}$ s'obtenen restant ordenadament a les coordenades del punt extrem Q les coordenades del punt origen P:

$$\left.\begin{matrix} P(-2,4) \\ Q(3,2) \end{matrix}\right\} \rightarrow \overrightarrow{PQ} = (3{,}+2,\ 2-4) = (5,\ 2)$$

De manera semblant es dedueix que els components cartesians del vector translació $\overrightarrow{QP}$ són $\overrightarrow{QP}$ – (5, −2). Si anomenem $\vec{v} = \overrightarrow{PQ} = (5, -2)$, tenim que $-\vec{v} = \overrightarrow{QP} = (5, -2)$; els vectors $\vec{v}$ i $-\vec{v}$ són oposats.

> En general, donats dos punts $P(x_1, y_1)$ i $Q(x_2, y_2)$, els components cartesians del vector translació $\vec{v} = \overrightarrow{PQ}$ són $\vec{v} = (x_2 - x_1, y_2 - y_1)$.

El vector translació que té per origen el punt $O(0, 0)$ i per extrem el punt $P(-2, 4)$ és el vector $\overrightarrow{OP}$, que s'anomena **vector posició** del punt P, i l'expressem $\vec{p} = \overrightarrow{OP}$. És fàcil adonar-se que els components cartesians del vector posició del punt P coincideixen amb les coordenades d'aquest punt, és a dir, $\vec{p} = \overrightarrow{OP} = (-2, 4)$. De la mateixa manera, es dedueix que els components cartesians del vector posició del punt Q són $\vec{q} = \overrightarrow{OQ} = (3, 2)$ (Fig. 4.7).

Tot i que els vectors els considerarem sempre com a vectors translació, a partir d'ara en direm senzillament *vectors*.

Anteriorment, per determinar el vector $\vec{v} = \overrightarrow{PQ}$, hem parlat de direcció, sentit i longitud del vector. Les tres característiques que determinen o defineixen qualsevol vector són:

- La **direcció:** és la de la recta que conté el segment que determina el vector.
- El **sentit:** és a on apunta la fletxa.
- El **mòdul:** és la longitud del segment determinat pel vector.

Per exemple, en el cas del vector $\vec{v} = \overrightarrow{PQ} = (5, -2)$, la direcció és la de la recta que passa pels punts P i Q, el sentit és el de P a Q, i el mòdul és la longitud del segment PQ, que calcularem aplicant el teorema de Pitàgores (Fig. 4.8):

$$|\vec{v}| = \sqrt{25+4} = \sqrt{29}$$

El mòdul d'un vector és una longitud i, per tant, té unitats. La unitat que s'utilitza és la unitat lineal *u*, que és la longitud del segment determinat per dos nombres enters consecutius en qualsevol dels eixos de coordenades. En general, però, el mòdul d'un vector s'expressa sense unitats.

El mòdul del vector $\vec{v} = (v_1, v_2)$ és $|\vec{v}| = \sqrt{v_1^2 + v_2^2}$.

El mòdul d'un vector ens permet calcular la distància entre dos punts. Per exemple, la distància que separa els punts P i Q definits anteriorment, és el mòdul del vector $\vec{v} = \overrightarrow{PQ} = (5, -2)$ que ja hem calculat. Així: $d(P,Q) = |\vec{v}| = \sqrt{29}$.

Exemple 1

Sabent que el vector $\vec{u} = \overrightarrow{AB} = (-4, 5)$ té l'origen en el punt $A(1,-3)$, determina:

***a)* Les coordenades de l'extrem *B*.**

***b)* El mòdul del vector posició del punt *B*.**

***c)* La distància entre els punts *A* i *B*.**

a) Si anomenem $B(x, y)$, tenim: $\left.\begin{matrix} A(1,-3) \\ B(x,y) \end{matrix}\right\} \rightarrow \overrightarrow{AB} = (x-1, y+3)$

Al mateix temps, sabem que $\overrightarrow{AB} = (-4,5)$ i, per tant, obtenim:

$$\left.\begin{matrix} x-1=-4 \rightarrow x=-3 \\ y+3=5 \rightarrow y=2 \end{matrix}\right\} \rightarrow (-3,2)$$

b) Per calcular el mòdul del vector posició del punt *B*, cal trobar-ne prèviament els components: $B(-3, 2) \rightarrow \vec{b} = \overrightarrow{OB} = (-3, 2)$.

Per la qual cosa obtenim: $|\vec{b}| = \sqrt{9+4} = \sqrt{13}$.

c) La distància del punt *A* al punt *B* és el mòdul del vector $|\vec{b}| = \sqrt{9+4} = \sqrt{13}$. Per tant: $|\vec{u}| = \sqrt{16+25} = \sqrt{41}$.

Important

El mòdul del vector $\vec{v}$ es representa per $|\vec{v}|$. Sempre és un nombre real positiu, ja que és una longitud.

ACTIVITATS

8. Completa la taula següent:

$P(2, -2)$	$Q(-1, 3)$	$\vec{v} = \overrightarrow{PQ} = (-3, 5)$
$P(3, 4)$	$Q(1, 2)$	
$P(-3, -1)$		$\vec{v} = \overrightarrow{PQ} = (-1, 2)$
	$Q(0, -2)$	$\vec{v} = \overrightarrow{PQ} = (2, -1)$
$P(4, 5)$		$\vec{v} = \overrightarrow{PQ} = (1, -3)$
$P(-4, 0)$	$Q(1, -2)$	
	$Q(-4, 0)$	$\vec{v} = \overrightarrow{PQ} = (2, -4)$

9. Considera els punts de coordenades $A(-3, -1)$ i $B(1, 2)$.

a) Determina els components dels dos vectors posició $\vec{a}$ i $\vec{b}$ i els components dels vectors $\vec{u} = \overrightarrow{AB}$ i $\vec{v} = \overrightarrow{BA}$.

b) Calcula el mòdul dels vectors posició anteriors i la distància entre els punts *A* i *B*.

10. Representa en uns eixos de coordenades el triangle de vèrtexs els punts $A(2, -4)$, $B(5, -2)$ i $C(-2, 2)$.

a) Justifica raonadament que és rectangle. En quin vèrtex es troba l'angle recte?

b) Calcula el perímetre i l'àrea del triangle.

11. Determina els valors dels components cartesians dels vectors:

a) $\vec{u} = (0, b)$, si $|\vec{u}| = 2$ *b)* $\vec{v} = (a, -2)$, si $|\vec{v}| = \sqrt{5}$

c) $\vec{w} = (3, b)$, si $|\vec{w}| = \sqrt{34}$ *d)* $\vec{t} = (a, a)$, si $|\vec{t}| = 4\sqrt{2}$

Important

Recorda que, per obtenir punts d'una recta, cal que les coordenades dels punts verifiquin l'equació de la recta.

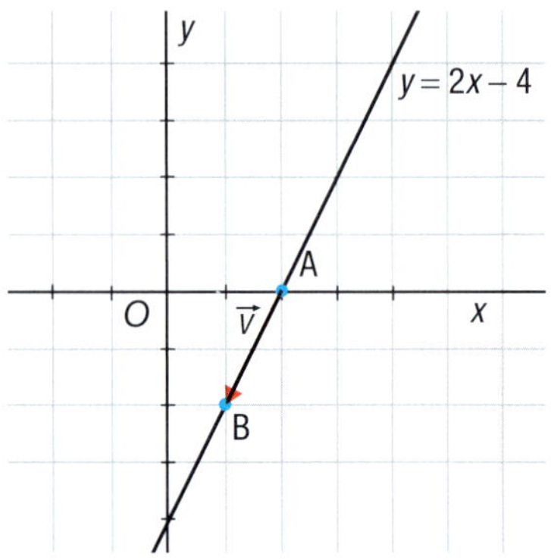

Fig. 4.9.

Important

Un dels vectors directors d'una recta de pendent m és $\vec{v} = (1, m)$.

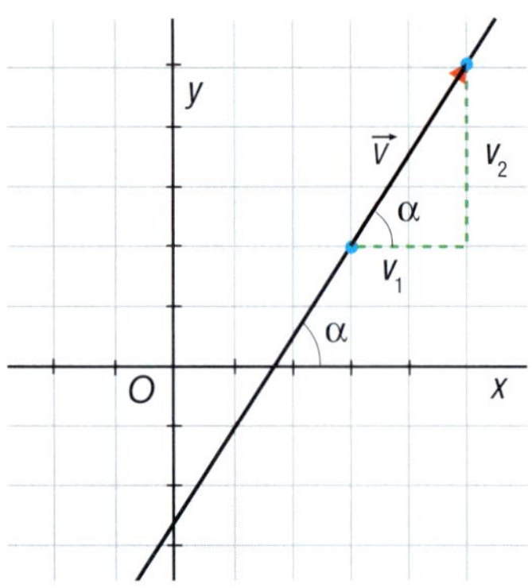

Fig. 4.10.

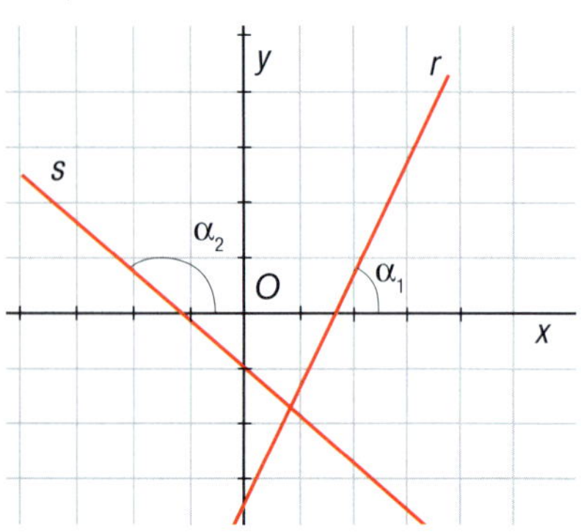

Fig. 4.11.

3. Els vectors i les rectes

Per cursos anteriors sabem que la representació gràfica de la funció afí $f(x) = mx + n$ és la recta d'equació $y = mx + n$, on m és el pendent i n l'ordenada a l'origen. Per tant, l'equació d'una recta depèn dels dos coeficients m i n; dit d'una altra manera, si coneixem els valors de m i n, obtenim l'equació de la recta.

En aquest apartat veurem quina relació hi ha entre els vectors i el pendent d'una recta, per la qual cosa, dels dos coeficients que determinen l'equació de la recta, ara només ens interessem pel valor de m.

Considerem la recta d'equació $y = 2x - 4$, en què $m = 2$. Prenem dos punts qualssevol de la recta, per exemple, els punts de coordenades $A(2, 0)$ i $B(1, -2)$. A continuació, determinem els components del vector $\vec{v} = \overrightarrow{AB} = (-1, -2)$ (Fig. 4.9).

Si calculem el quocient entre el segon i el primer component del vector $\vec{v}$, obtenim el pendent de la recta, és a dir: $m = \dfrac{-2}{-1} = 2$.

El vector $\vec{v}$ que hem determinat a partir dels dos punts de la recta n'és un **vector director.** S'anomena així perquè és un vector que ens indica la direcció de la recta.

Una recta té infinits vectors directors. En particular, en la recta $y = 2x - 4$ que hem considerat, tots els vectors que tinguin la mateixa direcció que el vector $\vec{v} = (-1, -2)$ en seran vectors directors. A partir del valor de m es dedueix fàcilment que, perquè tinguin la mateixa direcció que el vector $\vec{v}$, cal que el segon component del vector director que prenem sigui el doble del primer.

Així tenim que, per exemple, els vectors $\vec{u} = (1, 2)$, $\vec{w} = (3, 6)$, $\vec{r} = (-2, -4)$, $\vec{s} = (4, 8)$... tenen la mateixa direcció que el vector $\vec{v} = (-1, -2)$. Per tant, qualsevol d'ells també és un vector director de la recta en qüestió.

Tots els vectors directors d'una mateixa recta tenen en comú que el quocient entre el segon i el primer component és igual al pendent de la recta. Podem, doncs, afirmar que:

> Si $\vec{v} = (v_1, v_2)$ és un vector director d'una recta, el seu pendent és $m = \dfrac{v_2}{v_1}$.

A partir del concepte de vector director d'una recta, es dedueix fàcilment que dels tres elements que defineixen qualsevol vector, que són la direcció, el sentit i el mòdul, quan parlem d'un vector director només ens n'interessa la direcció, no ens importa ni el sentit ni el mòdul.

Hem vist que un vector director d'una recta ens indica la seva direcció. A continuació veurem quin significat geomètric té el valor del pendent m de la recta.

El pendent d'una recta ens indica la inclinació que té la recta respecte a l'eix d'abscisses. La inclinació d'una recta ve donada per l'amplitud de l'angle que forma la recta amb el semieix d'abscisses positiu. Aquest angle l'indicarem amb la lletra α (Fig. 4.10).

Tal com s'observa en la Figura 4.10, el valor del pendent d'una recta coincideix amb la tangent trigonomètrica de l'angle d'inclinació de la recta, ja que $m = \dfrac{v_2}{v_1} = \text{tg}\,\alpha$.

En la Figura 4.11 es pot veure que l'angle d'inclinació de la recta r és l'angle α_1, mentre que l'angle α_2 és l'angle d'inclinació de la recta s.

En la Figura 4.11 observem per a la recta r que $0 < \alpha_1 < 90°$; per tant, tindrem que $m_1 > 0$. En canvi, per a la recta s veiem que $90° < \alpha_2 < 180°$, la qual cosa ens indica que $m_2 < 0$. Tenim, doncs, que el signe del pendent ens indica de quin quadrant és l'angle d'inclinació de la recta.

Tornem a la recta d'equació $y = 2x - 4$ i calculem-ne l'angle d'inclinació:

$$y = 2x - 4 \rightarrow m = 2 \rightarrow \text{tg}\,\alpha = 2 \xrightarrow{\text{calculadora}} \alpha = 63{,}43°$$

Mesurant l'angle d'inclinació directament a la Figura 4.9 de manera aproximada amb un transportador d'angles, es pot comprovar la coincidència amb el valor que hem obtingut.

Tal com s'ha indicat al principi d'aquest apartat, una recta és la representació gràfica d'una funció afí. Així, el signe del pendent de la recta ens indica el creixement o el decreixement de la funció afí corresponent, de manera que:

Si $m > 0 \rightarrow \text{tg}\alpha > 0 \rightarrow 0 < \alpha < 90° \rightarrow$ la funció $f(x) = mx + n$ és creixent.

Si $m < 0 \rightarrow \text{tg}\alpha < 0 \rightarrow 90° < \alpha < 180° \rightarrow$ la funció $f(x) = mx + n$ és decreixent.

Exemple 2 ➡ **Considera les rectes d'equació r: $y = 3x + 2$ i s: $y = -\frac{1}{2}x - 3$.**

***a)* Representa-les gràficament.**

***b)* Indica'n el pendent i un vector director.**

***c)* Determina en cada una l'angle d'inclinació.**

a) Prenem dos punts qualssevol de cadascuna d'elles.

$$r: \begin{cases} x = 0 \rightarrow y = 2 \rightarrow A(0,2) \\ x = 1 \rightarrow y = 5 \rightarrow B(1,5) \end{cases} \qquad s: \begin{cases} x = 0 \rightarrow y = -3 \rightarrow P(0,-3) \\ x = 2 \rightarrow y = -4 \rightarrow Q(2,-4) \end{cases}$$

Les representem gràficament (Fig. 4.12).

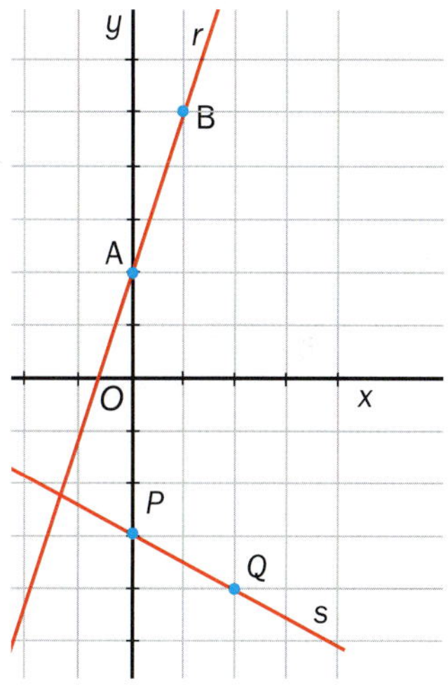

Fig. 4.12.

b) Indiquem els pendents:

$$r: y = 3x + 2 \rightarrow m_1 = 3$$

$$s: y = -\frac{1}{2}x - 3 \rightarrow m_2 = -\frac{1}{2}$$

Per trobar-ne un vector director podem fer-ho bé a partir dels dos punts de l'apartat anterior:

$r: A(0,2)$ i $B(1,5) \rightarrow \vec{u} = \overrightarrow{AB} = (1,3)$ $\qquad s: P(0,-3)$ i $Q(2,-4) \rightarrow \vec{v} = \overrightarrow{PQ} = (2,-1)$

O bé directament a partir del pendent:

$$r: y = 3x + 2 \rightarrow m_1 = 3 \rightarrow \vec{u} = (1, m_1) = (1,3)$$

$$s: y = -\frac{1}{2}x - 3 \rightarrow m_2 = \frac{1}{2} \rightarrow \vec{w} = (1, m_2) = \left(1, -\frac{1}{2}\right) \rightarrow \vec{v} = (2,-1)$$

Efectivament, arribem al mateix resultat.

c)

$$r: y = 3x + 2 \rightarrow m_1 = 3$$

$$\text{tg}\alpha_1 = 3 \xrightarrow{\text{calculadora}} \alpha_1 = 71{,}57°$$

$$s: y = -\frac{1}{2}x - 3 \rightarrow m_2 = -\frac{1}{2}$$

$$\text{tg}\alpha_2 = -\frac{1}{2} \xrightarrow{\text{calculadora}} \alpha_2 = 180° - 26{,}57° = 153{,}43°$$

ACTIVITATS

12. Determina un vector director, el pendent i l'angle d'inclinació de la recta que passa per l'origen de coordenades i pel punt $P(2,3)$. Representa-la gràficament.

13. L'angle d'inclinació d'una recta és de 45°. Calcula el pendent de la recta i indica els components d'un dels seus vectors directors.

14. Indica el pendent i els components d'un vector director de cadascuna de les rectes següents:

a) $y = -2x + 3$ $\qquad$ *b)* $x - 2y + 4 = 0$

c) $x = 3y$ $\qquad$ *d)* $y = -\frac{2}{3}x + \frac{1}{2}$

4. Les rectes en el pla

A partir d'ara no utilitzarem els vectors en la determinació de l'equació d'una recta. Ho farem a partir de les coordenades de punts de la recta i del seu pendent.

4.1. Equació de la recta

Important

En representar gràficament una funció polinòmica de primer grau, ja sigui lineal, $f(x) = mx$, o sigui afí, $f(x) = mx + n$, s'obté sempre una recta. Recorda que dos punts determinen una recta.

La igualtat $3x + 5y - 15 = 0$ és una equació de primer grau amb dues incògnites. Aquesta equació té un nombre il·limitat de solucions, cadascuna de les quals està constituïda per dos nombres reals x i y que, si es consideren com a parells ordenats (x, y) i es representen en un sistema de referència cartesià, se situen en la mateixa recta r.

Representar gràficament la recta r és senzill: n'hi ha prou amb donar dos valors arbitraris a la incògnita x i determinar, per a cadascun d'ells, el valor corresponent de l'altra incògnita y:

Si $x = 0 \rightarrow 5y - 15 = 0 \rightarrow y = 3$, i si $x = 5 \rightarrow 5y = 0 \rightarrow y = 0$

La recta r passa pels punts $P(0, 3)$ i $Q(5, 0)$ (Fig. 4.13).

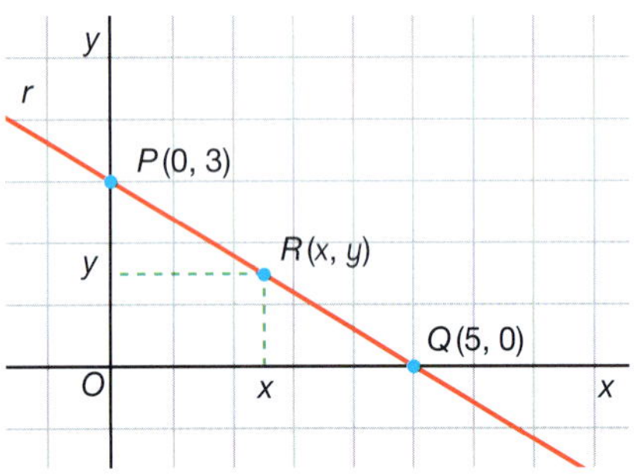

Fig. 4.13.

Atès que les coordenades (x, y) de qualsevol altre punt R que pertanyi a la recta també verifiquen l'equació $3x + 5y - 15 = 0$, aquesta igualtat es coneix amb el nom d'*equació de la recta r*. Més concretament, és la **forma general o implícita de l'equació d'aquesta recta.**

Si aïllem y de l'equació $3x + 5y - 15 = 0$, obtenim:

$$5y = -3x + 15 \rightarrow y = -\frac{3}{5}x + 3$$

Aquesta nova equació, equivalent a l'anterior, constitueix la **forma explícita de l'equació de la recta** r, i coincideix amb l'expressió algèbrica d'una funció afí.

En general, l'expressió $Ax + By + C = 0$, amb A, B i C nombres reals tals que A i B no s'anul·len alhora, correspon a la forma implícita de l'equació d'una recta del pla. Si $P(x_1, y_1)$ és un punt d'aquesta recta, ha de verificar-ne l'equació, és a dir, s'ha de complir la igualtat $Ax_1 + By_1 + C = 0$. Les coordenades de qualsevol altre punt $Q(x_2, y_2)$ del pla que no pertany a la recta (Fig. 4.14) verifiquen $Ax_2 + By_2 + C \neq 0$.

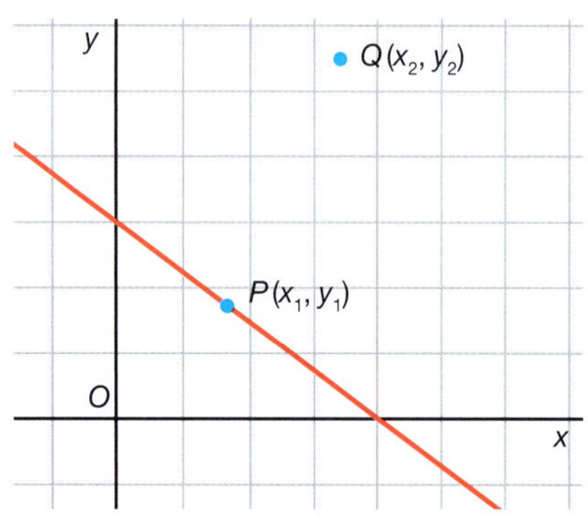

Fig. 4.14.

Si aïllem y de l'equació implícita, obtenim:

$$Ax + By + C = 0 \rightarrow By = -Ax - C \rightarrow y = -\frac{A}{B}x - \frac{C}{B},\ B \neq 0$$

Anomenant $-\frac{A}{B} = m$ i $-\frac{C}{B} = n$, la igualtat anterior s'escriu $y = mx + n$ i es coneix amb el nom d'equació explícita de la recta. Evidentment, les coordenades dels punts P i Q citats anteriorment verifiquen, respectivament, $y_1 = mx_1 + n$ i $y_2 \neq mx_2 + n$.

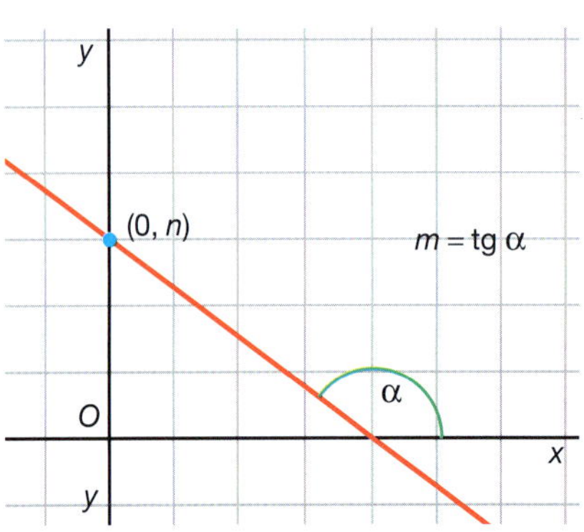

Fig. 4.15.

Tal com s'ha indicat anteriorment, m és el pendent de la recta i en determina la inclinació respecte dels eixos de coordenades, $m = \text{tg}\ \alpha$ (Fig. 4.15).

n és l'ordenada a l'origen de la recta. Fixa't que és el valor de y per a $x = 0$. Per tant, ens determina el punt d'intersecció de la recta amb l'eix d'ordenades: $(0, n)$ (Fig. 4.15).

En particular, els eixos de coordenades són dues rectes del pla. L'eix X és una recta de pendent $m = 0$ i, atès que l'ordenada de tots i cadascun dels seus punts és nul·la, la seva equació és $y = 0$ (Fig. 4.16).

L'eix Y és una recta el pendent de la qual, $m = \text{tg } 90°$, no és un nombre real. No té, doncs, sentit parlar de l'equació explícita d'aquesta recta. Ara bé, el fet que tots i cadascun dels seus punts tinguin abscissa nul·la ens permet expressar la seva equació en la forma $x = 0$ (Fig. 4.16).

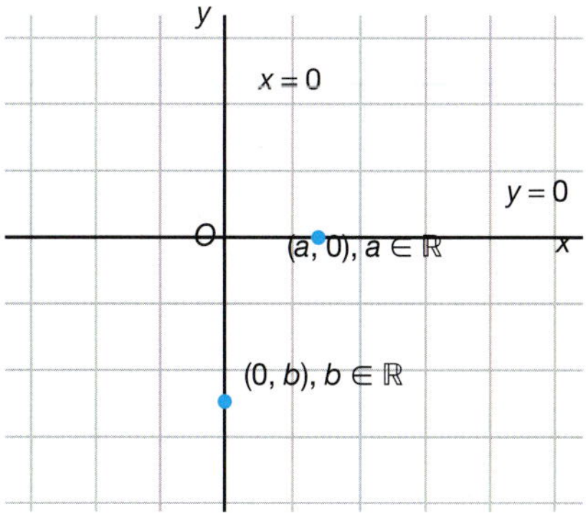

Fig. 4.16.

Exemple 3 **Donada la recta $3x + y - 6 = 0$, determina'n:**

***a)* L'equació explícita.**

***b)* El pendent i l'ordenada a l'origen.**

***c)* Els punts d'intersecció amb els eixos de coordenades.**

***d)* Representa-la gràficament.**

a) Aïllem y de l'equació implícita: $y = -3x + 6$.

b) Si comparem l'equació anterior amb l'expressió general $y = mx + n$, tenim:

$$m = -3 \text{ i } n = 6$$

c) Atès que l'ordenada a l'origen és $n = 6$, la recta talla l'eix d'ordenades en el punt (0, 6). Per determinar el punt d'intersecció amb l'eix d'abscisses, n'hi ha prou amb imposar la condició $y = 0$:

$$3x + y - 6 = 0 \xrightarrow{y=0} 3x - 6 = 0 \rightarrow x = 2$$

La recta talla l'eix d'abscisses en el punt (2, 0).

d) Ja coneixem dos punts de la recta: (0, 6) i (2, 0). Podem, doncs, representar-la gràficament (Fig. 4.17).

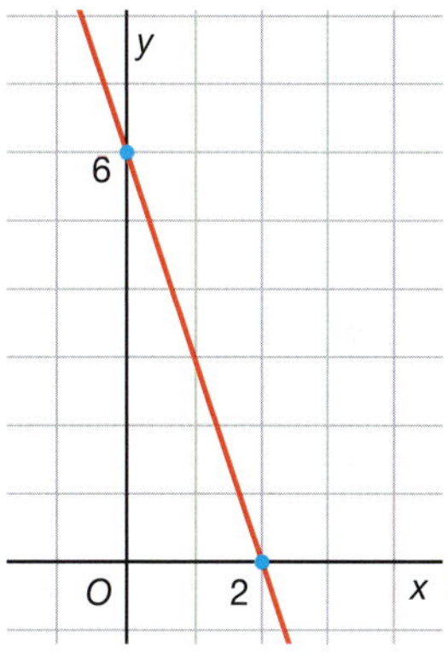

Fig. 4.17.

4.2. Determinació de l'equació de la recta

Quina és l'equació de la recta que conté els punts $A(x_1, y_1)$ i $B(x_2, y_2)$?

En la Figura 4.18 hem representat la recta r que passa pels punts A i B, les coordenades dels quals coneixem, i un altre punt $X(x, y)$ qualsevol d'aquesta recta.

Observa que els triangles rectangles APB, BRX i AQX són semblants dos a dos. Per tant, els seus costats homòlegs són proporcionals. Si considerem els triangles APB i BRX, podem escriure la proporció:

$$\frac{PB}{PA} = \frac{RX}{RB} \rightarrow \frac{y_2 - y_1}{x_2 - x_1} = \frac{y - y_2}{x - x_2}$$

Fixa't que qualsevol de les dues raons d'aquesta proporció coincideix amb la tangent de l'angle α, angle que forma la recta amb l'eix OX considerat en sentit positiu. Coneixem les coordenades dels punts A i B i, per tant, podem trobar el valor numèric de tg α, és a dir, el valor del pendent m de la recta:

$$m = \text{tg } \alpha = \frac{y_2 - y_1}{x_2 - x_1}, \text{ per a } x_2 \neq x_1$$

En definitiva, l'equació de la recta r es pot expressar en la forma:

$$m = \frac{y - y_2}{x - x_2}, \text{ o bé, } y - y_2 = m(x - x_2)$$

Si efectuem les operacions corresponents, s'obté una expressió del tipus $y = mx + n$, que correspon a la forma explícita de l'equació de la recta.

Important

Si $m > 0$, $0° < \alpha < 90°$.

Si $m < 0$, $90° < \alpha < 180°$.

Si $m = 0$, $\alpha = 0°$.

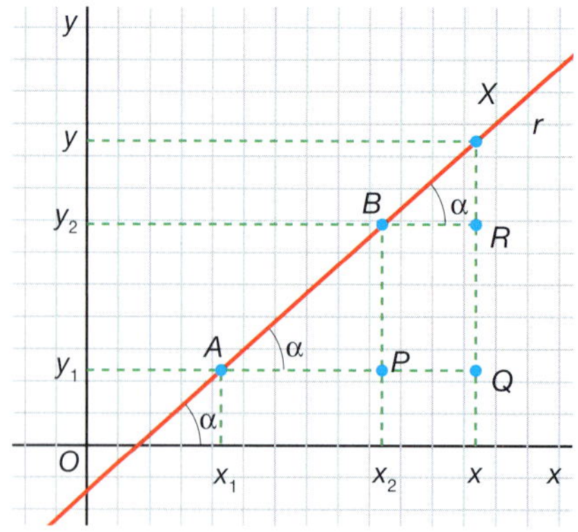

Fig. 4.18.

L'equació de la recta és la mateixa si es consideren els triangles rectangles *APB* i *AQX*.

En el cas particular que la recta sigui paral·lela a l'eix de les abscisses tenim que:

$$\alpha = 0° \rightarrow m = \text{tg } 0° = 0$$

Si aquesta recta conté el punt $S\,(a,\, b)$, la seva equació és:

$$y - b = 0\,(x - a) \rightarrow y - b = 0 \rightarrow y = b$$

Es pot interpretar de la manera següent: el valor de la coordenada x dels punts d'aquesta recta pot ser qualsevol; en canvi, el de la coordenada y és sempre constant i igual a b (Fig. 4.19).

Si la recta és paral·lela a l'eix de les ordenades, $\alpha = 90°$ i, per tant, no té cap sentit parlar de pendent de la recta, ja que no existeix tg 90°. No obstant això, si la recta passa pel punt $S(a,\, b)$, podem comprovar que el valor de la coordenada y dels seus punts pot ser qualsevol; ara bé, el de la coordenada x és constant i igual a a. Assignem a aquesta recta l'equació $x = a$, o la seva equivalent, $x - a = 0$ (Fig. 4.19).

En la Figura 4.20 hem representat les rectes que tenen per equacions:

$$x = 3,\ x = -2,\ y = 4 \text{ i } y = -3.$$

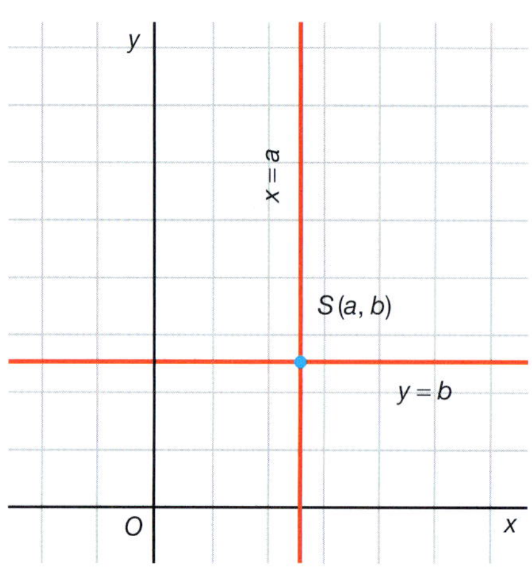

Fig. 4.19.

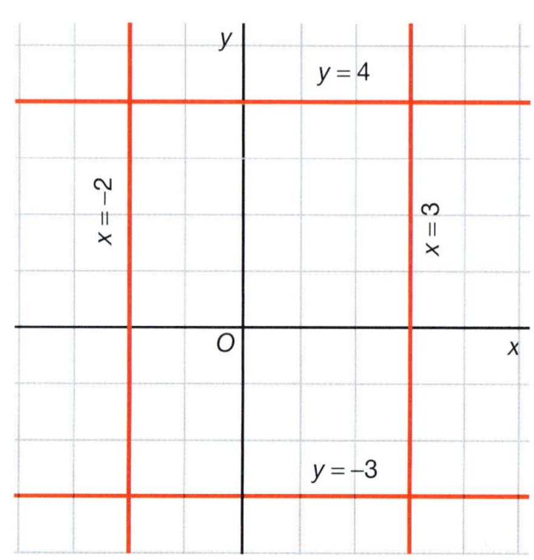

Fig. 4.20.

Exemple 4 **Determina l'equació de la recta que conté els punts $A(3, -4)$ i $B(5, 3)$. Identifica'n el pendent i l'ordenada a l'origen. Expressa'n l'equació en forma implícita.**

El pendent d'aquesta recta és:

$$m = \frac{3-(-4)}{5-3} = \frac{7}{2}.$$

I la seva equació:

$$y-3 = \frac{7}{2}(x-5) \rightarrow y-3 = \frac{7}{2}x - \frac{35}{2} \rightarrow y = \frac{7}{2}x - \frac{29}{2}.$$

Es tracta de la recta de pendent $m = \frac{7}{2}$ i ordenada a l'origen $n = -\frac{29}{2}$.

Passar de la forma explícita a la implícita és molt senzill.

Observa:

$$y = \frac{7}{2}x - \frac{29}{2} \rightarrow 2y = 7x - 29 \rightarrow 7x - 2y - 29 = 0$$

Exemple 5 **Quina és l'equació de la recta que passa pel punt $(-4, 5)$ i forma un angle de 135° amb l'eix *OX* considerat en sentit positiu?**

El pendent de la recta és $m = \text{tg}\ 135° = -1$, i la seva equació, $y = -x + n$. Per trobar n, podem procedir com a l'exemple anterior o bé imposar la condició que la recta contingui el punt $(-4, 5)$, és a dir, que es compleixi que per a $x = -4$, $y = 5$:

$$y = -x + n \xrightarrow{x=-4,\ y=5} 5 = -(-4) + n \rightarrow 5 = 4 + n \rightarrow n = 1$$

L'equació de la recta és $y = -x + 1$, o també, $x + y - 1 = 0$.

ACTIVITATS

15. Quina és l'equació explícita de la recta de pendent $-\frac{2}{3}$ i ordenada a l'origen 2? I l'equació implícita?

16. Escriu la forma general que tenen les equacions implícita i explícita de qualsevol recta que passa per l'origen de coordenades.

17. Quin és el valor del pendent de la recta que és bisectriu dels quadrants primer i tercer? I el de la recta que és bisectriu dels quadrants segon i quart?

18. El punt $P(-2, b)$ pertany a la recta que té com a equació $4x - 3y + 2 = 0$. Calcula b.

19. Troba l'equació de cadascuna de les rectes següents i expressa-la en forma explícita i en forma implícita:

a) La recta que passa pels punts $P(-1, 4)$ i $Q(2, -5)$.

b) La recta de pendent -2 que conté el punt $R(1, -3)$.

c) La recta que passa pel punt $S(3, 5)$ i forma un angle de 0° amb l'eix d'abscisses.

d) La recta que passa per l'origen de coordenades i forma un angle agut α amb l'eix *OX* considerat en sentit positiu tal que $\text{tg}\ \alpha = \frac{3}{4}$.

20. Representa gràficament en un mateix sistema de referència cartesià les rectes:

$y = x - 4$ $\qquad$ $y - 5 = 0$

$3x + 2y - 6 = 0$ $\qquad$ $x = -3$

21. Determina l'equació explícita de cadascuna de les rectes *r*, *s* i *t* representades en la Figura 4.21.

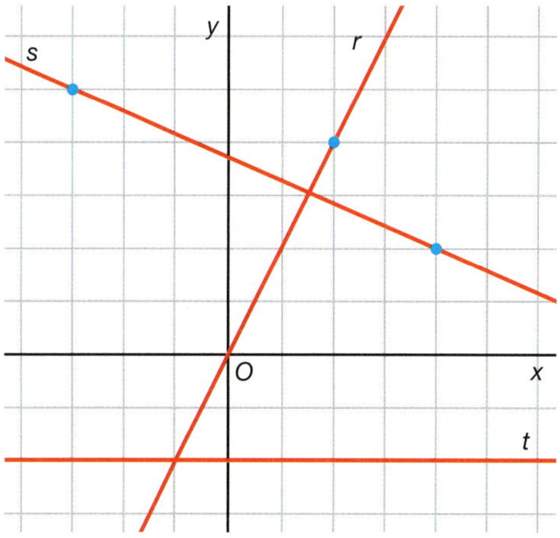

Fig. 4.21.

5. Feix de rectes paral·leles

Per començar, en aquest punt estudiarem quines són les condicions que han de complir les equacions de dues o més rectes per tal de ser paral·leles.

Les rectes *r* i *s* de la Figura 4.22 són paral·leles. Es verifica:

$$\alpha = \beta \rightarrow \text{tg } \alpha = \text{tg } \beta \rightarrow m_r = m_s$$

Així, podem afirmar que dues rectes paral·leles tenen el mateix pendent.

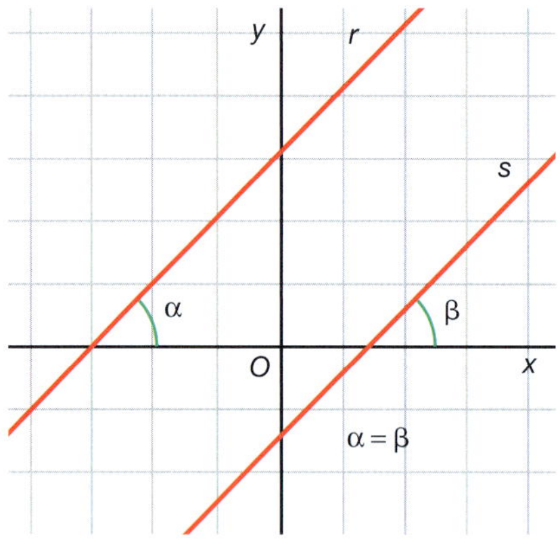

Fig. 4.22.

Si les equacions explícites de les rectes *r* i *s* són, respectivament,

$$Ax + By + C = 0 \quad \text{i} \quad A'x + B'y + C' = 0$$

tenim:

$$m_r = -\frac{A}{B} \quad \text{i} \quad m_s = -\frac{A'}{B'}$$

En conseqüència,

$$-\frac{A}{B} = -\frac{A'}{B'} \rightarrow \frac{A}{B} = \frac{A'}{B'} \rightarrow \frac{A}{A'} = \frac{B}{B'}$$

Com pots veure, la igualtat entre els pendents de dues rectes paral·leles ens condueix a una proporcionalitat entre els coeficients de *x* i de *y* de les equacions implícites respectives.

Dues rectes *r* i *s* són **paral·leles** si: $m_r = m_s \rightarrow \frac{A}{A'} = \frac{B}{B'}$.

Què passa si aquesta proporcionalitat es fa extensiva als termes independents *C* i *C'*?

Es verifica:

$$\frac{A}{A'} = \frac{B}{B'} = \frac{C}{C'} \rightarrow \frac{B}{B'} = \frac{C}{C'} \rightarrow \frac{C}{B} = \frac{C'}{B'} \rightarrow -\frac{C}{B} = -\frac{C'}{B'} \rightarrow n_r = n_s$$

Es tracta de dues rectes que són paral·leles i que tenen la mateixa ordenada a l'origen, és a dir, tenen en comú el punt d'intersecció amb l'eix d'ordenades. Naturalment, això només té una única interpretació possible: les rectes *r* i *s* són coincidents.

Dues rectes *r* i *s* són **coincidents** si: $\frac{A}{A'} = \frac{B}{B'} = \frac{C}{C'} \rightarrow m_s = m_l$ i $n_s = n_r$.

Exemple 6 ➡ ***a)* Quina és l'equació de la recta *r* que conté els punts *P*(2, –3) i *Q*(4, 3)?**

***b)* Troba l'equació de la recta *s* paral·lela a l'anterior que conté el punt *R*(1, 2).**

a) El pendent de la recta *r* és $m = \dfrac{3-(-3)}{4-2} = \dfrac{6}{2} = 3$ (Fig. 4.23) i la seva equació explícita, $y = 3x + n$. Per determinar n, imposem la condició que la recta passi per un dels dos punts que ens donen:

$$y = 3x + n \xrightarrow{P(2,-3)} -3 = 3\cdot 2 + n \rightarrow n = -9$$

L'equació explícita de la recta *r* és $y = 3x - 9$. Comprova que les coordenades del punt *Q* també la verifiquen.

Fixa't que, per obtenir l'equació implícita de la recta *r*, només ens cal fer la transposició de tots els termes de la igualtat anterior en un dels dos membres:

$$y = 3x - 9 \rightarrow 3x - y - 9 = 0$$

b) La recta *s* és paral·lela a la recta *r*. Per tant, té el mateix pendent. La seva equació explícita és $y = 3x + n'$. Si sabem que passa pel punt $R(1, 2)$ (Fig. 4.23), s'ha de verificar:

$$2 = 3 + n' \rightarrow n' = -1$$

Les coordenades de tots els punts de la recta *s* verifiquen la igualtat $y = 3x - 1$, que també podem escriure en la forma $3x - y - 1 = 0$.

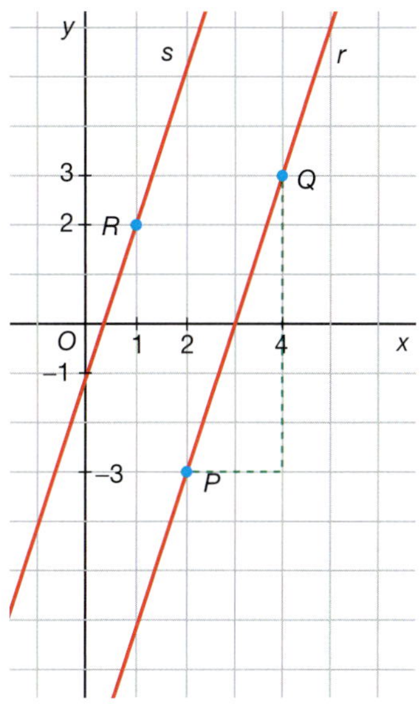

Fig. 4.23.

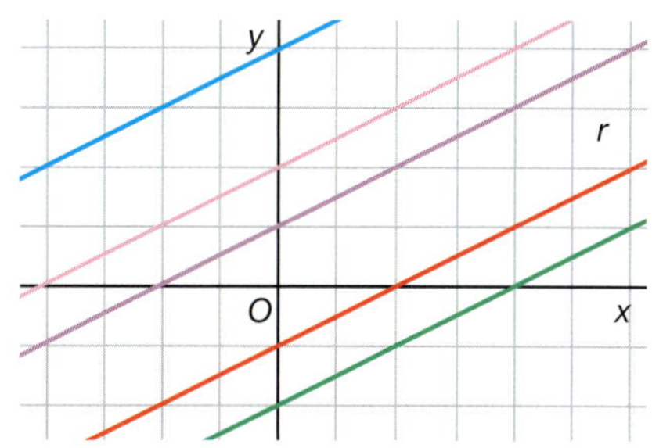

Fig. 4.24.

Donada una recta *r*, podem dibuixar tantes rectes com vulguem que siguin paral·leles a la recta donada. El conjunt format per una recta i totes les que li són paral·leles, l'anomenem **feix de rectes paral·leles** (Fig. 4.24).

Naturalment, totes les rectes que pertanyen a un mateix feix de rectes paral·leles tenen el mateix pendent. Per tant, si $y = mx + n$ és l'equació d'una de les rectes del feix, l'equació d'una altra qualsevol de les rectes d'aquest mateix feix tindrà la forma $y = mx + n'$, amb $n' \neq n$.

Per exemple, l'equació de la bisectriu del primer i tercer quadrants sabem que és $y = x$, perquè $m = \text{tg } 45° = 1$ i $n = 0$. En conseqüència, l'equació de qualsevol recta del pla paral·lela a aquesta bisectriu és de la forma $y = x + n$, amb $n \in \mathbb{R}$. Per a cada valor de n obtenim una recta d'aquest feix de rectes paral·leles (Fig. 4.25).

Diem que $y = x + n$, $n \in \mathbb{R}$, és **l'equació del feix de rectes paral·leles** de pendent 1.

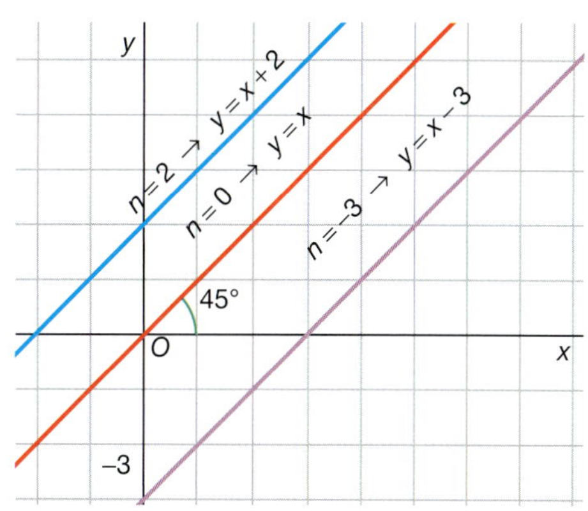

Fig. 4.25.

Important

Cada feix de rectes paral·leles determina una direcció.

En general, l'equació del feix de rectes paral·leles de pendent m conegut és del tipus $y = mx + n$, on m i n són dos nombres reals tals que m és fix i n pot prendre qualsevol valor.

Hem representat algunes de les rectes paral·leles que pertanyen als feixos d'equacions $y = 2x + n$ (Fig. 4.26) i $y = -\frac{1}{3}x + n$ (Fig. 4.27).

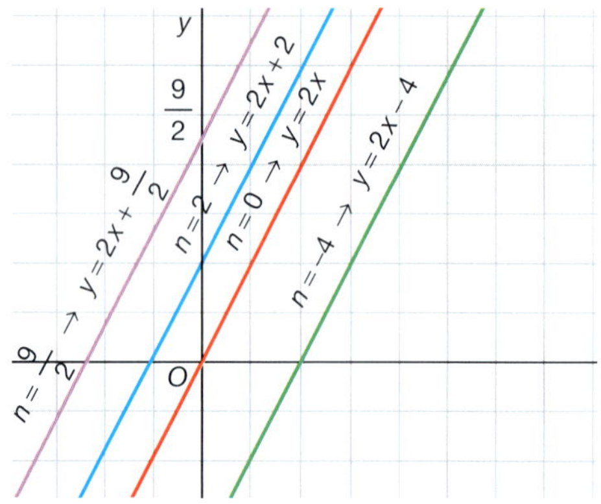

Fig. 4.26.

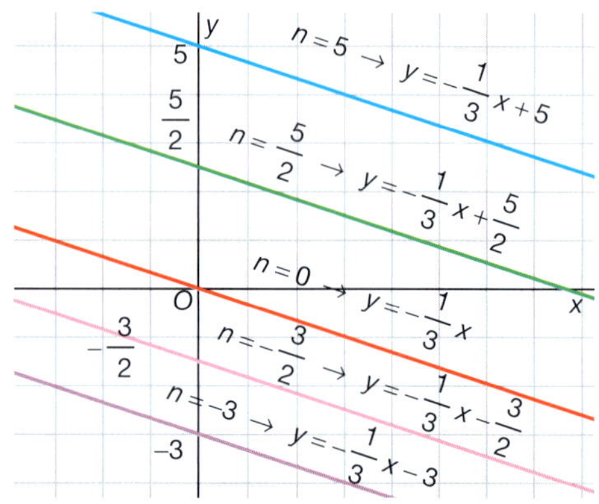

Fig. 4.27.

Important

Les equacions $3x + 2y = k$ i $6x + 4y = k$, $k \in \mathbb{R}$ corresponen al mateix feix de rectes paral·leles, el de pendent $m = -\frac{3}{2}$.

Tenint en compte que $m = -\frac{A}{B}$, $B \neq 0$, l'equació del feix de rectes paral·leles de pendent m conegut també es pot expressar:

$y = -\frac{A}{B}x + n \rightarrow By = -Ax + nB \rightarrow Ax + By = nB \xrightarrow{nB = k} Ax + By = k$ on A, B i k són tres nombres reals tals que el quocient $\frac{A}{B}$ és constant i igual a $-m$ i k pot prendre qualsevol valor.

Per a cada valor de k obtenim una recta del feix.

Cal tenir en compte que el feix de rectes paral·leles a l'eix X té per equació $y = k$, $k \in \mathbb{R}$, i el feix de rectes paral·leles a l'eix Y, $x = k$, $k \in \mathbb{R}$.

En la Figura 4.28 hem representat algunes de les rectes del feix d'equació: $3x + 4y = k$.

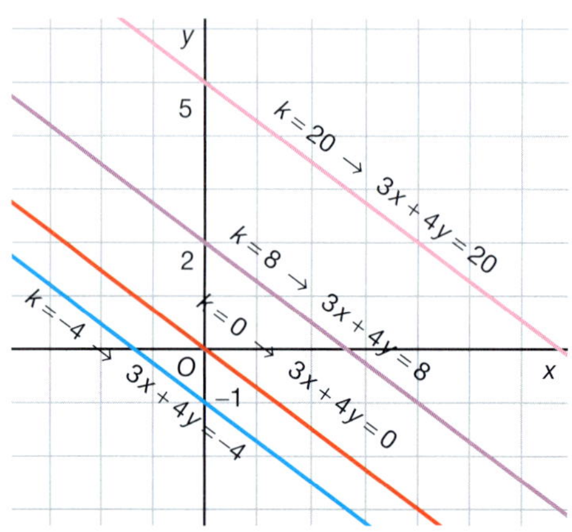

Fig. 4.28.

Exemple 7 ➡ ***a)* Quina és l'equació general de totes les rectes paral·leles a la recta r que conté els punts *P*(1, –4) i *Q*(3, 1)? (Fig. 4.29).**

***b)* Quina de les rectes d'aquest feix conté el punt *R* de coordenades (–2, 3)? (Fig. 4.29).**

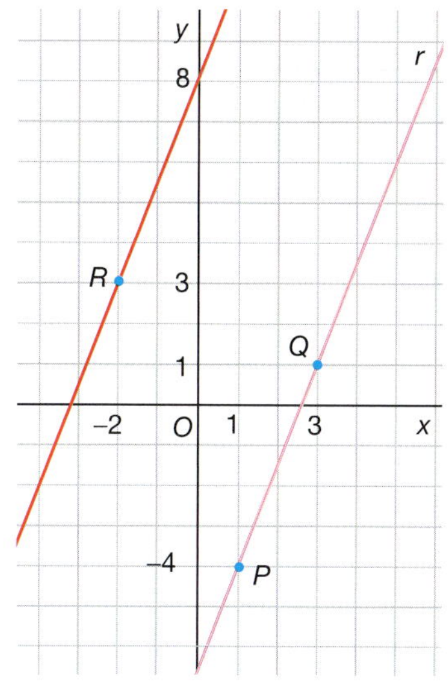

Fig. 4.29.

a) El pendent de la recta *r* és $m_r = \frac{5}{2}$. Per tant, el feix de rectes paral·leles al qual pertany *r* té per equació:

$$y = \frac{5}{2}x + n,\ n \in \mathbb{R}$$

També podem expressar l'equació d'aquest feix en la forma:

$$5x - 2y = k,\ k \in \mathbb{R}$$

b) La recta que ens demanen pertany al feix donat. La seva equació és:

$$y = \frac{5}{2}x + n,\ n \in \mathbb{R}$$

A més, sabem que passa pel punt *R*(–2, 3). Per tant:

$$y = \frac{5}{2}x + n \xrightarrow{R(-2,\,3)} 3 = \frac{5}{2}\cdot(-2) + n \rightarrow n = 8$$

L'equació de la recta que busquem és $y = \frac{5}{2}x + 8$.

D'on s'obté l'altra expressió de l'equació de la recta:

$$5x - 2y = -16$$

ACTIVITATS

22. Indica el pendent i l'ordenada a l'origen de la recta que conté els punts (–2, 5) i (3, –1).

23. Troba l'equació de la recta que talla els eixos de coordenades en els punts (3, 0) i (0,–5).

24. Considera el punt *P* de coordenades (4,–3). Escriu l'equació de la recta que passa per *P* i és paral·lela a l'eix d'abscisses i la de la recta que passa per *P* i és paral·lela a l'eix d'ordenades.

25. Justifica la validesa de l'afirmació següent:

Si una recta és paral·lela a la recta $2x + 3y - 4 = 0$, segur que la seva equació es pot expressar $2x + 3y + C = 0$, amb $C \neq -4$.

Determina l'equació de la recta que passa pel punt (–1, 4) i és paral·lela a la recta $2x + 3y - 4 = 0$.

26. Escriu l'equació del feix de rectes paral·leles a la bisectriu del segon i quart quadrants.

27. Representa, en un mateix sistema de coordenades cartesianes, tres rectes que pertanyin al feix d'equació:

$$y = -\frac{2}{3}x + n$$

i unes altres tres rectes que siguin del feix $x - 2y = k$.

28. Les expressions $5x - 2y = k$ i $-10x + 4y = k$, amb $k \in \mathbb{R}$, són les equacions corresponents a un mateix feix de rectes paral·leles. Per què?

29. Determina l'equació del feix de rectes paral·leles que conté la recta que passa pel punt (–2, 1) i pel punt d'intersecció de les rectes d'equacions $2x + y - 1 = 0$ i $x + 2y = -2$.

30. Determina l'equació del feix de rectes paral·leles al qual pertany la recta determinada pels punts (2, –4) i (–3, 2).

31. De totes les rectes del feix d'equació $2x + 5y = k$, quina és l'equació de la que conté el punt (5, 6)?

32. Considera el feix de rectes d'equació $3x + y = k$. Fes un estudi de la posició de les rectes del feix en relació amb la recta $3x + y = 0$ quan augmenta el valor absolut de *k*. Considera les dues possibilitats: $k > 0$ i $k < 0$.

33. Se sap que la recta d'equació $Ax + 2y - 3 = 0$ pertany al feix de rectes d'equació $y = \frac{4}{3}x + n$. Calcula el valor de *A*.

34. Les rectes $5x - 4y + 1 = 0$ i $3x + By - 6 = 0$ són paral·leles. Troba *B*.

6. Resolució d'inequacions de primer grau amb dues incògnites

En aquest apartat tractarem la resolució de sistemes d'inequacions lineals de primer grau amb dues incògnites. Començarem, però, amb la resolució d'una sola inequació lineal de primer grau amb dues incògnites.

6.1. Inequacions de primer grau amb dues incògnites

Les inequacions de primer grau amb dues incògnites, anomenades també *inequacions lineals*, són expressions del tipus:

$$ax + by > c, \quad ax + by \geq c, \quad ax + by < c, \quad ax + by \leq c$$

amb a, b i c nombres reals tals que $a \neq 0$ o $b \neq 0$.

Fixa't que l'equació associada a qualsevol de les inequacions anteriors, $ax + by = c$, correspon sempre a l'equació d'una recta que anomenem **recta associada** a la inequació.

Aquest tipus d'inequacions es resol de manera gràfica i la recta associada a la inequació és l'element clau per resoldre-les.

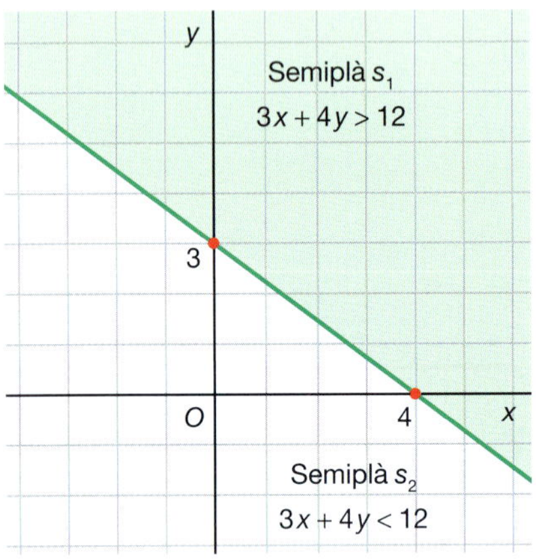

Fig. 4.30.

Vegem, per exemple, de quina manera podem trobar gràficament les solucions de les inequacions $3x + 4y < 12$ i $3x + 4y > 12$. Totes dues tenen la mateixa recta associada, la recta d'equació $3x + 4y = 12$. Per representar-la gràficament, en trobem dos punts qualssevol:

$$x = 0 \rightarrow y = 3 \text{ i } y = 0 \rightarrow x = 4$$

La recta divideix el pla en dos semiplans que anomenem s_1 i s_2. És per aquest motiu que aquesta recta associada s'anomena també **recta frontera.** Naturalment, les coordenades de tots els punts d'aquesta recta verifiquen la igualtat $3x + 4y = 12$, o la seva equivalent, $3x + 4y - 12 = 0$.

Per tant, les coordenades de tots els punts de cadascun dels dos semiplans verifiquen:

$$3x + 4y - 12 \neq 0 \text{ (Fig. 4.30).}$$

Es tracta de veure que, si les coordenades dels punts d'un dels semiplans verifiquen la desigualtat anterior en un dels dos sentits, les dels punts de l'altre semiplà la verifiquen necessàriament en l'altre sentit.

Considerem $P(x_0, y_0)$ un punt de la recta (Fig. 4.31). Es verifica:

$$3x_0 + 4y_0 = 12 \rightarrow 3x_0 + 4y_0 - 12 = 0$$

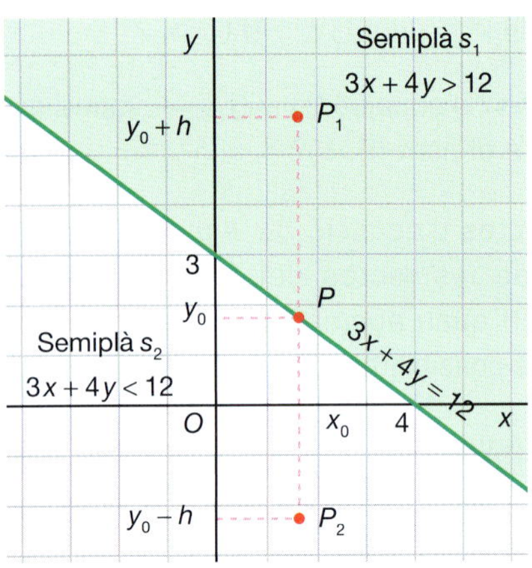

Fig. 4.31.

El punt $P_1(x_0, y_0+h)$, $h > 0$ es troba situat en el semiplà s_1 (Fig. 4.31). Les seves coordenades verifiquen:

$$3x_0 + 4(y_0+h) - 12 = 3x_0 + 4y_0 + 4h - 12 = 3x_0 + 4y_0 - 12 + 4h = 4h > 0$$

El punt $P_2(x_0, y_0 - h)$, $h > 0$, es troba situat en el semiplà s_2 (Fig. 4.31). Les seves coordenades verifiquen: $3x_0 + 4(y_0 - h) - 12 = 3x_0 + 4y_0 - 4h - 12 = 3x_0 + 4y_0 - 12 - 4h = -4h < 0$

En definitiva, tenim:

- Punts de la recta: $3x + 4y - 12 = 0 \rightarrow 3x + 4y = 12$
- Punts del semiplà s_1: $3x + 4y - 12 > 0 \rightarrow 3x + 4y > 12$
- Punts del semiplà s_2: $3x + 4y - 12 < 0 \rightarrow 3x + 4y < 12$

El que acabem de veure simplifica sensiblement la resolució d'inequacions de primer grau amb dues incògnites, perquè ens permet assegurar que, si les coordenades d'un punt qualsevol situat en un dels dos semiplans verifiquen la desigualtat, també la verificaran les de tots els altres punts d'aquest semiplà. De la mateixa manera, si les coordenades del punt escollit no verifiquen la desigualtat, tampoc no la verificaran les de cap altre punt que pertanyi al mateix semiplà i sí que ho faran les dels punts de l'altre semiplà. En qualsevol dels dos casos tindrem identificat el semiplà solució, que és el que pretenem.

Exemple 8 ➡ **Resol les inequacions: *a)* $2x - y < 6$ *b)* $5x + 2y \geq 10$**

a) Dibuixem primer la recta frontera $2x - y = 6$. Conté els punts (0, –6) i (3, 0) (Fig. 4.32). Fixa't que ho fem amb traç discontinu per indicar que els seus punts no són solució de la inequació proposada.

Considerem un punt qualsevol que es trobi clarament situat en un dels dos semiplans, per exemple l'origen de coordenades, i mirem si les seves coordenades verifiquen la inequació: $O(0, 0) \rightarrow 2 \cdot 0 - 0 = 0 < 6$

La desigualtat és certa i, per tant, el semiplà s_1, que conté l'origen de coordenades, és el semiplà solució (Fig. 4.33).

b) La recta frontera $5x + 2y = 10$ passa pels punts (2, 0) i (0, 5) (Fig. 4.34). La dibuixem amb traç continu per indicar que els seus punts són solució de la inequació.

El punt (0, 0) es troba situat en el semiplà s_2. Vegem si les seves coordenades verifiquen la inequació proposada: $O(0, 0) \rightarrow 5 \cdot 0 + 2 \cdot 0 = 0$ i, evidentment, $0 < 10$.

La desigualtat no es verifica. Això ens indica que el semiplà solució és el que no conté l'origen de coordenades, és a dir, el semiplà s_1.

En definitiva, la solució de la inequació $5x + 2y \geq 10$ la formen els punts del semiplà s_1 i els de la recta frontera (Fig. 4.35).

Fixa't que, per tal d'indicar que els punts de la recta frontera també formen part de la solució, dibuixem aquesta amb un traç continu.

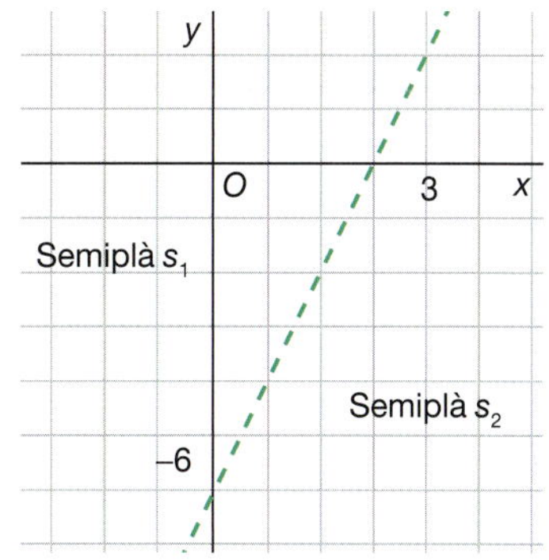

Fig. 4.32.

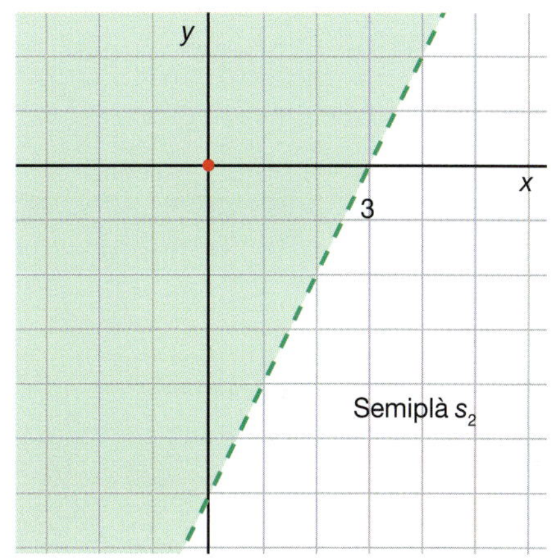

Fig. 4.33.

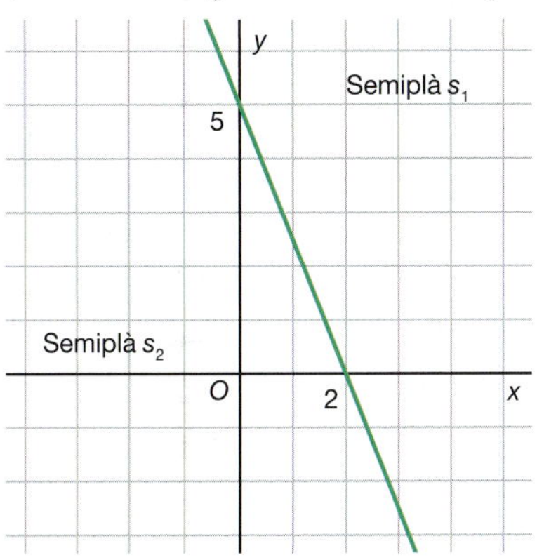

Fig. 4.34.

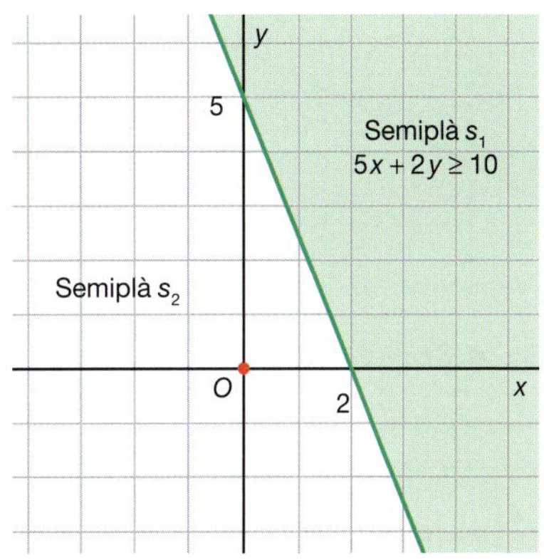

Fig. 4.35.

6.2. Sistemes d'inequacions de primer grau amb dues incògnites

Un sistema d'inequacions de primer grau amb dues incògnites està constituït per dues o més inequacions amb dues incògnites que s'han de verificar simultàniament. Per tant, resoldre un d'aquests sistemes significa trobar les solucions comunes a totes i cadascuna de les inequacions que el componen.

En definitiva, es tracta d'identificar la regió del pla que conté els punts les coordenades dels quals són solució de totes i cadascuna de les inequacions del sistema. Aquesta regió s'anomena **regió solució** i s'obté fent la intersecció dels semiplans solució de cadascuna de les inequacions del sistema. Naturalment, si aquests semiplans no tenen cap punt en comú, el sistema no té solució.

Les inequacions que componen aquests sistemes poden ser **no estrictes,** que admeten també la igualtat ($\leq$ i $\geq$), i **estrictes,** quan no l'admeten ($<$ i $>$). D'aquesta manera, les rectes, semirectes o segments frontera i els seus possibles punts d'intersecció sempre seran solució del sistema en el primer cas i no ho seran en el segon.

En un sistema d'inequacions es poden obtenir diferents tipus de solucions: regió poligonal tancada, regió oberta o no acotada, regió entre rectes paral·leles, fins i tot sistemes sense solució, entre altres casos. Ho veurem en els exemples següents.

Important

Representarem amb S la **regió solució** d'un sistema d'inequacions de primer grau amb dues incògnites.

Exemple 9 ➡ **Resol el sistema** $\begin{cases} x-2y\leq 6 \\ x+y\geq 0 \end{cases}$

En primer lloc, resolem per separat cada inequació. En la Figura 4.36 hem representat el semiplà solució de la primera inequació i en la Figura 4.37, el de la segona.

Superposant les dues figures anteriors obtenim la regió solució S (Fig. 4.38). En aquest cas, es tracta d'una regió oberta, també anomenada **no acotada**, amb vèrtex en el punt $P(2,-2)$ intersecció de les rectes r: $x-2y=6$ i s: $x+y=0$.

Hem determinat les coordenades del punt P resolent el sistema format per les equacions de les rectes r i s:

$$\begin{cases} x-2y=6 \\ x+y=0 \end{cases} \rightarrow x=2,\ y=-2$$

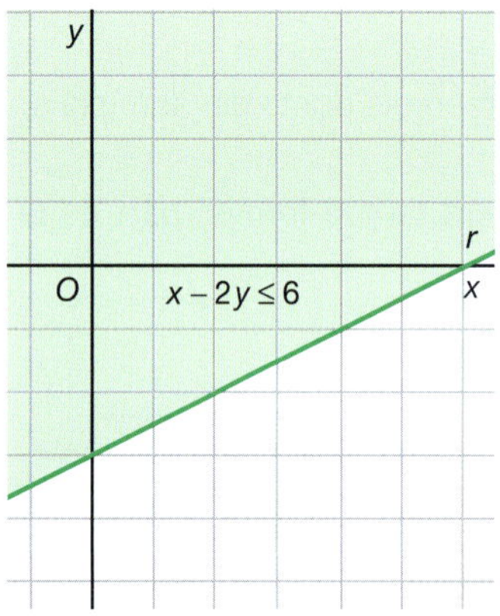

Fig. 4.36.

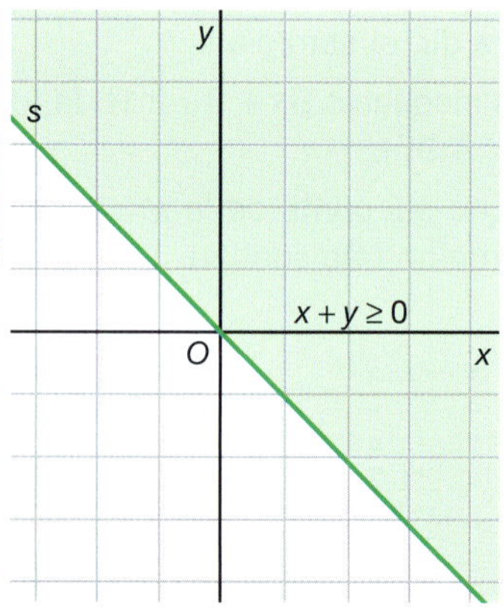

Fig. 4.37.

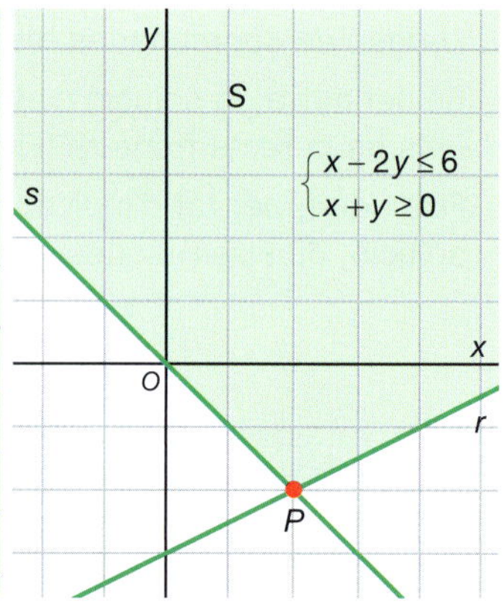

Fig. 4.38.

Exemple 10 ➡ **Resol el sistema** $\begin{cases} 2x-3y\leq 12 \\ x+2y\geq 4 \\ y\leq 3 \end{cases}$

Com en l'exemple anterior, obtenim la regió solució S del sistema (Fig. 4.39).

Es tracta d'una regió poligonal tancada, també anomenada **acotada,** les coordenades dels vèrtexs de la qual s'obtenen a partir de buscar els punts intersecció de les rectes:

$$r\colon 2x-3y=12$$
$$s\colon x+2y=4$$
$$t\colon y=3$$

que la limiten:

$$r \text{ i } s \rightarrow A\left(\frac{36}{7},-\frac{4}{7}\right) \qquad r \text{ i } t \rightarrow B\left(\frac{21}{2},3\right) \qquad s \text{ i } t \rightarrow C(-2,\ 3)$$

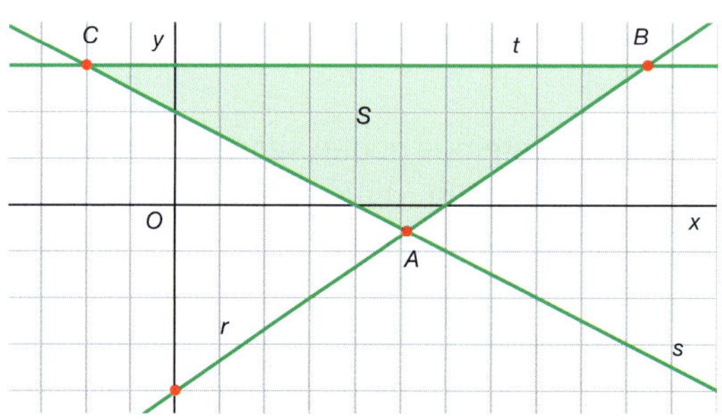

Fig. 4.39.

ACTIVITATS

35. Identifica tres punts del pla les coordenades dels quals verifiquin la inequació $x - 3y > 9$ i uns altres tres punts les coordenades dels quals no la verifiquin.

36. Resol les inequacions següents:

a) $x - 2y \leq 8$ *b)* $x + y > 0$ *c)* $4x + 5y < 20$ *d)* $-3x + 2y \geq 12$ *e)* $5x - y \geq 10$ *f)* $-2x - 3y < 6$

37. Representa els punts del pla que verifiquen:

a) $x > 0$ *b)* $y < 0$ *c)* $x \leq 3$ *d)* $y \geq -2$ *e)* $x \leq 0$ *f)* $y > 2$

38. Representa gràficament tots els parells de nombres reals positius la suma dels quals sigui més petita que 6.

39. Resol els sistemes següents i troba, si s'escau, les coordenades dels vèrtexs de les corresponents regions solució:

a) $\begin{cases} 4x + 3y \leq 12 \\ x \geq 0 \\ y \geq 0 \end{cases}$ *b)* $\begin{cases} 2x - y \geq 4 \\ -2x + y \geq 0 \end{cases}$

c) $\begin{cases} x + y \geq 3 \\ -x - y \leq 2 \\ x \geq 0 \\ y \geq 0 \end{cases}$ *d)* $\begin{cases} 2x + 3y \geq 10 \\ 5x + y \geq 12 \\ x \geq 0 \\ y \geq 1 \end{cases}$

40. La regió solució del sistema:

$$\begin{cases} 2x + by \geq 1 \\ ax - 3y \geq 6 \end{cases}$$

té un sol vèrtex que es troba situat en el punt (3, –1). Troba *a* i *b* i representa aquesta regió gràficament.

41. Les gràfiques següents (Fig. 4.40, 4.41 i 4.42) mostren, acolorides, les solucions de tres inequacions de primer grau amb dues incògnites. Escriu la inequació de la que correspon a cada gràfic.

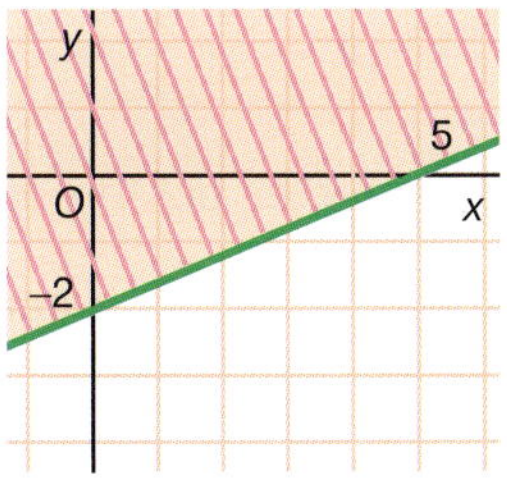

Fig. 4.40.

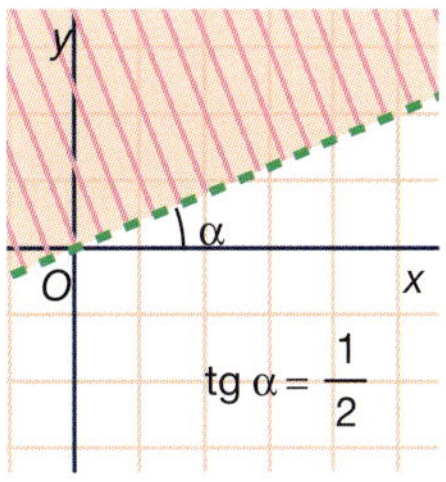

Fig. 4.41.

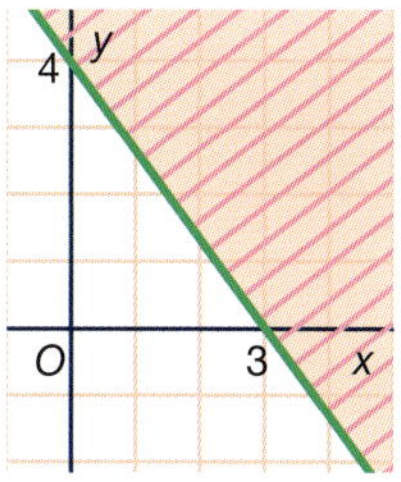

Fig. 4.42.

42. Escriu els sistemes d'inequacions la regió solució dels quals està representada en verd en les gràfiques de les Figures 4.43 i 4.44.

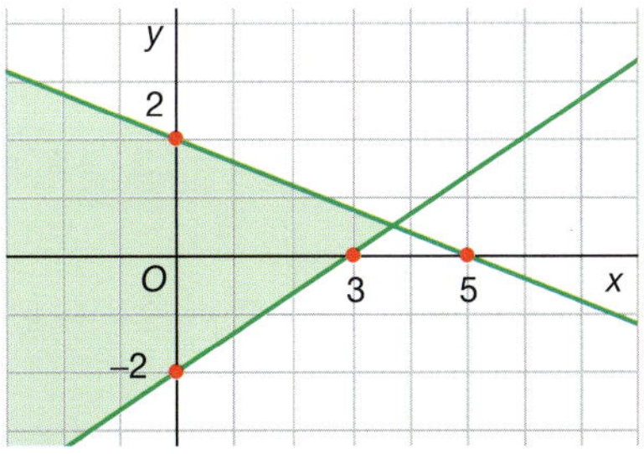

Fig. 4.43.

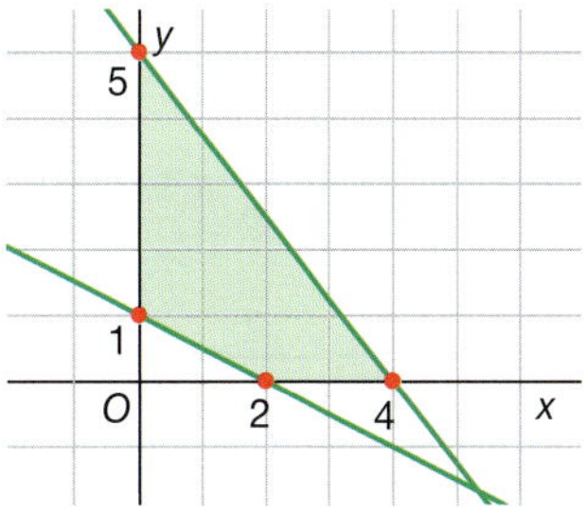

Fig. 4.44.

7. La regió solució i el feix de rectes paral·leles

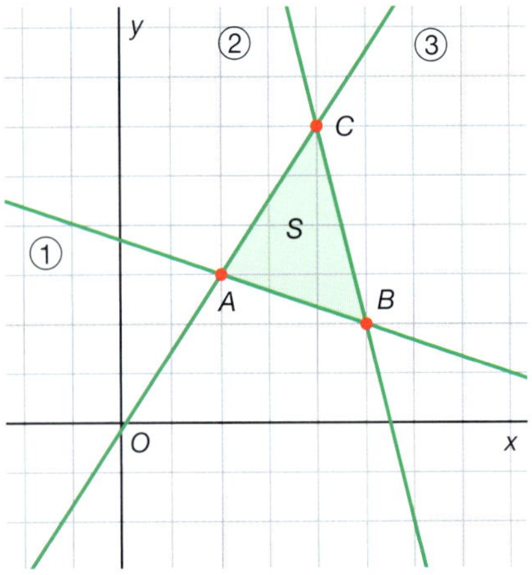

Fig. 4.45.

Considerem el sistema d'inequacions: $\begin{cases} x + 3y \geq 11 \\ 4x + y \leq 22 \\ 3x - 2y \geq 0 \end{cases}$

En la Figura 4.45 hem representat la regió solució S d'aquest sistema. Com pots observar, es tracta d'una regió poligonal tancada els vèrtexs de la qual són els punts: $A(2, 3)$, $B(5, 2)$ i $C(4, 6)$.

Suposem el feix de rectes paral·leles de pendent $m = -\dfrac{3}{2}$. L'equació d'aquest feix és del tipus: $y = -\dfrac{3}{2}x + n$, o bé, $3x + 2y = k$.

Per a quins valors de n les rectes d'aquest feix tenen algun punt en comú amb la regió solució del sistema anterior?

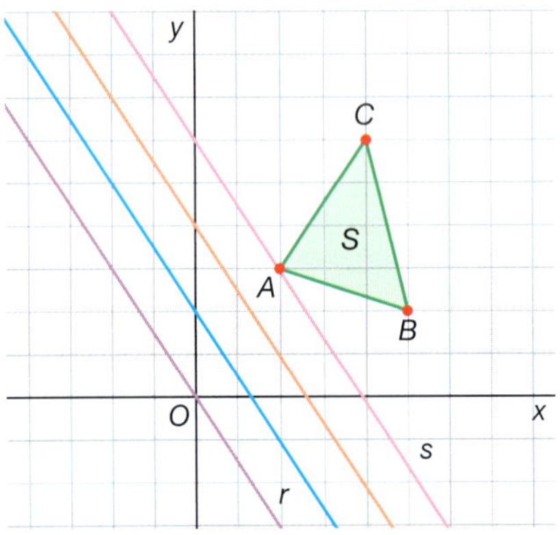

Fig. 4.46.

Observa amb atenció la Figura 4.46. Hi hem representat la regió solució S i la recta r que, essent del feix, passa per l'origen de coordenades. Si dibuixem successives rectes paralleles a la recta r, és a dir, rectes que pertanyen al feix que ens donen, amb ordenada a l'origen $n > 0$ i cada vegada més grans, ens trobarem que la primera recta del feix que té un punt en comú amb la regió solució és la recta s.

Aquesta recta passa pel punt $A(2, 3)$ i la seva equació és:

$$y = -\frac{3}{2}x + n_s \xrightarrow{A(2,\,3)} 3 = -\frac{3}{2}\cdot 2 + n_s \rightarrow n_s = 6$$

Seguint el mateix procés, podem veure (Fig. 4.47) que l'última de les rectes del feix que té un punt en comú amb la regió solució S és la recta t. Conté el punt $C(4, 6)$ i la seva equació és:

$$y = -\frac{3}{2}x + n_t \xrightarrow{C(4,\,6)} 6 = -\frac{3}{2}\cdot 4 + n_t \rightarrow n_t = 12$$

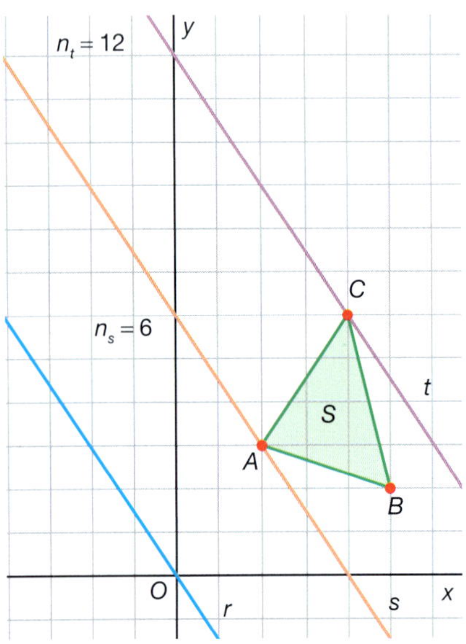

Fig. 4.47.

El que acabem de veure ens permet afirmar que les rectes del feix de pendent $-\dfrac{3}{2}$ tenen algun punt en comú amb la regió solució del sistema donat per a qualsevol valor $n \in \mathbb{R}$ que verifiqui:

$$n_s \leq n \leq n_t \rightarrow 6 \leq n \leq 12$$

Si expressem el feix de rectes paral·leles de $m = -\dfrac{3}{2}$ en la forma $3x + 2y = k$, per a quins valors de k es verifica la condició anterior?

Naturalment, si coneixem les ordenades a l'origen n_s i n_t de les rectes s i t i, per tant, les seves equacions, podem saber fàcilment els valors k_s i k_t que els corresponen.

Recta s: $y = -\dfrac{3}{2}x + 6 \rightarrow 2y = -3x + 12 \rightarrow 3x + 2y = 12 \rightarrow k_s = 12$

Recta t: $y = -\dfrac{3}{2}x + 12 \rightarrow 2y = -3x + 24 \rightarrow 3x + 2y = 24 \rightarrow k_t = 24$

En conseqüència, les rectes del feix d'equació $3x + 2y = k$ tenen algun punt en comú amb la regió solució S per a valors de $k \in \mathbb{R}$ que verifiquen:

$$12 \leq k \leq 24$$

Exemple 11 ➡ **La regió solució del sistema:** $\begin{cases} 3x + 4y \geq 12 \\ x \geq 0 \\ y \geq \dfrac{3}{2} \end{cases}$

és oberta. Els seus vèrtexs es localitzen en els punts $A(0, 3)$ i $B\left(2, \dfrac{3}{2}\right)$ (Fig. 4.48). Quines rectes del feix de rectes paral·leles d'equació $5x + 2y = k$ tallen la regió S?

Dibuixem la recta *r* del feix que passa per l'origen de coordenades, és a dir, la recta del feix amb $k = 0$. Procedint com en l'exemple anterior, observem que la primera recta del feix que talla la regió *S* és la recta s que passa per *A*. Per tant, es verifica:

$$5x + 2y = k_s \xrightarrow{A(0,\,3)} k_s = 6$$

Per tractar-se d'una regió oberta i tenint en compte que en augmentar *k* augmenta també l'ordenada a l'origen de la recta corresponent del feix, podem concloure que totes les rectes del feix $5x + 2y = k$ amb $k \in \mathbb{R}$ i $k \geq 6$ tallen la regió *S* donada (Fig. 4.49). En el cas que ens ocupa, com més gran és *k*, més allunyat de l'origen de coordenades es troba el punt de tall de la recta del feix amb l'eix *OY*.

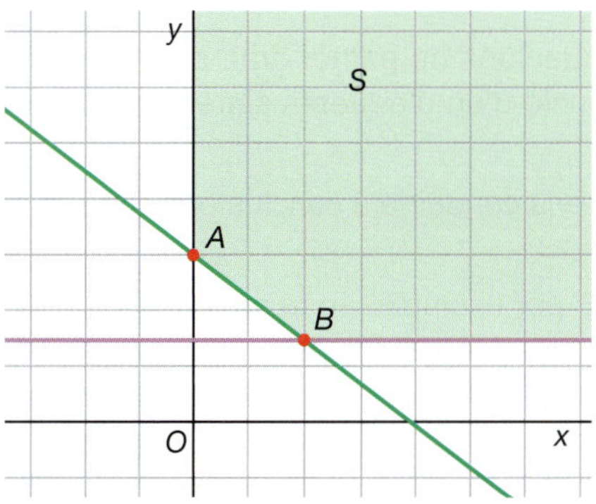

Fig. 4.48.

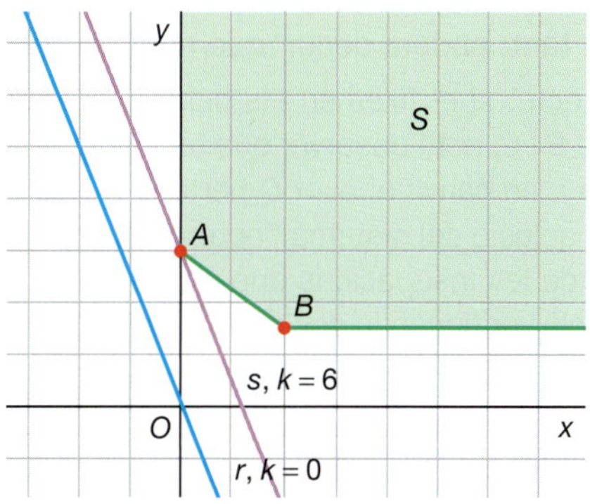

Fig. 4.49.

ACTIVITATS

43. *a)* Resol el sistema:

$$\begin{cases} x \geq 0 \\ y \geq 0 \\ 2x + 3y \leq 18 \\ 2x + y \leq 10 \\ x + 3y \geq 3 \end{cases}$$

b) Determina les coordenades dels vèrtexs de la regió solució *S* d'aquest sistema.

c) Pertany el punt *P*(3, 2) a aquesta regió?

44. Considera el feix de rectes d'equació $x + y = k$. Troba els valors de *k* per als quals les rectes d'aquest feix tallen la regió *S* de l'activitat anterior.

45. *a)* Dibuixa la regió del pla les coordenades dels punts de la qual verifiquen el sistema:

$$\begin{cases} x + y \geq 2 \\ x \leq 2 \\ -x + y \leq 2 \end{cases}$$

b) Troba l'equació de totes les rectes del feix d'equació $3x - y = k$ que tallen la regió anterior per un dels seus vèrtexs.

Recorda

Perquè un polígon pugui ser còncau ha de tenir més de quatre costats. Per tant, tots els triangles són convexos.

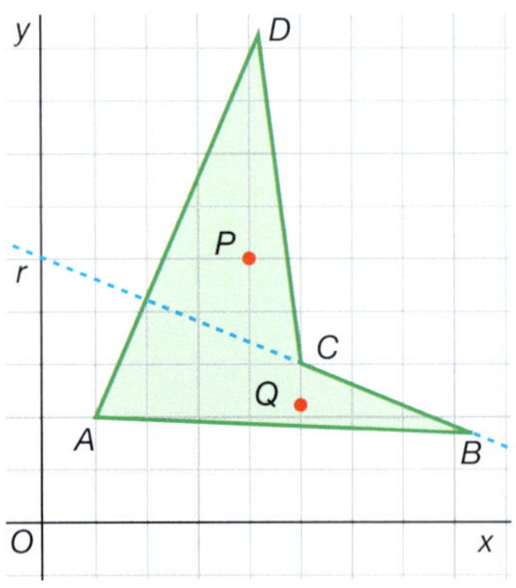

Fig. 4.51.

8. La convexitat de les regions solució

Una regió del pla, sigui oberta o tancada, s'anomena **convexa** quan dos dels seus punts *P* i *Q* qualssevol es poden unir mitjançant un segment els punts del qual pertanyen tots a la regió. En cas que no sigui així, la regió s'anomena **còncava.**

En la Figura 4.50 es mostren quatre regions diferents, dues de les quals són convexes i les altres dues són còncaves.

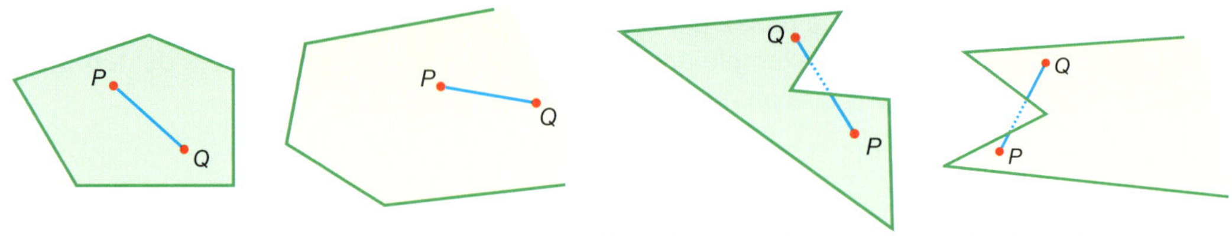

Regió tancada convexa | Regió oberta convexa | Regió tancada còncava | Regió oberta còncava

Fig. 4.50.

Si et fixes en les diferents regions solució que hem obtingut en el desenvolupament d'aquesta unitat i en les que has hagut de dibuixar en resoldre algunes de les activitats proposades, t'adonaràs que totes són convexes.

Per quin motiu la regió solució d'un sistema d'inequacions de primer grau amb dues incògnites és sempre convexa? Suposem que la regió solució d'un d'aquests sistemes és còncava i tancada, com la de la Figura 4.51.

Vegem que aquesta suposició, en cas de ser certa, ens conduiria a conclusions contradictòries i, per tant, podem deduir que no és factible.

En efecte, si et fixes en els punts *P* i *Q* de la regió i, per exemple, en la recta *r* que passa pels punts *B* i *C*, pots observar que el punt *P* pertany a un dels dos semiplans en què la recta *r* divideix el pla i, en canvi, el punt *Q* pertany a l'altre semiplà. Evidentment, això no és possible perquè la regió solució del sistema l'obtenim fent la intersecció de tots els semiplans que verifiquen cadascuna de les inequacions que el componen, i ja hem vist que, si les coordenades dels punts d'un semiplà verifiquen la desigualtat en un sentit, les de l'altre semiplà la verifiquen en sentit contrari.

Hem fet el raonament per a una regió còncava i tancada, però aquest mateix raonament serveix per a una regió que suposéssim còncava i oberta. En definitiva, doncs, estem en condicions d'afirmar que les regions solució d'un sistema d'inequacions lineals de primer grau amb dues incògnites són sempre convexes.

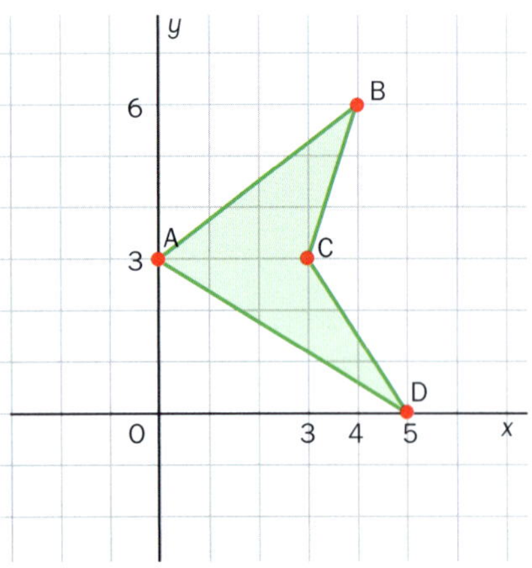

Fig. 4.52.

Exemple 12 ➡ **Representa en uns eixos de coordenades cartesianes el quadrilàter *ABCD*, els vèrtexs del qual són els punts *A*(0,3), *B*(4,6), *C*(3,3) i *D*(5,0).**

a) **Justifica raonadament per què no pot ser la regió solució d'un sistema d'inequacions lineals amb dues incògnites.**

b) **Canvia les coordenades d'un dels vèrtexs per tal que la nova figura en pugui ser una regió solució.**

Comencem representant el quadrilàter ABCD (Fig. 4.52):

a) No pot ser una regió solució d'un sistema d'inequacions lineals amb dues incògnites perquè és una regió còncava, i tal com s'ha indicat en el text, la regió solució d'un sistema d'inequacions lineals amb dues incògnites sempre és convexa.

b) Per tal que la regió pugui ser solució d'un sistema d'inequacions lineals amb dues incògnites, n'hi ha prou a modificar les coordenades del vèrtex *C*, per exemple, *C*(6,3). Amb aquest canvi, la regió passa a ser convexa, tal com s'observa en la Figura 4.53.

Aquesta és una de les infinites possibilitats de canviar les coordenades només d'un dels vèrtexs per tal que la nova regió sigui convexa. Pots comprovar que una altra regió solució podria ser canviant, per exemple, les coordenades del vèrtex *B* per B(1,4), ja que també esdevé una regió convexa.

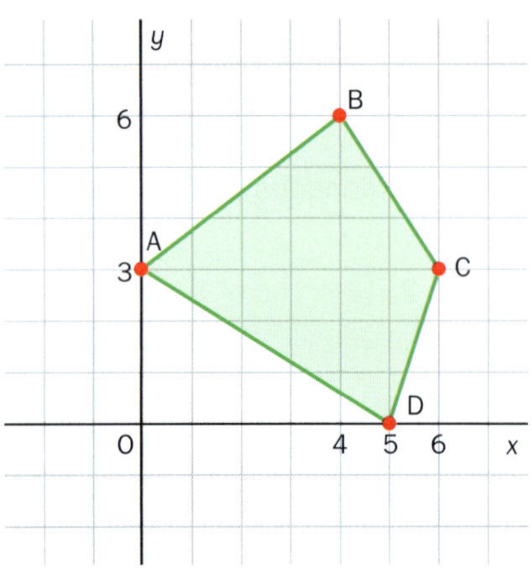

Fig. 4.53.

Exemple 13 ➡ **En una papereria hi ha un màxim de 7000 unitats, entre llapis i bolígrafs. Els llapis van en capses de deu unitats i els bolígrafs, en capses de cinc. Expressa gràficament quantes capses de cada tipus hi pot haver en el magatzem.**

Representem per x el nombre de capses de llapis i per y el de capses de bolígrafs. Per les condicions que estableix l'enunciat del problema, s'ha de verificar que $10x + 5y \leq 7000$. A més, x i y només poden prendre valors naturals o zero. Es tracta, per tant, de resoldre el sistema:

$$\begin{cases} 10x + 5y \leq 7000 \\ x \geq 0 \\ y \geq 0 \end{cases}$$

La regió solució del sistema és la representada en la Figura 4.54.

Tots els punts determinats per un parell de nombres naturals o zero que són solució del sistema, són solució del problema.

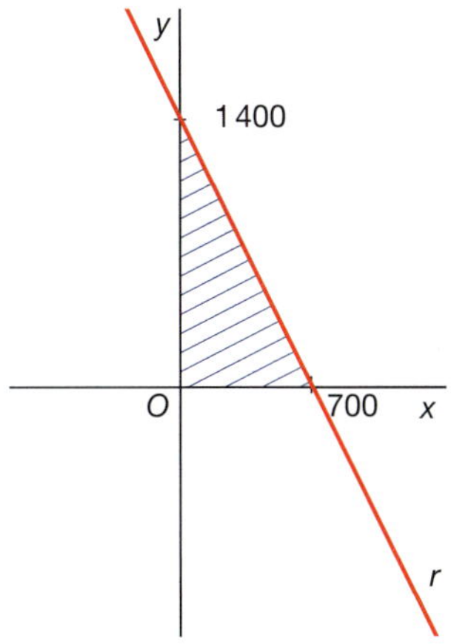

Fig. 4.54.

ACTIVITATS

46. En l'exemple 13:

a) És possible que al magatzem hi hagi 710 capses de llapis?

b) I 100 capses de bolígrafs? En aquest cas, quin és el nombre màxim de capses de llapis que hi pot haver en el magatzem?

c) Hi pot haver 500 capses de cada tipus?

d) Estableix una solució possible del problema i troba el total de llapis i bolígrafs que hi hauria en aquest cas en el magatzem.

47. Decideix si el polígon de vèrtexs consecutius $O(0, 0)$, $A(5, 2)$, $B(7, 1)$, $C(7, 6)$ i $D(0, 6)$ és la regió factible d'un problema de programació lineal. Justifica la resposta.

48. Considera el triangle de vèrtexs $A(-2, 0)$, $B(0, 3)$ i $C(2, -1)$.

a) Determina les condicions que ha de complir un punt per no ser fora del triangle.

b) Justifica analíticament si els punts $P(1, 1)$, $Q(-1, 1)$ i $R(-1, 2)$ són interiors, exteriors o es troben sobre els costats del triangle.

49. Escriu les inequacions que componen el sistema la regió solució del qual pots veure en la Figura 4.55.

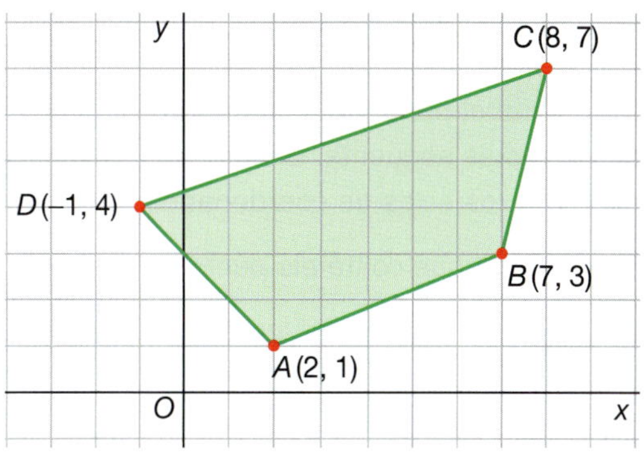

Fig. 4.55.

50. A partir de la solució de l'activitat anterior, esbrina gràficament i analíticament si els punts $P(-1,3)$, $Q(3,3)$ i $R(5,6)$ i són interiors, exteriors o estan sobre un dels costats del quadrilàter.

Activitats finals

1. Resol les inequacions següents:

a) $\frac{2(x+1)}{3} - \frac{x-1}{4} \geq \frac{x}{2} + \frac{x-1}{3}$

b) $\frac{10}{3x-6} < 0$

c) $3x + 2(y-1) \leq y - (x-2)$

d) $\frac{3x-1}{3} > \frac{2x+5}{2}$

2. Troba la solució de cadascun dels sistemes d'inequacions següents:

a) $\begin{cases} \frac{2x-3}{4} \leq 3x+8 \\ \frac{x-2}{3} > x - \frac{1}{4} \end{cases}$

b) $\begin{cases} 2x - 3y \geq 2 \\ \frac{x}{2} - \frac{y}{3} \geq 0 \end{cases}$

c) $\begin{cases} x \geq y \\ 3x - y \leq 4 \\ 3x + 4y \leq 9 \end{cases}$

d) $\begin{cases} 3x - 1 \geq 0 \\ 2y \geq 3 \\ 2x - 3y \geq 1 \\ x + y \geq 2 \end{cases}$

3. Determina els valors de x que verifiquen

$$-4 \leq 3x + 2 < 11$$

Observa que, en realitat, es tracta de resoldre el sistema format per les inequacions $3x + 2 \geq -4$ i $3x + 2 < 11$.

4. Determina el pendent i l'ordenada a l'origen de cadascuna de les rectes següents. Després dibuixa totes les rectes en els mateixos eixos de coordenades.

a) La recta r que conté els punts $P(1, -5)$ i $Q(5, -2)$.

b) La recta s que forma un angle de 135° amb el sentit positiu de l'eix X i passa pel punt $P(-3, 2)$.

c) La recta t d'equació $6x + 5y - 15 = 0$.

d) La recta u que és paral·lela a l'eix X i passa pel punt $P(1, -2)$.

5. Troba l'equació de la recta que és paral·lela a la recta $2x - 5y = 7$ i que passa pel punt (2, 3).

6. Troba l'equació de la recta que és paral·lela a la recta $2x - 5y = 3$ i que passa pel punt d'intersecció de les rectes $-x + y = 0$ i $3x - 7y + 4 = 0$.

7. a) Escriu l'equació general del feix de rectes paral·leles a la recta que passa pels punts (6, –2) i (3, 4).

b) Troba l'equació de la recta que passa pel punt (–1, 5) i pertany al feix de l'apartat anterior.

8. De totes les rectes del feix d'equació $6x - 5y = k$, quina és l'equació de la que passa pel punt d'intersecció de les rectes $y = 2x - 1$ i $3x + y = 9$?

9. Resol les inequacions següents com a regions del pla:

a) $x - 2y - 4 > 0$

b) $4x - 2y \leq 9$

c) $y \geq -3x + 5$

d) $x \leq -y + 3$

10. Les gràfiques següents (Fig. 4.56 i 4.57) mostren les solucions de dues inequacions de primer grau amb dues incògnites. Escriu la desigualtat que verifiquen les coordenades dels punts que pertanyen a cada semiplà solució.

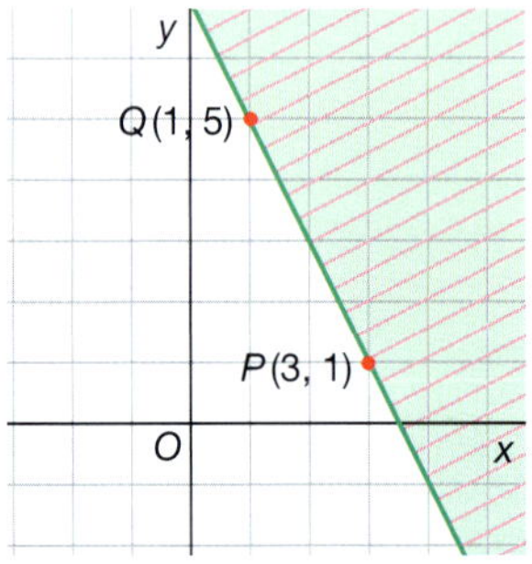

Fig. 4.56.

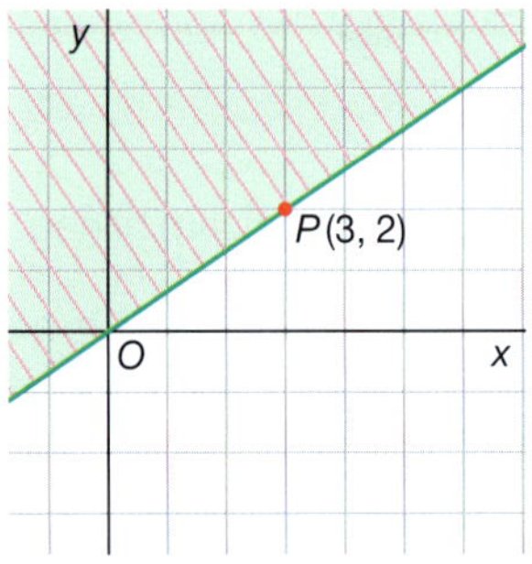

Fig. 4.57.

11. Resol els sistemes següents:

a) $\begin{cases} 7x + 2y \leq 14 \\ x \geq 1 \\ y \geq 2 \end{cases}$

b) $\begin{cases} 2x - 3y \leq 12 \\ y - 4x \leq 8 \end{cases}$

c) $\begin{cases} -x + y \leq 2 \\ 2x + y \leq -2 \\ 5x + 6y \leq 30 \\ x \geq 0 \end{cases}$

d) $\begin{cases} 3x + 5y \leq 15 \\ y - x \leq 0 \\ x + 1 \geq 0 \end{cases}$

12. Troba les equacions de les rectes *r*, *s* i *t* de la Figura 4.58.

– Escriu el sistema d'inequacions que té per solució la regió del pla indicada en aquesta figura.

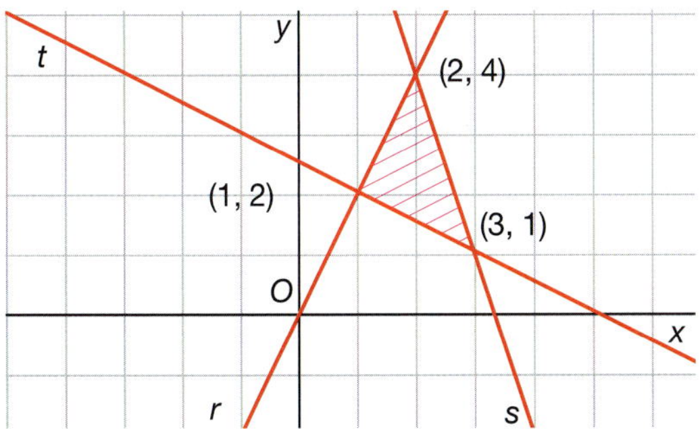

Fig. 4.58.

13. Cadascuna de les rectes de la gràfica passa, almenys, per dos punts de coordenades enteres.

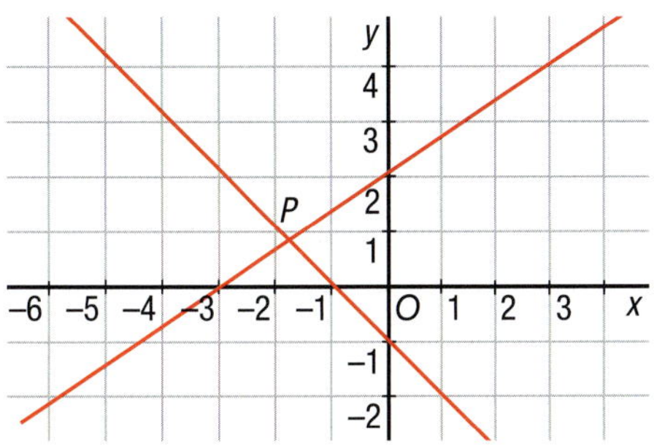

Fig. 4.59.

a) Troba les equacions de les dues rectes.

b) Determina el punt d'intersecció *P*.

14. *a)* Resol el sistema: $\begin{cases} 4x + 5y \geq 30 \\ 5x + 4y \leq 40 \\ x \geq 1 \\ y \geq 2 \end{cases}$

b) Considera el feix de rectes paral·leles d'equació $5x + y = k$. Per a quins valors de *k* les rectes d'aquest feix tenen algun punt en comú amb la regió solució del sistema de l'apartat anterior?

15. *a)* Escriu les inequacions que verifiquen alhora les coordenades dels punts del triangle de vèrtexs *A*(2, 3), *B*(5, 6) i *C*(3, 9).

b) Determina quines són les equacions de les rectes del feix $-x + y = k$ que passen pels vèrtexs del triangle.

c) Justifica el motiu pel qual en l'apartat anterior només has trobat dues rectes diferents quan el triangle en té tres, de vèrtexs.

16. Dona les coordenades de quatre punts enters que siguin solució del sistema:

$$\begin{cases} x + 2y \geq 4 \\ x \leq 4 \\ y \leq 2 \end{cases}$$

17. Troba les coordenades dels vèrtexs de cadascuna de les regions solució següents:

a) $\begin{cases} x + y \geq 2 \\ -x + y \leq 2 \\ x \leq 2 \end{cases}$

b) $\begin{cases} 3x - y \leq -3 \\ x + y \leq 5 \\ y \geq 3 \end{cases}$

18. Escriu l'equació de les tres rectes del pla que limiten la regió acolorida del dibuix i les tres desigualtats que determinen aquesta regió.

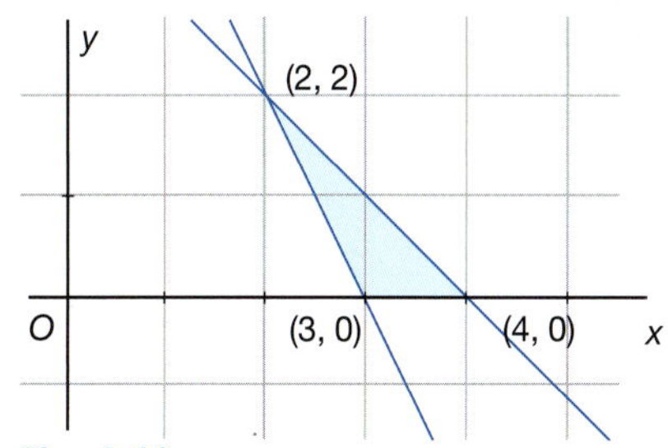

Fig. 4.60.

19. La regió solució d'un conjunt de restriccions és la que mostra a la figura següent:

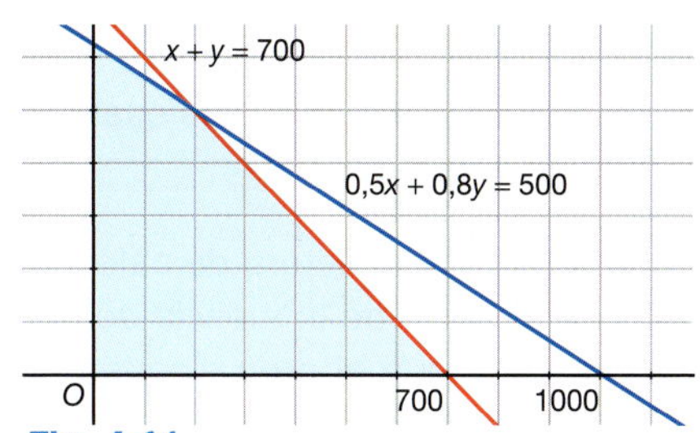

Fig. 4.61.

Determina el sistema d'inequacions que té per solució aquesta regió

20. Dos nombres compleixen les condicions següents: la suma del doble del primer més el triple del segon dona un nombre positiu i la seva suma és més gran que 1. Troba tots els valors que poden tenir aquests nombres.

21. Per participar en un concurs de matemàtiques s'han de contestar totes les preguntes d'un qüestionari de 25, i obtenir un mínim de 50 punts. La prova es puntua de la manera següent: cada resposta encertada suma 5 punts i cada resposta errònia en resta 2.

Quin és el nombre mínim de preguntes que s'han de contestar correctament per tal d'aconseguir la puntuació mínima exigida? Si un participant té 14 respostes correctes, assoleix aquest mínim? Quina és la màxima puntuació possible?

22. La diferència entre l'edat d'una mare i la del seu fill és de 22 anys. Estableix en quin període de les seves vides l'edat de la mare excedeix en més de 6 anys el doble de l'edat del fill.

23. Un adolescent necessita prendre setmanalment un mínim de 32 unitats de vitamina A i un màxim de 20 unitats de vitamina C. Per terme mitjà, un tomàquet conté 5 unitats de vitamina C i 2 de vitamina A, i una pastanaga 2 unitats de vitamina C i 4 de vitamina A. Quants tomàquets i quantes pastanagues és aconsellable que prengui a la setmana?

24. Dos nombres verifiquen que el doble del primer menys el triple del segon és més gran que el triple del primer més el doble del segon. Troba tres parells de nombres racionals que compleixin aquesta condició.

25. Els alumnes de vídeo i els d'informàtica disposen d'un ajut econòmic de 54,10 € per a la compra de material auxiliar. Els primers necessiten cintes i els segons, caixes de disquets. El preu d'una cinta de vídeo és de 4,51 € i el d'una caixa de disquets, de 5,41 €. Es tracta d'esbrinar quantes cintes i quantes caixes poden adquirir amb els diners que tenen a la seva disposició.

a) Representa gràficament totes les solucions possibles i tria'n tres, procurant que siguin el màxim d'equitatives.

b) Es poden comprar 7 cintes i 7 caixes? I 5 cintes i 5 caixes? En aquest últim cas, calcula l'import de la compra.

26. Quins són els nombres el doble dels quals supera la seva meitat en més de quinze unitats?

27. Una empresa de manufactura de cafès vol aconseguir un tipus de cafè a partir de la mescla de cafès torrefacte i natural, de manera que el preu d'aquesta mescla sigui inferior a 5,11 €/kg. Els preus del cafè torrefacte i natural són 4,21 i 5,71 €/kg, respectivament. Per tal que el cafè obtingut a partir de la mescla pugui considerar-se de qualitat superior, cal que contingui un mínim de 350 g de cafè natural per cada quilogram de mescla. Com podem obtenir 1 kg d'aquesta mescla?

28. Els alumnes de segon de batxillerat s'han posat en contacte amb dues agències de viatges per organitzar una excursió d'un dia. L'agència Y cobra un preu fix de 72,12 € més 0,24 € per quilòmetre. A l'agència Z, la quantitat fixa és de 96,12 € i el preu per quilòmetre, 0,18 €. Quants quilòmetres han de fer a l'excursió per tal que els surti més a compte l'agència Y?

PREPARA'T PER A LA UNIVERSITAT

1. Considera el sistema d'inequacions següent: $\begin{cases} x+2y \le 8 \\ x+y \ge 5 \\ x-5y \le 0 \end{cases}$

a) Resol-lo gràficament.

b) Troba'n totes les solucions enteres.

2. Construïm en el pla el quadrilàter de vèrtexs $A(1,1)$, $B(2,4)$, $C(4,5)$ i $D(3,0)$, els costats del qual són els segments AB, BC, CD i DA.

a) Escriu les desigualtats que determinen la regió del pla continguda i sobre els costats del quadrilàter $ABCD$.

b) Fes servir les desigualtats anteriors per justificar si els punts $P(3,1)$, $Q(3,4)$ i $R(5,2)$ són interiors, exteriors o estan sobre els costats del quadrilàter.

3. Considera el sistema d'inequacions següent: $\begin{cases} 2x+y \le 10 \\ x+y \le 8 \\ 0 \le x \le 4 \\ y \ge 0 \end{cases}$

Representa gràficament la regió de solucions.

4. La figura següent representa la regió de solucions d'un sistema d'inequacions lineals:

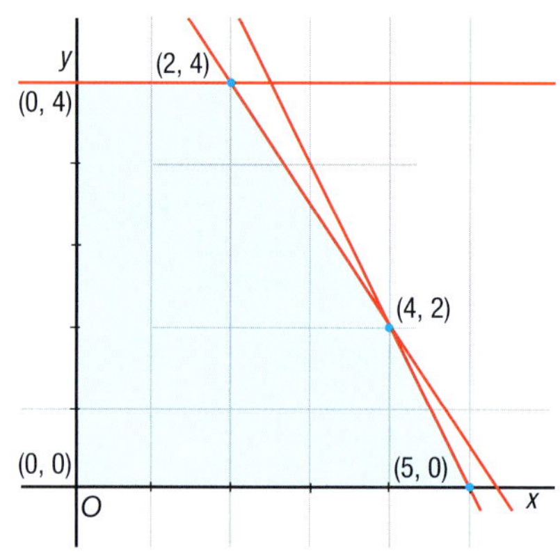

Fig. 4.62.

Troba el sistema d'inequacions que determina aquesta regió.

- **Et sembla necessària la resolució de sistemes d'inequacions lineals amb una o dues incògnites? Creus que és útil per aplicar-la a situacions pràctiques?**
- Creus que a partir d'ara hauràs d'utilitzar-la per a la resolució de problemes?
- El mètode de resolució de sistemes d'inequacions treballats en la unitat et resulta assequible? Per què?
- Com valores l'aplicació de les rectes paral·leles en la regió solució d'un sistema lineal d'inequacions?
- Ets capaç de determinar el sistema d'inequacions a partir de la seva regió solució?
- Quins dels nous continguts treballats en aquesta unitat et resulten més difícils?

Inequacions i fronteres

Imagina que sobre un mapa marquem les antenes de comunicació mòbil de la zona (Fig. 4.63). Per a cada una, pintem d'un mateix color tots els punts del mapa que la tenen com a més propera. Al final del procés ens queda una imatge com la d'aquesta figura. Aquesta divisió del pla en forma de mosaic es coneix amb el nom de diagrama de Voronoi, en honor del matemàtic rus G. Voronoi (1868-1908).

Els punts generadors d'aquestes zones s'anomenen punts d'interès. En l'exemple, el diagrama ens ajuda a determinar de manera senzilla quina és la torre més propera per connectar els nostres aparells mòbils. Quan canvies de regió, per proximitat, canvies d'antena proveïdora.

És interessant reflexionar sobre com es construeixen les fronteres entre les regions. Els punts de la frontera que separa les regions de *A* i de *B* es troben exactament a la mateixa distància dels dos centres (A i *B*), o sigui, en la mediatriu. Recorda que la mediatriu és la recta perpendicular al segment *AB* i que passa pel seu punt mitjà. Un cop tenim les equacions de les fronteres, aquestes ens descriuen la regió a través d'un sistema d'inequacions lineals.

Fig. 4.63.

Una altra aplicació dels diagrames de Voronoi és identificar dins un cert territori tancat quin és el punt més allunyat de tots els punts d'interès que hi podem trobar. Aquests punts se situen sempre a les interseccions de les fronteres, o bé a la frontera exterior del diagrama. Aquesta informació pot ser molt rellevant a l'hora de prendre decisions, ja que ens ajuda a identificar en quina zona seria més necessari instal·lar una nova antena.

Ara et toca a tu! Suposa que ets la directora comercial d'una cadena de supermercats i has de decidir on obrir una nova sucursal. Has de tenir en compte diversos factors, com ara la influència de la posició i el radi d'acció dels locals de la competència sobre els potencials consumidors. Idealment hauries de situar la nova seu al més lluny possible de la competència, però ens interessa que estigui a prop del punt (0,8), ja que és en aquest punt on tens les oficines.

En la figura 4.64, els punts *A, B, C, D, E* representen els supermercats ja existents.

a) Troba el pendent de la recta que conté el segment AD, així com les coordenades del punt mitjà d'aquest segment MAD.

b) El pendent d'una recta perpendicular a una altra de pendent *m* és $m_{perp} = -1/m$. Per exemple, si una recta té pendent 2, la recta perpendicular a ella té pendent −1/2. Amb els resultats anteriors, determina l'equació de la frontera entre les cel·les d'A i de D. Fes el mateix per a la frontera entre A i E.

c) Escriu les condicions (inequacions) que verifiquen els punts de la regió corresponent al punt A.

d) Raona per què el punt en què es tallen les fronteres AD i AE correspon a l'indret ideal per obrir la teva nova sucursal.

e) Troba les coordenades del punt mencionat a l'apartat anterior.

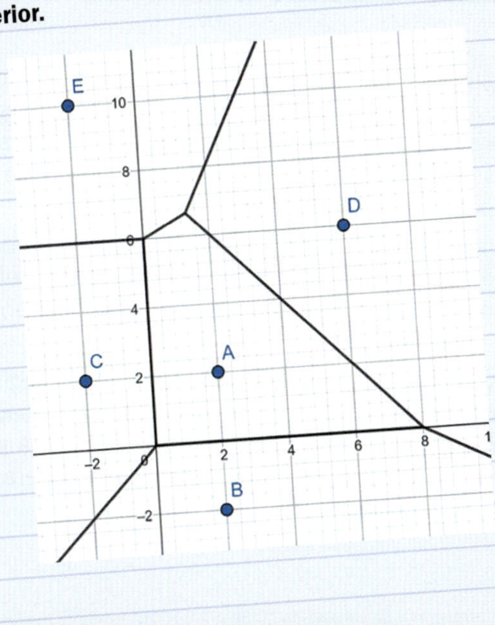

Fig. 4.64.

UNITAT

5 La programació lineal

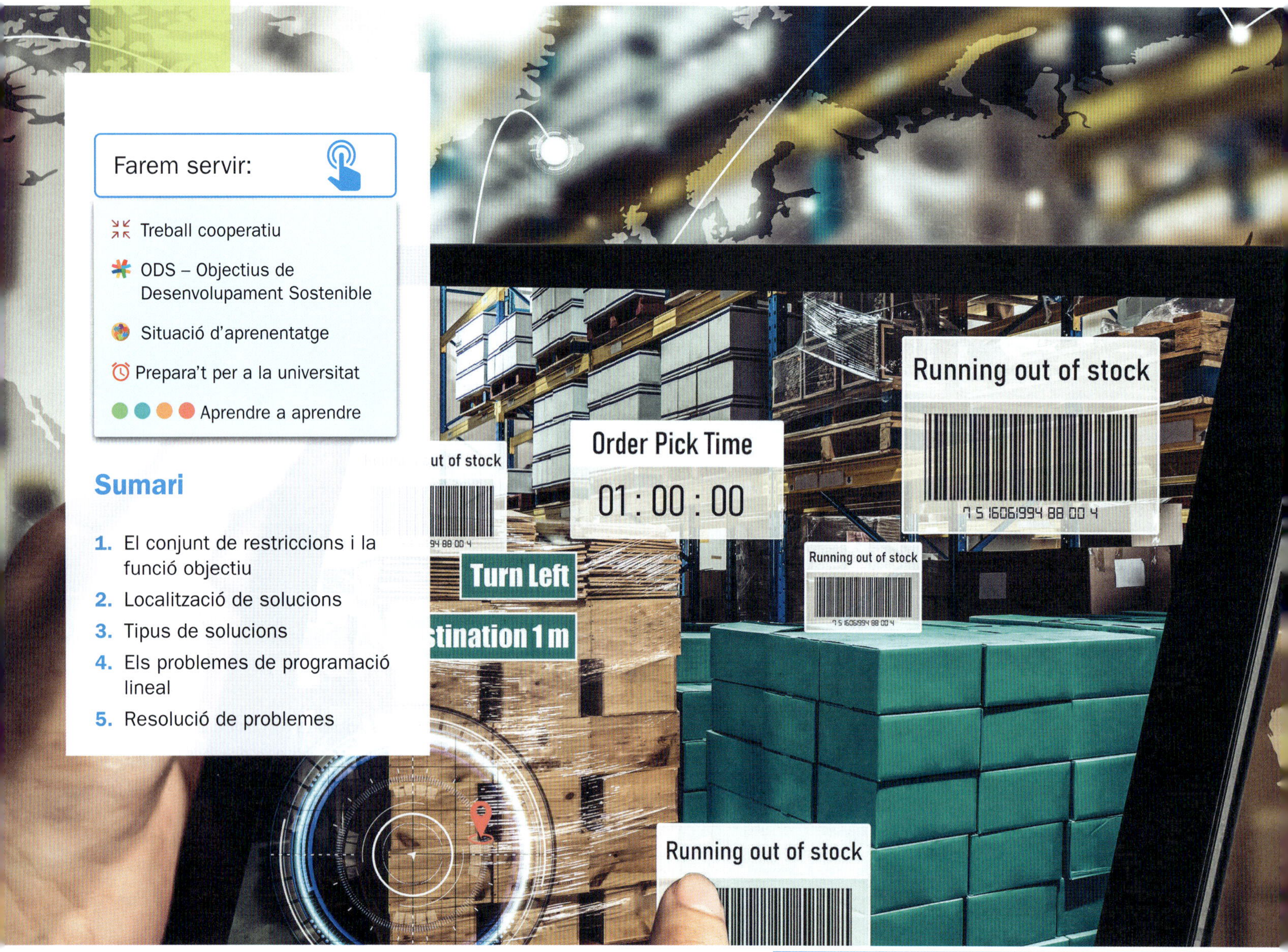

Farem servir:

- Treball cooperatiu
- ODS – Objectius de Desenvolupament Sostenible
- Situació d'aprenentatge
- Prepara't per a la universitat
- Aprendre a aprendre

Sumari

Als dirigents d'antigues civilitzacions ja els calia planificar i administrar recursos, com per exemple en contextos bèl·lics o per dur a terme grans construccions. Va ser, però, durant la industrialització, amb l'aparició d'empreses, que la planificació de recursos va prendre importància també per a la població civil.

En el context de la Segona Guerra Mundial, els primers ordinadors van permetre augmentar la complexitat i l'eficiència dels càlculs. Així van néixer unes noves matemàtiques que van ajudar en la presa d'aquest tipus de decisions.

Avui dia, la gran majoria dels departaments de logística i cadenes de distribució han deixat enrere una manera de fer basada en la prova-error i utilitzen algorismes com la programació lineal o la programació entera en la seva planificació, contribuint d'aquesta manera a l'**ODS Producció i consum responsables.**

Recordes com es resol un sistema d'inequacions lineals de primer grau amb una incògnita? I amb dues incògnites?

Ets capaç d'interpretar el significat de la regió solució d'un sistema d'inequacions?

Saps representar qualsevol regió solució a partir d'un sistema d'inequacions lineals amb dues incògnites?

Tens dificultats per determinar el sistema d'inequacions a partir d'una regió solució donada?

Distingeixes les regions convexes de les regions còncaves?

Saps aplicar un feix de rectes paral·leles a una regió solució?

1. El conjunt de restriccions i la funció objectiu

La **programació lineal** és una de les branques de la programació matemàtica i, en general, resoldre un problema de **programació lineal** consisteix a optimitzar una funció que, en el nostre cas, serà de dues variables.

S'entén per **optimitzar** trobar el màxim o el mínim d'una funció, segons els casos. Però aquest punt òptim és subjecte a limitacions, ja que les dues variables que intervenen en la funció que s'ha d'optimitzar estan relacionades amb un conjunt d'inequacions lineals amb dues incògnites. Per tant, s'ha de resoldre un sistema d'inequacions i, un cop resolt, cal veure per a quin punt o quins punts del conjunt de solucions del sistema la funció que s'ha d'optimitzar arriba al valor màxim o mínim.

> El sistema d'inequacions lineals amb dues variables, al qual és subjecte la funció que s'ha d'optimitzar, s'anomena **conjunt de restriccions** del problema.

Tal com s'indica, el nostre estudi es limita a la programació lineal i, més concretament, a dues variables. L'únic mètode del qual disposem per resoldre sistemes d'inequacions lineals amb dues incògnites és el mètode gràfic, els fonaments del qual s'han exposat en la unitat anterior.

Arribat aquest punt, ens dedicarem a resoldre i a valorar la solució del conjunt de restriccions d'un problema de programació lineal. De moment considerem que el conjunt de restriccions ens ve donat; en aquesta mateixa unitat, més endavant, s'explica com plantejar les diferents inequacions a partir de l'enunciat del problema.

Abans, però, cal recordar, tal com s'ha estudiat en la unitat anterior, que el conjunt de les solucions d'un sistema compatible d'inequacions lineals amb dues incògnites, si existeix, és una **regió poligonal convexa** del pla. Si aquesta regió és acotada, aleshores és un polígon convex.

> Un problema de programació lineal amb dues variables implica l'existència d'una funció que cal optimitzar, anomenada **funció objectiu**, que habitualment és de la forma $F(x, y) = ax + by$, $a > 0$ i $b \neq 0$.

En general, els problemes de programació lineal que tractarem tenen com a objectiu determinar el benefici màxim o bé el cost mínim, si són problemes de tipus econòmic, o en biologia pot interessar, per exemple, minimitzar la despesa d'energia necessària per satisfer les necessitats alimentàries d'una espècie determinada. En tots els casos, però, les variables que intervenen han de complir les inequacions que figuren com a conjunt de restriccions del problema.

Per a cada valor de x i de y la funció adquireix un valor concret, però no a l'inrevés; si assignem a $F(x, y)$ un valor concret, hi ha una infinitat de valors per al parell (x, y) que donen lloc al valor assignat a $F(x, y)$.

Per a cada valor assignat a $F(x, y)$ tenim els punts d'una recta, ja que ens trobem amb una equació lineal amb dues variables que té com a representació gràfica una recta. Si anem donant diferents valors a $F(x, y)$, obtindrem diverses rectes, una per a cada valor de $F(x, y)$, les quals són paral·leles entre si, ja que tenen totes el mateix pendent. El conjunt d'aquestes rectes constitueix el **feix de rectes paral·leles** de la funció objectiu.

Sigui la funció objectiu $F(x, y) = 4x + 3y$, dibuixem unes quantes rectes del feix d'aquesta funció objectiu, per la qual cosa cal donar diferents valors a $F(x, y) = k$.

Prenem, per exemple, els valors $k = -12$, $k = 0$, $k = 6$, $k = 9$ i $k = 18$, i dibuixem les diferents rectes que s'obtenen (Fig. 5.1).

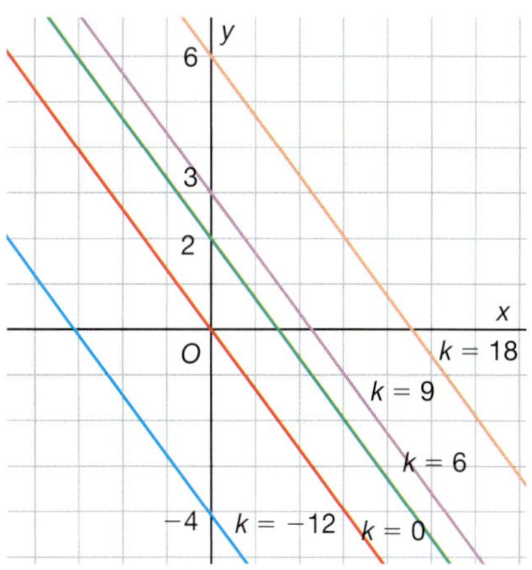

Fig. 5.1.

Observem que, com més gran és el valor de k, més gran és el valor de l'ordenada a l'origen de la recta corresponent. És a dir, en augmentar el valor de $F(x, y)$, augmenta el valor de l'ordenada a l'origen de la recta.

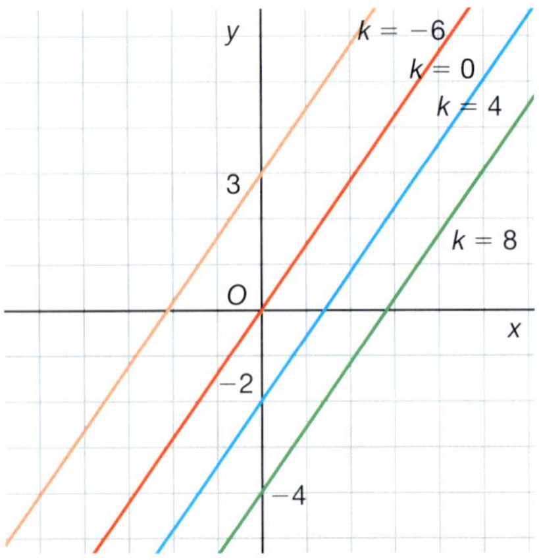

Fig. 5.2.

Si substituïm les variables de la funció objectiu per les coordenades d'un punt que pertany a la regió solució del conjunt de restriccions, ens donarà el valor corresponent de $F(x, y)$. Si les coordenades (x_0, y_0) del punt fan que $F(x, y)$ prengui el valor òptim, el valor de les coordenades (x_0, y_0) és una solució del problema.

El valor òptim de la funció objectiu es pot esbrinar analíticament prenent un punt de cadascuna de les rectes del feix de l'exemple, i substituint les seves coordenades en la funció objectiu. El punt que farà que $F(x, y)$ prengui el valor màxim serà un punt de la recta que tindrà l'ordenada a l'origen més gran; i el que farà que $F(x, y)$ prengui el valor mínim en serà un de la recta del feix que té l'ordenada a l'origen més petita.

Això passa sempre que les rectes del feix són de pendent negatiu o, dit d'una altra manera, quan la funció objectiu és de la forma $F(x, y) = ax + by$, amb $a > 0$ i $b > 0$.

Però què passa si el pendent de les rectes del feix és positiu? Vegem-ho.

Sigui $F(x, y) = 3x - 2y$, per $F(x, y) = k$, prenem els valors $k = -6$, $k = 0$, $k = 4$ i $k = 8$, les rectes corresponents dels quals són les de la Figura 5.2.

Veiem que en aquest cas passa el contrari: com més gran és el valor de $F(x, y)$, més petit és el valor de l'ordenada a l'origen. És a dir, en augmentar el valor de k, disminueix el valor de l'ordenada a l'origen.

Així, si substituïm les variables de la funció objectiu per un punt de la recta del feix que tingui l'ordenada a l'origen més petita, ens donarà el valor màxim de $F(x, y)$ i, al revés, si substituïm per un punt de la recta del feix que té el valor de l'ordenada a l'origen més gran, donarà el mínim de la funció objectiu.

Caldrà, doncs, tenir molt present el signe del pendent de les rectes del feix de la funció objectiu. Quan el pendent sigui positiu, el valor màxim de $F(x, y)$ correspondrà a un punt de la recta que tingui el valor mínim de l'ordenada a l'origen, i el valor mínim de la funció objectiu correspondrà a un punt de la recta que tingui el valor màxim de l'ordenada a l'origen. En cas que el pendent sigui negatiu, que ho és gairebé sempre, el valor màxim o mínim de $F(x, y)$ es correspondrà amb un punt de la recta que tingui el valor màxim o mínim, respectivament, de l'ordenada a l'origen.

ACTIVITATS

1. Representa gràficament la regió del pla que és solució de cadascun dels conjunts de restriccions següents:

a) $\begin{cases} x - y \geq 0 \\ 0 \leq x \leq 3 \\ y \geq 0 \end{cases}$ b) $\begin{cases} -x + 2y \leq 4 \\ 3x + 2y \leq 6 \\ x \geq 0 \\ y \geq 0 \end{cases}$ c) $\begin{cases} -x + y \leq 1 \\ x + 2y \leq 6 \\ 2x + 3y \geq 3 \\ -3x + 8y \geq 4 \end{cases}$

2. Troba les coordenades dels vèrtexs de cadascuna de les regions solució de l'activitat anterior.

3. Dibuixa en diferents eixos de coordenades cinc rectes del feix de rectes paral·leles de les funcions objectiu següents:

a) $F(x, y) = 3x + 6y$ b) $F(x, y) = x - 3y$

c) $F(x, y) = \frac{1}{2}x + \frac{1}{3}y$ d) $F(x, y) = 4x - \frac{2}{3}y$

4. Dedueix, a partir de cada un dels feixos de rectes paral·leles següents, la funció objectiu corresponent (Fig. 5.3).

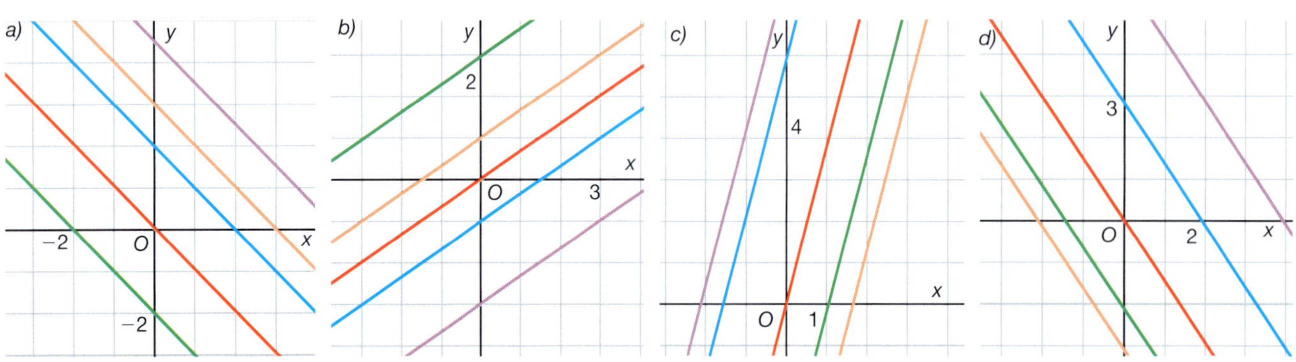

Fig. 5.3.

2. Localització de solucions

En un problema de programació lineal amb dues variables, si hi ha regió solució i és acotada, el valor òptim de la funció objectiu s'aconsegueix en un dels vèrtexs del polígon convex que limita la regió solució, o en tots els punts d'un dels costats. Si la regió solució no és acotada, la funció objectiu no arriba necessàriament a un valor òptim concret, però si ho fa, aquest valor es troba en un dels vèrtexs de la regió, en tots els punts d'un dels costats o en tots els punts d'una semirecta.

Aquest enunciat ens diu que una solució òptima d'un problema de programació lineal coincideix sempre amb un dels vèrtexs de la regió solució del conjunt de restriccions a què està sotmesa la funció objectiu, i es pot trobar comparant el valor que pren la funció que s'ha d'optimitzar en cadascun dels vèrtexs. La solució òptima, màxima o mínima, de la funció objectiu no ha de ser necessàriament única; poden ser-ho tots els punts d'un segment o d'una semirecta frontera de la regió solució, sempre que aquest segment o aquesta semirecta siguin paral·lels a les rectes del feix $ax + by = k$, essent $F(x, y) = ax + by$ la funció objectiu.

Disposem, per tant, d'un mitjà senzill per trobar el valor òptim de la funció objectiu sotmesa al conjunt de restriccions, sense haver de recórrer a la construcció gràfica del feix de rectes paral·leles i, sobretot, quan la regió solució és un polígon convex. L'única cosa que cal fer és calcular el valor de la funció objectiu en tots i cadascun dels vèrtexs del polígon, i en aquell en què el valor de la funció sigui més gran o més petit haurem aconseguit el punt òptim buscat.

Si la regió solució no és acotada, caldrà veure si el punt òptim correspon a la zona en què hi ha vèrtexs; en aquest supòsit es procedeix com si la regió fos acotada. En cas contrari, el problema no té solució. Vegem-ho amb alguns exemples.

Important

Si la regió solució és una regió convexa acotada, la solució òptima pot ser els punts d'un dels costats del polígon convex. Si la regió solució no és acotada, la solució òptima pot ser els punts d'una de les semirectes de la regió convexa no acotada.

Exemple 1 **Sigui $F(x, y) = 3x + 5y$ la funció objectiu i $\begin{cases} y \geq 0 \\ x \geq y \\ x + 2y \leq 12 \end{cases}$ el conjunt de restriccions. Troba el màxim i el mínim de $F(x, y)$.**

Resolem gràficament el sistema d'inequacions que forma el conjunt de restriccions donat (Fig. 5.4).

Busquem els vèrtexs del polígon $O(0, 0)$, $A(12, 0)$, $B(4, 4)$. A continuació, substituïm en la funció objectiu els valors (x, y) de cadascun dels vèrtexs del polígon convex que forma la regió solució:

$$F(0, 0) = 0;\ F(12, 0) = 3 \cdot 12 = 36 \text{ i } F(4, 4) = 3 \cdot 4 + 5 \cdot 4 = 12 + 20 = 32$$

El valor màxim de la funció objectiu és 36 i s'esdevé en el punt (12, 0), ja que el valor que pren la funció objectiu en aquest punt és el més gran. En el punt en què la funció objectiu pren el valor més petit és en el vèrtex (0, 0), on el valor mínim és zero. Per tant, el punt que minimitza la funció és l'origen de coordenades.

Podem resoldre també el problema gràficament. N'hi ha prou de dibuixar algunes de les rectes del feix de rectes paral·leles determinat per la funció objectiu que passen per la regió solució (Fig. 5.5), començant per aquella que $x > 0$.

S'observa que la recta que té l'ordenada a l'origen més gran, que té punts de contacte amb la regió solució, és la que passa pel punt (12, 0). Per tant, aquest punt és el que fa màxim el valor de $F(x, y)$. La recta del feix que té el valor de l'ordenada a l'origen més petit és la que passa pel punt (0, 0). Això vol dir que l'origen de coordenades és el punt que minimitza la funció objectiu.

De totes les rectes dibuixades, ens interessen les que passen pels vèrtexs, perquè és en aquests punts en què la funció objectiu pren els valors òptims. Per tant, a l'hora d'escombrar la funció objectiu per la regió solució, n'hi ha prou de considerar les rectes del feix que passen pels vèrtexs de la regió.

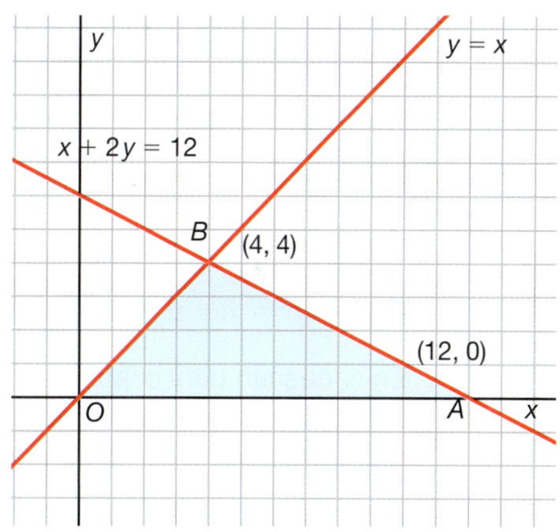

Fig. 5.4.

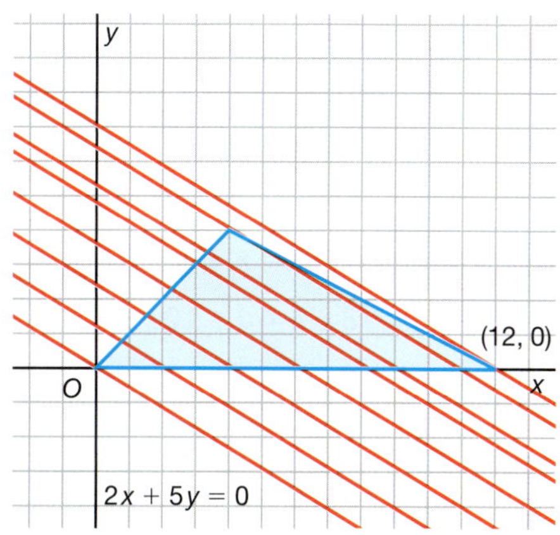

Fig. 5.5.

Dibuixar les rectes del feix determinat per la funció objectiu que passen per la regió solució s'anomena **escombrar** la funció objectiu per la regió solució.

Cal remarcar que en la resolució gràfica es poden deduir les coordenades dels punts on la funció objectiu pren els valors màxim i mínim, però no es poden saber aquests valors. L'única manera de calcular els valors òptims de $F(x, y)$ és analíticament.

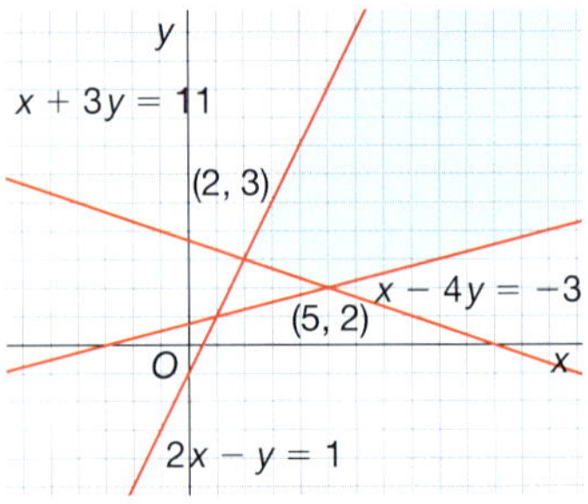

Fig. 5.6.

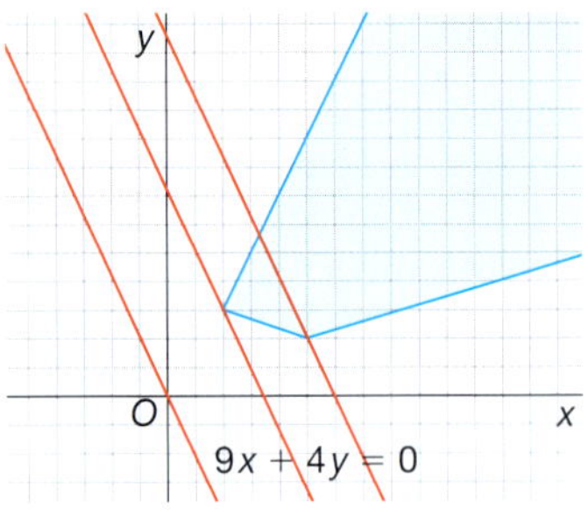

Fig. 5.7.

Exemple 2 ➡ **Considera la funció objectiu $F(x, y) = 9x + 4y$ en el conjunt de restriccions:**

$$\begin{cases} 2x - y \geq 1 \\ x + 3y \geq 11 \\ x - 4y \leq -3 \end{cases}$$

Troba el màxim i el mínim de $F(x, y)$.

La regió solució del conjunt de restriccions és la regió convexa no acotada (Fig. 5.6).

En els vèrtexs, la funció objectiu pren els valors:

$$F(2, 3) = 9 \cdot 2 + 4 \cdot 3 = 18 + 12 = 30$$

$$F(5, 2) = 9 \cdot 5 + 4 \cdot 2 = 45 + 8 = 53$$

i, per tant, el valor mínim de $F(x, y)$ s'assoleix en el punt (2, 3), com es pot deduir de la representació gràfica del feix de rectes de la funció objectiu (Fig. 5.7).

Atès que la regió solució no és acotada, aquesta funció no es pot maximitzar.

ACTIVITATS

5. Troba gràficament i analíticament en quins dels punts donats la funció objectiu indicada pren els valors màxim i mínim.

a) $F(x, y) = 4x - 3y$, en $A(0, 0)$, $B(3, 0)$ i $C(4, 2)$.

b) $F(x, y) = x + 4y$, en $A(0, 3)$, $B(4, 3)$ i $C(4, 0)$.

c) $F(x, y) = \frac{1}{3}x + \frac{1}{2}y$, en $A(0,2)$, $B(1,3)$, $C(5,2)$ i $D(5,0)$.

d) $F(x, y) = x - y$, en $A(0, 4)$, $B(2, 3)$ i $C(2, 1)$.

6. En cadascun dels casos següents, troba els punts que optimitzen la funció objectiu donada, sotmesa a les restriccions que s'indiquen. Fes-ho de manera analítica i gràfica.

a) $F(x, y) = 10x + 12y$

$$\begin{cases} 2x + 3y \geq 2 \\ 5x + 4y \geq 3 \\ x \geq 0 \\ y \geq 0 \end{cases}$$

b) $F(x, y) = 3x - 7y$

$$\begin{cases} 5x + y \geq 1 \\ 2x + 3y \leq -5 \\ x \geq 0 \\ y \geq 0 \end{cases}$$

c) $F(x, y) = x + y$

$$\begin{cases} 3x + 4y \leq 12 \\ 2x + y \geq 4 \\ x \geq 0 \\ y \geq 0 \end{cases}$$

d) $F(x, y) = 2x + 3y$

$$\begin{cases} x \geq 4 \\ 0 \leq y \leq 6 \\ y \leq x \\ x + y \leq 14 \end{cases}$$

7. Troba el màxim i el mínim de les funcions objectiu $F(x, y) = 4x + 5y$ i $G(x, y) = 3x - 2y$, sotmeses al conjunt de restriccions que té per regió solució (Fig. 5.8):

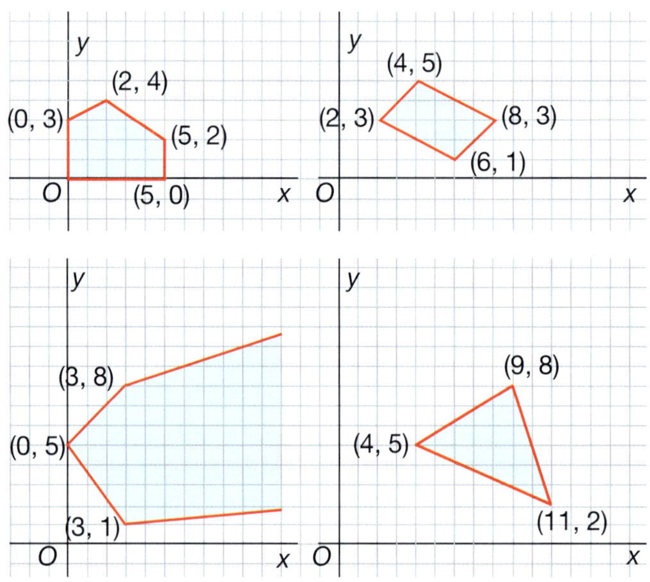

Fig. 5.8.

8. Dibuixa les rectes del feix determinat per la funció objectiu $F(x, y) = 5x + 3y$, per:

$F(x, y) = 1$, $F(x, y) = 2$, $F(x, y) = -3$ i $F(x, y) = -4$

3. Tipus de solucions

Considerem els diferents casos que es poden presentar en la resolució d'un problema de programació lineal amb dues variables. En aquest moment, l'objectiu és sistematitzar les diferents possibilitats que hi pot haver pel que fa a la solució.

Cada cas s'il·lustra mitjançant un exemple i, a fi de no fer-nos massa repetitius, suposarem que en tots els exemples es tracta de trobar el valor màxim de la funció objectiu.

Tot i que el que s'explica a continuació en els diferents exemples és per deduir el tipus de solució que determina quin és el màxim de la funció objectiu, de manera semblant ho faríem pel mínim, si fos el cas.

3.1. Solució única

Quan un problema de programació lineal té només una solució, es diu que la solució és única.

Exemple 3 **Funció objectiu:** $F(x, y) = 3x + 5y$

Conjunt de restriccions: $\begin{cases} 0 \le y \le x \\ x + y \le 10 \end{cases}$

La regió solució és la de la Figura 5.9. El màxim s'esdevé en el punt (5, 5), vèrtex en el qual la funció objectiu arriba a un valor més gran que en els altres vèrtexs de la regió solució, ja que: $F(0, 0) = 0$, $F(10, 0) = 30$ i $F(5, 5) = 40$.

El problema té **una única solució**, ja que el punt en què la funció pren el valor màxim és únic.

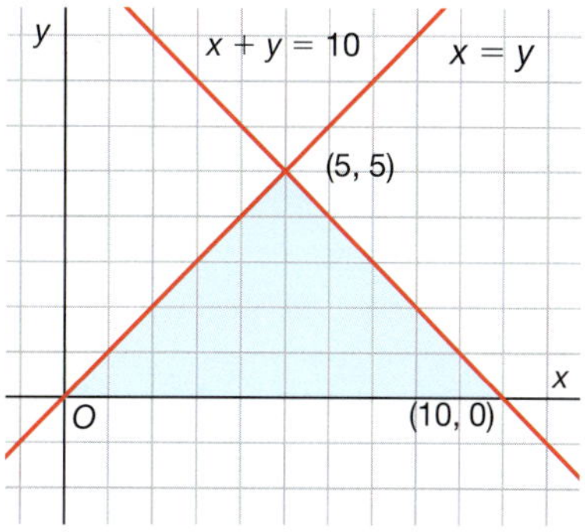

Fig. 5.9.

3.2. Solució múltiple

En canvi, si el problema té infinites solucions, que són tots els punts d'un segment, la solució és múltiple.

Exemple 4 **Funció objectiu:** $F(x, y) = x + y$

Conjunt de restriccions: $\begin{cases} x \ge 0 \\ 0 \le y \le 7 \\ x + y \le 10 \\ x - y \le 5 \end{cases}$

La regió solució és la representada en la Figura 5.10. Els vèrtexs són els punts:

$$O(0, 0),\ A(0, 7),\ B(3, 7),\ C\left(\frac{15}{2}, \frac{5}{2}\right) \text{ i } D(5, 0)$$

En tots, la funció objectiu assoleix el màxim valor en els vèrtexs $B(3, 7)$ i $C\left(\frac{15}{2}, \frac{5}{2}\right)$, ja que:

$$F(0, 0) = 0,\ F(0, 7) = 7,\ F(5, 0) = 5 \text{ i } F(3, 7) = F\left(\frac{15}{2}, \frac{5}{2}\right) = 10$$

El valor de la funció objectiu és màxim en tots els punts del segment que uneix els punts *B* i *C*. El problema té infinites solucions, les que corresponen als punts del segment *BC*; en aquest cas es diu que la **solució és múltiple.**

La solució múltiple s'esdevé quan un dels costats de la regió solució és un segment d'una de les rectes del feix determinat per la funció objectiu.

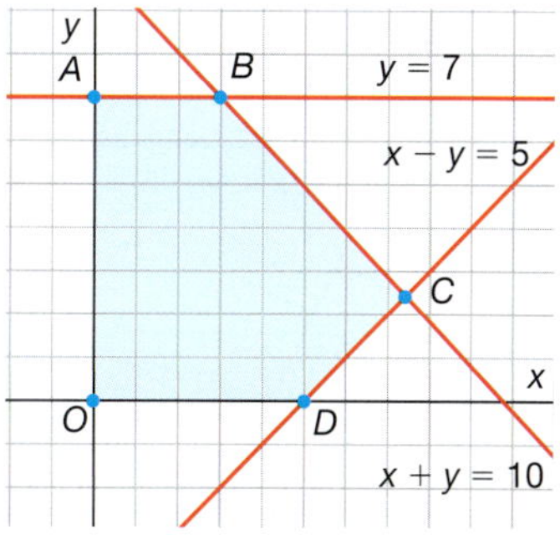

Fig. 5.10.

3.3. Solució no acotada

Pot ser que la regió solució sigui oberta i que el punt que fa màxima o mínima la funció objectiu no sigui cap dels vèrtexs de la regió. En aquest cas diem que la solució és no acotada.

Exemple 5 **Funció objectiu:** $F(x, y) = x + 2y$

Conjunt de restriccions: $\begin{cases} x \geq y \\ x - 2y \geq -2 \\ x + y \geq 10 \end{cases}$

La regió solució corresponent és la de la Figura 5.11.

La funció objectiu creix en els valors creixents de x i y, de manera que la solució màxima no és acotada; en conseqüència, es pot dir que el problema **no té solució**.

En aquest cas, no hi ha límit en el valor màxim de la funció objectiu, que creix indefinidament. Això correspon, necessàriament, a una regió solució no acotada.

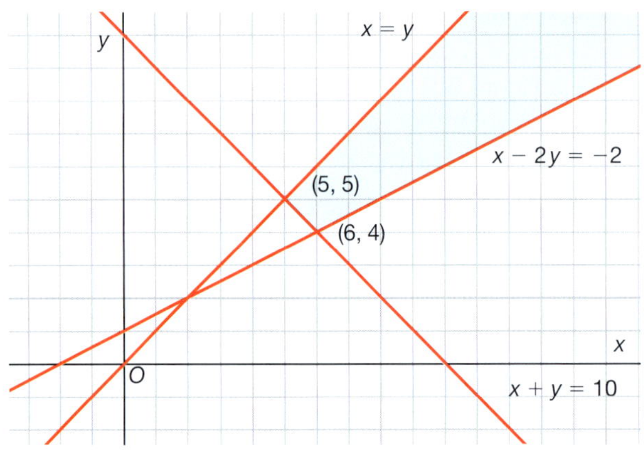

Fig. 5.11.

3.4. Solució no factible

Quan el sistema d'inequacions lineals relacionat amb un problema de programació lineal és incompatible, la solució és no factible.

Exemple 6 **Funció objectiu:** $F(x, y) = 2x + 3y$

Conjunt de restriccions: $\begin{cases} x \geq 0 \\ y \geq 0 \\ x + y \leq 2 \\ 2x + y \geq 5 \end{cases}$

D'acord amb la Figura 5.12, el conjunt de solucions del sistema d'inequacions format pel conjunt de restriccions és el conjunt buit; per tant, el problema **no té solució**.

Correspon al cas en què el conjunt de restriccions no tingui solució, és a dir, quan el sistema d'inequacions és incompatible.

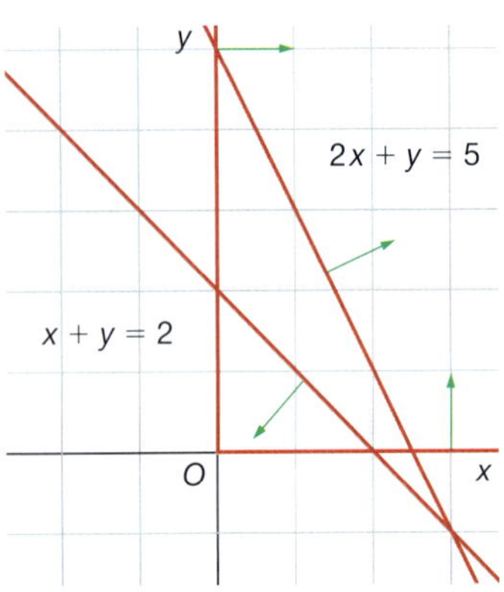

Fig. 5.12.

3.5. Solució degenerada

Si en el vèrtex on s'assoleix la solució del problema coincideixen més de dues rectes del conjunt de restriccions, es diu que la solució és degenerada.

Exemple 7 **Funció objectiu:** $F(x, y) = 2x + y$

Conjunt de restriccions: $\begin{cases} 0 \le x \le 2 \\ y \ge 0 \\ x \le y \\ x + y \le 4 \end{cases}$

La regió solució es mostra en la Figura 5.13.

En el vèrtex $(2, 2)$ es verifica el màxim de la funció objectiu, perquè:

$$F(0,0) = 0$$
$$F(0,4) = 4$$
$$F(2,2) = 6$$

Normalment, en un vèrtex de la regió solució no coincideixen més de dues rectes de la regió. Quan no és així, el vèrtex de coincidència es diu que és un **punt degenerat**. Tenim, doncs, que el punt $(2, 2)$ és un punt degenerat, perquè hi coincideixen més de dues rectes. Es tracta, per tant, d'una **solució degenerada**.

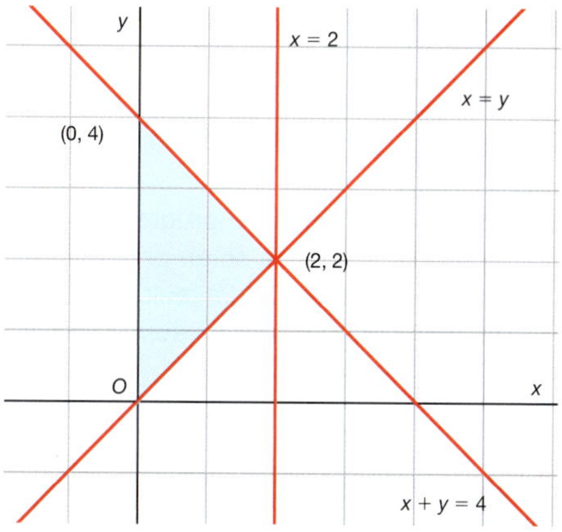

Fig. 5.13.

ACTIVITATS

9. A partir de les dades següents, determina les solucions màxima i mínima:

a) $F(x, y) = 2x - 3y$

$\begin{cases} x \ge 0,\ y \ge 0 \\ x \ge 2y \\ x - y \ge 5 \end{cases}$

b) $F(x, y) = x + 2y$

$\begin{cases} x \ge 0,\ y \ge 0 \\ x + 2y \le 10 \\ x - 2y \ge 7 \end{cases}$

c) $F(x, y) = 3x + 4y$

$\begin{cases} 0 \le x \le y \\ x + y - 2 \ge 0 \end{cases}$

d) $F(x, y) = 2x + y$

$\begin{cases} x \ge 0,\ y \ge 0 \\ x + y \le 3 \\ 2x + y \ge 73 \end{cases}$

e) $F(x, y) = 3x + 2y$

$\begin{cases} x \ge 0,\ y \ge 0 \\ x + 2y \ge 1 \\ 5x + 4y \ge 1 \\ 2x + y \ge 2 \end{cases}$

f) $F(x, y) = x + y$

$\begin{cases} 0 \le x \le 3 \\ 0 \le y \le 3 \\ x \ge y \end{cases}$

10. Justifica de manera raonada quin és el tipus de solució en cadascun dels apartats de l'activitat anterior.

11. Determina i classifica les solucions màxima i mínima de la funció objectiu $F(x, y) = 3x - 2y$, sotmesa al conjunt de restriccions:

$\begin{cases} 0 \le x \le 5 \\ 0 \le y \le 3 \\ x + 3y \le 11 \end{cases}$

12. Considera la funció objectiu $F(x, y) = \frac{3}{2}x + y$ en el conjunt de restriccions:

$\begin{cases} x \ge 0,\ y \ge 0 \\ 3x + 2y - 2 \ge 0 \\ 3x + 4y - 12 \le 0 \end{cases}$

Comprova que aquesta funció pren el seu valor mínim en més d'un punt, i el seu valor màxim en un sol punt.

4. Els problemes de programació lineal

En l'enunciat d'un **problema de programació lineal** de dues variables hi ha unes instruccions, restriccions, condicions, etc., que es tradueixen al llenguatge algèbric per **inequacions** de primer grau amb dues incògnites i per una funció lineal de les mateixes incògnites, **la funció objectiu**, que cal optimitzar.

4.1. Plantejament del problema

Important

En els problemes de programació lineal, les variables solen prendre valors no negatius. Caldrà tenir en compte que se sobreentén sempre que $x \geq 0$ i $y \geq 0$.

En aquest apartat plantejarem problemes de programació lineal amb dues incògnites. Així, caldrà plantejar les restriccions amb inequacions del tipus:

$$\begin{cases} a_1x + b_1y \geq c_1 \\ a_2x + b_2y \geq c_2 \\ \dots \\ a_nx + b_ny \geq c_n \end{cases}$$

Tenim un sistema d'inequacions de primer grau amb les incògnites x i y, i amb els coeficients a_i, b_i i c_i no tots nuls. El signe de la desigualtat pot ser també $\leq$, segons l'enunciat de les condicions.

La funció objectiu serà del tipus $F(x, y) = ax + by$, de primer grau en x i y, i amb $a > 0$ i $b \neq 0$.

Optimitzar la funció objectiu és trobar els valors de x i y que la fan màxima o mínima. Evidentment, aquests valors no poden ser qualssevol. Han de ser valors que corresponguin a les coordenades dels punts de la regió solució del sistema d'inequacions plantejat per les restriccions donades.

Com pots veure, aplicarem els continguts treballats anteriorment en aquesta mateixa unitat a la resolució de problemes de programació lineal.

Exemple 8

Un metge recepta a un pacient, com a complement a una dieta, dos complexos vitamínics *A* i *B* i li dona les instruccions següents:

***a)* No pot prendre més de 150 g de la barreja dels dos medicaments, ni menys de 50 g.**

***b)* Del medicament A, n'ha de prendre igual o més quantitat que del *B*.**

***c)* No pot prendre més de 100 g del medicament *A*.**

El pacient vol que els medicaments li aportin el mínim de calories possible. Llegeix en els prospectes que 100 g de *A* aporten 450 calories i 100 g de *B*, 150 calories. Escriu el conjunt de restriccions i indica'n la funció objectiu.

Com és normatiu, en primer lloc cal definir les incògnites que vulguem utilitzar per al plantejament del problema. Siguin x els grams de medicament A i y els grams de medicament B.

Per l'enunciat del problema es dedueix:

a) $50 \leq x + y \leq 150$ *b)* $x \geq y$ *c)* $x \leq 100$

Per tant, el conjunt de restriccions ve donat pel sistema d'inequacions:

$$\begin{cases} x \leq 100 \\ y \geq 0 \\ x \geq y \\ x + y \leq 150 \\ x + y \geq 50 \end{cases}$$

I la funció objectiu subjecta a les restriccions anteriors és:

$$F(x,y) = 450 \cdot \frac{x}{100} + 150 \cdot \frac{y}{100} \rightarrow F(x,y) = \frac{9}{2}x + \frac{3}{2}y$$

4.2. Organització de les dades

Els problemes de programació lineal solen tenir un enunciat força llarg que a vegades pot dur a confusió si no es va en compte. Per tal que això no passi, és bo organitzar les dades i les incògnites en una taula que faciliti el plantejament de les restriccions i de la funció objectiu. Ho veurem, tot seguit, amb un exemple.

Una empresa de transports té dos tipus de camions. Els del tipus *A* tenen una cabina de 20 m^3 refrigerada i una altra no refrigerada de 40 m^3; els del tipus *B*, amb igual cubicatge total, tenen la meitat de refrigerat i l'altra de no refrigerat.

La contracten per transportar 3 000 m^3 d'un producte que precisa refrigeració i 4 000 m^3 d'un que no la necessita. El cost per quilòmetre d'un camió del tipus *A* és de 3 € i el del tipus *B*, de 4 €. Quants camions de cada tipus ha d'utilitzar per tal que el cost total sigui mínim?

Recorda

És molt important distingir la funció objectiu del conjunt de restriccions.

En primer lloc cal identificar les incògnites:

x: nombre de camions del tipus *A*

y: nombre de camions del tipus *B*

El fet que la cabina dels camions del tipus *B* tingui el mateix cubicatge que la dels del tipus *A* vol dir que aquest és de 60 m^3 i, per tant, 30 m^3 és de la cabina refrigerada i 30 m^3 de la no refrigerada.

Organitzem una taula de doble entrada (**taula de contingència**) en la qual queda reflectit tot l'enunciat del problema:

	Refrigerat	**No refrigerat**	**Cost**
x camions del tipus *A*	$20x$	$40x$	$3x$
y camions del tipus *B*	$30y$	$30y$	$4y$
Total	3000	4000	$3x + 4y$

Important

Com que es demana el cost mínim, la funció objectiu serà l'expressió algèbrica que indiqui el cost.

A partir d'aquí ja podem escriure les inequacions i la funció objectiu:

$$\begin{cases} 20x + 30y \geq 3000 \\ 40x + 30y \geq 4000 \\ x \geq 0 \\ y \geq 0 \end{cases}$$

Les dues últimes inequacions venen donades per la naturalesa de les incògnites. El nombre de camions no pot ser negatiu i tampoc les dues variables poden ser nul·les alhora, ja que no hi hauria transport. Cal tenir en compte que el nombre de camions ha de ser un nombre natural.

La funció objectiu dona el cost del transport per quilòmetre recorregut:

$$F(x, y) = 3x + 4y$$

Com pots veure de la interpretació de l'enunciat, no és difícil escriure una taula de contingència que relacioni les dades amb les variables, a partir de la qual escriurem les restriccions i la funció objectiu.

A partir del plantejament, ja podríem resoldre el problema. Aquesta resolució és la que hi ha en l'exemple 11.

Exemple 9 ➡ **Es volen plantar arbres fruiters de dues varietats en un camp de 40 ha. Els beneficis anuals produïts per la primera de les varietats són 12 000 €/ha, i les necessitats anuals d'aigua, 2 500 m³/ha. La segona de les varietats produeix uns beneficis anuals de 15 000 €/ha, però necessita 4 000 m³/ha anuals d'aigua.**

Sabent que les reserves anuals d'aigua són de 120 000 m³ i que es volen obtenir els beneficis anuals màxims. Organitza les dades i les incògnites en una taula, i a continuació escriu el conjunt de restriccions i la funció objectiu.

En aquest cas no definirem prèviament les dues incògnites, ja que aquestes queden perfectament definides en la taula

	ha	Aigua en m³	Benefici anual
x ha A	x	$2500x$	$12000x$
y ha B	y	$4000y$	$15000y$
Total	40	120000	$12000x + 15000y$

A partir de la qual obtenim el conjunt de restriccions:

$$\begin{cases} x \geq 0 \\ y \geq 0 \\ x + y \leq 40 \\ 2500x + 4000y \leq 120000 \end{cases}$$

I la funció objectiu: $F(x,y) = 12000x + 15000y$

Un cop plantejat el problema, podríem obtenir-ne la solució òptima, si calgués.

ACTIVITATS

13. Comprova si els parells de valors següents verifiquen les instruccions donades pel metge de la situació descrita a l'exemple 8 i calcula, en cada cas, les calories que aporten:

a) 100 g de *A* i 60 g de *B* *b)* 90 g de *A* i 50 g de *B*

c) 25 g de *A* i 25 g de *B*

Quants parells de valors de les quantitats de *A* i de *B* es poden trobar?

14. Un pastisser té 150 kg de farina, 22 kg de sucre i 26 kg de mantega per fer dos tipus de pastissos. Es necessiten 3 kg de farina, 1 kg de sucre i 1 kg de mantega per fer una dotzena de pastissos tipus *A*, mentre que les quantitats per a una dotzena del tipus *B* són, respectivament, 6 kg, 0,5 kg i 1 kg. Si el benefici que s'obté per la venda d'una dotzena de pastissos del tipus *A* és de 20 € i per una dotzena del tipus *B* és de 30 €, escriu el sistema d'inequacions i la funció objectiu que correspon a aquest enunciat.

15. Planteja el sistema d'inequacions segons l'enunciat següent: La suma de dos nombres no pot excedir de 20. El primer dels nombres és d'una xifra i no és més gran que l'altre. Els dos nombres són positius. Hi ha cap parell de nombres naturals que verifiqui aquestes condicions? Quants? Quins són? Poden ser un parell de nombres racionals no naturals?

16. Escriu una taula de contingència i el sistema d'inequacions corresponent del problema següent:

Es necessita una dieta que proporcioni a un animal un mínim de 3 000 calories i 80 unitats de proteïnes per dia. Es disposa de dos aliments bàsics que es poden fer servir per preparar la dieta. L'aliment *A* conté 600 calories i 2 unitats de proteïnes, i el *B* conté 50 calories i 8 unitats de proteïnes.

Representa per x els quilograms d'aliment *A* i per y els de l'aliment *B*.

17. Un farmacèutic disposa de 80 litres d'un producte α i 120 litres d'un altre β, amb els quals prepara dos compostos *A* i *B*.

El compost *A* s'aconsegueix amb tres parts de β i una de α; en el compost *B*, la proporció és del 50%. Ven els preparats en garrafes de 4 litres, la de *A* a 50 € el litre i la de *B* a 60 € el litre.

Escriu una taula de contingència, el sistema d'inequacions corresponent i la funció objectiu que determina la venda.

18. Sigui *S* la regió del pla les coordenades dels punts de la qual verifiquen les condicions següents: són més grans o iguals que zero, la seva mitjana aritmètica és menor o igual que 5 i el doble de l'abscissa més l'ordenada és més gran o igual que 5. Escriu el sistema d'inequacions corresponent.

5. Resolució de problemes

En l'apartat anterior ens hem dedicat a treballar estratègies que ens faciliten el plantejament de problemes de programació lineal; a continuació veurem com els podem resoldre, i ho farem de dues maneres diferents. Començarem per la resolució gràfica i acabarem amb la resolució analítica, que és la manera més habitual de fer-ho.

5.1. Resolució gràfica

Hem vist com utilitzant la recta associada a la funció objectiu es poden determinar, de manera gràfica, els punts en què aquesta assoleix els valors màxims o mínims. Apliquem-ho a la resolució del problema de l'exemple 8 per saber quants grams de A i de B haurà de prendre el pacient.

En l'exemple ja hi tenim les inequacions i la funció objectiu.

A cada inequació li associem l'equació d'una recta per representar-la:

$$x + y \leq 150, \text{ recta associada} \rightarrow y = 150 - x$$
$$x + y \geq 50, \text{ recta associada} \rightarrow y = 50 - x$$
$$x - y \geq 0, \text{ recta associada} \rightarrow y = x$$
$$x \leq 100, \text{ recta associada} \rightarrow x = 100$$

La funció objectiu és: $F(x, y) = \frac{9}{2}x + \frac{3}{2}y$

Representem gràficament les rectes i considerem la regió solució definida pel sistema d'inequacions.

En representar les rectes cal considerar una escala apropiada per als valors que es donen, ja que si no es fes així el gràfic podria ser erroni o no definir la regió solució.

Per representar les rectes és bo considerar els punts en què tallen els eixos de coordenades:

- En la recta $y = 150 - x$, tenim els punts (150, 0) i (0, 150).
- En la recta $y = 50 - x$, observem que és paral·lela a l'anterior i que ve determinada pels punts (50, 0) i (0, 50).
- La recta $y = x$ és la bisectriu del primer quadrant.
- I la recta $x = 100$ és paral·lela a l'eix OX pel punt (100, 0).

Amb aquesta informació fem la representació (Fig. 5.14). Observa que els vèrtexs de la regió solució són: (50, 0), (25, 25), (75, 75), (100, 50) i (100, 0).

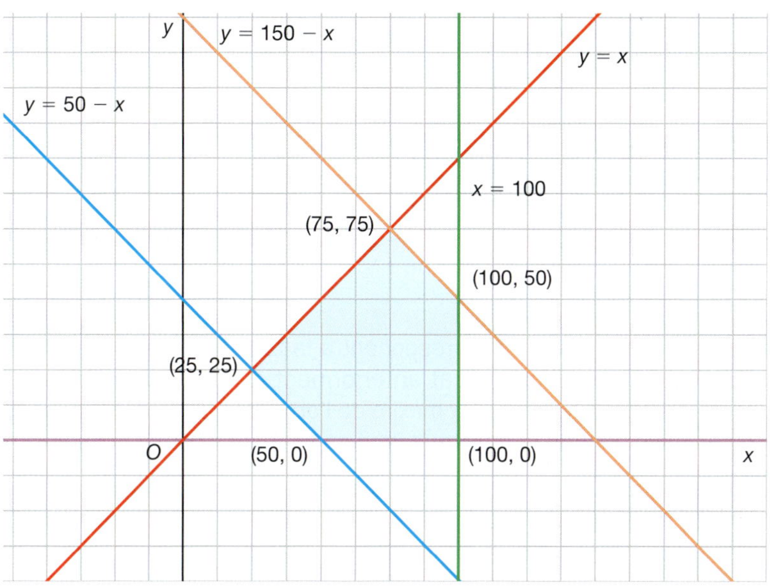

Fig. 5.14.

Dibuixem, ara, la recta associada a la funció objectiu que passa per l'origen de coordenades. Aquesta recta té per equació: $\frac{9}{2}x + \frac{3}{2}y = 0 \rightarrow y = -3x$ (Fig. 5.15).

En el desplaçament paral·lel d'aquesta recta tot escombrant la regió solució observem que el primer vèrtex que troba és el de coordenades (25, 25). És en aquest punt on s'assoleix el valor mínim de la funció objectiu.

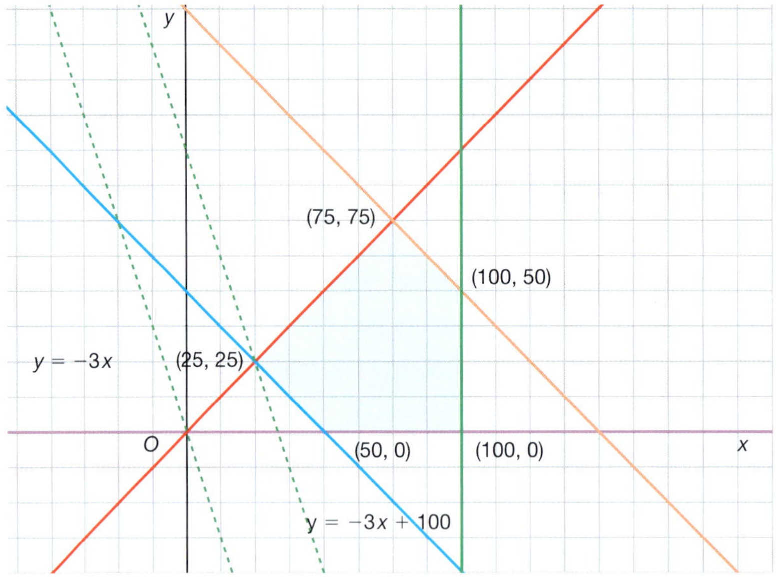

Fig. 5.15.

El valor mínim de la funció objectiu s'obté en substituir la x i la y de la funció per l'ordenada i l'abscissa del punt mínim: $F(25, 25) = \frac{9}{2} \cdot 25 + \frac{3}{2} \cdot 25 = 150$

El mínim de calories és de 150 i s'aconsegueix en prendre 25 g de A i 25 g de B.

Recorda

De les rectes del feix $F(x, y) = k$, només ens n'interessen les que passen pels vèrtexs de la regió solució.

Important

Com que necessitem el mínim, un cop determinat, no cal utilitzar els altres quatre vèrtexs.

Exemple 10 ➡ **El quadrilàter *ABCD* (Fig. 5.16) és la regió solució d'un sistema d'inequacions lineals.**

Troba gràficament els punts d'aquesta regió solució en què la funció objectiu $F(x, y) = x + 3y$ assoleix el seu valor màxim i el seu valor mínim.

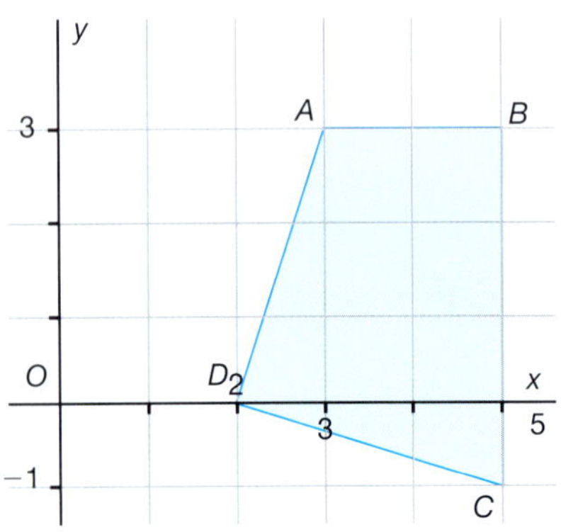

Fig. 5.16.

Representant gràficament sobre la regió solució la recta d'equació $x + 3y = 0$ i les rectes paral·leles que passen pels diferents vèrtexs del quadrilàter *ABCD*, obtenim:

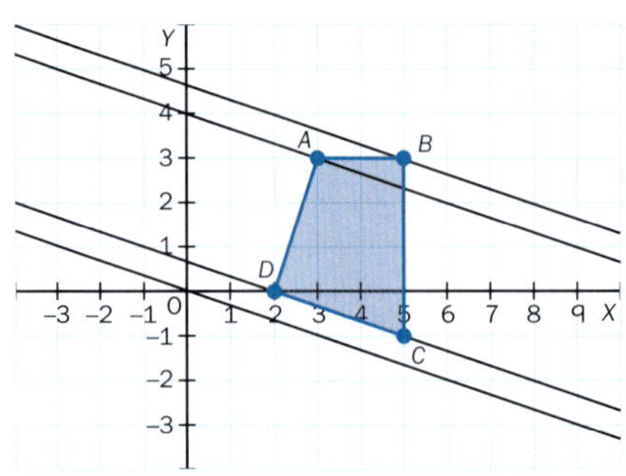

Fig. 5.17.

Com que el feix de rectes paral·leles corresponent a la funció $F(x, y) = x + 3y$ té pendent negatiu (Fig. 5.17), tal i com s'ha indicat anteriorment el valor màxim s'assolirà en un punt de la recta del feix que tingui el valor màxim de l'ordenada a l'origen, i aquest és el vèrtex B (5, 3). En ser l'únic punt de la regió que verifica aquesta condició, la solució és única.

D'altra banda el seu valor mínim s'assoleix en tots els punts del segment que té d'extrems els vèrtexs C (5, –1) i D (2, 0) ja que la recta que els conté té el valor mínim de l'ordenada a l'origen. En aquest cas la solució és múltiple.

Exemple 11 **Una empresa de transports té dos tipus de camions. Els del tipus *A* tenen una cabina de 20 m^3 refrigerada i una altra no refrigerada de 40 m^3; els del tipus *B*, amb igual cubicatge total, tenen la meitat de refrigerat i l'altra de no refrigerat. La contracten per transportar 3 000 m^3 d'un producte que precisa refrigeració i 4 000 m^3 d'un que no la necessita. El cost per km d'un camió del tipus A és de 3 € i el del tipus B, de 4 €. Quants camions de cada tipus ha d'utilitzar per tal que el cost total sigui mínim?**

Aquest problema és el que hem plantejat en l'apartat 4.2. Resolem-lo, ara, gràficament.

Teníem ja les inequacions: $\begin{cases} 20x + 30y \geq 3000 \\ 40x + 30y \geq 4000 \\ x \geq 0 \\ y \geq 0 \end{cases}$

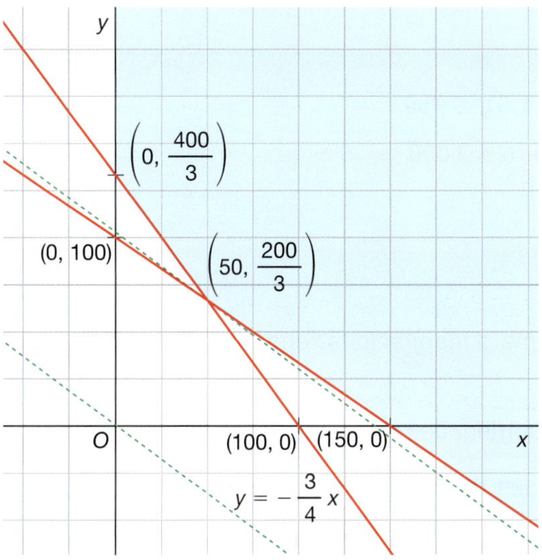

Fig. 5.18.

I la funció objectiu que dona el cost del transport per km recorregut:

$$F(x, y) = 3x + 4y$$

Representem la funció solució del sistema d'inequacions (Fig. 5.18). Obtenim una regió oberta, determinada inferiorment pels vèrtexs $\left(0, \frac{400}{3}\right)$, $\left(50, \frac{200}{3}\right)$ i (150, 0).

La recta associada a la funció objectiu que passa per l'origen de coordenades és: $y = -\frac{3}{4}x$. En el desplaçament d'aquesta recta, s'assoleix el valor mínim en el punt $\left(50, \frac{200}{3}\right)$.

La solució que s'obté és de 50 camions del tipus *A* i $\frac{200}{30}$ del tipus *B*. Com pots veure, aquest últim valor no pot ser solució del problema, ja que el nombre de camions ha de ser un nombre natural. Entre els punts de la regió solució tals que les seves coordenades són dos nombres naturals, els més pròxims a $\left(50, \frac{200}{30}\right)$ són: (50, 67), (49, 68) i (51, 66).

Pots comprovar que $F(x, y)$ pren el valor mínim en (51, 66). Així, la solució del problema és: 51 camions del tipus *A* i 66 del tipus *B*.

5.2. Resolució analítica

Per l'enunciat de la localització de solucions que hem vist anteriorment sabem que els valors òptims d'una funció objectiu, en un problema de programació lineal, es troben en els vèrtexs de la regió solució si aquesta és acotada. Això ens permet resoldre el problema sense haver de representar la recta associada a la funció objectiu. N'hi ha prou de trobar els vèrtexs de la regió solució i substituir-ne les coordenades en l'expressió de la funció objectiu i calcular-ne el valor numèric. Comparant els resultats obtinguts, tindrem el màxim o el mínim que buscàvem.

Vegem-ho en un exemple.

Exemple 12 **Un fabricant té 750 m de roba de cotó i 1000 m de teixit sintètic per confeccionar xandalls i jaquetes. Per a la confecció de cada xandall es necessiten 1 m de cotó i 2 m de sintètic, i per a cada jaqueta, 1,5 m de cotó i 1 m de sintètic. Un xandall es ven a 50 € i una jaqueta, a 40 €. Quants xandalls i quantes jaquetes cal fabricar per tenir el benefici màxim?**

Siguin x el nombre de xandalls i y el nombre de jaquetes. Organitzem una taula:

	Roba de cotó	Teixit sintètic	Benefici
x xandalls	x	$2x$	$50x$
y jaquetes	$1{,}5y$	y	$40y$
Total	750	1000	$50x + 40y$

El sistema d'inequacions és:

$$\begin{cases} x + 1{,}5y \le 750 \\ 2x + y \le 1000 \end{cases}$$

Cal considerar $x \ge 0$ i $y \ge 0$.

I la funció objectiu: $F(x, y) = 50x + 40y$

Si representem la regió solució del sistema d'inequacions, ens ajudarà a localitzar els vèrtexs (Fig. 5.19).

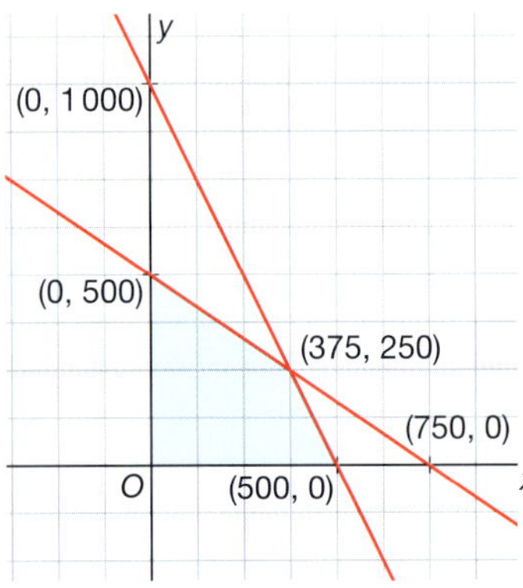

Fig. 5.19.

Dos vèrtexs són els punts dels eixos de coordenades següents: (500, 0) i (0, 500).

El tercer vèrtex és el punt d'intersecció de les dues rectes associades.

Cal resoldre el sistema que formen les equacions d'aquestes rectes:

$$\begin{cases} y = \dfrac{1500 - 2x}{3} \\ y = 1000 - 2x \end{cases}$$

La solució és: $x = 375$ i $y = 250$. El tercer vèrtex és el punt (375, 250).

Hi ha un quart vèrtex que és el (0, 0).

Tot i que les seves coordenades corresponen a la regió solució, no és solució del problema.

Equivaldria a no fer cap xandall ni cap jaqueta, i $F(0, 0)$ donaria el valor mínim.

Calculem els valors de la funció objectiu en cada vèrtex:

$$F(500, 0) = 50 \cdot 500 + 40 \cdot 0 = 25000$$

$$F(0, 500) = 50 \cdot 0 + 40 \cdot 500 = 20000$$

$$F(375, 250) = 50 \cdot 375 + 40 \cdot 250 = 28750$$

Evidentment, s'assoleix el benefici màxim en l'últim cas. Així, la solució del problema és fabricar 375 xandalls i 250 jaquetes.

Exemple 13 ➡ **La funció objectiu d'un problema de programació lineal és $F(x, y) = 2x - 3y$, i la regió solució, la que té per vèrtexs els punts $A(1, 2)$, $B(3, 6)$, $C(7, 4)$ i $D(5, 1)$.**

Troba els punts òptims de $F(x, y)$ analíticament i gràficament.

Analíticament és:

$$F(1, 2) = 2 - 3 \cdot 2 = 2 - 6 = -4$$

$$F(3, 6) = 2 \cdot 3 - 3 \cdot 6 = 6 - 18 = -12$$

$$F(7, 4) = 2 \cdot 7 - 3 \cdot 4 = 14 - 12 = 2$$

$$F(5, 1) = 2 \cdot 5 - 3 = 10 - 3 = 7$$

Tenim que en el punt $B(3, 6)$ el valor de $F(x, y)$ és mínim i val -12, mentre que en el punt $D(5, 1)$ el valor que pren la funció objectiu és màxim, i és 7.

Podem veure'n la representació gràfica a la Figura 5.20.

La recta que té el valor de l'ordenada a l'origen més gran és la que passa pel punt $B(3, 6)$. Com que les rectes del feix tenen pendent positiu, aquest punt és el que fa mínim el valor de la funció $F(x, y)$. I la recta que té l'ordenada a l'origen més petita és la que passa pel vèrtex $D(5, 1)$; aquest és el punt que dona el valor màxim a la funció.

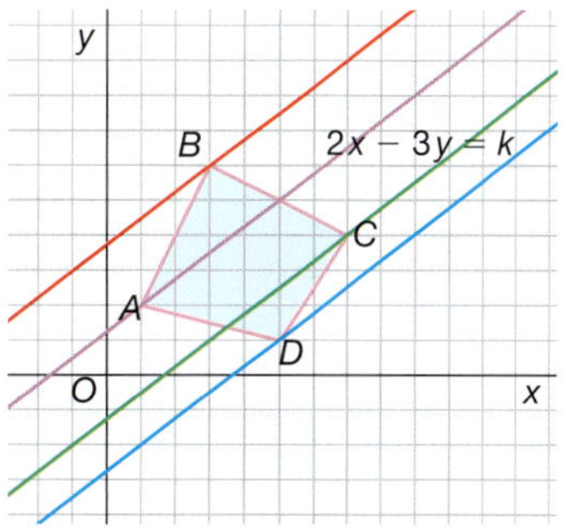

Fig. 5.20.

ACTIVITATS

19. A la llibreria del barri, per tal de fer disminuir un estoc de 1 000 carpetes i 1 500 bolígrafs, creen dos tipus de lots: el lot *principiant*, format per una carpeta i un bolígraf, i el lot *dibuixant*, per una carpeta i tres bolígrafs. Els guanys són de 0,70 € per cada lot *principiant* i d'1 € per cada lot *dibuixant*. Calcula quants lots de cada un els convé preparar per tal d'obtenir el màxim de guanys. Troba la solució gràficament.

20. A partir de l'enunciat de l'activitat 17, respon:

a) Quants litres ha de preparar de cada compost per tenir una venda màxima?

b) Quin és el valor d'aquesta venda?

21. Una fàbrica produeix dos tipus de motocicletes, *A* i *B*. Cada motocicleta, abans de sortir al mercat, és comprovada i posada a punt.

Aquestes comprovacions requereixen 8 hores per a cada moto del tipus *A* i 4 hores per a cada moto del tipus *B*. A més, cada moto, independentment del tipus que sigui, requereix 100 € de material.

Per cada moto del tipus *A* s'obté un benefici de 300 €, i per cadascuna del tipus *B* s'obtenen 200 € de benefici.

Quantes motos haurem de revisar per tal d'obtenir el benefici màxim, si disposem de 400 € en material i 24 hores per poder-ne fer les revisions?

22. En una granja d'aviram es disposa de dos tipus de pinso, P_1 i P_2. Cada pinso té hidrats de carboni (*H*), greixos (*G*) i substàncies minerals (*M*) en les quantitats per quilogram que indica el quadre següent:

	H	**G**	**M**
P_1	500	300	200
P_2	400	200	400

Sabent que els animals han de menjar un mínim de 3 000 g d'hidrats de carboni, 800 g de greixos i 700 g de substàncies minerals, calcula quina quantitat de cada tipus de pinso cal agafar perquè el cost sigui mínim si un quilogram del pinso P_1 val 7 € i un quilogram del pinso P_2 val 8,50 €.

23. En una merceria els ha quedat de la temporada anterior 12 samarretes, 8 mocadors de coll i 7 bufandes. Ho posen a la venda en dos tipus d'ofertes: en la primera, dues samarretes i una bufanda, a 12 €, i en la segona, amb una samarreta, dos mocadors i una bufanda, a 14 €.

Quants paquets de cada oferta haurien de vendre per tal d'obtenir el benefici màxim?

Troba la solució de manera gràfica.

Activitats finals

1. Donada la funció objectiu $F(x, y) = x + 3y$ i els vèrtexs de la regió solució $A(1, 3)$, $B(2, 1)$ i $C(x, y)$ per a $x \geq 0$, $y \geq 0$, indica unes possibles coordenades del punt C per tal que:

a) El valor màxim de la funció objectiu s'assoleixi en el punt C.

b) El valor mínim de la funció objectiu s'assoleixi en el punt C.

c) El valor mínim de la funció objectiu s'assoleixi en qualsevol punt del segment BC.

2. Donada la funció objectiu $F(x, y) = 5x + 5y$ i el conjunt de restriccions:

$$\begin{cases} 0 \leq x \leq 3 \\ 0 \leq y \leq 2 \\ x + y \geq 2 \\ x - 2y + 1 \geq 0 \end{cases}$$

comprova que el punt on s'assoleix el valor màxim de la funció objectiu és una solució degenerada.

3. En l'activitat anterior, comprova gràficament que la solució que fa mínim el valor de la funció objectiu és múltiple.

4. Considera el sistema d'inequacions següent:

$$\begin{cases} x - 4y \geq -11 \\ x + y \geq 4 \\ x - 4y \leq -6 \\ x + y \leq 9 \end{cases}$$

a) Dibuixa la regió de solucions del sistema.

b) Una funció objectiu $F(x, y) = ax + by + c$ pren el valor mínim en aquesta regió en el punt $\left(4, \dfrac{15}{4}\right)$. Digues si també pren el valor mínim en altres punts de la regió i, si és així, determina'ls.

5. Una empresa fabrica dues classes de cargols, *A* i *B*. En la producció diària, se sap que el nombre de cargols de la classe *B* no supera el nombre de cargols de la classe *A* més 1000 unitats, que entre les dues classes no superen les 3000 unitats, i que els de la classe *B* no baixen de 1000 unitats.

Sabent que els cargols de la classe *A* valen 0,20 € la unitat i que els de la classe *B* en valen 0,15, calcula els costos màxim i mínim que pot valer la producció diària, i amb quants cargols de cada classe s'aconsegueixen aquest màxim i aquest mínim.

6. Un magatzem de confecció que disposa de 70 samarretes, 120 camises i 110 pantalons fa liquidació d'existències. Vol posar-ho a la venda en dos tipus de lots: el lot *A*, format per dues camises, un pantaló i una samarreta, es vendrà a 120 € cadascun; el lot *B*, format per una camisa, dos pantalons i una samarreta, es vendrà a 140 € cadascun.

Calcula quants lots els convé fer de cada classe per obtenir el màxim guany i quants diners ingressaran.

7. La regió solució d'un conjunt de restriccions és el triangle de vèrtexs $O(0, 0)$, $A(3, 2)$ i $B(2, 4)$.

Determina gràficament el vèrtex on la funció objectiu $F(x, y) = 5x + 6y$ sotmesa a les restriccions anteriors, assoleix el valor màxim. I calcula aquest valor màxim.

8. Un estudiant dedica part del seu temps lliure a repartir propaganda publicitària. L'empresa *A* li paga 0,10 € per cada imprès repartit, i l'empresa *B*, amb fulletons més grans, li paga 0,14 € per imprès.

L'estudiant porta dues bosses: una per a impresos *A*, on n'hi caben 120, i una altra per a impresos *B*, on n'hi caben 100. Ha calculat que cada dia és capaç de repartir 150 impresos com a màxim. El que l'estudiant es pregunta és: quants impresos haurà de repartir de cada classe per tal que el seu benefici diari sigui màxim?

9. Una companyia fabrica dos tipus de productes, *A* i *B*, a partir de tres metalls diferents. Els quilograms de metall utilitzats en la fabricació de cada producte, com també les restriccions de disponibilitat diària de metall, s'indiquen en la taula següent.

Metall	Producte *A*	Producte *B*	Existències totals de metalls
1	1	0	4
2	0	2	12
3	3	2	18

Si sabem que el quilogram de producte *A* es ven a 1,50 €, i el de producte *B* es ven a 2,50 €, calcula quina quantitat diària de cada producte cal fabricar per obtenir el màxim guany possible.

10. Un camioner que disposa de 20 000 € pot carregar el seu camió amb 25 tones de pomes i taronges.

El cost de les pomes és de 1 000 €/t i ell les vendrà després a 1 300 €/t. El cost de les taronges és de 600 €/t i el preu de venda serà de 800 €/t.

a) El camioner, que vol treure'n el màxim de benefici, es troba davant d'un problema de programació lineal. Amb quantes variables? Quines restriccions han de complir aquestes variables?

b) Quin carregament li reportarà més benefici? Quin serà aquest benefici?

11. Una escola vol dur d'excursió 400 alumnes. L'empresa de transport té 8 autocars de 40 places i 10 de 50 places, però només disposa de 9 conductors.

El lloguer d'un autocar gran val 160 € i el d'un de petit 120 €.

a) Identifica en aquest enunciat les variables, les restriccions i la funció que cal optimitzar.

b) Calcula quants autocars de cada mena s'han d'utilitzar perquè l'excursió resulti la més econòmica possible per a l'escola.

12. Una fàbrica d'automòbils produeix dos tipus de vehicles: de luxe i utilitaris. Cada vehicle ha de ser comprovat i posat a punt abans de sortir al mercat.

La comprovació de cada vehicle de luxe requereix 4 hores i la de cada utilitari, 2. A més, cada vehicle requereix accessoris per valor de 1 000 €. Per cada vehicle de luxe s'obté un benefici de 400 €, i per cada utilitari, un benefici de 300 €.

Quants vehicles de cada tipus s'han de revisar al dia per tal d'obtenir el màxim benefici si només podem gastar 4 000 € en accessoris i no podem sobrepassar les 12 hores de feina?

13. En un magatzem hi ha 100 caixes del tipus *A* i 100 caixes del tipus *B*. La taula que segueix ens informa del pes, el volum i el valor de cadascuna:

Tipus	Pes (kg)	Volum (dm^3)	Valor (€)
A	100	30	750
B	200	40	1 250

Una camioneta pot carregar 10 000 kg i un volum màxim de 2 400 dm^3. Troba com cal carregar-la per tal que el valor de les caixes que porti sigui com més elevat millor.

14. A principi de curs uns grans magatzems fan una promoció de material escolar. Tenen en estoc 600 llibretes, 500 carpetes i 400 bolígrafs. Fan dos tipus de lots. En el primer, dues llibretes, una carpeta i dos bolígrafs, en el segon, tres llibretes, una carpeta i un bolígraf. El primer lot el venen a 2,50 € i el segon, a 3,75 €.

Quants lots de cada tipus caldrà vendre per obtenir el màxim benefici?

15. Un agricultor disposa d'un camp on plantarà patates i pastanagues. Les patates per plantar costen 1,5 €/kg i les pastanagues, 1,75 €/kg. La quantitat de patates plantades no pot superar el doble de la quantitat de pastanagues, i tampoc no pot ser inferior a la meitat de les pastanagues plantades. La despesa que aquest agricultor ha de fer per plantar les patates i les pastanagues no pot superar els 150 €. Per cada kilogram que planta, obté un benefici, després de la venda, de 20 €/kg per a les patates i de 50 €/kg per a les pastanagues. Determina quina quantitat de cada producte ha de sembrar per tal que el benefici després de la venda sigui màxim.

16. Un artesà fabrica dos tipus de peces, *A* i *B*. Cada peça *A* requereix 6 hores de muntatge i 10 de pintura, mentre que cada peça *B* requereix 9 hores de muntatge i 5 de pintura. Està disposat a treballar com a màxim 93 hores mensuals en la secció de muntatge i 85 en la de pintura. Un comerciant li comprarà totes les peces a un preu de 500 € la peça de tipus *A*, i de 400 € la de tipus *B*. Ara bé, aquest comerciant exigeix que se li subministri una quantitat mínima de 5 peces mensuals, *A* o *B*, i vol també que el nombre de peces *A* no superi el triple del nombre de peces *B*.

Calcula el nombre de peces de cada tipus que ha de fabricar mensualment l'artesà per tal d'obtenir un guany màxim.

17. Un plat que ha de contenir com a mínim 20 g de proteïnes i 60 g d'hidrats de carboni s'elabora amb dos ingredients, *A* i *B*. Un gram de l'ingredient *A* conté 0,18 g de proteïnes i 0,4 g d'hidrats de carboni i aporta 1,7 calories, mentre que un gram de l'ingredient *B* conté 0,17 g de proteïnes i 0,6 g d'hidrats de carboni i aporta 2,2 calories. Calcula la composició menys calòrica i determina quantes calories conté.

18. Considerem el conjunt de punts que satisfan les condicions

$$\begin{cases} x \geq 0,\ y \geq 0 \\ x + 2y \geq 7 \\ 2x + 3y \geq 18 \end{cases}$$

Té mínim la funció $F(x, y) = 3x + y$ en aquest conjunt? I màxim? Per què?

19. En una urbanització hi ha 32 000 m^2 sense edificar. Una empresa immobiliària vol construir xalets amb piscina en parcel·les de 600 m^2 i xalets sense piscina en parcel·les de 400 m^2. El nombre de xalets sense piscina ha de ser més gran que el de xalets que en tenen, però el nombre d'aquests no pot ser més gran que el doble dels altres. A més, l'empresa vol construir almenys cinc xalets sense piscina.

Si els beneficis obtinguts per un xalet del primer tipus són el doble que els obtinguts per un xalet del segon tipus, quants xalets de cada mena s'han de construir per obtenir uns guanys màxims?

20. Representa gràficament la regió factible determinada per les desigualtats següents:

$$\begin{cases} x \geq 0 \\ y \geq 0 \\ x + y \geq 5 \\ 4x + 3y \leq 30 \end{cases}$$

Calcula la solució que fa mínima la funció objectiu $F(x, y) = x + 2y$ sotmesa a les restriccions anteriors.

21. Un taller de confecció fabrica dos models de vestits. Per fer el model *A* es necessiten 2 m de teixit de color, 1 m de teixit blanc i 4 hores de feina. Per fer el model *B* es necessiten 2,5 m de teixit de color, 0,5 m de teixit blanc i 3 hores de feina. El taller disposa, cada dia, d'un màxim de 250 m de teixit de color, 100 m de teixit blanc i 380 hores de feina.

a) Anomena x i y el nombre de vestits dels models *A* i *B* respectivament fets cada dia. Expressa mitjançant un sistema d'inequacions les restriccions de la producció.

b) Representa gràficament la regió del pla que satisfà les inequacions.

c) La venda d'un vestit del model *A* porta al taller un benefici de 5 € i la d'un vestit del model *B*, 4 €. Suposant que la producció diària es ven íntegrament, quants vestits de cada tipus cal fer per tal d'obtenir el benefici màxim? Quant val el benefici màxim?

d) En aquest últim cas, quin tipus de teixit sobrarà i en quina quantitat?

22. Una empresa de mobles fabrica dos models d'armaris, *A* i *B*. Per al model *A* calen 5 h 30 min de feina i 2 m de fusta. Per al model *B* calen 4 h de feina i 3 m de fusta.

L'empresa no pot fabricar més de 430 armaris per setmana, disposa de 2800 h de feina i de 1200 m de fusta. Els armaris de tipus *A* i *B* proporcionen, respectivament, 250 € i 310 € de benefici cadascun. Determina el nombre d'armaris de cada tipus que s'han de fabricar per a obtenir el benefici màxim.

23. Una empresa fabrica dos tipus de begudes, que anomenarem B_1 i B_2, i en el procés de fabricació fa servir dos tipus d'ingredients, que designarem *C* i *D*. Disposa de 90 L de *C* i de 150 L de *D*. Per cada bidó de beguda B_1 calen 1 L d'ingredient *C* i 2 L del *D*, i per cada bidó de beguda B_2 calen 2 L de *C* i 1 L de *D*. Sabem que cada bidó de B_1 dona 10 € de benefici, i que cada bidó de B_2 en proporciona 15 €.

a) Planteja les inequacions corresponents a les restriccions indicades, calcula els vèrtexs de la regió factible, i dibuixa-la.

b) Escriu la funció objectiu. Quants bidons de cada tipus cal fabricar per obtenir el benefici màxim? Quin és aquest benefici?

24. Un taller de confecció fa jaquetes i pantalons per a criatures. Per fer una jaqueta es necessiten 1 m de roba i 2 botons, i per fer uns pantalons calen 2 m de roba, 1 botó i 1 cremallera. El taller disposa de 500 m de roba, 400 botons i 225 cremalleres. El benefici que s'obté per la venda d'una jaqueta és de 20 € i per la d'uns pantalons és de 30 €. Suposant que es ven tot el que es fabrica:

a) Calcula el nombre de jaquetes i de pantalons que s'han de fer per tal d'obtenir el benefici màxim. Determina també aquest benefici màxim.

b) Si el material sobrant es ven a 1 € el metre de roba, a 0,20 € cada cremallera i a 0,01 € cada botó, calcula quant es pot obtenir de la venda del que ha sobrat.

25. Un concessionari de motos comercialitza dos models, un de 125 cc i un altre de 50 cc. Per cada moto de 125 cc que ven, guanya 1 000 € i per cada moto de 50 cc, guanya 600 €. D'altra banda, per satisfer els objectius marcats pel fabricant, cal que compleixi les condicions següents:

a) Vendre entre 50 i 150 motos de 125 cc.

b) Vendre almenys tantes motos de 50 cc com de 125 cc.

c) No vendre més de 500 motos de 50 cc.

Determina quantes motos de cada tipus ha de vendre el concessionari per obtenir el màxim benefici, i calcula aquest benefici màxim.

26. El vaixell de Barcelona a Palma de Mallorca porta automòbils i camions a la bodega. Cada camió ocupa quatre places d'automòbil. La superfície total de la bodega permet situar-hi fins a 200 automòbils. Cada automòbil pesa 1000 kg, i cada camió, 9000 kg. El pes total permès per a la càrrega és de 300000 kg. La companyia cobra 50 € per cada cotxe i 300 € per cada camió. Calcula el nombre de cotxes i camions que s'han de carregar per obtenir un benefici màxim, i quin és aquest benefici màxim.

PREPARA'T PER A LA UNIVERSITAT

1. Considera el triangle *ABC* que es mostra en la Figura 5.21:

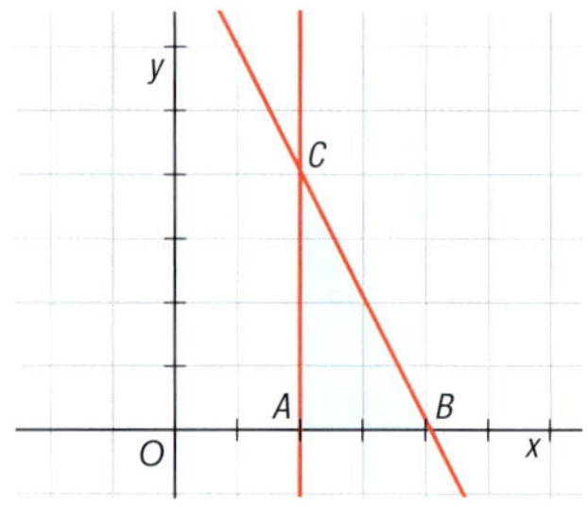

Fig. 5.21.

a) Escriu el sistema d'inequacions que determinen el triangle *ABC* i l'interior d'aquest.

b) Indica els punts de la regió indicada en què la funció $F(x, y) = 2x + y$ assoleix el valor màxim.

2. En una empresa es fabriquen dos tipus de peces que anomenarem *A* i *B*. Per fabricar una peça tipus *A* es necessiten 2 kg d'un metall i per fer-ne una de tipus *B*, 4 kg del mateix metall. L'empresa disposa com a màxim de 100 kg de metall i no pot fabricar més de 40 peces de tipus *A* ni més de 20 peces de tipus *B*.

a) Dona un sistema d'inequacions que representi les restriccions en la fabricació que té l'empresa.

b) Determina gràficament els punts del pla que verifiquen aquest sistema.

c) D'entre les solucions obtingudes, quins són els valors possibles de peces de cada tipus (han de ser enters) si es volen exhaurir els 100 kg de metall?

Explica detalladament què fas per trobar-los.

3. Una companyia aèria programa una oferta d'un màxim de 5000 places, entre classe turista i preferent. Per cada plaça de turista obté uns guanys de 30 €, mentre que per cada plaça de preferent el benefici és de 40 €. Per raons tècniques, no és possible oferir més de 4500 places de classe turista, i el nombre de places de preferent no pot superar la tercera part de les de turista. Calcula quantes places de cada classe cal oferir per maximitzar els guanys.

- **Et sembla útil la resolució de problemes de programació lineal? Ho trobes necessari?**
- Com valores la relació entre la funció objectiu i el conjunt de restriccions en un problema de programació lineal?
- Els mètodes de resolució de problemes de programació lineal treballats en la unitat, et resulten assequibles? Per què?
- Ets capaç de valorar el resultat obtingut en la resolució d'un problema de programació lineal?
- Quins dels nous continguts apresos en aquesta unitat et resulten més interessants? Per què?
- A partir d'ara, creus que hauràs d'utilitzar els mètodes apresos en aquesta unitat per a la resolució de problemes?

Símplex

En contextos reals, la regió factible associada a un problema de programació lineal poques vegades és tan simple per dibuixar-la en un pla. Cada nova variable que considerem afegeix una dimensió a la regió, cosa que ens impedeix resoldre el problema gràficament. A més, la seva frontera pot tenir molts *vèrtexs*, i si hem de calcular-ne les coordenades i avaluar la funció objectiu en tots ells, el cost computacional pot ser extremament elevat.

Durant la dècada dels quaranta del segle XX, el matemàtic americà G. Dantzig va idear el mètode del símplex per donar solució a grans problemes de programació lineal a la pràctica. En els seus inicis va servir sobretot per a finalitats militars en el context de la Segona Guerra Mundial, i va ser a partir del 1950 quan es va començar a fer servir en refineries de petroli per aconseguir la mescla òptima per la gasolina.

Per tal de sistematitzar la recerca de l'òptim, en l'algorisme del símplex s'expressen les restriccions en forma d'igualtats (en comptes d'inequacions!) servint-se de variables auxiliars. Vegem com, tot recordant l'exemple 12 del fabricant de xandalls:

La restricció en la quantitat de cotó disponible (750 m) l'havíem expressat en forma d'inequació com $x + 1{,}5y \leq 750$. Podem convertir aquesta restricció en igualtat si afegim una nova variable auxiliar c_s, obtenint $x + 1{,}5y + c_s = 750$. La nova variable c_s indica el cotó sobrant fins a arribar al total de 750 m quan es fabriquin x xandalls i y jaquetes. De manera similar, podem reescriure la segona restricció en forma d'equació afegint s_s, variable que indica el sintètic sobrant:

$2x + y + s_s = 1000$. Transformem la funció objectiu en una equació, fent servir una variable g que indiqui el guany que volem maximitzar: $g = 50x + 40y$.

Afegint aquestes noves variables, el problema inicial es pot veure com un sistema d'equacions:

$$\begin{cases} x + 1{,}5y + c_s = 750 \\ 2x + y + s_s = 1000 \\ -50x - 40y + g = 0 \end{cases}$$

La matriu ampliada del sistema corresponent és la següent:

$$\left(\begin{array}{ccccc|c} 1 & 1{,}5 & 1 & 0 & 0 & 750 \\ 2 & 1 & 0 & 1 & 0 & 1000 \\ -50 & -40 & 0 & 0 & 1 & 0 \end{array}\right)$$

Aquesta matriu, que conté 5 columnes i només 3 files, representa un sistema sobredeterminat que, com a tal, té infinites solucions. De totes elles, volem trobar aquella que maximitza g.

L'algorisme del símplex parteix d'una solució que anomena bàsica ($x = y = 0$) i modifica el sistema d'una manera similar al mètode de Gauss per tal d'anar-se aproximant a la solució òptima.

D'aquesta manera ens «aproximem» al vèrtex de la regió factible que maximitza la funció objectiu, avançant des d'una solució inicial en la bona direcció en comptes d'anar avaluant tots els vèrtexs a cegues. Un símil el podem trobar amb el que faria un excursionista que volgués arribar al més ràpid possible al cim, seguint sempre el camí de màxima pendent.

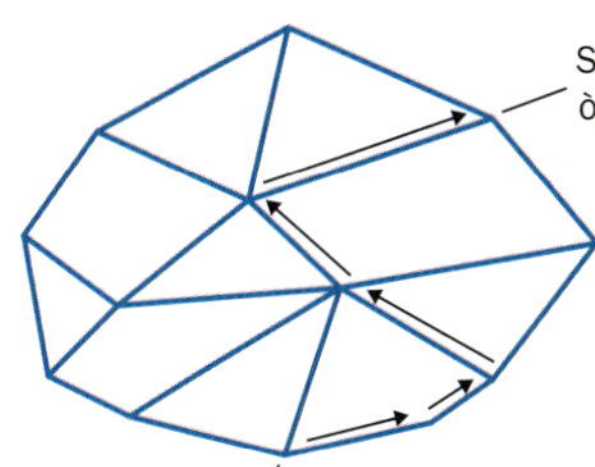

L'algorisme del símplex, laboriós de detallar pas a pas i de calcular a mà, avui en dia està a disposició dels usuaris de manera gratuïta com a complement de la gran majoria de fulls de càlcul. Des dels anys quaranta i fins avui dia ha estalviat a la indústria molt de temps i diners.

Ara et toca a tu!

Una marca de joguines de fusta fabrica 3 tipus de jocs diferents, i cadascun d'ells ha de passar pel torn, la llima i la pintura. Un joc tipus A ha d'estar 1 hora al torn, dues hores a la llima, es tarda 1 hora a pintar-lo i per ell es treuen 4 € de benefici. Els jocs tipus B han d'estar 2 hores al torn, 1 hora a la llima, es tarden 3 hores a pintar-los i per ells es treuen 5 € de benefici. Un joc tipus C ha d'estar 3 hores al torn, 2 hores a la llima, es tarda 1 hora a pintar-lo i reporta 9 € de benefici. El torn, la llima i el pintor poden estar funcionant com a molt 50, 40 i 60 hores setmanals, respectivament. Ens agradaria saber quina és la millor política de producció de l'empresa si vol maximitzar el seu benefici.

a) Escriu les restriccions a les quals està sotmesa l'empresa en forma d'inequacions, així com la funció objectiu.

b) Planteja el problema anterior com si volguessis resoldre'l usant el mètode del símplex. Reescriu les restriccions i la funció objectiu en forma de sistema d'equacions usant variables auxiliars.

c) Avalua la funció objectiu quan l'empresa produeix 2 unitats de cada tipus. Quant valen cadascuna de les variables auxiliars en aquest cas i què indiquen els seus valors?

d) El màxim benefici factible correspon a 155 € i s'aconsegueix quan l'empresa produeix 5 unitats dels jocs A i cap dels B. Quantes unitats de C produeix en aquest cas? Quin valor prenen la resta de variables?

UNITAT

6 Derivades

Farem servir:

- Treball cooperatiu
- ODS – Objectius de Desenvolupament Sostenible
- Situació d'aprenentatge
- Prepara't per a la universitat
- Aprendre a aprendre

Sumari

Eunice Newton Foote va ser la primera científica que, ja l'any 1856, va fer els primers experiments alertant que un augment en la concentració de CO_2 a l'atmosfera podia provocar un escalfament del planeta.

Més d'un segle després, la premsa alerta sobre l'"acceleració de l'escalfament global". Fixeu-vos que en l'afirmació anterior es parla de *la variació d'una variació:* les temperatures estan variant (augmentant) i alhora sembla que el ritme a què varien també està canviant, s'està accelerant.

Davant d'aquest avís ens podem qüestionar quants anys fa que el planeta s'està escalfant, i també, fent servir les matemàtiques conèixer en quin moment aquest escalfament ha començat a intensificar-se, contribuint en l'**ODS Acció pel clima.**

Recordes com es calcula la derivada d'una funció en un punt del seu domini?

N'interpretes el resultat obtingut?

Saps relacionar el signe de la derivada d'una funció en un punt del seu domini amb el seu creixement o decreixement en aquest punt?

Ets capaç de calcular la funció derivada de funcions senzilles?

Coneixes l'existència d'algun tipus de funció que tingui per funció derivada un nombre real?

1. Variacions d'una funció

Per començar la unitat, recordarem alguns conceptes que ja coneixes del curs anterior.

1.1. Variació mitjana d'una funció en un interval

Donada una funció $y = f(x)$, s'anomena variació mitjana de la funció en l'interval $[x_1, x_2]$ el valor numèric del quocient:

$$\frac{f(x_2) - f(x_1)}{x_2 - x_1}$$

Aquest quocient, conegut també amb el nom de **quocient incremental**, s'expressa de vegades amb la notació:

$$\frac{\Delta f(x)}{\Delta x} \quad \text{o, el que és el mateix,} \quad \frac{\Delta y}{\Delta x}$$

El signe d'aquest quocient coincideix amb el signe de $f(x_2) - f(x_1)$, ja que $x_2 - x_1 > 0$. Per tant:

- Si $y = f(x)$ és creixent a l'interval $[x_1, x_2]$, la seva variació mitjana és positiva.
- Si $y = f(x)$ és decreixent a l'interval $[x_1, x_2]$, la seva variació mitjana és negativa.

Compte! Les afirmacions recíproques poden no ser certes. Observa, per exemple, la funció dibuixada en la Figura 6.1: la seva variació mitjana entre –1 i 2 és positiva i, en canvi, no sempre és creixent en aquest interval.

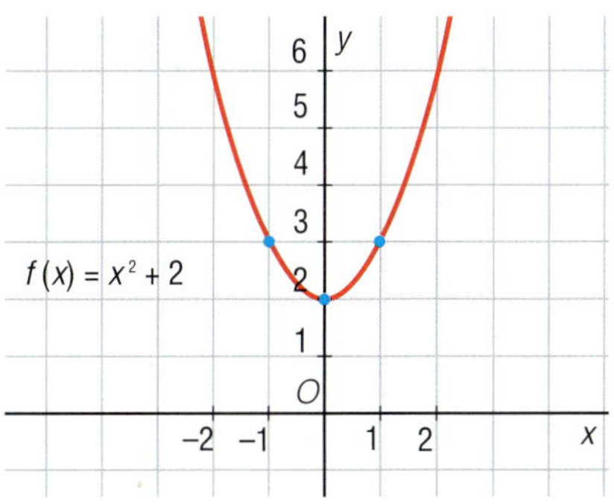

Fig. 6.1.

1.2. Variació d'una funció en un punt

Considerem una funció $y = f(x)$ i un punt d'abscissa $x = x_0$ del seu domini. Podem determinar la variació de la funció en aquest punt calculant-ne les variacions mitjanes en intervals dels tipus $[x_0, x]$ amb valors de x cada cop més propers a x_0 i observant-ne la tendència. Cal, doncs, calcular el límit quan x tendeix a x_0 de les variacions mitjanes de la funció en els intervals abans esmentats:

$$\lim_{x \to x_0} \frac{f(x) - f(x_0)}{x - x_0}$$

En la figura 6.2 hem dibuixat la gràfica de la funció $f(x) = -x^2 + 6x$. Pots observar que és creixent en $x = 1$.

Comprova que $\lim_{x \to 1} \frac{f(x) - f(1)}{x - 1} = 4$.

Recorda que aquest número 4 significa que, per a valors de *x* pròxims a 1, un petit augment de *x* provoca un augment de *f*(*x*) de l'ordre de 4 cops més gran.

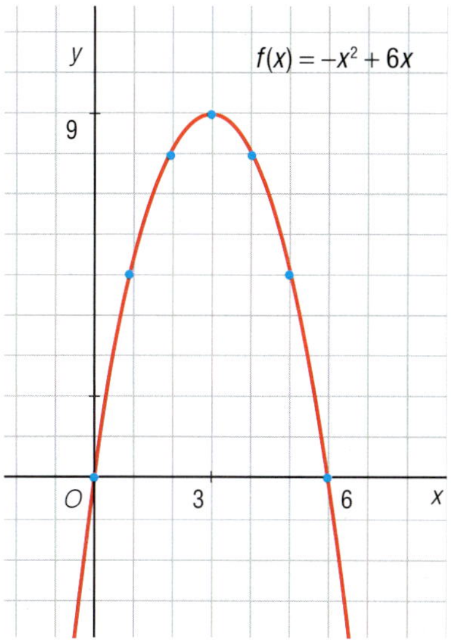

Fig. 6.2.

1.3. Derivada d'una funció en un punt

Acabem de veure que la variació d'una funció $y = f(x)$ per a valors de x pròxims a un punt d'abscissa x sub zero es pot quantificar mitjançant un nombre que es calcula a partir d'un límit.

Aquest nombre té nom i notació propis: s'anomena derivada de la funció $y = f(x)$ en $x = x_0$ i es representa per $f'(x_0)$.

$$f'(x_0) = \lim_{x \to x_0} \frac{f(x) - f(x_0)}{x - x_0}$$

Fent $x - x_0 = h$, resulta $x = x_0 + h$. Quan x tendeix a x_0, h tendeix a 0. Per tant, el valor de $f'(x_0)$ també es pot calcular:

$$f'(x) = \lim_{h \to 0} \frac{f(x+h) - f(x)}{h}$$

Donant un cop d'ull a la definició de derivada podem adonar-nos que:

- Si $f'(x_0) > 0$, la funció $y = f(x)$ és creixent en $x = x_0$
- Si $f'(x_0) < 0$, la funció $y = f(x)$ és decreixent en $x = x_0$

I si $f'(x_0) = 0$? Naturalment, significa que la funció quasi no varia per a valors de x pròxims a x_0. Ara bé, aquestes variacions gairebé nul·les poden ser degudes a causes diferents. Ho analitzarem amb detall posteriorment.

També veurem que es verifica:

- Si $y = f(x)$ és creixent en $x = x_0$, $f'(x_0) \geq 0$
- Si $y = f(x)$ és decreixent en $x = x_0$, $f'(x_0) \leq 0$

Important

$f'(x_0)$ és una mesura de la rapidesa amb què canvia la funció al voltant de $x = x_0$. Com més gran és en valor absolut, més ràpid és el canvi.

Important

El signe de $f'(x_0)$ ens indica si el canvi es refereix a creixement o a decreixement

Recorda

El càlcul de $f'(x_0)$ sempre condueix a una indeterminació del tipus $\frac{0}{0}$. Per resoldre-la, cal que apliquis les estratègies de càlcul de límits funcionals que ja coneixes.

Exemple 1 → **Calcula la derivada de la funció $f(x) = x^2 - 6x + 9$ en $x = 1$ i en $x = 6$. Interpreta'n els resultats.**

Apliquem la definició de derivada:

$$f'(1) = \lim_{h \to 0} \frac{f(1+h) - f(1)}{h} = \lim_{h \to 0} \frac{(1+h)^2 - 6(1+h) + 9 - 4}{h} =$$

$$= \lim_{h \to 0} \frac{1 + 2h + h^2 - 6 - 6h + 5}{h} = \lim_{h \to 0} \frac{h^2 - 4h}{h} = \lim_{h \to 0} \frac{h(h-4)}{h} =$$

$$= \lim_{h \to 0} (h-4) = -4 \rightarrow f'(1) = -4$$

Com que és $f'(1) < 0$, la funció és decreixent en $x = 1$. Ho podem interpretar en el sentit que, per a valors de x pròxims a 1, el valor de la funció disminueix unes 4 vegades el que augmenta x.

$$f'(6) = \lim_{h \to 0} \frac{f(6+h) - f(6)}{h} = \lim_{h \to 0} \frac{(6+h)^2 - 6(6+h) + 9 - 9}{h} = \lim_{h \to 0} \frac{h(h+6)}{h} = \lim_{h \to 0} (h+6) = 6$$

Com que $f'(6) > 0$, la funció és creixent en $x = 6$. Per a valors pròxims a 6, la funció augmenta de l'ordre de 6 vegades el que augmenta x.

Exemple 2 **El domini de la funció $f(x) = \sqrt{x}$ és $D_f = [0, +\infty)$. Observa la gràfica (Fig. 6.3): és una funció creixent en tot el seu domini. On creix més ràpidament, en $x = 1$ o en $x = 4$?**

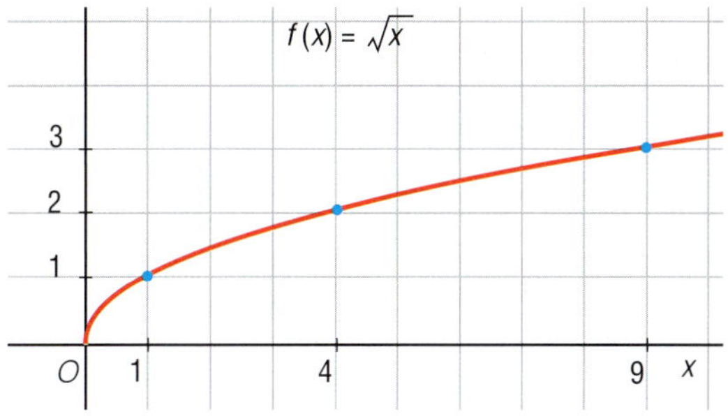

Fig. 6.3.

Hem de calcular $f'(1)$ i $f'(4)$:

$$f'(1) = \lim_{h\to 0}\frac{f(1+h)-f(1)}{h} = \lim_{h\to 0}\frac{\sqrt{1+h}-1}{h} = \lim_{h\to 0}\frac{(\sqrt{1+h}-1)(\sqrt{1+h}+1)}{h(\sqrt{1+h}+1)} =$$

$$= \lim_{h\to 0}\frac{1+h-1}{h(\sqrt{1+h}+1)} = \lim_{h\to 0}\frac{h}{h(\sqrt{1+h}+1)} = \lim_{h\to 0}\frac{1}{\sqrt{1+h}+1} = \frac{1}{2}$$

Per tant, $f'(1) = \frac{1}{2}$.

De manera anàloga, s'obté $f'(4) = \frac{1}{4}$. Comprova-ho.

$f'(1) > f'(4)$. Per tant, la funció creix amb més rapidesa per a valors de x pròxims a 1 que per a valors de x pròxims a 4.

ACTIVITATS

1. Considera la funció $f(x) = 3x + 1$. Demostra que la seva variació mitjana sempre és la mateixa, independentment de l'interval $[x_1, x_2]$ considerat.

2. Quant val la variació mitjana de la funció $f(x) = 5$ en qualsevol interval $[x_1, x_2]$?

3. Calcula la variació mitjana de la funció $f(x) = -x^2 + 4x$ en l'interval $[2,9,\ 3,1]$. Creix o decreix aquesta funció al voltant de $x = 3$? Fes-ne la representació gràfica i comprova després la teva resposta.

4. La funció $f(x) = -x^2 + 6x$ és decreixent al voltant de $x = 4$. Quantifica aquest decreixement calculant $\lim_{x\to 4}\frac{f(x)-f(4)}{x-4}$. Interpreta'n el resultat obtingut.

5. Representa gràficament la funció $f(x) = -2x + 3$. Calcula $f'(-2)$, $f'(0)$ i $f'(3)$. Interpreta'n els resultats.

6. Donada la funció $f(x) = ax + b$, demostra que $f'(x_0) = a$, independentment del valor x_0 considerat.

7. Representa gràficament la funció $f(x) = x^2 - 2x + 4$ i indica'n, a partir de la gràfica, els intervals de creixement i decreixement. Comprova que $f'(1) = 0$.

8. Calcula, si és possible:

a) $f'(8)$ si $f(x) = \sqrt{x+1}$ *b)* $f'\left(\frac{1}{2}\right)$ si $f(x) = 4 - x^2$

c) $f'(0)$ si $f(x) = \frac{1}{x}$ *d)* $f'(-2)$ si $f(x) = \sqrt{x+2}$

9. Sense fer-ne la representació gràfica, indica si la funció $f(x) = (2-x)^2$ és creixent o decreixent en $x = 6$. Fes el mateix estudi en $x = -1$.

10. Com ha de ser una funció perquè la derivada sigui nul·la en tots i cadascun dels punts del seu domini? Per què?

11. Calcula, si és possible:

a) $f'(-4)$ si $f(x) = \sqrt{x}$ *b)* $f'(1)$ si $f(x) = \frac{2}{x}$

c) $f'(0)$ si $f(x) = 2x^2 + 1$ *d)* $f'(-2)$ si $f(x) = 10x + 3$

e) $f'(-3)$ *si* $f(x) = \frac{1}{x+3}$ *f)* $f'(0)$ *si* $f(x) = (2x-1)^2$

g) $f'(2)$ *si* $f(x) = \sqrt{x-2}$ *h)* $f'(5)$ *si* $f(x) = x^2 - 10x$

2. Interpretació geomètrica de la derivada d'una funció en un punt

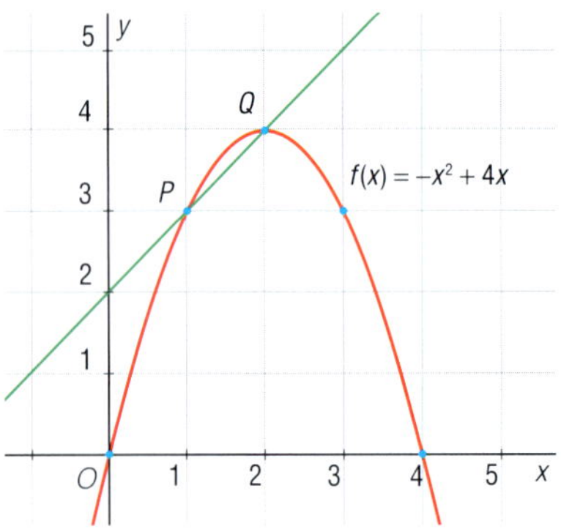

Fig. 6.4.

Considerem la funció $f(x) = -x^2 + 4x$ i dos punts qualssevol de la paràbola que resulta de fer-ne la representació gràfica. Per exemple, els punts $P(1, 3)$ i $Q(2, 4)$ (Fig. 6.4).

Un vector director de la recta secant a la paràbola que conté aquests dos punts és $\vec{v} = (1, 1)$ i el pendent d'aquesta recta, $m = \dfrac{1}{1} = 1$.

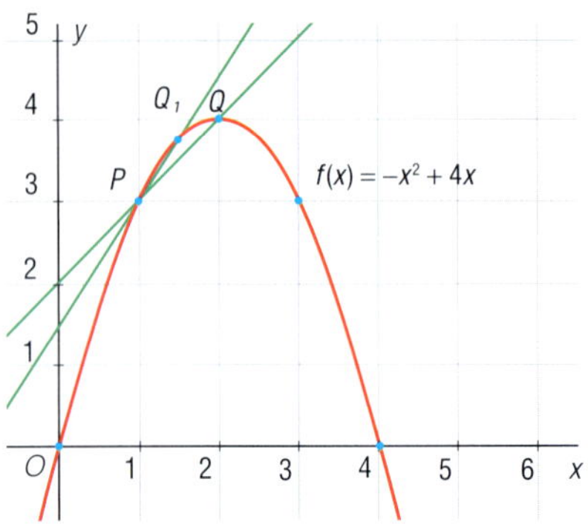

Fig. 6.5.

Ens fixarem en el comportament dels pendents de les diferents rectes secants a la paràbola que s'obtenen mantenint fix el punt P i prenent sobre la corba punts Q_1 Q_2, Q_3, Q_4, ... cada vegada més pròxims al punt P. És a dir, punts l'abscissa dels quals es va apropant cada vegada més a 1, abscissa de P (Fig. 6.5).

Prenem, per començar, $Q_1 = (1{,}5,\ f(1{,}5)) = (1{,}5,\ 3{,}75)$.

El pendent de la recta secant PQ_1 és:

$$m = \frac{3{,}75 - 3}{1{,}5 - 1} = \frac{0{,}75}{0{,}5} = 1{,}5$$

Fent el mateix amb els punts Q_2, Q_3, Q_4,..., d'abscisses respectives 1,1, 1,01, 1,001..., s'obtenen rectes secants de pendents $m_2 = 1{,}9$, $m_3 = 1{,}99$, $m_4 = 1{,}999$... Comprova-ho.

La successió de nombres reals formada pels pendents de les respectives rectes secants: 1, 1,5, 1,9, 1,99, 1,999 ... sembla apropar-se cada cop més a 2. És a dir, quan x tendeix a 1, els pendents de les rectes secants tendeixen a 2.

Té alguna significació especial aquest valor 2? Tot seguit en veurem la interpretació geomètrica.

Per a la funció $f(x) = -x^2 + 4x$, acabem de veure que, quan x tendeix a 1, els valors dels pendents de les diferents rectes secants a la gràfica de la funció, a mesura que els punts successius s'apropen al punt P, tendeixen a 2. D'altra banda, si calculem el valor de la derivada de la funció en el punt d'abscissa $x = 1$ tenim:

$$f'(1) = \lim_{h \to 0} \frac{f(1+h) - f(1)}{h} = \lim_{h \to 0} \frac{-(1+h)^2 + 4(1+h) - 3}{h} =$$

$$= \lim_{h \to 0} \frac{-(1+2h+h^2) + 4 + 4h - 3}{h} = \lim_{h \to 0} \frac{h(2-h)}{h} = \lim_{h \to 0} (2-h) = 2$$

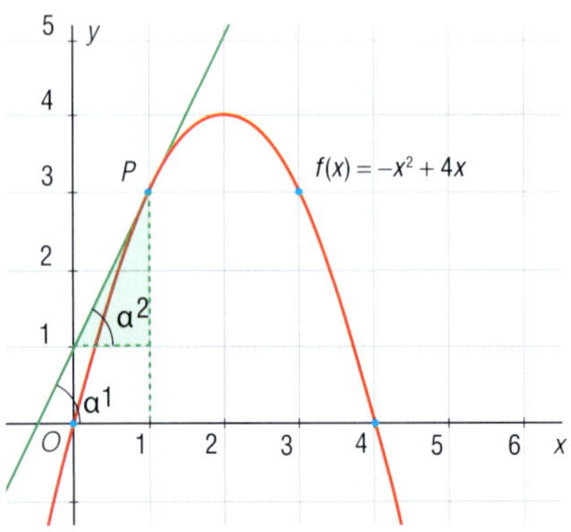

Fig. 6.6.

En la gràfica de la Figura 6.6 hem traçat la recta tangent a la gràfica de la funció $f(x) = -x^2 + 4x$ en el punt $P(1,3)$. Es tracta d'una recta que forma un angle α amb el sentit positiu de l'eix de les abscisses; per tant, el seu pendent és igual a la tangent trigonomètrica d'aquest angle α. Observa amb atenció el triangle rectangle assenyalat a la figura. S'hi verifica:

$$\text{tg}\,\alpha = \frac{2}{1} = 2$$

És a dir, el pendent de la recta tangent a la gràfica de la funció en el punt d'abscissa $x = 1$ coincideix amb el valor de la derivada de la funció en aquest mateix punt. De fet, si et fixes amb detall en el procés que hem seguit, la coincidència de resultats no t'hauria de sorprendre. Vegem que, en efecte, la conclusió es pot generalitzar.

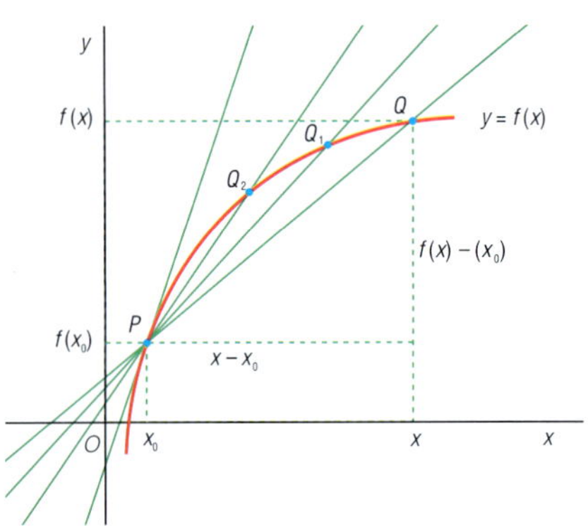

Fig. 6.7.

Ja saps com es calcula la derivada d'una funció $y = f(x)$ en un punt $x = x_0$ del seu domini, i també quin és el significat del nombre que s'obté. Recorda que:

$$f'(x_0) = \lim_{x \to x_0} \frac{f(x) - f(x_0)}{x - x_0} \quad \text{o també } f'(x_0) = \lim_{h \to 0} \frac{f(x_0 + h) - f(x_0)}{h}$$

Considerem una funció $y = f(x)$ de la qual coneixem la gràfica (Fig. 6.7). Sigui $P(x_0, f(x_0))$ un punt concret de la gràfica de la funció i $Q(x, f(x))$, un de genèric. El pendent de la recta secant a la corba que conté els punts P i Q és:

$$m_{PQ} = \frac{f(x) - f(x_0)}{x - x_0}$$

Si prenem sobre la gràfica de la funció punts Q_1, Q_2, Q_3, ..., Q_n, les abscisses dels quals x_1, x_2, x_3, ..., x_n es vagin apropant a x_0, les successives rectes secants s'aproparan a la posició d'una recta que anomenem **recta tangent** a la gràfica de la funció en el punt P d'abscissa x_0.

Si la recta tangent és la posició límit de les rectes secants PQ_n quan Q_n tendeix a P, el pendent m de la recta tangent també serà el límit dels pendents de les rectes secants quan x_n tendeix a x_0, és a dir, la derivada de la funció $y = f(x)$ en $x = x_0$:

$$m = \lim_{x \to x_0} \frac{f(x) - f(x_0)}{x - x_0} = f'(x_0)$$

Arribaríem a la mateixa recta tangent considerant punts Q_i sobre la gràfica de la funció les abscisses dels quals s'anessin apropant a x_0 per la seva esquerra. És a dir, la recta tangent a la gràfica d'una funció en un punt i la derivada de la funció en aquest punt, si existeixen, han de ser úniques.

La **derivada de la funció $y = f(x)$ en un punt $x = x_0$** és el pendent de la recta tangent a la gràfica de la funció en aquest punt.

$f'(x_0) = m$, pendent de la recta tangent en el punt $(x_0, f(x_0))$.

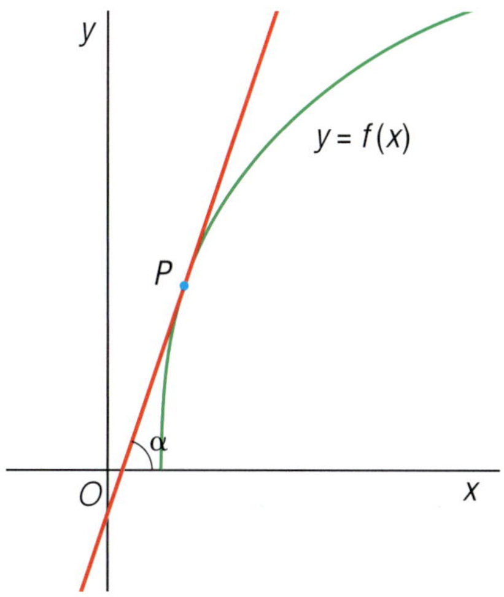

Fig. 6.8.

D'altra banda, el pendent d'una recta coincideix amb la tangent trigonomètrica de l'angle que forma amb el sentit positiu de l'eix X (Fig. 6.8). Per tant, $f'(x_0) = m = \text{tg}\,\alpha$.

Aquesta és una conclusió important. A més de permetre'ns trobar equacions de tangents a corbes, possibilita que puguem fer estimacions força fiables pel que fa a la velocitat de variació d'una funció de la qual només coneixem la gràfica.

Exemple 3 ➡ **A partir de la gràfica de la funció $f(x)$ (Fig. 6.9), calcula de manera aproximada $f'(2)$ i $f'(-1)$.**

Dibuixem amb la màxima precisió possible les rectes tangents a la corba en els punts $(2, f(2))$ i $(-1, f(-1))$.

Mesurant els angles β i α i calculant-ne les tangents trigonomètriques, tindrem els valors aproximats de $f'(2)$ i $f'(-1)$.

També ho podem fer d'una altra manera:

- Construïm un triangle rectangle amb un vèrtex en el punt de tangència, de manera que la hipotenusa estigui sobre la recta tangent i el catet paral·lel a l'eix X tingui una longitud 1.
- El pendent de la recta tangent, és a dir, el valor de la derivada en el punt, és donat per la longitud del catet paral·lel a l'eix Y, afectada pel signe corresponent.

Fixa't en la gràfica:

$$f'(2) = \text{tg}\,\alpha = \frac{AP}{1} = AP \approx 1{,}1$$

$$f'(-1) = \text{tg}\,\beta = -\frac{BQ}{1} = -BQ \approx -0{,}6$$

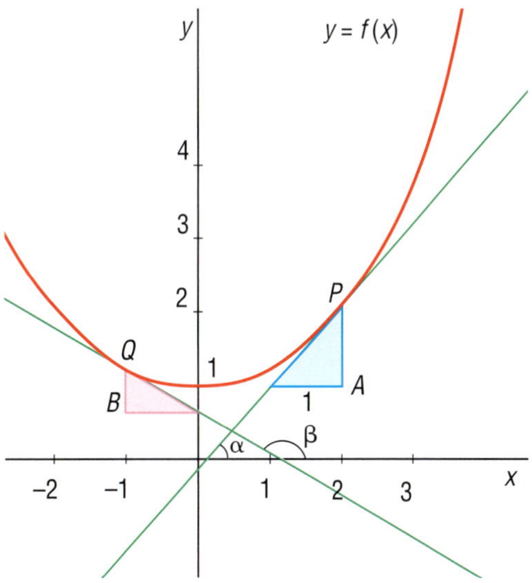

Fig. 6.9.

Exemple 4 ➡ **Quina és l'equació de la recta tangent a la gràfica de la funció $f(x) = 2 - x^2$ en el punt $x = -2$?**

Podem trobar l'equació d'una recta si en coneixem, per exemple, un punt i el pendent.

El punt és de la gràfica de la funció:

$$x = -2 \rightarrow f(-2) = 2 - (-2)^2 = 2 - 4 = -2 \rightarrow P(-2, -2)$$

El pendent és $m = f'(-2)$. Fem-ne el càlcul.

$$f'(-2) = \lim_{h \to 0} \frac{f(-2+h) - f(-2)}{h} = \lim_{h \to 0} \frac{2 - (-2+h)^2 - (-2)}{h} =$$

$$= \lim_{h \to 0} \frac{2 - 4 + 4h - h^2 + 2}{h} = \lim_{h \to 0} \frac{4h - h^2}{h} = \lim_{h \to 0} \frac{h(4-h)}{h} = \lim_{h \to 0}(4 - h) = 4$$

Considerant la forma explícita de l'equació de la recta $y = mx + n$ i substituint, tenim:

$$-2 = 4 \cdot (-2) + n \rightarrow n = 6$$

L'equació de la recta tangent demanada és $y = 4x + 6$.

Exemple 5 ➡ **En la figura 6.10 hem representat en el primer quadrant la gràfica de la funció $y = f(x)$.**

Hi podem observar com varia el valor de y a mesura que augmenta el valor de la variable x. Quina és la derivada de la funció en el punt $x = 3$?

Sabem que: $f'(3) = \lim_{x \to 3} \frac{f(x) - f(3)}{x - 3} = \text{tg}\,\alpha$

On α és l'angle que forma la recta tangent a la gràfica de la funció en el punt $(3, f(3))$ amb l'eix OX.

Traçant amb la màxima precisió aquesta recta tangent i mesurant l'angle α, obtenim $\alpha \simeq 40°$.

Per tant, $f'(3) \simeq \text{tg}\ 40° = 0{,}84$.

També pots trobar el valor aproximat de $f'(3)$ mesurant els catets del triangle rectangle assenyalat en la figura i calculant tg α a partir de la definició d'aquesta raó trigonomètrica. Fes-ho.

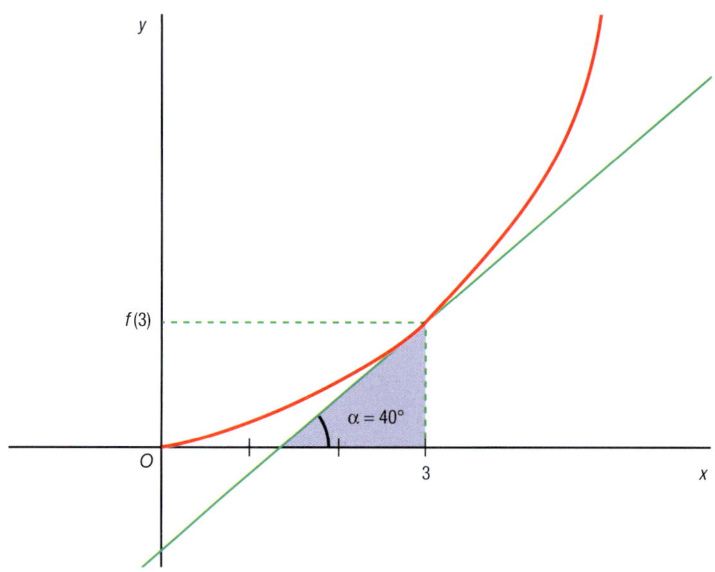

Fig. 6.10.

Exemple 6 ➡ **En quin punt de la gràfica de la funció $f(x) = x^2 - 6x$ la recta tangent és paral·lela a l'eix d'abscisses?**

Si representes gràficament aquesta funció, no tindràs cap problema per respondre el que et demanen. Es tracta d'una paràbola i, per tant, la condició de l'enunciat només es pot verificar en el vèrtex d'aquesta paràbola. Comprova-ho.

Si utilitzem la interpretació geomètrica de la derivada d'una funció en un punt, hem de tenir en compte que, si la recta tangent és paral·lela a l'eix X, el seu pendent és nul. Per tant, es tracta de trobar per a quin valor $x = x_0$ es verifica $f'(x_0) = 0$.

$$f'(x_0) = \lim_{h\to 0}\frac{f(x_0+h)-f(x_0)}{h} = \lim_{h\to 0}\frac{(x_0+h)^2-6(x_0+h)-(x_0^2-6x_0)}{h} =$$
$$= \lim_{h\to 0}\frac{h(2x_0+h-6)}{h} = 2x_0 - 6$$

$$f'(x_0) = 0 \rightarrow 2x_0 - 6 = 0 \rightarrow x_0 = 3 \rightarrow f(3) = -9$$

La recta tangent a la gràfica de la funció donada és paral·lela a l'eix X en el punt $P(3, -9)$.

ACTIVITATS

12. Troba l'equació de la recta tangent a la gràfica de la funció $f(x) = 3x^2 - 10x + 3$ en $x = 2$.

13. Considera la funció $f(x) = x^3 + 2$. En quins punts de la gràfica d'aquesta funció la recta tangent és paral·lela a la recta $y = 3x + 5$?

14. Dibuixa la recta tangent a la corba de la gràfica següent (Fig. 6.11) en els punts d'abscisses $x = -3$, $x = 0$ i $x = 2$.

a) Quin és el signe del pendent de cadascuna d'aquestes tangents?

b) Quin signe tenen $f'(-3)$, $f'(0)$ i $f'(2)$?

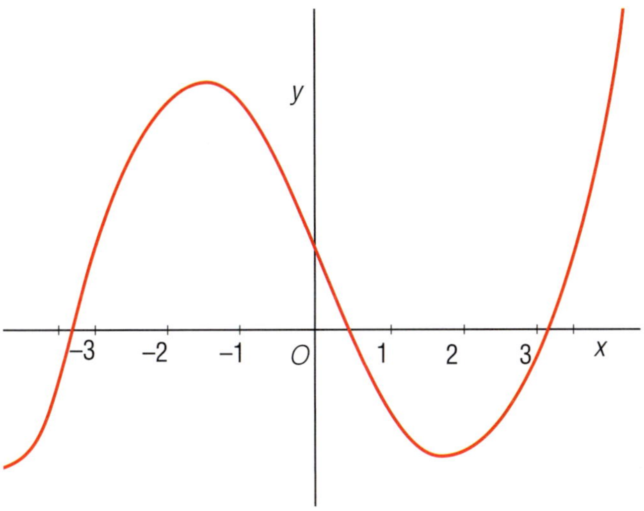

Fig. 6.11.

15. A partir de les gràfiques (Fig. 6.12), fes una estimació dels valors de $f'(2)$, $g'(-1)$ i $h'(0)$.

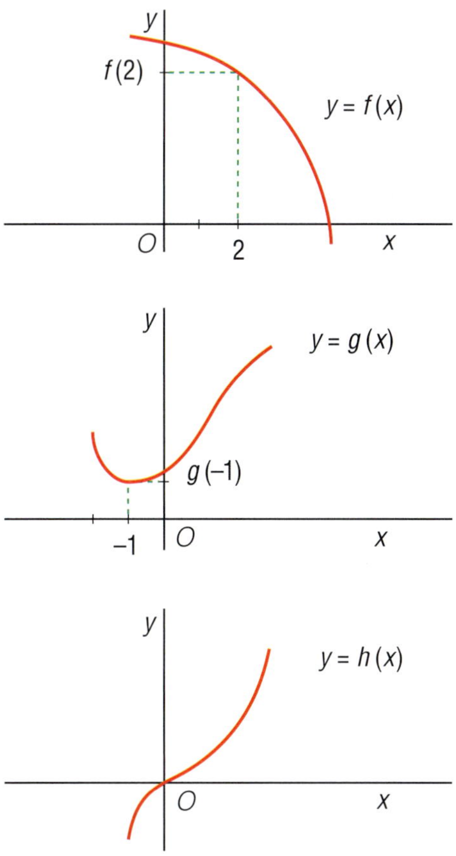

Fig. 6.12.

3. Creixement i decreixement. Punts estacionaris

La definició de derivada d'una funció $y = f(x)$ en un punt $x = x_0$ ens permet afirmar que:

> Si $f'(x_0) > 0$, la funció és **creixent** en aquest punt.
>
> Si $f'(x_0) < 0$, la funció és **decreixent** en aquest punt.

Recorda

$$f'(x_0) = \lim_{x \to x_0} \frac{f(x) - (x_0)}{x - x_0}$$

Important

$0° < \alpha < 90° \rightarrow \text{tg}\,\alpha > 0$

$90° < \alpha < 180° \rightarrow \text{tg}\,\alpha < 0$

$\alpha = 0° \rightarrow \text{tg}\,\alpha = 0$

La interpretació geomètrica de la derivada d'una funció en un punt ens permet veure-ho des d'una altra perspectiva.

En efecte, si $f'(x_0) > 0$, la recta tangent a la gràfica de la funció en aquest punt ha de formar amb el sentit positiu de l'eix OX un angle agut. Això només pot passar si la funció és creixent en $x = x_0$ (Fig. 6.13).

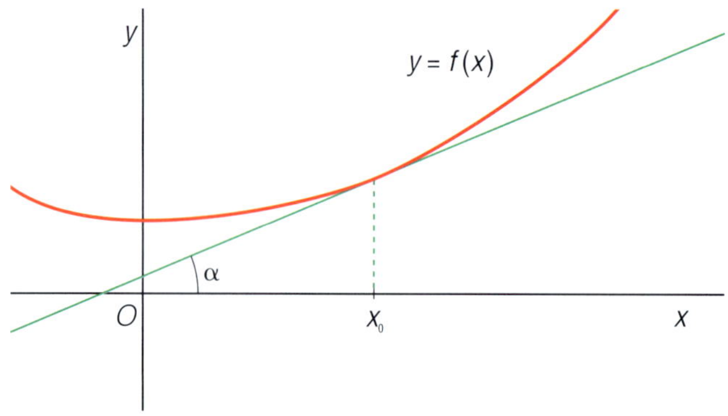

Fig. 6.13.

> Si $f'(x_0) > 0$, $f(x)$ és **creixent** en $x = x_0$.

De la mateixa manera, si $f'(x_0) < 0$, la recta tangent a la gràfica de la funció en aquest punt necessàriament forma un angle obtús amb el sentit positiu de l'eix X. La funció ha de ser decreixent en $x = x_0$ (Fig. 6.14).

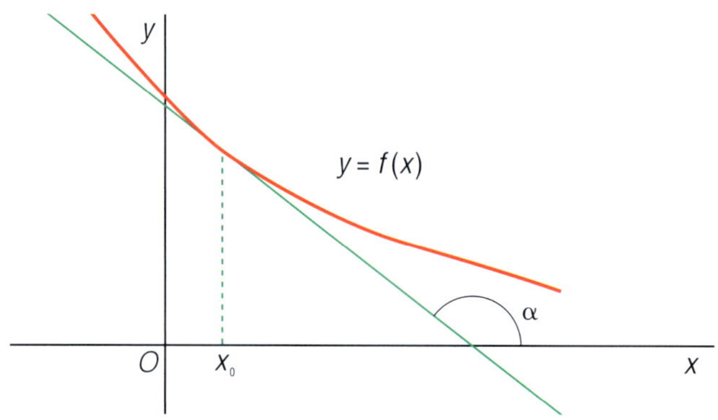

Fig. 6.14.

> Si $f'(x_0) < 0$, la funció és **decreixent** en $x = x_0$.

Què succeeix en aquells punts on la derivada és nul·la?

Si $f'(x_0) = \text{tg}\,\alpha$ i $f'(x_0) = 0$, es verifica $\text{tg}\,\alpha = 0$. Per tant, la recta tangent a la gràfica de la funció en $(x_0, f(x_0))$ és paral·lela a l'eix d'abscisses.

En la figura 6.15 hem representat tres gràfiques de funcions que reflecteixen aquesta situació.

Generalment, els punts on s'anul·la la derivada de la funció s'anomenen **punts estacionaris** o **singulars**. La majoria de vegades, aquests punts corresponen a màxims o mínims de la funció. Hi ha casos, però, en què no és així.

- *Gràfica A*: $f'(x_0) = 0$. La funció $y = f(x)$ presenta un **màxim** en $(x_0, f(x_0))$ perquè en aquest punt passa de creixent a decreixent.
- *Gràfica B*: $g'(x_0) = 0$. La funció $y = g(x)$ presenta un **mínim** en $(x_0, g(x_0))$ perquè en aquest punt passa de decreixent a creixent.
- *Gràfica C*: $h'(x_0) = 0$. En aquest cas, el punt $(x_0, h(x_0))$ no és ni un màxim ni un mínim. Com pots veure, la funció és creixent a l'esquerra i a la dreta de x_0. Els punts com aquest s'anomenen **punts d'inflexió de tangent horitzontal**.

Si $f'(x_0) = 0$, la funció presenta en x_0 un **màxim**, un **mínim** o un **punt d'inflexió de tangent horitzontal**.

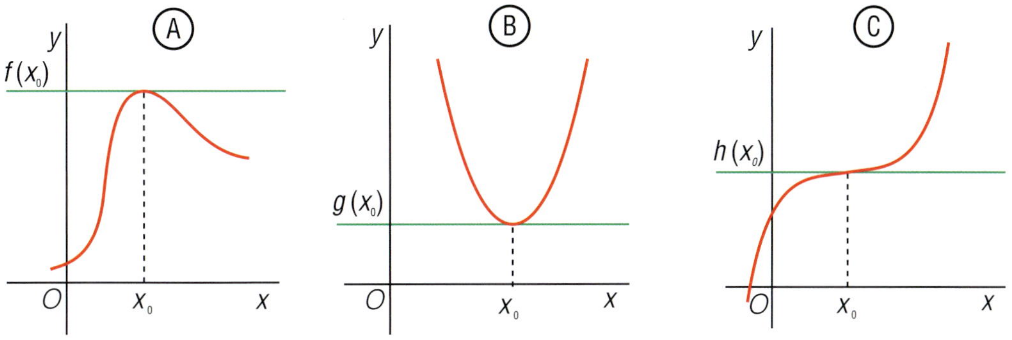

Fig. 6.15.

Exemple 7 ➡ **La funció $f(x) = x^2 + bx + 8$ presenta un mínim en el punt d'abscissa $x = 3$. Calcula b.**

Si la funció presenta un mínim en $x = 3$, la recta tangent a la seva gràfica en aquest punt és paral·lela a l'eix de les abscisses. Per tant, $f'(3) = 0$.

$$f'(3) = \lim_{h \to 0} \frac{f(3+h) - f(3)}{h} = \lim_{h \to 0} \frac{(3+h)^2 + b(3+h) + 8 - (9 + 3b + 8)}{h} = \lim_{h \to 0} (h + 6 + b) = 6 + b$$

$$f'(3) = 0 \to 6 + b = 0 \to b = -6$$

ACTIVITATS

16. Considera la funció $f(x) = x^2 - 3x + 5$ i digues en quin punt de la seva gràfica la recta tangent forma un angle de 45° amb el sentit positiu de l'eix *X*. Aquesta funció, és creixent o decreixent en aquest punt? Per què?

17. Esbrina quins són els punts de la gràfica de la funció $f(x) = x^3 - 6x^2 + 4$ que tenen tangent paral·lela a l'eix d'abscisses.

18. Indica raonadament per què la funció $f(x) = \frac{1}{x}$ és decreixent en tots els punts del seu domini.

19. La gràfica de la funció $f(x) = x^2 + bx + c$ presenta un mínim en el punt $(3, -1)$.

a) Calcula *b* i *c*.

b) Representa-la gràficament i verifica la teva resposta.

20. Les gràfiques de les funcions polinòmiques de segon grau $f(x) = ax^2 + bx + c$ sempre tenen un màxim o un mínim.

Demostra que es troba localitzat en el punt d'abscissa $x_0 = \frac{-b}{2a}$.

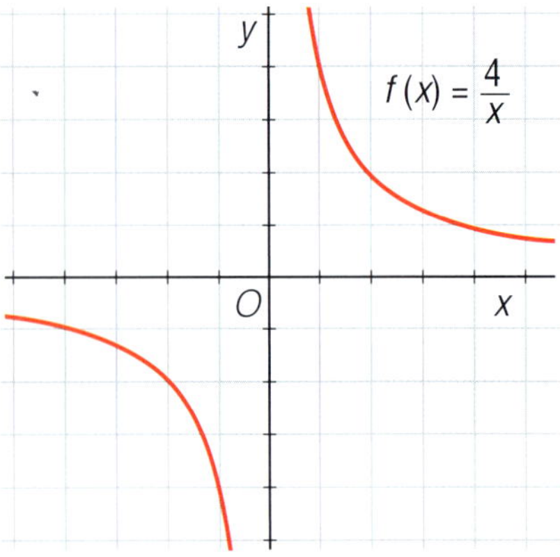

Fig. 6.16.

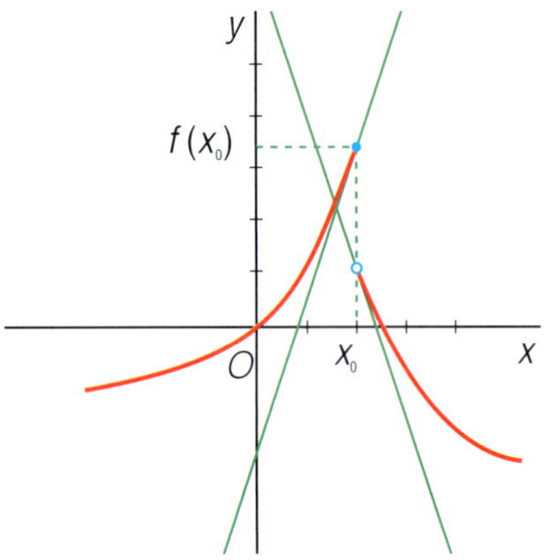

Fig. 6.17.

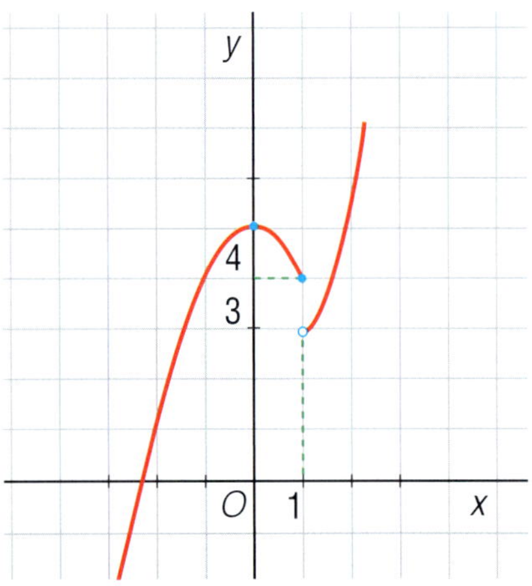

Fig. 6.18.

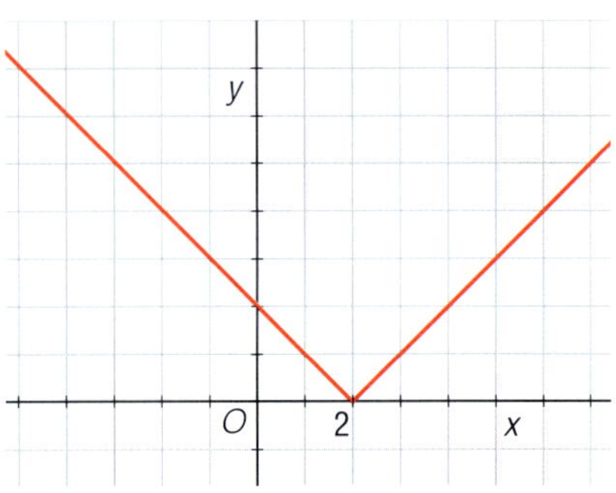

Fig. 6.19.

4. Derivabilitat d'una funció en un punt

> Diem que una funció $y = f(x)$ és **derivable** en el punt $x = x_0$ si existeix el nombre $f'(x_0)$, derivada de la funció en aquest punt.

Ara bé, sempre existeix aquest nombre?

La definició de $f'(x_0)$ ens permet establir una primera condició perquè una funció sigui derivable en $x = x_0$: la funció ha d'estar definida en aquest punt o, el que és el mateix, $x_0 \in D_f$. Si no és així, no existeix $f(x_0)$ i, per tant, tampoc no existeix $f'(x_0)$.

Així, per exemple, la funció $f(x) = \dfrac{4}{x}$ (Fig. 6.16) no és derivable en $x = 0$ perquè no existeix $f(0)$.

Naturalment, si no existeix $f(x_0)$, la funció no pot ser contínua en $x = x_0$. És en aquesta manca de continuïtat on es troba l'origen de la no-existència de $f'(x_0)$. Són dues les raons que ens permeten fer aquesta afirmació:

- $f'(x_0)$ és un nombre que mesura la velocitat de canvi de la funció per a valors de x pròxims a x_0. Lògicament, per poder parlar de velocitat de canvi, aquest ha de ser continu, sense ruptures.
- $f'(x_0)$ és el pendent de la recta tangent a la gràfica de la funció en el punt $(x_0, f(x_0))$. Si la funció no és contínua en $x = x_0$, la recta tangent no existeix perquè les rectes secants no s'aproximen a una posició comuna (Fig. 6.17).

En conseqüència,

> Perquè una funció $y = f(x)$ sigui derivable en $x = x_0$, necessàriament ha de ser contínua en aquest punt. Si una funció presenta qualsevol tipus de discontinuïtat en $x = x_0$, no existeix $f'(x_0)$.

En la figura 6.18 hem representat la funció:

$$f(x) = \begin{cases} -x^2 + 5 & \text{si } x \leq 1 \\ x^2 + 2 & \text{si } x > 1 \end{cases}$$

La funció està definida en $x = 1$, $f(1) = 4$. Però no és contínua en aquest punt perquè:

$$\lim_{x \to 1^-} f(x) = 4, \quad \lim_{x \to 1^+} f(x) = 3 \rightarrow \lim_{x \to 1^-} f(x) \neq \lim_{x \to 1^+} f(x)$$

Per tant, la funció no és derivable en $x = 1$: no existeix $f'(1)$. De tota manera, la condició de continuïtat en $x = x_0$ per a l'existència de $f'(x_0)$ és necessària però no suficient. És a dir, és possible que una funció $y = f(x)$ sigui contínua en un punt i, en canvi, no hi sigui derivable. Vegem-ne un exemple concret. En la figura 6.19 hem representat la funció $f(x) = |x - 2|$. És, en realitat, una funció definida a trossos:

$$f(x) = \begin{cases} -x + 2 & \text{si } x < 2 \\ x - 2 & \text{si } x \geq 2 \end{cases}$$

És contínua en $x = 2$? I derivable? La funció és contínua en $x = 2$ perquè:

$$\lim_{x \to 2^-} f(x) = \lim_{x \to 2^+} f(x) = f(2) = 0$$

Fixa't en el punt (2, 0) on conflueixen les dues semirectes. És un punt angulós i no té tangent única perquè les rectes secants per la dreta i per l'esquerra de $x_0 = 2$ no s'aproximen a una recta tangent comuna. No pot existir, malgrat la continuïtat, $f'(2)$.

Ho demostrarem a partir de la definició de derivada d'una funció en un punt.

$$f'(2) = \lim_{h\to 0} \frac{f(2+h)-f(2)}{h} = \lim_{h\to 0} \frac{|2+h-2|-|0|}{h} \lim_{h\to 0} \frac{|h|}{h}$$

Aquest límit és diferent segons el signe de h. En efecte, si ens apropem a 2 per la dreta,

$$2+h>2 \rightarrow h>0 \rightarrow |h| = h \rightarrow \lim_{h\to 0^+} \frac{|h|}{h} = \lim_{h\to 0^+} \frac{h}{h} = 1$$

però si ho fem per l'esquerra, $2+h<2 \rightarrow h<0 \rightarrow |h| = -h \rightarrow \lim_{h\to 0^-} \frac{|h|}{h} = \lim_{h\to 0^-} \frac{-h}{h} = -1$

Escrivim $f'(2^+) \neq f'(2^-)$. Els dos límits laterals no coincideixen, no existeix límit i, per tant, no existeix derivada. La funció $f(x) = |x-2|$ és contínua, però no és derivable en $x = 2$.

Quan ens podem trobar amb situacions d'aquest tipus? Generalment, en les funcions definides a trossos i, més concretament, en aquells punts en què es produeix un canvi en la definició de la funció. És a dir, un canvi en l'expressió algèbrica de la funció.

La major part de vegades, la representació gràfica de la funció ens permetrà veure, a més de la continuïtat, la derivabilitat de la funció en aquests punts. Si la gràfica té punts angulosos, no hi pot existir la derivada perquè la tangent no és única. En cas de dubte, cal recórrer a la definició de derivada, tenint en compte en cada cas quina és l'expressió algèbrica de la funció que cal derivar.

Exemple 8 **La funció $f(x) = \begin{cases} x^2+5 & \text{si } x<1 \\ 2x+4 & \text{si } x\geq 1 \end{cases}$ és derivable en $x = 1$?**

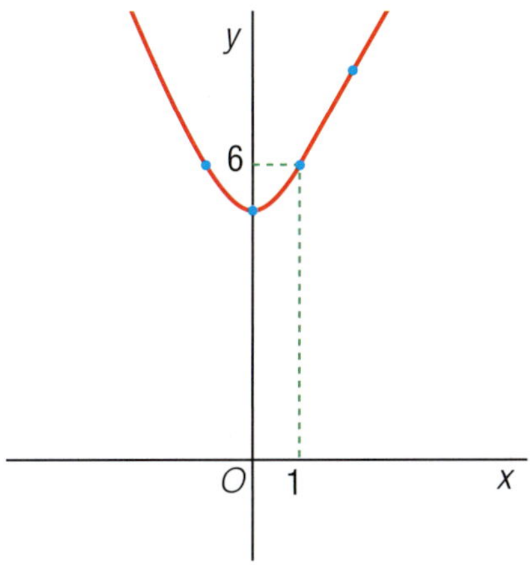

Fig. 6.20.

Si en fem la representació gràfica (Fig. 6.20), veurem que $f(x)$ és contínua en $x = 1$, i sembla que també ha de ser derivable en aquest punt perquè no es tracta d'un punt angulós. Comprovem-ho. És contínua perquè: $\lim_{x\to 1^-} f(x) = \lim_{x\to 1^+} f(x) = f(1) = 6$

Perquè sigui derivable en $x = 1$ cal que es verifiqui $f'(1^-) = f'(1^+)$. Si apliquem la definició de derivada d'una funció en un punt, tindrem:

$$f'(1^-) = \lim_{x\to 1^-} \frac{f(x)-f(1)}{x-1} = \lim_{x\to 1^-} \frac{x^2+5-6}{x-1} =$$

$$= \lim_{x\to 1^-} \frac{x^2-1}{x-1} = \lim_{x\to 1^-} \frac{(x-1)(x+1)}{x-1} = \lim_{x\to 1^-} (x+1) = 2$$

$$f'(1^+) = \lim_{x\to 1^+} \frac{f(x)-f(x)}{x-1} = \lim_{x\to 1^+} \frac{2x+4-6}{x-1} = \lim_{x\to 1^+} \frac{2x-2}{x-1} = \lim_{x\to 1^+} \frac{2(x-1)}{x-1} = 2$$

Els dos límits laterals coincideixen i, per tant, la funció $f(x)$ és derivable en $x = 1$ i la seva derivada en aquest punt és $f'(1) = 2$.

Finalment, una funció tampoc no és derivable en aquells punts on, tot i ser contínua, presenta tangent paral·lela a l'eix d'ordenades.

Exemple 9 ➡ **La Figura 6.21 mostra la representació gràfica de la funció $f(x) = \sqrt[3]{x}$. La funció $f(x)$ és derivable en $x = 0$?**

És contínua en $x = 0$ i també té tangent única en el punt (0, 0).

Però, tenint en compte la interpretació geomètrica de la derivada,

$$f'(0) = m = \text{tg } 90°.$$

Com que no existeix la tangent trigonomètrica d'un angle de 90°, la funció $f(x) = \sqrt[3]{x}$ no és derivable en $x = 0$.

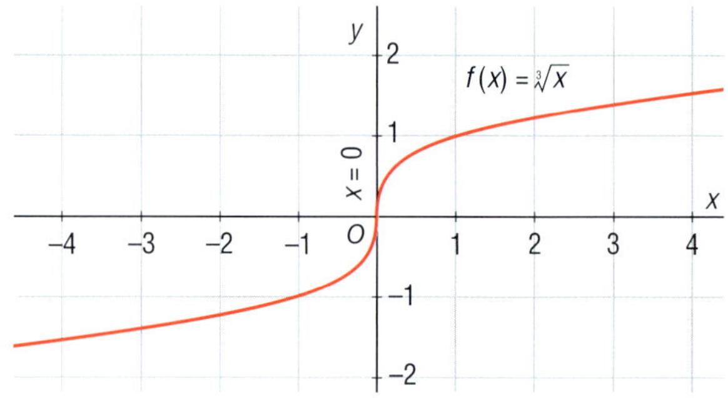

Fig. 6.21.

ACTIVITATS

21. Digues en quins punts no són derivables cadascuna de les funcions següents i indica'n en cada cas el motiu:

a) $f(x) = \dfrac{2}{x^2}$ *b)* $g(x) = \dfrac{1}{x^2 - 9}$

c) $h(x) = \dfrac{x}{4 - 3x}$ *d)* $i(x) = \sqrt[5]{x}$

22. Representa gràficament la funció:

$$f(x) = \begin{cases} 4 - x^2 & \text{si } x \leq 0 \\ 2x + 4 & \text{si } x > 0 \end{cases}$$

És contínua en $x = 0$? I derivable?

23. Donada la funció:

$$f(x) = \begin{cases} ax + b & \text{si } x < 2 \\ 2x^2 + 3 & \text{si } x \geq 2 \end{cases}$$

Troba a i b perquè sigui derivable en $x = 2$.

24. La funció:

$$f(x) = \begin{cases} \dfrac{x^2 - 4}{x - 2} & \text{si } x \ \ 2 \\ 3 & \text{si } x = 2 \end{cases}$$ és derivable en $x = 2$? Per què?

25. La funció $f(x) = |x^2 - 6x + 8|$ és, en realitat, una funció definida a trossos:

$$f(x) = \begin{cases} x^2 - 6x + 8 & \text{si } x \leq 2 \text{ o } x \geq 4 \\ -x^2 + 6x - 8 & \text{si } 2 < x < 4 \end{cases}$$

La gràfica de la funció es pot obtenir fàcilment a partir de la gràfica de la funció $g(x) = x^2 - 6x + 8$. Dibuixa les gràfiques de les dues funcions. Estudia la continuïtat i la derivabilitat de la funció $f(x)$ en $x = 2$ i en $x = 4$.

26. Sabem que la funció $f(x) = \dfrac{3}{4 - bx}$ no és derivable en $x = 2$. Calcula b.

27. Defineix a trossos la funció $f(x) = |x + 2|$. Representa-la gràficament i indica raonadament en quin punt no és derivable.

28. Donada la funció $f(x) = \dfrac{2}{5 + ax}$, determina el valor de a per tal que no sigui derivable en $x = -1$.

29. Considera la funció $f(x) = |3x - 6|$.

a) Expressa-la com una funció definida a trossos.

b) Representa-la gràficament.

c) Analitza'n la continuïtat i la derivabilitat en $x = 2$.

30. La funció $f(x) = \begin{cases} x^3 & \text{si } x < 0 \\ x^2 + c & \text{si } x \geq 0 \end{cases}$ és contínua en $x = 0$.

a) Quin és el valor de c?

b) És derivable en $x = 0$? Si la resposta és afirmativa, quin és el valor de $f'(0)$?

c) Si escau, determina l'equació de la recta tangent a la gràfica de la funció en $x = 0$.

31. Representa la funció $f(x) = |x^2 - 4|$ i, a partir de la gràfica, raona'n la continuïtat i la derivabilitat en $x = -2$ i en $x = 2$.

32. Se sap que la funció:

$$f(x) = \begin{cases} \dfrac{x^2 - 5x + 6}{x - 3} & \text{si } x \neq 3 \\ k & \text{si } x = 3 \end{cases}$$

és contínua en tot el seu domini. Determina el valor de k i indica raonadament si també hi és derivable.

5. Funció derivada. Càlcul de funcions derivades senzilles

Anomenem funció derivada d'una funció f(x) una altra funció f'(x) que fa correspondre a cada punt d'abscissa x el valor de la derivada de f(x) en aquest punt. Es calcula:

$$f'(x) = \lim_{h \to 0} \frac{f(x+h) - f(x)}{h}$$

Observa que, si coneixes la funció derivada d'una funció, pots determinar sempre que sigui possible el valor de la derivada d'aquesta funció en un punt d'abscissa $x = x_0$.

Important

$f'(x_0)$ si existeix, és un nombre real. En canvi, $f'(x)$ és una funció.

Exemple 10 ➡ **Calcula la funció derivada de $f(x) = x^2 - 8x + 12$.**

Per a quins valors de x és creixent aquesta funció? I decreixent?

$$f'(x) = \lim_{h \to 0} \frac{(x+h)^2 - 8(x+h) + 12 - (x^2 - 8x + 12)}{h} = \lim_{h \to 0} \frac{h^2 + 2xh - 8h}{h}$$

$$= \lim_{h \to 0} \frac{h(h + 2x - 8)}{h} = \lim_{h \to 0} (h + 2x - 8) = 2x - 8 \rightarrow f'(x) = 2x - 8$$

La funció $f(x)$ serà creixent per a aquells valors de x que facin $f'(x) > 0$.

En conseqüència,

$$2x - 8 > 0 \rightarrow 2x > 8 \rightarrow x > 4$$

Naturalment, serà decreixent sempre que $x < 4$. Comprova-ho tot representant-la gràficament.

Fixa-t'hi

La funció derivada de la funció $f(x) = x^2 - 5x + 6$ és $f'(x) = 2x - 5$. Llavors, per exemple, $f'(0) = -5$ i $f'(3) = 1$.

Recordem tot seguit les regles pràctiques que et permetran calcular de manera quasi immediata algunes funcions derivades senzilles i que ja coneixes del curs anterior:

- Derivada de la funció constant $f(x) = k \rightarrow f'(x) = 0$
- Derivada de la funció potencial $f(x) = x^n \rightarrow f'(x) = n \cdot x^{n-1}$, $n \in Q$
- Derivada de la funció suma $f(x) = p(x) + q(x) \rightarrow f'(x) = p'(x) + q'(x)$
- Derivada del producte d'una constant per una funció $f(x) = k \cdot g(x) \rightarrow f'(x) = k \cdot g'(x)$

Exemple 11 ➡ **Calcula la derivada de cadascuna de les funcions següents:**

a) $f(x) = 2x^3$ *b)* $f(x) = \dfrac{4}{x^2}$ *c)* $f(x) = -7\sqrt[3]{x}$ *d)* $f(x) = \dfrac{x^2}{3}$

Fixa't que totes quatre es poden escriure com el producte d'una constant per una funció del tipus x^n.

a) $f(x) = 2x^3$

$f'(x) = 2 \cdot 3x^2 = 6x^2$

b) $f(x) = \dfrac{4}{x^2} = 4x^{-2}$

$f'(x) = 4 \cdot (-2)x^{-3} = -8x^{-3} = -\dfrac{8}{x^3}$

c) $f(x) = -7\sqrt[3]{x} = -7x^{\frac{1}{3}}$

$f'(x) = -7 \cdot \dfrac{1}{3} x^{-\frac{2}{3}} = \dfrac{-7}{3\sqrt[3]{x^2}}$

d) $f(x) = \dfrac{x^2}{3} = \dfrac{1}{3}x^2$

$f'(x) = \dfrac{1}{3} \cdot 2x = \dfrac{2x}{3}$

Exemple 12 **Si $f(x) = x^3 - 2x^2 + 3x + 5$, calcula $f'(0)$ i $f'(2)$ i interpreta'n els resultats.**

Calculem primer la funció $f'(x)$.

La funció $f(x)$ és la suma de tres funcions; per tant, $f'(x)$ serà igual a la suma de les funcions derivades d'aquestes funcions:

$$f'(x) = 3x^2 - 4x + 3$$

Per tant,

$f'(0) = 3$ i $f'(2) = 3 \cdot 2^2 - 4 \cdot 2 + 3 = 7$

$f'(0) > 0$ i $f'(2) > 0$. La funció és creixent en $x = 0$ i en $x = 2$.

D'altra banda, $f'(2) > f'(0)$, la qual cosa ens indica que creix més de pressa en $x = 2$ que en $x = 0$.

Exemple 13 **Troba l'equació de la recta tangent a la gràfica $f(x) = x^3 - 12x + 2$ de la funció en el punt d'abscissa $x = -1$.**

Per a $x = -1$, $f(-1) = 13$. Les coordenades del punt de tangència són (–1, 13).

D'altra banda, la funció derivada és $f'(x) = 3x^2 - 12$. Per tant, el pendent de la recta tangent que ens demanen és $m = f'(-1) = -9$ i l'equació de l'esmentada recta, $y = -9x + n$.

La recta tangent passa pel punt (–1, 13), per la qual cosa s'ha de verificar:

$13 = -9 \cdot (-1) + n \rightarrow n = 4$

L'equació de la recta tangent és, doncs, $y = -9x + 4$.

ACTIVITATS

33. Calcula la funció derivada de les funcions següents:

a) $f(x) = -x + 7$ *b)* $f(x) = 1 - 2x^2$

c) $f(x) = \frac{1}{x}$, $x \neq 0$ *d)* $f(x) = \frac{1}{x^2}$, $x \neq 0$

e) $f(x) = \sqrt{x}$, $x > 0$ *f)* $f(x) = 3$

g) $f(x) = 3x^2 + 2x - 1$ *h)* $f(x) = \pi$

34. Donada la funció $f(x) = 6 - x^2$, calcula $f'(-2)$ i $f'(4)$. Indica si la funció és creixent o decreixent en $x = -2$ i en $x = 4$.

35. Indica raonadament per què la funció $f(x) = \frac{1}{x^3}$ és decreixent en tots els punts del seu domini.

36. Troba la funció derivada de la funció $f(x) = \sqrt[3]{x}$ i comprova que aquesta funció no és derivable en $x = 0$.

37. Calcula la funció derivada de cadascuna de les funcions següents:

a) $f(x) = 3x^3 - 5x^2 + 7$ *b)* $f(x) = x + \frac{1}{x} - 3$

c) $f(x) = \frac{x^4}{5} - \frac{3x^2}{7}$ *d)* $f(x) = \sqrt{10} + \sqrt{x}$

e) $f(x) = (2x + 3)^2$ *f)* $f(x) = \frac{-1}{x^3} + \frac{2}{x} + 7$

38. Per a quins valors de x s'anul·la la derivada de $f(x) = x^3 - 5x^2 + 3x + 4$?

39. Demostra que la derivada de la funció polinòmica de segon grau $f(x) = ax^2 + bx + c$ s'anul·la per al valor de x corresponent al vèrtex de la paràbola que en resulta de representar-la gràficament.

6. Funcions derivades de funcions logarítmiques

Els coneixements sobre funcions que vas adquirir en el curs anterior ens permeten completar el càlcul de funcions derivades.

Començarem per les funcions *logaritme en base e* i *logaritme en una base qualsevol*. Com veuràs, les respectives funcions derivades es poden calcular sense gaires dificultats a partir de la definició:

$$f'(x) = \lim_{h\to 0}\frac{f(x+h)-f(x)}{h}$$

De tota manera, són moltes les eines matemàtiques que utilitzarem. Ens servirem del marge de la pàgina per recordar-ne algunes i justificar-ne d'altres.

6.1. Derivada de la funció $f(x) = \ln x$, $D_f = \mathbb{R}^+$

$$f'(x) = \lim_{h\to 0}\frac{\ln(x+h)-\ln x}{h} = \lim_{h\to 0}\frac{1}{h}\cdot\left[\ln(x+h)-\ln x\right] = \lim_{h\to 0}\left(\frac{1}{h}\cdot\ln\frac{x+h}{x}\right) = \lim_{h\to 0}\left[\ln\left(\frac{x+h}{x}\right)^{\frac{1}{h}}\right] =$$

$$= \ln\left[\lim_{h\to 0}\left(\frac{x+h}{x}\right)^{\frac{1}{h}}\right] = \ln\left[\lim_{h\to 0}\left(1+\frac{h}{x}\right)^{\frac{1}{h}}\right] = \ln\left[\lim_{h\to 0}\left(1+\frac{h}{x}\right)^{\frac{x}{h}\frac{1}{x}}\right] = \ln\left[\lim_{h\to 0}\left[\left(1+\frac{h}{x}\right)^{\frac{x}{h}}\right]^{\frac{1}{x}}\right] = \ln e^{\frac{1}{x}} = \frac{1}{x}$$

$$f(x) = \ln x \rightarrow f'(x) = \frac{1}{x}$$

Important

$$\log_a A - \log_a B = \log_a\frac{A}{B}$$

$$n\cdot\log_a A = \log_a A^n$$

$$\lim_{u\to 0}(1+u)^{\frac{1}{u}} = e, \text{ on } u = f(x)$$

$$\lim_{x\to x_0}\left[\ln f(x)\right] = \ln\left[\lim_{x\to x_0} f(x)\right]$$

6.2. Derivada de la funció $f(x) = \log_a x$, $a > 0$, $D_f = \mathbb{R}^+$

La podem obtenir a partir de l'anterior fent un simple canvi de base.

$$f(x) = \log_a x = \frac{\ln x}{\ln a} = \frac{1}{\ln a}\cdot\ln x$$

on $\frac{1}{\ln a}$ és un nombre real. Per tant,

$$f(x) = \log_a x \rightarrow f'(x) = \frac{1}{\ln a}\cdot\frac{1}{x}$$

Important

$$\log_a N = \frac{\log_b N}{\log_b a}$$

$$f(x) = k\cdot g(x),\ k\in\mathbb{R}$$

$$f'(x) = k\cdot g'(x)$$

Exemple 14 **Calcula la derivada de les funcions:**

a) $f(x) = \ln\sqrt{2x}$ **b)** $f(x) = \log\frac{3x}{2}$ **c)** $f(x) = \log_3 3x^4$

Aplicant algunes propietats de la funció logarítmica, obtenim:

a) $f(x) = \ln\sqrt{2x} = \frac{1}{2}(\ln 2 + \ln x) \rightarrow f'(x) = \frac{1}{2}\cdot\frac{1}{x} = \frac{1}{2x}$

b) $f(x) = \log\frac{3x}{2} = \log 3 + \log x - \log 2 \rightarrow f'(x) = \frac{1}{\ln 10}\cdot\frac{1}{x}$

c) $f(x) = \log_3 3x^4 = \log_3 3 + 4\log_3 x = 1 + 4\log_3 x \rightarrow f'(x) = 4\cdot\frac{1}{\ln 3}\cdot\frac{1}{x} = \frac{4}{\ln 3}\cdot\frac{1}{x}$

Exemple 15 **Determina les coordenades del punt en el qual la recta tangent a la gràfica de la funció $f(x) = \ln x$ és paral·lela a la recta $x - y = 0$. Representa-ho gràficament.**

Si la recta tangent i la recta $x-y=0$ han de ser paral·leles, vol dir que han de tenir el mateix pendent.

$$x-y=0 \rightarrow y=x \rightarrow m=1 \rightarrow f'(x)=1$$

Per tant: $f'(x)=\frac{1}{x} \rightarrow \frac{1}{x}=1 \rightarrow x=1$

Cal determinar l'equació de la recta tangent en la gràfica de la funció $f(x)=\ln x$ en el punt $x=1$.

Calculem l'ordenada del punt de tangència: $y=f(1)=\ln 1=0$.

Tenim, doncs, que la recta tangent té pendent $m = 1$, i passa pel punt $P(1,0)$

Considerant la forma explícita de la recta $y=mx+n$ i substituint, tenim:

$$0=1+n \rightarrow n=-1$$

L'equació de la recta tangent demanada és $y=x-1$

En la Figura 6.22 hi ha representades la gràfica de la funció i les dues rectes paral·leles, la que ens donen i la que ens demanen.

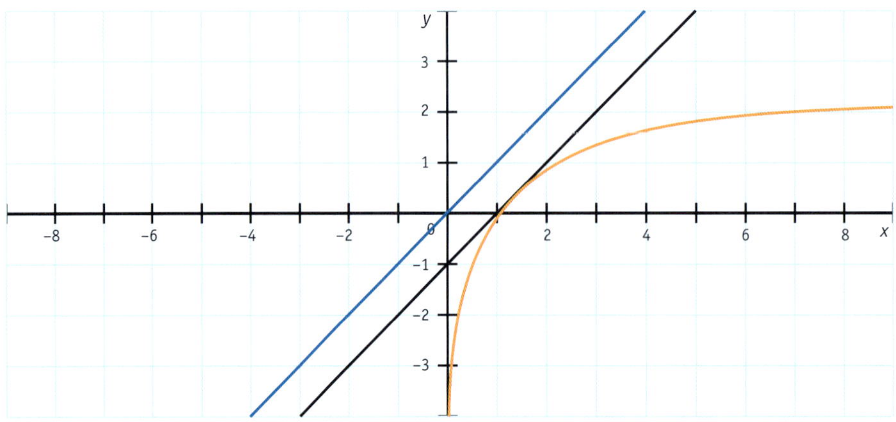

Fig. 6.22.

ACTIVITATS

40. Quina és l'equació de la recta tangent a la gràfica de la funció $f(x)=-x^2+6x$ en els punts en què talla l'eix d'abscisses?

41. Troba la funció derivada de cadascuna de les funcions següents:

a) $f(x)=5\ln x+9$ b) $f(x)=x^2-\log x+3\ln x$

c) $f(x)=\frac{\ln x}{7}+\frac{2}{x}$ d) $f(x)=\log_3 x-3x+\ln 9$

42. Justifica per què la gràfica de la funció $f(x)=\log_2 x$ no pot tenir ni màxims ni mínims.

43. Existeix algun punt en el qual la recta tangent a la gràfica de la funció $f(x) = \ln x$ és paral·lela a la recta $x + y = 0$? Justifica la resposta.

44. Calcula la funció derivada de les funcions següents:

a) $f(x)=x^3+3\log_4 x+\pi$ b) $f(x)=5\ln x-\frac{3}{x^2}+\log 7$

c) $f(x)=\log x^3+\ln x^5$ d) $f(x)=6\ln x-\sqrt{x}+1$

7. Derivada de la funció composta. Regla de la cadena

Suposem que hem de calcular la funció derivada de la funció $f(x) = (3x^2 + 2)^2$. Ja coneixem un possible camí: desenvolupem el quadrat de la suma indicada i després derivem la funció polinòmica que en resulta:

$$f(x) = (3x^2 + 2)^2 = 9x^4 + 12x^2 + 4 \rightarrow f'(x) = 36x^3 + 24x$$

Provem d'arribar al mateix resultat per un altre camí. Si et fixes bé en la funció que ens donen, veuràs que es pot considerar el resultat de compondre les funcions $u(x) = 3x^2 + 2$ i $g(x) = x^2$, de manera que la funció $u(x)$ és la que actua primer:

$$f(x) = (g \circ u)(x) = g\big(u(x)\big) = [u(x)]^2$$

Podríem pensar que per calcular $f'(x)$ només ens cal aplicar la regla de la potència que ja sabem:

$$f'(x) = 2 \cdot u(x) = 2(3x^2 + 2)$$

El resultat no és el mateix que el que ja coneixem, $f'(x) = 36x^3 + 24x$. Per tant, el que hem fet no és correcte.

En considerar $f'(x) = 2 \cdot u(x)$, no hem tingut en compte en cap moment la funció $u'(x) = 6x$, derivada de la funció $u(x)$. Fixa't que, si multipliquem per $u'(x) = 6x$ el resultat erroni de la nostra primera aproximació, arribem a la funció derivada que busquem.

$$f'(x) = 2 \cdot u(x) \cdot u'(x) = 2(3x^2 + 2) \cdot 6x = 36x^3 + 24x$$

Vegem-ne el motiu.

Sigui $f(x) = g\big(u(x)\big)$, amb $u(x)$ i $g\big(u(x)\big)$ funcions derivables. Apliquem la definició per calcular $f'(x)$:

$$f'(x) = \lim_{h \to 0} \frac{f(x+h) - f(x)}{h} = \lim_{h \to 0} \left[\frac{f(x+h) - f(x)}{u(x+h) - u(x)} \cdot \frac{u(x+h) = -u(x)}{h} \right] =$$

$$= \lim_{h \to 0} \frac{g\big(u(x+h)\big) - g\big(u(x)\big)}{u(x+h) - u(x)} \cdot \lim_{h \to 0} \frac{u(x+h) - u(x)}{h} = g'\big(u(x)\big) \cdot u'(x)$$

Cal tenir en compte que, com que $u(x)$ és derivable i, en conseqüència, contínua, es verifica:

$$\lim_{h \to 0} u(x+h) = u(x)$$

Això fa que, quan h tendeix a 0, també tendeixi a 0 la diferència $u(x + h) - u(x)$ i, per aquest motiu,

$$\lim_{h \to 0} \frac{g\big(u(x+h)\big) - g\big(u(x)\big)}{u(x+h) - u(x)} = g'\big(u(x)\big)$$

Per tant, podem establir aquesta regla de derivació per a la funció composta:

$$f(x) = g\big(u(x)\big) \rightarrow f'(x) = g'\big(u(x)\big) \cdot u'(x)$$

Aquesta regla, coneguda amb el nom de **regla de la cadena**, resulta més senzilla d'aplicar del que en un principi pot semblar. Vegem-ho en la generalització del càlcul de les funcions derivades de les funcions que resulten de compondre les que hem vist fins ara.

En cas que la funció que cal derivar resulti de compondre més de dues funcions, el camí a seguir és el mateix, per bé que amb més passos.

$$f(x) = g\Big(u\big(r(x)\big)\Big) \rightarrow f'(x) = g'\Big(u\big(r(x)\big)\Big) \cdot u'\big(r(x)\big) \cdot r'(x)$$

Derivada de les funcions $f(x) = [u(x)]^n$

$f(x) = x^n \rightarrow f'(x) = n \cdot x^{n-1},\ n \in \mathbb{Q}$ $\qquad$ $f(x) = [u(x)]^n \rightarrow f'(x) = n \cdot [u(x)]^{n-1} \cdot u'(x),\ n \in \mathbb{Q}$

Important

$\ln^p x = (\ln x)^p$

Exemple 16 **Calcula la derivada de les funcions:**

a) $f(x) = (x^3 + 2)^4$ $\qquad$ **b)** $f(x) = \sqrt[3]{\ln^2 x}$

c) $f(x) = \sqrt{x^2 + 3}$ $\qquad$ **d)** $f(x) = \ln^3 x$

a) $f(x) = (x^3 + 2)^4 \xrightarrow[f(x)=[u(x)]^4,\ f'(x)=4[u(x)]^3 \cdot u'(x)]{u(x)=x^3+2} f'(x) = 4(x^3 + 2)^3 \cdot 3x^2 = 12x^2(x^3 + 2)^3$

b) $f(x) = \sqrt[3]{\ln^2 x} = \sqrt[3]{(\ln x)^2} = (\ln x)^{\frac{2}{3}} \xrightarrow[f(x)=[u(x)]^{\frac{2}{3}},\ f'(x)=\frac{2}{3}[u(x)]^{-\frac{1}{3}} \cdot u'(x)]{u(x)=\ln x} f'(x) = \frac{2}{3} \cdot (\ln x)^{-\frac{1}{3}} \cdot \frac{1}{x} = \frac{2}{3x\sqrt[3]{\ln x}}$

c) $f(x) = \sqrt{x^2 + 3} = (x^2 + 3)^{\frac{1}{2}} \xrightarrow[f(x)=[u(x)]^{\frac{1}{2}},\ f'(x)=\frac{1}{2}[u(x)]^{-\frac{1}{2}} \cdot u'(x)]{u(x)=x^2+3} f'(x) = \frac{1}{2}(x^2 + 3)^{-\frac{1}{2}} \cdot 2x = \frac{x}{\sqrt{x^2 + 3}}$

d) $f(x) = \ln^3 x = (\ln x)^3 \xrightarrow[f(x)=[u(x)]^3,\ f'(x)=3[u(x)]^2 \cdot u'(x)]{u(x)=\ln x} f'(x) = 3(\ln x)^2 \cdot \frac{1}{x} = \frac{3\ln^2 x}{x}$

Derivada de les funcions $f(x) = \ln [u(x)]$ i $f(x) = \log_a [u(x)]$

$f(x) = \ln x \rightarrow f'(x) = \frac{1}{x}$ $\qquad$ $f(x) = \ln [u(x)] \rightarrow f'(x) = \frac{1}{u(x)} \cdot u'(x) = \frac{u'(x)}{u(x)}$

$f(x) = \log_a x \rightarrow f'(x) = \frac{1}{\ln a} \cdot \frac{1}{x}$ $\qquad$ $f(x) = \log_a [u(x)] \rightarrow f'(x) = \frac{1}{\ln a} \cdot \frac{1}{u(x)} \cdot u'(x) = \frac{1}{\ln a} \cdot \frac{u'(x)}{u(x)}$

Exemple 17 **Calcula la derivada de les funcions:**

a) $f(x) = \ln^3(4x^2 + 3)$ $\quad$ **b)** $f(x) = \log\frac{2}{1-x^2}$ $\quad$ **c)** $f(x) = \sqrt{1 + \ln(x^2 + 1)}$

a) $f(x) = \ln^3(4x+3) = [\ln(4x+3)]^3 \rightarrow f'(x) = 3[\ln(4x+3)]^2 \cdot \frac{1}{4x+3} \cdot 4 = \frac{12\ln^2(4x+3)}{4x+3}$

b) $f(x) = \log\frac{2}{1-x^2} = \log 2 - \log(1-x^2) \rightarrow f'(x) = -\frac{1}{\ln 10} \cdot \frac{1}{1-x^2} \cdot (-2x) = \frac{1}{\ln 10} \cdot \frac{2x}{1-x^2}$

c) $f(x) = \left[1 + \ln(x^2+1)\right]^{\frac{1}{2}} \rightarrow f'(x) = \frac{1}{2}\left[1 + \ln(x^2+1)\right]^{-\frac{1}{2}} \cdot \frac{1}{x^2+1} \cdot 2x = \frac{x}{(x^2+1) \cdot \sqrt{1 + \ln(x^2+1)}}$

ACTIVITATS

45. Calcula la derivada de les funcions següents:

a) $f(x) = \sqrt[3]{1 - x^2}$ $\qquad$ b) $f(x) = (x^3 + 2x - 5)^2$

c) $f(x) = \sqrt{x + \ln x}$ $\qquad$ d) $f(x) = (1 - x^2)^3$

e) $f(x) = \ln\sqrt{1 + 3x^2}$ $\qquad$ f) $f(x) = \log_2(1 + \sqrt{x})$

g) $f(x) = \frac{5}{(1-x)^4}$ $\qquad$ h) $f(x) = \log\sqrt{1 - x}$

i) $f(x) = \frac{1}{(x^2 + 4)^2}$ $\qquad$ j) $f(x) = \frac{1}{\ln^2(1 + x)}$

46. Troba l'equació de la recta tangent a la gràfica de la funció $f(x) = (x^2 - 1)^2$ en el punt d'ordenada nul·la i abscissa positiva.

47. Determina l'expressió algèbrica de la funció $f(x)$ sabent que $f'(x) = \frac{1}{x}$ i que la seva gràfica passa pel punt $P(1,3)$.

48. Indica per a quins valors de x és creixent la funció $f(x) = \ln(x^2 + 1)$. Per què?

La gràfica d'aquesta funció té algun punt en el qual la recta tangent tingui pendent nul? Si la resposta és afirmativa, de quin punt es tracta?

8. Derivació logarítmica

Malgrat que aplicant la definició es pot calcular la funció derivada de qualsevol altra funció, de vegades es poden presentar problemes a l'hora de trobar alguns dels límits que en resulten. Per tal d'estalviar-nos-els, utilitzarem la **derivació logarítmica** en els casos en què aquest procés resulta més útil. Concretament, ens referim a l'obtenció de les funcions derivades de potències, productes i quocients.

Podem descompondre el procés en tres passos:

- Prenem logaritmes, neperians per a més comoditat, dels dos membres que componen la igualtat de la funció que cal derivar.
- Apliquem les propietats dels logaritmes.
- Derivem els dos membres i aïllem $f'(x)$.

Important

Logaritmes

Si $P = Q$, $\log_a P = \log_a Q$.

8.1. Derivada de la funció potencial $f(x) = x^n$

De fet, ja saps com es calcula: $f'(x) = n \cdot x^{n-1}$, $n \in \mathbb{Q}$. Demostrem que, efectivament, és així. Prenem logaritmes i apliquem la propietat del logaritme d'una potència:

$$f(x) = x^n \rightarrow \ln f(x) = \ln x^n \rightarrow \ln f(x) = n \cdot \ln x$$

Derivem els dos membres, aïllem $f'(x)$ i substituïm $f(x)$ pel seu valor, x^n:

$$\frac{1}{f(x)} \cdot f'(x) = n \cdot \frac{1}{x} \rightarrow f'(x) = n \cdot \frac{1}{x} \cdot f(x) = n \cdot \frac{1}{x} \cdot x^n = n \cdot x^{n-1}$$

Aquesta demostració ens permet ampliar el camp d'aplicació d'aquesta regla a qualsevol exponent $n \in \mathbb{R}$. Naturalment, també podem aplicar-la en el cas de les funcions compostes.

$$f(x) = [u(x)]^n \rightarrow f'(x) = n \cdot [u(x)]^{n-1} \cdot u'(x)\ ,\ n \in R$$

8.2. Derivada del producte de dues funcions

$$f(x) = g(x) \cdot h(x) \rightarrow \ln f(x) = \ln [g(x) \cdot h(x)] = \ln g(x) + \ln h(x)$$

$$\frac{1}{f(x)} \cdot f'(x) = \frac{1}{g(x)} \cdot g'(x) + \frac{1}{h(x)} \cdot h'(x)$$

$$f'(x) = f(x)\left[\frac{1}{g(x)} \cdot g'(x) + \frac{1}{h(x)} \cdot h'(x)\right] =$$

$$= g(x) \cdot h(x)\left[\frac{1}{g(x)} \cdot g'(x) + \frac{1}{h(x)} \cdot h'(x)\right] = g'(x) \cdot h(x) + g(x) \cdot h'(x)$$

$$f(x) = g(x) \cdot h(x) \rightarrow f'(x) = g'(x) \cdot h(x) + g(x) \cdot h'(x)$$

Important

La derivada del producte de dues funcions no és igual al producte de les derivades d'aquestes funcions.

8.3. Derivada de les funcions $f(x) = \dfrac{1}{g(x)}$

$$f(x) = \frac{1}{g(x)} \rightarrow \ln f(x) = \ln \frac{1}{g(x)} = \ln 1 - \ln g(x) = -\ln g(x)$$

$$\frac{1}{f(x)} \cdot f'(x) = -\frac{1}{g(x)} \cdot g'(x)$$

$$f'(x) = -f(x) \cdot \frac{1}{g(x)} \cdot g'(x) = -\frac{1}{g(x)} \cdot \frac{1}{g(x)} \cdot g'(x) = -\frac{g'(x)}{[g(x)]^2}$$

$$f(x) = \frac{1}{g(x)} \rightarrow f'(x) = -\frac{g'(x)}{[g(x)]^2}$$

8.4. Derivada del quocient de dues funcions

$$f(x) = \frac{g(x)}{h(x)} = g(x) \cdot \frac{1}{h(x)}$$

Aplicant les dues regles de derivació anteriors i reduint a comú denominador:

$$f'(x) = g'(x) \cdot \frac{1}{h(x)} + g(x)\frac{-h'(x)}{[h(x)]^2} = \frac{g'(x) \cdot h(x) - g(x)h'(x)}{[h(x)]^2}$$

Important

La derivada del quocient de dues funcions no és igual al quocient de les derivades d'aquestes funcions.

$$f(x) = \frac{g(x)}{h(x)} \rightarrow f'(x) = \frac{g'(x) \cdot h(x) - g(x) \cdot h'(x)}{[h(x)]^2}$$

Exemple 18 **Calcula la derivada de les funcions següents:**

a) $f(x) = 3x^2 \cdot \log 2x$ **b)** $f(x) = \frac{x^2}{x^2+3}$

c) $f(x) = x^3 \cdot \ln x$ **d)** $f(x) = \frac{\ln x}{1-x}$

a) $f'(x) = 6x \cdot \log 2x + 3x^2 \cdot \frac{1}{\ln 10} \cdot \frac{1}{2x} \cdot 2 = 6x \cdot \log 2x + \frac{1}{\ln 10} \cdot 3x$

b) $f'(x) = \frac{2x(x^2+3) - x^2 \cdot 2x}{(x^2+3)^2} = \frac{2x^3+6x-2x^3}{(x^2+3)^2} = \frac{6x}{(x^2+3)^2}$

c) $f'(x) = 3x^2 \cdot \ln x + x^3 \cdot \frac{1}{x} = 3x^2 \cdot \ln x + x^2 = x^2(3\ln x + 1)$

d) $f'(x) = \frac{\frac{1}{x} \cdot (1-x) - \ln x \cdot (-1)}{(1-x)^2} = \frac{1-x+x \cdot \ln x}{x(1-x)^2}$

ACTIVITATS

49. Calcula la funció derivada de les funcions següents:

a) $f(x) = x^2 (1-3x)^3$ b) $f(x) = x \cdot \ln x + \ln^2 x + 1$

c) $f(x) = \frac{1}{x^2 - 3x + 2}$ d) $f(x) = \sqrt{x} \cdot (1+x)$

e) $f(x) = \frac{-2x}{(x^2-1)^2}$ f) $f(x) = \frac{\ln x}{1-x}$

g) $f(x) = \ln\sqrt{\frac{1+x^2}{1-x^2}}$ h) $f(x) = (1-x)^3 \cdot \log_2 x$

50. Utilitzant la derivada logarítmica, demostra que la derivada de la funció

$$f(x) = \frac{k}{g(x)} \text{ és } f'(x) = \frac{-k \cdot g'(x)}{[g(x)]^2}$$

51. Comprova que la derivada de la funció $f(x) = \frac{x^2+1}{x^2-1}$ només s'anul·la en un punt. De quin punt es tracta?

52. Troba l'equació de la recta tangent a la gràfica de la funció $f(x) = \frac{x^2}{x^2+1}$ en $x = 1$.

En quin punt de la gràfica d'aquesta funció la recta tangent és paral·lela a l'eix d'abscisses?

53. Donada la funció $f(x) = \frac{ax}{x-3}$, $a \in \mathbb{R}$, $a > 0$, calcula:

$$\lim_{x \to 3^+} f'(x) \text{ i } \lim_{x \to 3^-} f'(x)$$

9. Derivada de les funcions $f(x) = e^x$, $f(x) = a^x$ i $f(x) = g(x)^{h(x)}$

Com en l'apartat anterior, obtindrem la derivada d'aquestes funcions utilitzant el mètode de derivació logarítmica.

9.1. Derivada de la funció $f(x) = e^x$, $D_f = \mathbb{R}$

$f(x) = e^x \rightarrow \ln f(x) = \ln e^x \rightarrow \ln f(x) = x$

$\frac{1}{f(x)} \cdot f'(x) = 1 \rightarrow f'(x) = f(x) \rightarrow f'(x) = e^x$

$$f(x) = e^x \rightarrow f'(x) = e^x$$

Fent la generalització per al cas de la funció composta, tenim:

$$f(x) = e^{u(x)} \rightarrow f'(x) = e^{u(x)} \cdot u'(x)$$

9.2. Derivada de la funció $f(x) = a^x$, $D_f = \mathbb{R}$

$f(x) = a^x \rightarrow \ln f(x) = \ln a^x = x \cdot \ln a$

$\frac{1}{f(x)} \cdot f'(x) = \ln a \rightarrow f'(x) = f(x) \cdot \ln a = a^x \cdot \ln a$

$$f(x) = a^x \rightarrow f'(x) = a^x \cdot \ln a$$

Generalitzant al cas de la funció composta,

$$f(x) = a^{u(x)} \rightarrow f'(x) = a^{u(x)} \cdot u'(x) \cdot \ln a$$

Exemple 19 **Calcula la derivada de les funcions:**

a) $f(x) = e^{\sqrt{x}}$ **b)** $f(x) = 2^{\ln x}$ **c)** $f(x) = x^3 \cdot e^{2x}$

d) $f(x) = \sqrt{e^{2x} + x}$ **e)** $f(x) = \frac{10^{\ln x}}{\ln 10} + e^{1-x}$ **f)** $f(x) = e^{\frac{x}{x+1}}$

a) $f'(x) = e^{\sqrt{x}} \cdot \frac{1}{2} x^{-\frac{1}{2}} = \frac{e^{\sqrt{x}}}{2\sqrt{x}}$

b) $f'(x) = 2^{\ln x} \cdot \frac{1}{x} \cdot \ln 2 = \frac{2^{\ln x} \cdot \ln 2}{x}$

c) $f'(x) = 3x^2 \cdot e^{2x} + x^3 \cdot e^{2x} \cdot 2 = x^2 \cdot e^{2x} \cdot (3 + 2x)$

d) $f'(x) = \frac{1}{2}\left(e^{2x} + x\right)^{-\frac{1}{2}} \cdot \left(e^{2x} \cdot 2 + 1\right) = \frac{2e^{2x} + 1}{2\sqrt{e^{2x} + x}}$

e) $f'(x) = \frac{1}{\ln 10} \cdot 10^{\ln x} \cdot \frac{1}{x} \cdot \ln 10 + e^{1-x} \cdot (-1) = \frac{10^{\ln x}}{x} - e^{1-x}$

f) $f'(x) = e^{\frac{x}{x+1}} \cdot \frac{x + 1 - x}{(x+1)^2} = \frac{e^{\frac{x}{x+1}}}{(x+1)^2}$

9.3. Derivada de les funcions del tipus $f(x) = g(x)^{h(x)}$

$\ln f(x) = \ln g(x)^{h(x)} = h(x) \cdot \ln g(x)$

$$\frac{1}{f(x)} \cdot f'(x) = h'(x) \cdot \ln g(x) + h(x) \cdot \frac{1}{g(x)} \cdot g'(x)$$

$$f'(x) = f(x)\left[h'(x) \cdot \ln g(x) + h(x) \cdot \frac{g'(x)}{g(x)}\right] = g(x)^{h(x)}\left[h'(x) \cdot \ln g(x) + h(x) \cdot \frac{g'(x)}{g(x)}\right]$$

$$f(x) = g(x)^{h(x)} \rightarrow f'(x) = g(x)^{h(x)} \cdot \left[h'(x) \cdot \ln g(x) + h(x) \cdot \frac{g'(x)}{g(x)}\right]$$

Important

Malgrat que aquesta és una expressió general i, per tant, aplicable sempre que hagis de calcular derivades d'aquest tipus, no té cap utilitat que la memoritzis. És aconsellable fer cada vegada tot el procés fins a arribar a $f'(x)$.

Exemple 20 Calcula la derivada de les funcions:

a) $f(x) = x^x$ ***b)*** $f(x) = (x + 1)^{e^x}$ ***c)*** $f(x) = (\ln x)^x$

a) $\ln f(x) = \ln x^x = x \cdot \ln x$

$$\frac{1}{f(x)} \cdot f'(x) = \ln x + x \cdot \frac{1}{x} \rightarrow f'(x) = x^x \cdot (\ln x + 1)$$

b) $\ln f(x) = \ln(x+1)^{e^x} = e^x \ln(x+1) \rightarrow \frac{1}{f(x)} f'(x) = e^x \ln(x+1) + e^x \frac{1}{x+1} \rightarrow$

$$f'(x) = (x+1)^{e^x}\left[e^x \ln(x+1) + e^x \frac{1}{x+1}\right] = e^x (x+1)^{e^x}\left[\ln(x+1) + \frac{1}{x+1}\right]$$

c) $\ln f(x) = \ln(\ln x)^x = x \cdot \ln(\ln x)$

$$\frac{1}{f(x)} \cdot f'(x) = \ln(\ln x) + x \cdot \frac{1}{\ln x} \cdot \frac{1}{x} = \ln(\ln x) + \frac{1}{\ln x}$$

$$f'(x) = (\ln x)^x \left[\ln(\ln x) + \frac{1}{\ln x}\right]$$

ACTIVITATS

54. Calcula la derivada de les funcions:

a) $f(x) = e^{3x} \cdot \ln(x^2 + 4)$ *b)* $f(x) = x \cdot 2^x$

c) $f(x) = \frac{e^x + 1}{e^x}$ *d)* $f(x) = (x+1)^x$

e) $f(x) = (e^x + 1)^2$ *f)* $f(x) = \ln \frac{e^x + 3}{e^x}$

55. Donada la funció $f(x) = x \cdot e^x$, calcula $f'(x)$. Escriu l'equació de la recta tangent a la gràfica de $f(x)$ en el punt on s'anul·la la seva derivada. Indica raonadament si aquesta funció és creixent o decreixent en $x = 0$.

56. Donada la funció $f(x) = x^2 \cdot e^x$, resol l'equació $f'(x) = 0$.

57. Comprova que la derivada de la funció $f(x) = x^2 \cdot 5^x$ s'anul·la en els punts $x = \frac{-2}{\ln 5}$ i $x = 0$.

58. Un capital s'inverteix de manera que la seva revaloració passats x anys pot expressar-se matemàticament de la manera següent: $C(x) = 100\,000 \cdot e^{0{,}05x}$.

a) Quin és l'import d'aquest capital en el moment de fer la inversió? I quan hagin passat 10 anys?

b) Comprova, utilitzant les derivades, que el ritme de creixement d'aquest capital és més gran per a $x = 6$ anys que per a $x = 4$ anys.

10. Derivades successives

Donada una funció derivable $f(x)$ podem trobar la seva funció derivada $f'(x)$. Moltes vegades, aquesta nova funció també és derivable. La seva funció derivada s'expressa $f''(x)$ i s'anomena **derivada segona** de $f(x)$.

Si $f''(x)$ segueix sent derivable, la seva funció derivada s'expressa $f'''(x)$ i s'anomena **derivada tercera** de $f(x)$. I així successivament es defineixen les **derivades enèsimes** $f^{(n)}(x)$, amb $n > 1$ de la funció $f(x)$.

Per regla general, a mesura que es va derivant successivament una funció, les expressions de les funcions que en resulten són cada vegada més complexes. Hi ha, però, algunes funcions senzilles que no tenen aquest comportament. Vegem-ne uns quants exemples.

- Per derivació successiva, qualsevol funció polinòmica sempre acaba en la funció nul·la. Si el seu grau és n, només cal derivar-la $n + 1$ vegades.
- Cal recordar les funcions del tipus $f(x) = k \cdot e^x$. En derivar-les les vegades que sigui, sempre obtindrem la mateixa funció. Diem que són *invariables* respecte de la derivació.
- Les funcions $f(x) = a^x$, en calcular les derivades successives les vegades que sigui, sempre s'obté una funció del tipus $g(x) = k{\cdot}a^x$. Vegem-ho:

$$f(x) = a^x \rightarrow f'(x) = a^x \cdot \ln a = \ln a \cdot a^x \rightarrow f''(x) = \ln a \cdot a^x \cdot \ln a = \ln^2 a \cdot a^x$$

$$f'''(x) = \ln^2 a \cdot a^x \cdot \ln a = \ln^3 a \cdot a^x \rightarrow f^{(4)}(x) = \ln^3 a \cdot a^x \cdot \ln a = \ln^4 a \cdot a^x$$

De manera que: $f^{(n)}(x) = \ln^n a \cdot a^x$

Exemple 21 ➡ **Donada la funció $f(x) = x \cdot e^x$, resol l'equació $f^{(n)}(x) = 0$.**

Calculem les primeres derivades successives de la funció $f(x)$ amb l'objectiu de poder determinar l'expressió algèbrica de la funció $f^{(n)}(x)$.

$$f'(x) = e^x + x \cdot e^x = e^x(1 + x)$$

$$f''(x) = e^x(1 + x) + e^x = e^x(2 + x)$$

$$f'''(x) = e^x(2 + x) + e^x = e^x(3 + x)$$

Els resultats obtinguts permeten concloure que la derivada enèsima de la funció $f(x)$ és $f^{(n)}(x) = e^x(n + x)$. En conseqüència:

$$f^{(n)}(x) = 0 \rightarrow e^x(n + x) = 0 \rightarrow n + x = 0 \rightarrow x = -n$$

En algunes funcions es pot deduir el criteri que segueix la seqüència de les diferents derivades successives, com és el cas de la funció de l'exemple 21. És a dir, és possible deduir l'expressió general de la derivada enèsima, la qual cosa ens permet calcular la derivada de qualsevol ordre sense necessitat de saber la derivada d'ordre una unitat inferior al que ens demanen. Per tant, un cop deduïda l'expressió algèbrica de la derivada d'ordre n, podem calcular fàcilment la derivada d'ordre m sense saber la derivada d'ordre $m - 1$.

Exemple 22 ➡ **Troba l'expressió algèbrica de la derivada enèsima de la funció $f(x)=\frac{1}{x}$. Calcula les derivades $f^{(50)}(x)$ i $f^{(85)}(x)$.**

$$f(x)=\frac{1}{x}=x^{-1}\rightarrow f'(x)=-x^{-2}=-\frac{1}{x^2}\rightarrow f''(x)=2x^{-3}=\frac{2}{x^3}$$

$$f'''(x)=-6x^{-4}=-\frac{6}{x^4}\rightarrow f^{(4)}(x)=24x^{-5}=\frac{24}{x^5}$$

A les diferents derivades calculades s'observa que l'exponent de x coincideix amb l'ordre de la derivada més una unitat. El signe de les diferents derivades ve donat pel seu ordre, ja que si és d'ordre parell la derivada és positiva, mentre que si és senar, és negativa. A més, fixa't que el numerador de cadascuna de les derivades coincideix amb el factorial de l'ordre de la derivada.

Amb tot, tenim que: $f^{(n)}(x)=(-1)^n\frac{n!}{x^{n+1}}$.

D'on s'obté que: $f^{(50)}(x)=\frac{50!}{x^{51}}$ i $f^{(85)}(x)=-\frac{85!}{x^{86}}$

Important

$$g(x)=\frac{2}{x^3}\rightarrow g'(x)=\frac{-6x^2}{x^6}=-\frac{6}{x^4}$$

Com que $D_g=\mathbb{R}-\{0\}$, la simplificació és possible, ja que $x^2\neq 0$.

Les diferents derivades de l'exemple anterior, les hem calculat a partir de:

$f(x)=kx^n\rightarrow f'(x)=knx^{n-1}$.

També es podrien calcular a partir de:

$$f(x)=\frac{k}{g(x)}\rightarrow f'(x)=\frac{-kg'(x)}{[g(x)]^2}$$

tot simplificant-ne el resultat dividint per $x^{n-1}\neq 0$.

Sempre que sigui possible, és molt important simplificar les expressions algèbriques resultants de les diferents derivades, ja que en cas contrari quan les apliquem al càlcul de punts estacionaris, per exemple, ens pot portar a resultats contradictoris. Pensa-hi.

Exemple 23 ➡ **Calcula les dues primeres derivades de la funció $f(x)=\frac{x^2}{(1-x)^2}$, simplificant-ne el resultat.**

$$f'(x)=\frac{2x(1-x)^2-x^2\cdot 2(1-x)(-1)}{(1-x)^4}=\frac{(1-x)\left[2x(1-x)+2x^2\right]}{(1-x)^4}=\frac{2x-2x^2+2x^2}{(1-x)^3}=\frac{2x}{(1-x)^3}$$

$$f''(x)=\frac{2(1-x)^3-2x\cdot 3(1-x)^2(-1)}{(1-x)^6}=\frac{(1-x)^2\left[2(1-x)+6x\right]}{(1-x)^6}=\frac{2-2x+6x}{(1-x)^4}=\frac{4x+2}{(1-x)^4}$$

Observa que un cop simplificades les derivades, els denominadors augmenten un grau a mesura que anem derivant. Si no en féssim la simplicació, el grau de cadascun dels denominadors seria el doble de l'anterior.

ACTIVITATS

59. Donada la funció $f(x)=\frac{x^2}{x^2-4}$, calcula $f'(x)$, $f''(x)$ i $f'''(x)$.

60. Per a la funció $f(x)=\ln x$ calcula:

$f'(x), f''(x), f'''(x)$ i $f^{(4)}(x)$

Observa amb detall les funcions que has obtingut i dedueix l'expressió de la derivada $f^{(n)}(x)$.

61. Troba $f^{(66)}(x)$ i $f^{(94)}(x)$ per a la funció $f(x)=3^x$.

62. Per a quin valor de x s'anul·la la segona derivada de la funció $f(x)=x\cdot 2^x$?

Quin és el pendent de la recta tangent a la gràfica de f(x) en aquest punt? I la seva equació?

11. Taula de derivades

Hem considerat convenient de resumir en una taula les derivades i les regles de derivació que hem vist. En cas de dubte, consulta-la.

f(x)	f′(x)	f(x)	f′(x)
$k,\ k \in \mathbb{R}$	0	-	-
$x^n,\ n \in \mathbb{R}$	$n \cdot x^{n-1}$	$[u(x)]^n,\ n \in \mathbb{R}$	$n \cdot [u(x)]^{n-1} \cdot u'(x)$
$\sqrt{x}$	$\dfrac{1}{2\sqrt{x}}$	$\sqrt{u(x)}$	$\dfrac{1}{2\sqrt{u(x)}} \cdot u'(x)$
$\dfrac{1}{x}$	$-\dfrac{1}{x^2}$	$\dfrac{1}{u(x)}$	$\dfrac{-u'(x)}{[u(x)]^2}$
$\ln x$	$\dfrac{1}{x}$	$\ln [u(x)]$	$\dfrac{u'(x)}{u(x)}$
$\log_a x$	$\dfrac{1}{\ln a} \cdot \dfrac{1}{x}$	$\log_a [u(x)]$	$\dfrac{1}{\ln a} \dfrac{u'(x)}{u(x)}$
e^x	e^x	$e^{u(x)}$	$e^{u(x)} \cdot u'(x)$
a^x	$a^x \ln a$	$a^{u(x)}$	$a^{u(x)} \cdot \ln a \cdot u'(x)$

Tabla 6.1. Funcions derivades.

Les derivades tercera i quarta són casos particulars de la segona.

$f(x) = g(x) + h(x)$	$f'(x) = g'(x) + h'(x)$
$f(x) = k \cdot g(x)$	$f'(x) = k \cdot g'(x)$
$f(x) = g(x) \cdot h(x)$	$f'(x) = g'(x) \cdot h(x) + g(x) \cdot h'(x)$
$f(x) = \dfrac{g(x)}{h(x)}$	$f'(x) = \dfrac{g'(x) \cdot h(x) - g(x) \cdot h'(x)}{[h(x)]^2}$
$f(x) = g[h(x)]$	$f'(x) = g'[h(x)] \cdot h'(x)$
$f(x) = g(x)^{h(x)}$	$f'(x) = g(x)^{h(x)} \left[h'(x) \cdot \ln g(x) + h(x) \cdot \dfrac{g'(x)}{g(x)} \right]$

Tabla 6.2. Derivades d'operacions amb funcions.

Activitats finals

1. En quins punts de la gràfica de la funció $f(x) = -\frac{1}{x}$ la recta tangent és paral·lela a la recta $4x - y - 2 = 0$?

Escriu les equacions d'aquestes rectes tangents.

2. Dibuixa en un paper mil·limetrat la gràfica de la funció $f(x) = -x^2 + 8x$. Tot seguit, fes una estimació a partir d'aquesta gràfica dels valors de $f'(1)$ i $f'(5)$. Calcula analíticament $f'(1)$ i $f'(5)$ i compara els resultats amb els anteriors.

3. Representa gràficament la funció:

$$f(x) = \begin{cases} 0 & \text{si } x < 0 \\ x & \text{si } x \geq 0 \end{cases}$$

Aquesta funció és contínua en $x = 0$? I derivable? Justifica les respostes.

4. Determina a i b per tal que la funció següent sigui derivable en tots els reals:

$$f(x) \begin{cases} e^x + a & \text{si } x \leq 0 \\ bx^2 + 1 & \text{si } x > 0 \end{cases}$$

5. La gràfica d'una funció $f(x)$ és la de la Figura 6.23. Sense calcular-ne l'expressió analítica, representa gràficament la funció $f'(x)$.

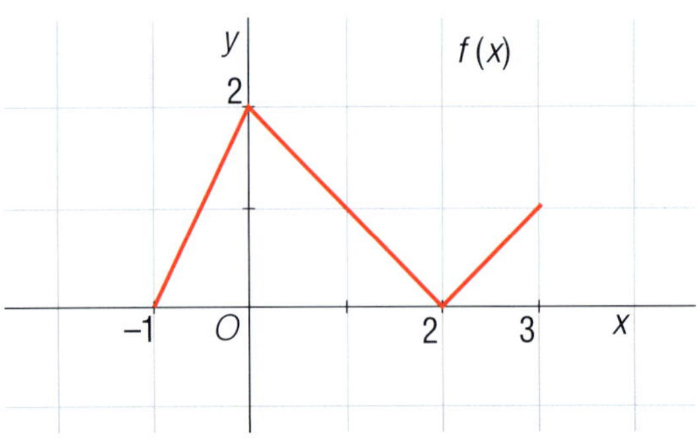

Fig. 6.23.

6. Troba les derivades laterals en $x = 5$ de la funció $f(x) = |2x - 10|$. És derivable en aquest punt? Per què?

7. Indica els intervals de creixement i decreixement i els punts estacionaris de la funció $f(x) = \frac{x^2}{x^2 - 4}$.

8. La funció $f(x) = \frac{x^2}{(x-1)^2}$ és creixent o decreixent en $x = 2$? Justifica la resposta.

9. Donada la paràbola d'equació $f(x) = x^2 - 2x + 5$, es considera la recta r que uneix els punts d'aquesta paràbola les abscisses dels quals són $x_1 = 1$ i $x_2 = 3$. Troba l'equació de la recta tangent a la paràbola que és paral·lela a la recta r.

10. Aquesta és la representació gràfica de la derivada $f'(x)$ d'una funció polinòmica $f(x)$ (Fig. 6.24).

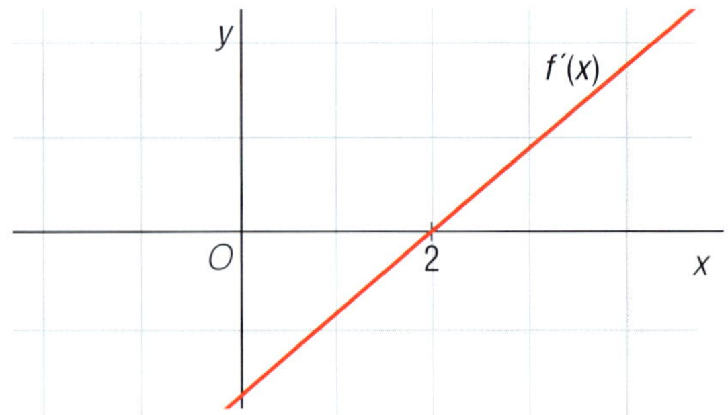

Fig. 6.24.

a) Quin és el grau d'aquesta funció polinòmica? Per què?

b) Indica els intervals de creixement i decreixement de la funció $f(x)$.

c) Té $f(x)$ algun punt estacionari? Quin és?

11. Donada la funció $f(x) = x \cdot e^x$, resol les equacions $f'(x) = 0$ i $f''(x) = 0$.

12. Troba per a quin valor de a i b és contínua i derivable la funció:

$$f(x) = \begin{cases} 3x & \text{si } x \leq 1 \\ ax^2 + b(x-1) & \text{si } x > 1 \end{cases}$$

13. Calcula la derivada de les funcions:

a) $f(x) = \sqrt{5x - 3}$

b) $f(x) = \frac{(x+2) \cdot \ln x}{\sqrt{x+1}}$

c) $f(x) = (x^2 + 3x)^4$

d) $f(x) = \ln(5x^2 - 3)$

e) $f(x) = \left(\frac{2x - 5}{x - 2}\right)^2$

f) $f(x) = \log_2 \sqrt{\frac{x^2}{x^2 - 4}}$

g) $f(x) = \ln \sqrt{\frac{x^2 - 1}{x^2 + 1}}$

h) $f(x) = 4^{x^2 + 2x}$

i) $f(x) = (3x^2 - 1)^{\ln x}$

j) $f(x) = (x^2 + 3)^{x+5}$

k) $f(x) = \ln \sqrt{\ln x}$

l) $f(x) = \frac{5}{(2x + 6)^3}$

14. Els beneficis diaris, en centenars d'euros, d'un taller de bicicletes són definits per la funció $f(x) = -20x^2 + 50x - 20$, on x són els centenars de bicicletes venudes. El taller només té capacitat per fabricar 200 bicicletes al dia.

a) Calcula el benefici màxim diari que pot obtenir el taller.

b) Determina el nombre mínim de bicicletes que ha de fabricar per no tenir pèrdues.

15. Calcula les tres primeres derivades de la funció $f(x) = e^{3x}$. Dedueix l'expressió de la derivada enèsima $f^{(n)}(x)$ d'aquesta funció.

16. Se sap que la gràfica de la funció $f(x) = x^n e^x$, $n \in \mathbb{N}$, té dos punts estacionaris i que un d'ells se situa en $x = -3$.
Calcula n i indica les coordenades de l'altre punt estacionari.

17. Troba l'equació de la recta tangent a la gràfica de la funció $f(x) = x^2 - 7x + 10$ en els punts d'ordenada nul·la.

18. Representa gràficament la funció $f(x) = x^2 + 2$. Hi ha algun punt en el qual aquesta funció no sigui derivable? Justifica'n la resposta.

19. Determina l'expressió algèbrica de la funció $f(x)$ que verifica les condicions següents:

a) $f'(x) = 3$

b) La seva gràfica passa pel punt $P(2, 10)$.

20. Indica raonadament per què la funció $f(x) = \dfrac{a}{x-b}$, on a i b són nombres reals, no pot tenir punts estacionaris.

21. Se sap que la funció $f(x) = ax^2 + bx + 12$ presenta un mínim en el punt $P(4, -4)$. Calcula a i b.

22. Dibuixa de manera aproximada la gràfica de la funció $f(x) = |\ln x|$. Indica raonadament si hi ha algun punt en què aquesta funció no sigui derivable.

23. Justifica el motiu pel qual la funció $f(x) = +\sqrt{x}$ no és derivable en $x = 0$.

24. Representa gràficament la funció $f(x) = \log_2 x$ i, a partir d'aquesta gràfica, dibuixa la funció $g(x) = |\log_2 x|$. Per a quins valors de x no existeix $g'(x)$? Per què?

25. Considera la funció:

$$f(x) = \begin{cases} \ln x & \text{si } x \in (0, e) \\ ax + b & \text{si } x \in [e, 4) \end{cases}$$

on a i b són nombres reals. Calcula el valor de cadascun d'aquests dos paràmetres per tal que la funció sigui contínua i derivable a l'interval (0,4).

26. Per a la funció $f(x) = x^3 - 3x^2$:

a) Determina'n l'equació de la recta tangent a la gràfica que és paral·lela a la recta d'equació $x + 3y = 0$.

b) Esbrina si existeixen punts de la seva gràfica en què la recta tangent té pendent nul.

27. Calcula l'equació de la recta tangent a la gràfica de la funció $f(x) = x \cdot e^{x-1}$ en el punt d'abscissa $x = 1$. Estableix els intervals de creixement i de decreixement de $f(x)$.

28. Comprova que la derivada de la funció $f(x) = \sqrt[x]{x}$ s'anul·la en el punt d'abscissa $x = e$.

29. La gràfica d'una funció és la de la Figura 6.25. Determina l'expressió algèbrica de la seva funció derivada i dibuixa'n la gràfica. En quins punts és discontínua la funció derivada?

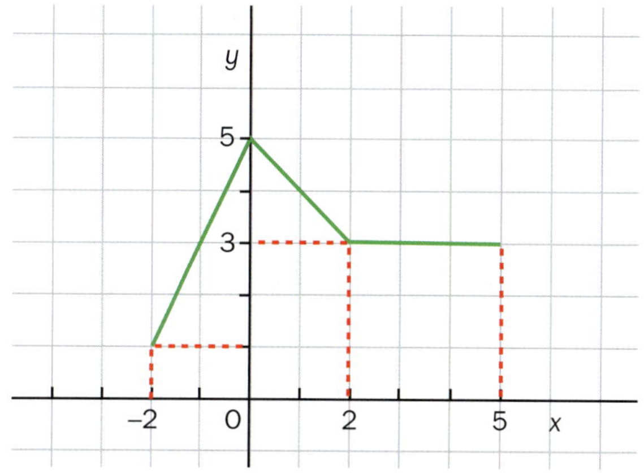

Fig. 6.25.

30. Donada la funció $f(x) = \dfrac{-4x^2}{x+1}$.
Troba els punts de la corba en què la recta tangent és paral·lela a la recta $y = -3x + 4$.

31. Donada la funció $f(x) = \dfrac{x+1}{e^x}$, calcula l'equació de la recta tangent a la seva gràfica en el punt on s'anul·la la segona derivada.

32. Considera la funció:

$$f(x) = \begin{cases} e^{ax} & \text{si } x \leq 0 \\ 2x + 1 & \text{si } x > 0 \end{cases}$$

on a és un nombre real.

a) Calcula $\lim_{x \to 0} f(x)$ i comprova que $f(x)$ és contínua en $x = 0$.

b) Per a quin valor del paràmetre a la funció $f(x)$ és derivable en $x = 0$?

33. Calcula l'equació de cadascuna de les dues rectes que passen pel punt $P(1,-1)$ i que són tangents a la paràbola d'equació $y = (x-1)^2$.

Activitats finals

34. Determina el valor numèric de a perquè la funció $f(x)=\dfrac{x+a}{x^3}$ tingui tangent paral·lela a l'eix d'abscisses en $x = 3$. Escriu l'equació d'aquesta recta tangent.

35. Donades les funcions $f(x)=\dfrac{e^x-e^{-x}}{2}$ i $g(x)=\dfrac{e^x+e^{-x}}{2}$:

a) Comprova que $[g(x)]^2-[f(x)]^2=1$.

b) Verifica que $f'(x)=g(x)$ i que $g'(x)=f(x)$.

36. Considera la funció $f(x)=ax^2+x+b$, amb a i b nombres reals. Sabent que la recta $y=2x+1$ és tangent a la gràfica de $f(x)$ quan $x = 1$, determina el valor de a i el de b.

37. Troba l'expressió algèbrica de la funció $f(x)$ que verifica aquestes dues condicions :

a) $f'(x)=2x+3$

b) La seva gràfica conté el punt $P(3,20)$.

38. Donada la recta $y=ax+1$ i la paràbola $y=3x-x^2$:

a) Calcula a perquè siguin tangents.

b) Quines són les coordenades dels punts de tangència?

39. A partir de la gràfica de la funció $f(x)=4x-x^2$, esbrina els intervals de creixement i de decreixement de la funció.

40. Calcula les derivades laterals de la funció $f(x)=|x^2-7x+10|$ en $x = 2$ i en $x = 5$. És derivable la funció $f(x)$ en cadascun d'aquests dos punts? Abans de resoldre l'activitat, es recomana que la defineixis a trossos.

41. Sigui la funció $f(x)=2x^3-x^2+3x+1$ i les rectes r_1: $y=x+2$ i r_2: $y=7x-2$.

a) Explica, raonadament, si alguna de les dues rectes pot ser tangent a la corba $y=f(x)$ en algun punt.

b) En cas que alguna d'elles ho sigui, determina'n el punt de tangència.

42. Considera la funció $f(x)=\dfrac{x^3}{x^2-1}$.

a) Calcula'n la funció derivada.

b) Comprova que l'equació $f'(x)=0$ té tres solucions reals.

43. Determina les coordenades del punt en què la gràfica de la funció $f(x)=x^3-2$ presenta un punt d'inflexió de tangent horitzontal. Escriu l'equació d'aquesta recta tangent i estableix la concavitat de la funció $f(x)$.

44. Considera la funció $f(x)=x-e^{-3x}$.

Indica'n el domini, i demostra que $f(x)$ és estrictament creixent en tot el domini.

PREPARA'T PER A LA UNIVERSITAT

1. En quin punt la recta tangent a la gràfica de la funció $f(x)=x\cdot e^x$ és paral·lela a l'eix de les abscisses? Escriu l'equació de la recta tangent en aquest punt.

2. Donades les funcions $f(x)=ax-4$ i $g(x)=\dfrac{x^2}{2}+b$:

a) Calcula a i b de manera que les gràfiques de $f(x)$ i $g(x)$ siguin tangents en el punt d'abscissa $x = 3$.

b) Quina és l'equació de la recta tangent a la gràfica de la funció $g(x)$ en aquest punt?

3. Troba per a quin valor de x la recta tangent a la corba $y=\ln(x^2+1)$ és paral·lela a la recta $y = x$. Escriu l'equació d'aquesta recta tangent.

4. Calcula k perquè la funció $f(x)=\begin{cases}kx-5 & \text{si } x\le 0\\ x^3-2x-5 & \text{si } x>0\end{cases}$ sigui contínua i derivable en $x = 0$.

5. Calcula la derivada de les funcions següents:

a) $f(x)=\dfrac{x^2}{x^2+1}$

b) $f(x)=(2-3x)^x$

c) $f(x)=2^{\ln x}\cdot x^2$

d) $f(x)=\ln(x+3)^2$

e) $f(x)=\sqrt{\ln(1-x^2)}$

6. Donades la recta $y = 3x + b$ i la paràbola $y = x^2$:

a) Troba l'abscissa del punt on la recta tangent a la paràbola és paral·lela a la recta donada.

b) Calcula el valor del paràmetre b per tal que la recta sigui tangent a la paràbola.

- Des d'un punt de vista geomètric, interpretes el significat del valor numèric de la derivada d'una funció en un punt?
- Calcules correctament l'equació de la recta tangent a la gràfica d'una funció en un punt del seu domini?
- Diferencies els tipus de punts estacionaris que pot presentar una funció?
- A partir de la gràfica d'una funció, n'identifiques els punts en què no és derivable tot i ser-hi contínua?
- Copses la rellevància de la derivada logarítmica per poder calcular de manera més senzilla la derivada d'altres tipus de funcions?

L'escalfament global s'accelera?

Situació d'aprenentatge

Ens diuen que l'*escalfament global s'accelera* o *s'intensifica*. Aquesta afirmació apareix en titulars de premsa, i ben segur que també sorgeix en moltes converses d'ascensor: "Cada cop fa més calor!". Analitzem aquesta frase des del punt de vista matemàtic:

"escalfament global": la temperatura augmenta
"s'accelera o s'intensifica": l'augment creix

En la figura hem representat la mitjana mensual de les temperatures mínimes del Baix Penedès l'any 2021 [2]. En aquest context, l'anàlisi de la variació mitjana de la temperatura ens donarà informació sobre l'escalfament o refredament de l'ambient.

Per exemple, la variació mitjana de gener a juliol és de:

$$\frac{18{,}8-2{,}7}{7-1}=2{,}68\,^{\circ}\mathrm{C/mes};$$

És una variació positiva que indica que, de gener a juliol, la temperatura de mitjana ha augmentat (encara que, puntualment, al març fes més fred que al febrer).

Temperatures mínimes al Baix Penedès

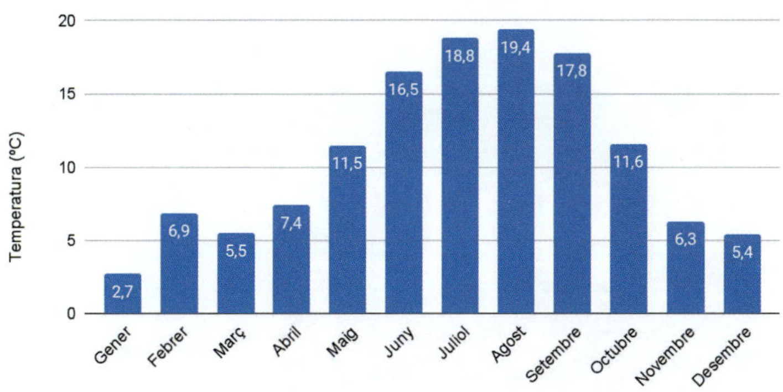

Interval	Variació mitjana	Variació de la variació
març – abril	1,9	
abril – maig	4,1	3,2
maig – juny	5,0	0,9
juny – juliol	2,3	–2,7
juliol – agost	0,6	–1,7

Tanmateix, la temperatura pot variar de maneres diferents. De març a juny, la temperatura ha augmentat, com també ho ha fet de juny a agost. Ara bé, si analitzem l'evolució de les variacions mitjanes mensuals observem en la taula que de març a juny augmenten, mentre que de juny a agost disminueixen.

De març a juny sí que podem dir que l'escalfament del Baix Penedès s'accelera i l'increment de temperatura creix, però no ho podem dir de juny a agost.

Fixa't que en el primer cas la variació de la variació és positiva, mentre que en el segon cas és negativa.

Ara et toca a tu! El següent gràfic, basat en dades del National Centers for Environmental Information, mostra la mitjana de la temperatura de la superfície terrestre des del 1960 fins al 2022 comparada amb la temperatura mitjana del segle XX. Les barres blaves indiquen els anys amb temperatures més baixes que la mitjana; les barres vermelles indiquen els anys amb temperatures més altes que la mitjana.

a) Calcula la variació mitjana de la temperatura entre els anys 2000 i 2010 i entre els anys 2010 i 2020. Aproxima el valor de les dades segons la gràfica.

b) Considera ara intervals de temps de 10 anys i calcula les variacions mitjanes per dècada des del 1960 fins al 2020.

c) Segons els teus resultats anteriors, justifica si creus que l'escalfament global s'accelera, és a dir, si el planeta s'escalfa cada vegada més ràpidament.

Global Land and Ocean
January-December Temperature Anomalies

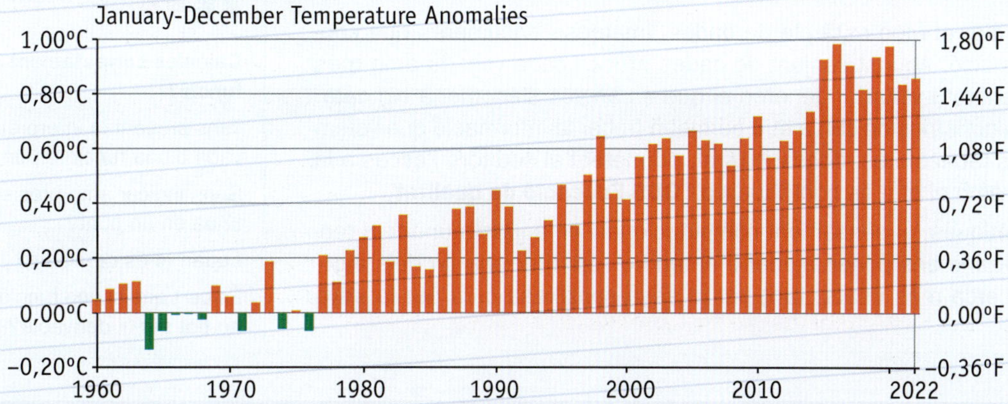

UNITAT

7 Funcions contínues i derivables

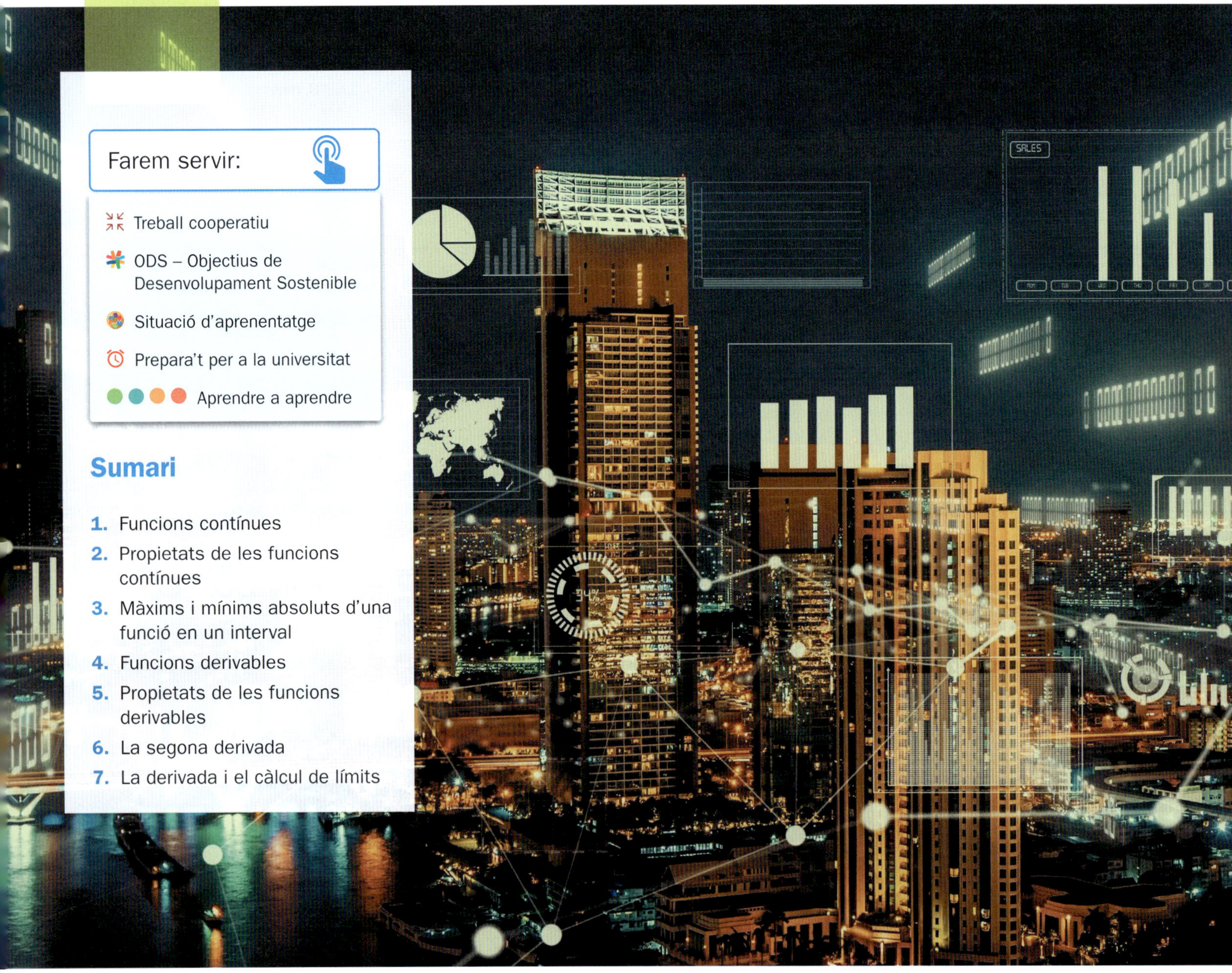

Farem servir:

- Treball cooperatiu
- ODS – Objectius de Desenvolupament Sostenible
- Situació d'aprenentatge
- Prepara't per a la universitat
- Aprendre a aprendre

Sumari

Avui en dia, el món està ple de dades, imatges i documents que contenen informació. Aquest conjunt de dades arriben cada vegada amb més velocitat, varietat i volum, i generen el que en anglès s'anomena *big data*. Dissenyar algorismes de cerca que permetin trobar la informació que volem en un temps raonable és, doncs, crucial, permetent al seu torn l'accés a la informació, amb el que es contribueix a l'**ODS Educació de qualitat.**

Les matemàtiques, el pensament computacional i en aquesta unitat el teorema de Bolzano ens poden ajudar a entendre com funciona un dels algorismes de cerca més usats, tant per la seva senzillesa com per la seva eficiència.

Calcules correctament la derivada de qualsevol funció?

Tens present la interpretació geomètrica de la derivada d'una funció en un punt?

Saps indicar amb precisió quan una funció és contínua en un punt?

I quan hi és derivable?

És cert que si una funció no és contínua en un punt no pot ser-hi derivable?

1. Funcions contínues

Una funció $f(x)$ és contínua en el punt $x = a$ si es verifiquen les dues condicions següents:

a) Existeix $f(a)$. És a dir, a és del domini de la funció.

b) Existeixen els límits laterals de $f(x)$ en el punt a i coincideixen amb $f(a)$, és a dir:

$$\lim_{x \to a^-} f(x) = \lim_{x \to a^+} f(x) = f(a)$$

Si no es verifica una d'aquestes dues condicions, la funció és discontínua en el punt $x = a$.

Una **funció** és **contínua** en un interval si ho és en tots i cadascun dels punts de l'interval.

La majoria de funcions que hem estudiat fins ara són contínues en intervals molt amplis o per a tot $x \in \mathbb{R}$.

La funció polinòmica de primer grau és una funció contínua. La funció constant també és contínua. Totes dues tenen com a gràfica una recta.

Les funcions $f_1(x) = x + 1$ i $f_2(x) = 3x - 4$ són funcions contínues. La funció suma d'aquestes dues: $f_s(x) = f_1(x) + f_2(x) = 4x - 3$, també és una funció contínua.

El mateix succeeix amb la funció producte. Efectivament, la funció polinòmica de segon grau $f_p(x) = f_1(x) \cdot f_2(x) = 3x^2 - x - 4$ també és una funció contínua la gràfica de la qual és una paràbola.

Si es multiplica una funció polinòmica de segon grau per una de primer grau, se n'obté una altra de tercer grau que també serà una funció contínua. Seguint amb aquest mateix procediment, podem obtenir funcions polinòmiques de diferents graus, totes elles contínues.

Important

Quan diem que una funció $f(x)$ és contínua, volem dir que ho és per a tot $x \in \mathbb{R}$. En cas contrari, cal puntualitzar-ho.

Podem afirmar que totes les **funcions polinòmiques** són **funcions contínues**.

Les funcions es poden sumar i multiplicar. Si són funcions contínues, el resultat és una funció contínua, tal com hem vist amb les funcions polinòmiques.

Les funcions elementals $f(x) = a^x$ amb $a > 0$ (Fig. 7.1) i $g(x) = \ln x$ (Fig. 7.2) són funcions contínues.

Important

Si $f(x)$ i $g(x)$ són funcions contínues en $x = a$, aleshores, $k f(x)$, $(f + g)(x)$ i $f(x) \cdot g(x)$ són funcions contínues en $x = a$, $\forall k \in \mathbb{R}$.

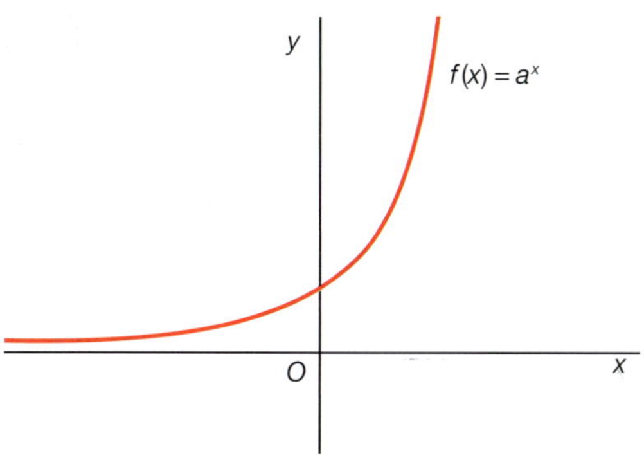

Fig. 7.1.

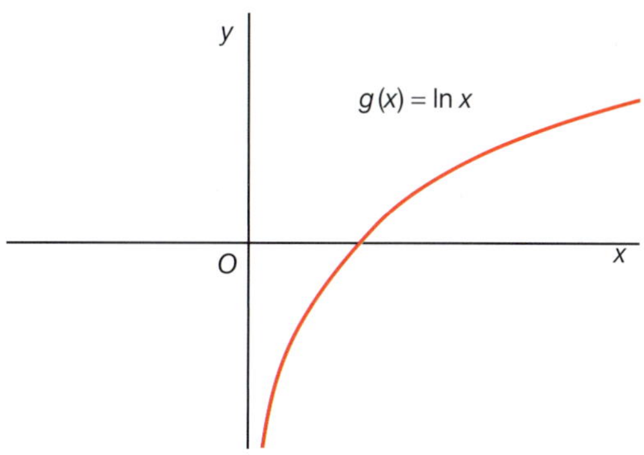

Fig. 7.2.

Les funcions que s'obtenen en sumar-les i en multiplicar-les, i les que s'obtenen en fer-ne el producte amb funcions polinòmiques també són funcions contínues. Així, per exemple, podem afirmar sense conèixer-ne la gràfica que les funcions:

$f(x) = e^x + x^2 \quad g(x) = -3x \cdot 2^{x+1} \quad h(x) = (x^3 - x)\, e^{-x}$

són funcions contínues.

La funció quocient de dues funcions contínues és una funció contínua excepte per als valors que anul·lin el divisor, per als quals no està definida.

Considerem, per exemple, les funcions contínues $f_1(x) = x^2 - 1$ i $f_2(x) = e^x$. Escrivim l'expressió algèbrica de les dues funcions quocient que són possibles:

$$g(x) = \frac{f_1(x)}{f_2(x)} = \frac{x^2-1}{e^x} \quad \text{i} \quad h(x) = \frac{f_2(x)}{f_1(x)} = \frac{e^x}{x^2-1}$$

Observa que la funció $g(x)$ és una funció contínua, ja que no existeix cap valor real de x que n'anul·li el denominador, és a dir, la funció divisor. Dit d'una altra manera, l'equació $e^x = 0$ no té solució en el conjunt dels nombres reals.

En canvi, si ens fixem en la funció $h(x)$, veiem que l'equació $x^2 - 1 = 0$ que correspon a la funció divisor té dues solucions reals, $x = -1$ i $x = 1$. Per tant, la funció $h(x)$ no és contínua en $x = -1$ i $x = 1$ perquè aquests valors de x no pertanyen al seu domini.

Pel que fa a la composició de funcions, observa l'exemple següent:

- Les funcions $f(x) = x^3 + 1$ i $g(x) = 3^x$ són funcions contínues.
- Les funcions compostes $(f \circ g)(x) = \left(3^x\right)^3 + 1 = 3^{3x} + 1$ i $(g \circ f)(x) = 3^{x^3+1}$ també són funcions contínues.

A partir de dues funcions contínues hem obtingut les dues funcions compostes possiibles, que també són funcions contínues.

En definitiva:

- Si f i g són dues funcions contínues, $f + g$ també és una funció contínua.
- Si f i g són dues funcions contínues, $f \circ g$ també és una funció contínua.
- Si f i g són dues funcions contínues, $\frac{f}{g}$ també és una funció contínua excepte en els punts l'abscissa dels quals anul·la la funció divisor g.
- Si f i g són dues funcions contínues, les funcions $f \circ g$ i $g \circ f$ també són contínues.

ACTIVITATS

1. Considera la funció $f(x) = \frac{x+2}{x^2-4}$. Indica en quins punts no és contínua i classifica la discontinuïtat que hi presenta.

Defineix la funció $g(x)$ que coincideix amb la funció $f(x)$ en tots els valors del seu domini excepte en $x = -2$.

2. En la funció de l'activitat anterior, indica el valor que hauria de tenir $f(-2)$ perquè fos contínua en $x = -2$.

3. Donada la funció definida a trossos:

$$f(x) = \begin{cases} x^2 + 3 & \text{si } x > 1 \\ 2x + n & \text{si } x \leq 1 \end{cases}$$

determina el valor de n perquè sigui contínua.

4. Per a quins valors de n la funció de l'activitat anterior presenta una discontinuïtat de salt en $x = 1$? Justifica la resposta.

5. A partir de les funcions $f(x) = x^2 + 1$ i $g(x) = x^3 - 1$, escriu les funcions $(f + g)(x)$, $(f \cdot g)(x)$ i $\left(\frac{f}{g}\right)(x)$.

Són contínues?

Raona la teva resposta.

6. Descompon la funció $f(x) = 5x^4 \cdot e^x$ en tres factors cadascun dels quals sigui una funció contínua.

7. Raona la continuïtat de les funcions $f(x) = x^2$ i $g(x) = \ln x$.

Escriu la funció $\frac{f(x)}{g(x)}$ i dona el seu domini.

8. Considera les funcions $f(x) = 2^x - 1$ i $g(x) = x^2 + 1$.

Escriu les funcions $\left(\frac{f}{g}\right)(x)$, $\left(\frac{g}{f}\right)(x)$, $(f \circ g)(x)$ i $(g \circ f)(x)$.

Raona si les funcions obtingudes són contínues.

2. Propietats de les funcions contínues

En aquest apartat ens ocuparem de les funcions contínues en un interval tancat.

Una funció $f(x)$ és contínua en un interval tancat $[a, b]$ si és contínua en cadascun dels seus punts. Veurem, tot seguit, diferents propietats de les funcions contínues en un interval tancat que s'enuncien en forma de teoremes.

2.1. Teorema dels valors intermedis

> Sigui $f(x)$ una funció contínua en un interval tancat $[a, b]$ i k un nombre tal que $f(a) \leq k \leq f(b)$; aleshores, existeix almenys un punt $c \in [a, b]$ tal que $f(c) = k$.

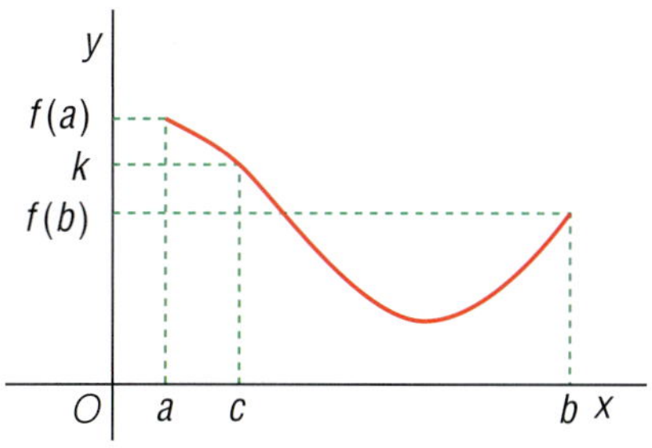

Fig. 7.3.

L'enunciat anterior posa de manifest que els valors de la funció contínua passen per qualsevol valor intermedi entre $f(a)$ i $f(b)$.

En la Figura 7.3 pots observar que, si es tracen rectes paral·leles a l'eix OX per diferents punts intermedis entre $f(a)$ i $f(b)$, sempre tallen la gràfica de la funció. En el nostre cas, les coordenades del punt intersecció són (c,k). També hi ha valors de la funció que no es troben entre $f(a)$ i $f(b)$. Això és degut al fet que el recíproc del teorema no és cert. És a dir, no totes les imatges dels punts de l'interval $[a, b]$ es troben entre $f(a)$ i $f(b)$ necessàriament.

Important

Si una persona té una talla de 170 cm als 18 anys i als 10 tenia una talla de 150 cm, segur que en algun moment, entre els 10 i els 18 anys, ha tingut una talla de 160 cm.

La funció $f(x)$ de la gràfica (Fig. 7.4) no és contínua en $[a, b]$, no verifica la condició necessària de la continuïtat i, per tant, no verifica el teorema dels valors intermedis: la funció no pren el valor k per a cap valor de $x \in [a, b]$.

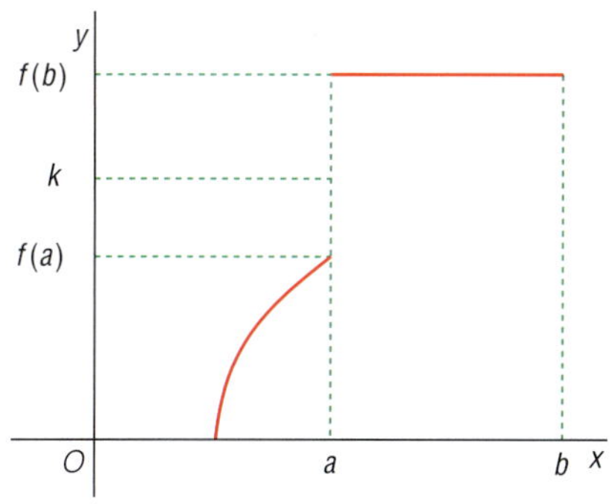

Fig. 7.4.

2.2. Teorema de Bolzano

> Sigui $f(x)$ una funció contínua en un interval tancat $[a, b]$ i tal que $f(a)$ i $f(b)$ tinguin signe diferent, és a dir, $f(a) \cdot f(b) < 0$; aleshores, existeix almenys un punt $c \in (a, b)$ tal que $f(c) = 0$ (Fig. 7.5).

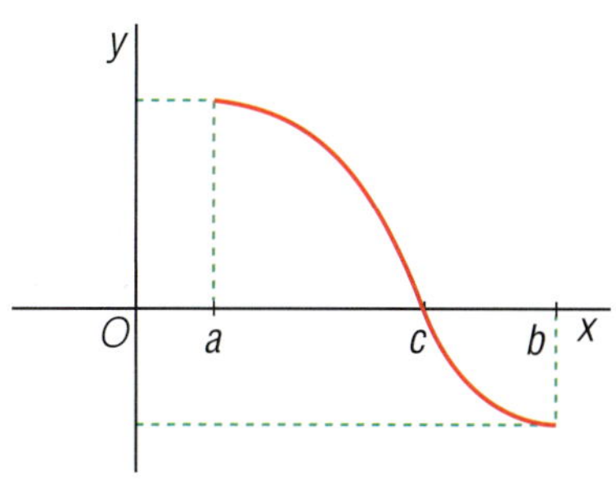

Fig. 7.5.

Si $f(x)$ és contínua en $[a, b]$ i és tal que, per exemple, $f(a) > 0$ i $f(b) < 0$, pel teorema anterior en algun punt la funció serà 0, que és un valor intermedi entre un de positiu i un de negatiu.

De la mateixa manera, si $f(a) < 0$ i $f(b) > 0$ és vàlid un raonament semblant.

Aquest teorema permet trobar zeros d'una funció; si més no, trobar una aproximació d'una solució de l'equació $f(x) = 0$. Es tracta de trobar un interval $[a, b]$ en el qual $f(a)$ i $f(b)$ tinguin signe diferent.

Biografia

Bernard Bolzano (1781-1848) matemàtic txec.

El valor $c \in (a, b)$ tal que $f(c) = 0$ és un zero o solució de l'equació $f(x) = 0$. El procés de trobar l'interval $[a, b]$ que verifica el teorema de Bolzano s'anomena *separar una arrel de l'equació*.

El teorema no diu que existeixi un únic punt c que verifiqui $f(c) = 0$. De fet, si considerem la funció $f(x) = x^2 - 1$, en l'interval $[-2,2]$ per exemple, hi ha més d'un punt c que verifica $c^2 - 1 = 0$. Observa la Figura 7.6.

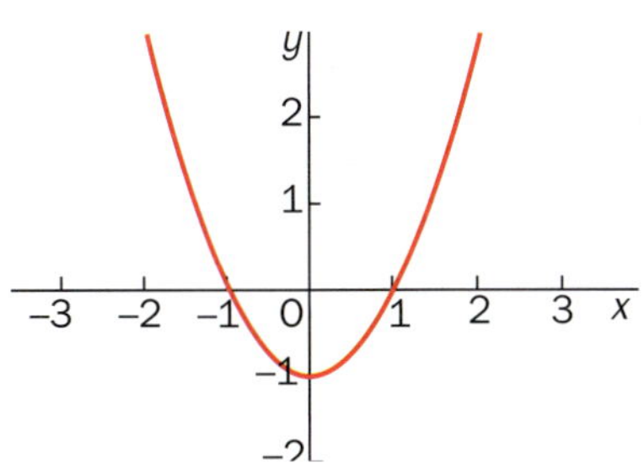

Fig. 7.6.

Veurem tot seguit, a partir d'un exemple, com trobar un zero d'una funció de manera aproximada.

Exemple 1

a) **Comprova que la funció $f(x) = 2x^3 - 3x^2 - 5x + 4$ té un zero a l'interval [2, 3]. Troba un valor aproximat a les centèsimes de $c \in (2, 3)$ tal que $f(c) = 0$.**

b) **Raona si podem aplicar el teorema de Bolzano a la funció $f(x) = \frac{1}{x-3}$ en l'interval [1, 4].**

c) **Fes el mateix per a la funció $f(x) = x^3 + 3x^2 + 1$ en l'interval [0, 1].**

a) Aquesta funció verifica les condicions de l'enunciat: és una funció contínua en l'interval [2, 3] i $f(2) = -2$ i $f(3) = 16$.

Això vol dir que hi ha algun punt interior a aquest interval en què la funció és 0. Com trobar-lo? Podem considerar un interval més petit en el qual es continuï verificant el teorema. Sembla que el zero del polinomi que busquem és més proper a 2 que a 3.

Podem considerar:

$$[2, 2{,}5] \rightarrow f(2) = -2 \text{ i } f(2{,}5) = 4 \rightarrow 2 < c < 2{,}5$$

Un altre interval:

$$[2{,}2, 2{,}3] \rightarrow f(2{,}2) = -0{,}224 \text{ i } f(2{,}3) = 0{,}964 \rightarrow 2{,}2 < c < 2{,}3$$

Seguim:

$$[2{,}22, 2{,}23] \rightarrow f(2{,}22) = -0{,}0031 \text{ i } f(2{,}23) = 0{,}11 \rightarrow 2{,}22 < c < 2{,}23$$

De manera aproximada podem prendre $c = 2{,}22$ com a zero de la funció.

Observa que s'han considerat intervals cada cop més petits en els quals la funció és contínua i es verifica el teorema de Bolzano.

$c = 2{,}22$ és una solució aproximada de l'equació $2x^3 - 3x^2 - 5x + 4 = 0$.

b) La funció $f(x) = \frac{1}{x-3}$ verifica $f(1) = -\frac{1}{2}$ i $f(4) = 1$. Però la funció no és contínua en [1, 4], ja que en $x = 3$ la funció té una discontinuïtat asimptòtica.

No es verifica una de les condicions del teorema, la continuïtat, i aquest no es pot aplicar.

c) La funció $f(x) = x^3 + 3x^2 + 1$ és contínua en l'interval [0, 1], ja que és una funció polinòmica i és contínua per a tot $x \in \mathbb{R}$.

Esbrinem si es verifica la segona condició: $f(0) = 1$ i $f(1) = 5$.

Els valors de la funció en els extrems de l'interval tenen el mateix signe. No es verifica una de les condicions del teorema, i aquest no es pot aplicar.

ACTIVITATS

9. Expliqueu un fet quotidià que posi de manifest el compliment del teorema dels valors intermedis.

10. Considera la funció $f(x) = 2x^4 - 14x^2 + 14x - 1$.

Explica per què es pot aplicar el teorema de Bolzano en l'interval [0, 1].

Troba un valor aproximat a les centèsimes de c tal que $f(c) = 0$ en aquest interval.

11. Separa les quatre arrels reals de la funció següent:

$$f(x) = 2x^4 - 13x^2 + 15$$

12. Calcula els valors de $f(x) = x^7 + 3x + 3$ en $x = 0$ i $x = -1$.

Pots determinar si la gràfica de la funció talla l'eix de les abscisses en algun punt entre −1 i 0?

Troba aquest punt amb una aproximació fins a les centèsimes.

13. Considera la funció $f(x) = x^2 - 2x + 1$. És una funció contínua que té com a gràfica una paràbola. Existeix un punt d'abscissa c tal que $f(c) = 0$?

Explica si en aquesta funció es pot aplicar el teorema de Bolzano en l'interval [0, 2].

3. Màxims i mínims absoluts d'una funció en un interval

Considerem una funció $f(x)$ contínua en un interval tancat $[a, b]$ i posem de manifest una altra propietat:

- Existeix almenys un punt $c \in [a, b]$ en què la funció assoleix el seu **valor màxim absolut**, és a dir, $f(c) \geq f(x)$ per a tot $x \in [a, b]$.
- Existeix almenys un punt $d \in [a, b]$ en què la funció assoleix el seu **valor mínim absolut**, és a dir, $f(d) \leq f(x)$ per a tot $x \in [a, b]$.

Els valors màxim o mínim absoluts s'assoleixen en un punt interior de l'interval o en un extrem d'aquest interval.

En la Figura 7.7 es pot observar que $f(x_0)$ és el mínim absolut i $f(b)$, el màxim absolut. Aquests valors els pren la funció en $x = x_0$ i en $x = b$, respectivament.

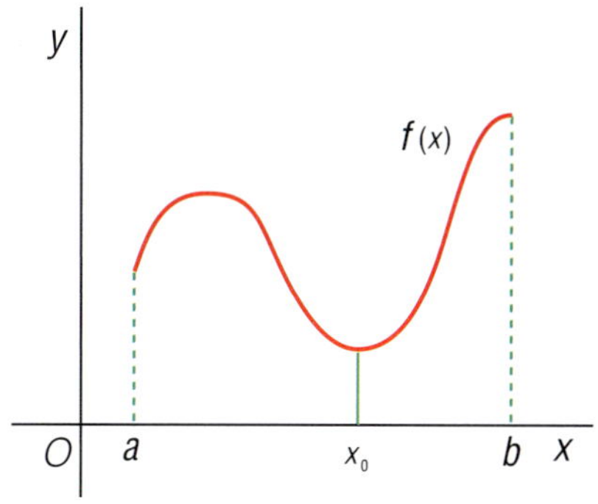

Fig. 7.7.

La funció $f(x) = -x^2 + 4x$ és contínua en l'interval $[0,4]$. Verifica les condicions per tenir màxim i mínims absoluts en aquest interval.

Tenim que el punt $x = 2 \rightarrow f(2) = -2^2 + 4 \cdot 2 = -4 + 8 = 4$, és un màxim.

Busquem ara els valors de la funció en els extrems de l'interval:

$f(0) = 0$ i $f(4) = 0$.

Podem concloure que la funció $f(x) = -x^2 + 4x$ en l'interval $[0,4]$ pren el valor màxim absolut 4 per a $x = 2$, i el valor mínim 0, en els extrems de l'interval.

Si observem la Figura 7.8 és evident l'existència de màxim i mínim absoluts. Cal anar amb compte amb les condicions, ja que, si la funció no és contínua o l'interval no és tancat, poden no existir aquests màxim o mínim absoluts. Pots veure-ho en la Figura 7.9.

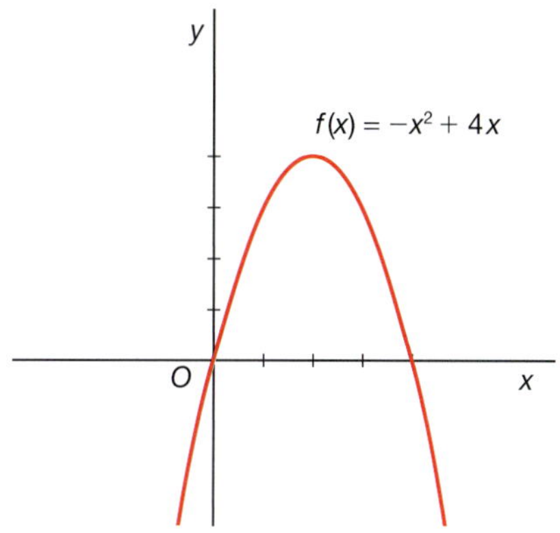

Fig. 7.8.

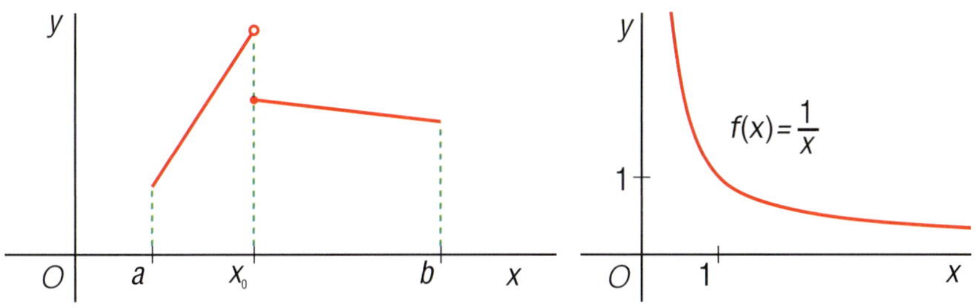

Fig. 7.9.

ACTIVITATS

14. Troba el màxim i el mínim absoluts de la funció:

$$f(x) = -x^2 + 2x$$

en l'interval $[-1, 2]$. Representa gràficament la funció per ajudar-te a trobar la solució.

15. Verifica si la funció:

$$f(x) = \frac{10}{x-2}$$

té màxim i mínim absoluts en l'interval $[4,0]$. Raona la teva resposta.

16. Representa gràficament la funció $f(x) = x^2 - 6x + 8$. Quines són les coordenades del màxim absolut i del mínim absolut d'aquesta funció a l'interval $[2,3]$

17. Pots determinar el màxim absolut i el mínim absolut de la funció:

$$f(x) = \begin{cases} x+3 & \text{si } x \in [-2,2) \\ 7-x & \text{si } x \in [2,5] \end{cases}$$

a l'interval $[-2,5]$? Justifica la resposta. Si escau, indica'n els punts en què s'assoleixen aquests valors.

4. Funcions derivables

En la unitat anterior ja hem estudiat la derivabilitat d'una funció en un punt.

Una funció contínua $f(x)$ és derivable en un punt $x = x_0$ si existeix $f'(x_0)$:

$$f'(x_0) = \lim_{h \to 0} \frac{f(x_0 + h) - f(x_0)}{h}$$

Si una funció és discontínua en un punt, no és derivable en aquest punt.

Important

$f'(x_0) = m$ és el pendent de la recta tangent a la gràfica de la funció en el punt $(x_0, f(x_0))$.

Si $f(x)$ no és derivable: $\lim_{h \to 0} \frac{f(x_0 + h) - f(x_0)}{h}$ no existeix i ho podem raonar per a cadascun dels diferents tipus de discontinuïtat:

- Si en x_0 hi ha una **discontinuïtat evitable,** no existeix $f(x_0)$ i, per tant, tampoc el límit.
- Si en x_0 hi ha una **discontinuïtat de salt,** el límit no existeix perquè els límits laterals a dreta i esquerra de x_0 no coincideixen, és a dir, si aquest límit no és únic, tampoc no existeix la derivada en aquest punt.
- Si en x_0 hi ha una **discontinuïtat asimptòtica**, el límit no existeix perquè no és numèric (els dos límits laterals o un dels dos és infinit).

La gràfica d'una funció no derivable en x_0 pot presentar punts angulosos, no hi pot existir la derivada perquè la tangent no és única.

En la pràctica, sempre que en un punt de la gràfica de la funció sigui possible dibuixar-hi la tangent, la funció és derivable en aquell punt.

La funció $f(x) = |x|$ (Fig. 7.10) és contínua en el punt $x = 0$, però no és derivable en aquest punt, ja que la derivada per la dreta és 1 i per l'esquerra és –1. Les derivades laterals no són iguals i, per tant, no existeix la derivada única en aquest punt.

Una funció derivable en un punt és contínua en aquest punt.

Si existeix $f'(x_0)$ vol dir que $\lim_{h \to 0} [f(x_0 + h) - f(x_0)] = 0$, o el que és el mateix,

$$\lim_{h \to 0} f(x_0 + h) - f(x_0) = 0 \text{ i } \lim_{h \to 0} f(x_0 + h) = f(x_0)$$

que expressa la condició de continuïtat de la funció en el punt x_0.

L'enunciat del teorema recíproc no és cert, tal com acabem de veure per a la funció valor absolut.

Important

Una funció contínua en un punt pot no ser-hi derivable.

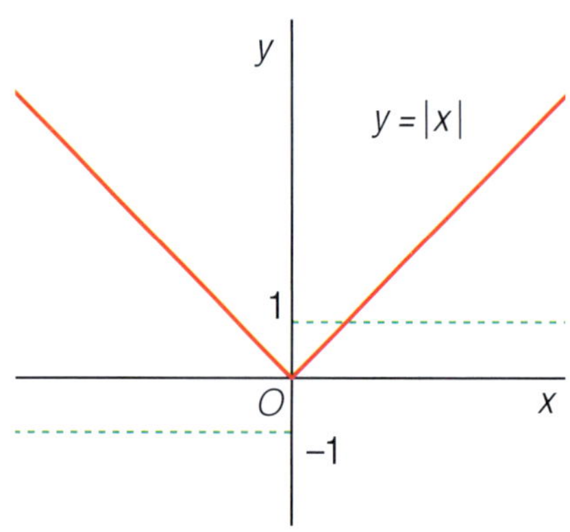

$$\left.\begin{array}{r} f'(0^-) = -1 \\ f'(0^+) = 1 \end{array}\right\} \rightarrow f'(0^-) \neq f'(0^+)$$

Fig. 7.10.

4.1. La derivada i la monotonia d'una funció en un punt

Considerem $f(x)$ una funció contínua i derivable en $x = x_0$. Si es verifica:

- $f'(x_0) > 0$ aleshores $f(x)$ és **creixent** en $x = x_0$.
- $f'(x_0) < 0$ aleshores $f(x)$ és **decreixent** en $x = x_0$.

Raonem el primer supòsit.

$f'(x_0) > 0$ implica que: $\lim_{h \to 0} \frac{f(x_0 + h) - f(x_0)}{h} > 0$

que vol dir que els signes de numerador i denominador coincideixen per a valors propers a x_0. Pots observar-ho en la Figura 7.11.

De manera semblant es pot raonar per a $f'(x_0) < 0$, en què el numerador i el denominador tenen signe diferent i la funció és decreixent.

Ens queda considerar el cas en què $f'(x_0) = 0$.

Si $f'(x_0) = 0$, en $x = x_0$ hi ha un punt **estacionari** que pot ser un **màxim relatiu,** un **mínim relatiu** o un **punt d'inflexió de tangent horitzontal.**

En els punts $x = c$ i $x = d$ de la Figura 7.12, la funció $f(x)$ presenta dos punts estacionaris. Es verifica $f'(c) = f'(d) = 0$ o, el que és equivalent, la recta tangent és paral·lela a l'eix OX i, per tant, té pendent 0. Si observem la gràfica, els dos punts estacionaris són diferents.

Podem dir:

- En el punt $x = c$ hi ha un **màxim relatiu,** ja que el pendent de la recta tangent és positiu per a $x < c$ i negatiu per a $x > c$. En aquest punt, la funció passa de creixent a decreixent.
- En el punt $x = d$ hi ha un **mínim relatiu**, ja que el pendent de la recta tangent és negatiu per a $x < d$ i positiu per a $x > d$. En aquest punt, la funció passa de decreixent a creixent.

Cal prendre valors de x de l'entorn del punt estacionari que es considera.

En el punt $x = 0$ de la gràfica hi ha un **punt d'inflexió de tangent horitzontal** (Fig. 7.13), o paral·lela a l'eix OX, en què $f'(0) = 0$ i la funció és creixent a la dreta i a l'esquerra d'aquest punt.

La monotonia de la funció no varia en passar per aquest punt estacionari.

Exemple 2 ➡ **Troba els punts estacionaris de $f(x) = x^3 - x^2 - 8x + 1$ i classifica'ls.**

Comencem per calcular $f'(x)$ i trobar els valors que l'anul·len, ja que els punts estacionaris són els valors que verifiquen $f'(x) = 0$.

$$f'(x) = 3x^2 - 2x - 8 \qquad f'(x) = 0 \rightarrow 3x^2 - 2x - 8 = 0 \rightarrow x_1 = 2 \text{ i } x_2 = -\frac{4}{3}$$

Hi ha dos punts estacionaris. Cal estudiar la monotonia a l'entorn de cadascun d'ells.

Per a $x = 2$, calculem $f'(1,9)$ i $f'(2,1)$, ja que $1,9 < 2 < 2,1$.

$f'(1,9) = -0,97 < 0$, la funció és decreixent; $f'(2,1) = 1,03 > 0$, la funció és creixent

En el punt $x = 2$ hi ha un mínim relatiu de la funció.

Comprova que en $x = -\frac{4}{3}$ hi ha un màxim relatiu.

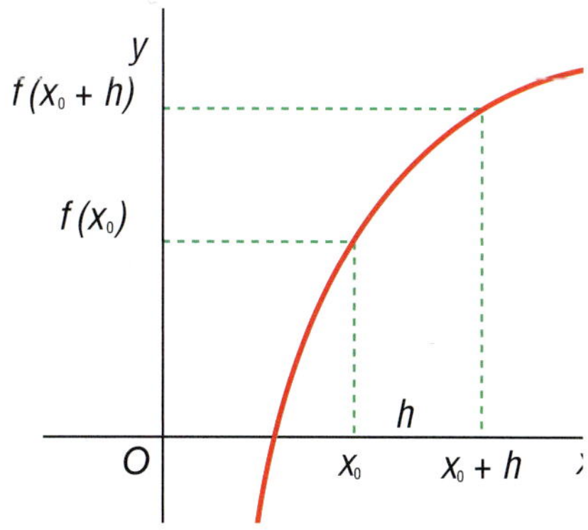

Fig. 7.11.

Recorda

Un **punt estacionari** és aquell en què la tangent a la corba és paral·lela a l'eix OX i, per tant, el seu pendent és 0.

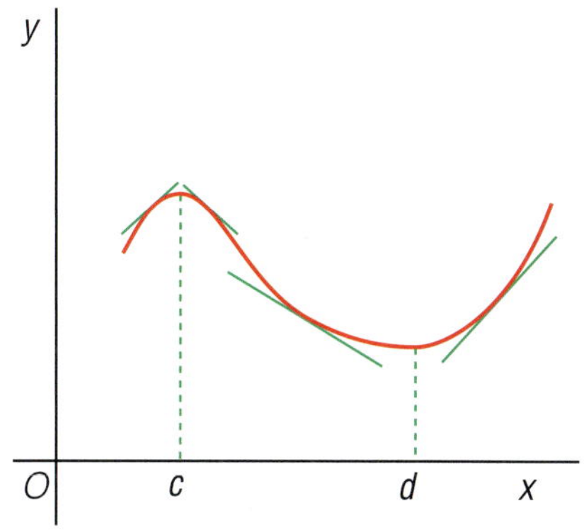

Fig. 7.12.

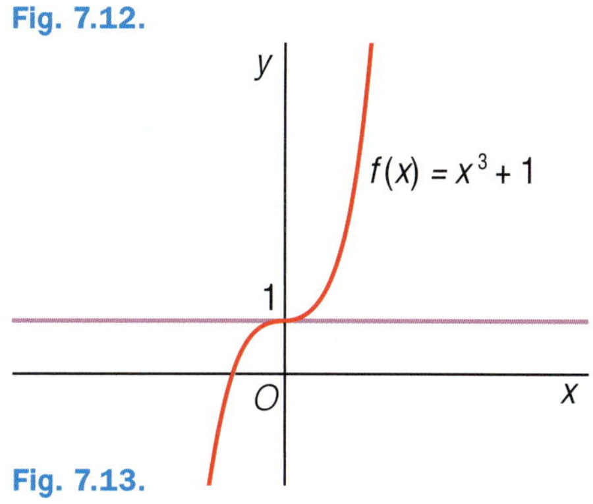

Fig. 7.13.

Important

S'anomena *entorn* de radi r d'un punt a l'interval $(a - r, a + r)$ amb r tan petit com es vulgui.

ACTIVITATS

18. Troba els punts en els quals la funció $f(x) = \frac{1}{x^2 - 1}$ no és derivable.

19. Considera la funció $f(x) = 3x^4 - 8x^3 + 6x^2$.

Troba'n els punts estacionaris i classifica'ls.

20. Interpreta el valor de la derivada de la funció $f(x) = x^3 - 1$ en el punt $x = 0$.

21. Troba la derivada de les funcions $f(x) = e^{2x}$ i $g(x) = \ln x$.

Tenen punts estacionaris aquestes funcions? Raona la resposta.

5. Propietats de les funcions derivables

Veurem tot seguit unes propietats de les funcions derivables que exposarem en forma de teoremes. Deixem per a estudis posteriors la demostració d'aquests teoremes. Aquí només en farem una justificació raonada.

Biografia

Michel Rolle (1651-1719) matemàtic francès.

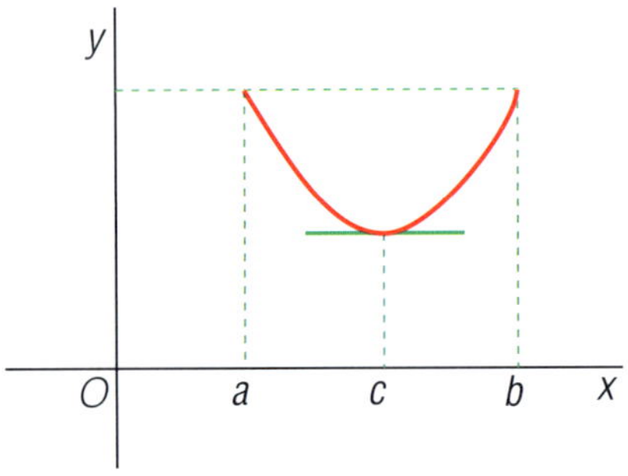

Fig. 7.14.

5.1. Teorema de Rolle

Si $f(x)$ és contínua en $[a, b]$, derivable en (a, b) i $f(a) = f(b)$, aleshores existeix almenys un punt $c \in (a, b)$ tal que $f'(c) = 0$.

Com que la funció és contínua en l'interval $[a, b]$, prendrà un valor màxim absolut i un de mínim absolut en aquest interval. Un d'ells pot ser $f(a) = f(b)$, mentre que l'altre l'haurà de prendre en un $c \in (a, b)$, i com que la funció és derivable en aquest punt, hi haurà un màxim o mínim relatiu, és a dir, $f'(c) = 0$.

Si $f(a) = f(b)$ en tot l'interval, es tracta d'una funció constant i la seva derivada és 0. Es verifica l'enunciat del teorema.

Si no estem en el cas de la funció constant, en algun punt de l'interval la tangent a la gràfica de la funció és paral·lela a l'eix OX, té pendent 0 i verifica $f'(c) = 0$ (Fig. 7.14).

Important

Hi pot haver més d'un punt que verifiqui el teorema de Rolle (Fig. 7.15).

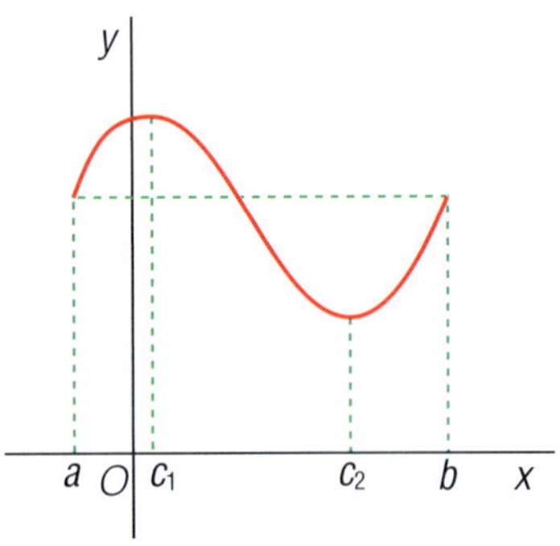

Fig. 7.15.

5.2. Teorema del valor mitjà

Si $f(x)$ és contínua en $[a, b]$ i derivable en (a, b), existeix almenys un punt $c \in (a, b)$ tal que $f'(c) = \dfrac{f(b) - f(a)}{b - a}$.

Aquest enunciat afirma que en algun punt c de l'interval el pendent de la recta tangent a la gràfica de $f(x)$ és igual al pendent de la recta secant que passa pels punts $(a, f(a))$ i $(b, f(b))$ (Fig. 7.16).

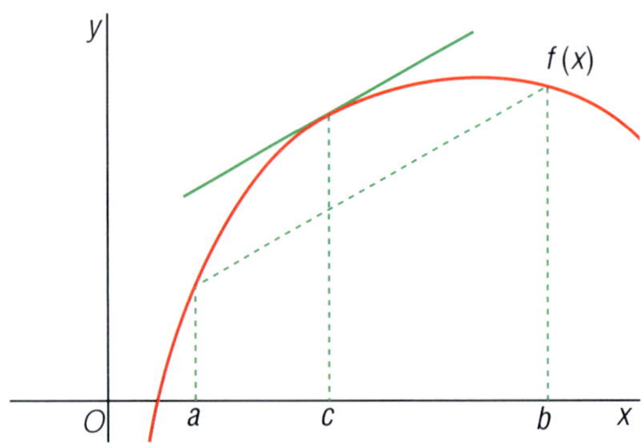

Fig. 7.16.

Aquest teorema ens permet donar criteris de la monotonia d'una funció en un interval $[a, b]$.

Una funció $f(x)$ derivable en un interval (a, b) és:

- **Creixent** si $f'(x) > 0$ per a tot x de l'interval (a, b).
- **Decreixent** si $f'(x) < 0$ per a tot x de l'interval (a, b).

Donats dos punts de l'interval (a, b) tals que $x_1 < x_2$, $x_2 - x_1 > 0$, el teorema anterior assegura que, per a algun valor c tal que $x_1 < c < x_2$, es verifica:

$$f'(c) = \frac{f(x_2) - f(x_1)}{x_2 - x_1}$$

Com que el denominador és positiu, el signe de $f'(c)$ depèn del signe del numerador. Així, serà positiu si $f(x_2) > f(x_1)$ i la funció és creixent. I serà negatiu si $f(x_2) < f(x_1)$ i la funció és decreixent.

5.3. Teorema de Cauchy

Si $f(x)$ i $g(x)$ són dues funcions contínues en $[a, b]$ i derivables en (a, b), aleshores existeix un punt $c \in (a, b)$ per al qual es verifica:

$$\frac{f(b)-f(a)}{g(b)-g(a)}=\frac{f'(c)}{g'(c)}$$

Biografia

Augustin Louis Cauchy (1789-1857) matemàtic francès.

Aquest enunciat és una conseqüència del teorema del valor mitjà aplicat a dues funcions en el mateix interval. Per a cadascuna de les funcions, tenim:

$$f'(c_1)=\frac{f(b)-f(a)}{b-a} \qquad g'(c_2)=\frac{g(b)-g(a)}{b-a}$$

Quan dividim membre a membre les dues igualtats, obtenim l'enunciat del teorema de Cauchy, que és més potent que el del valor mitjà, ja que suposa que $c_1 = c_2$. És a dir, el punt és únic per a les dues funcions.

Exemple 3 **Considera la funció $f(x) = x^2 - x$ i estudia l'aplicació dels dos teoremes anteriors. Aplica-hi el teorema de Rolle en l'interval [0, 1] i el teorema del valor mitjà en l'interval [–1, 3]. Considera la monotonia de la funció.**

$f(x)$ és contínua i derivable en l'interval considerat i $f(0) = f(1) = 0$. Pel teorema de Rolle existeix un punt $c \in (0, 1)$ tal que $f'(c) = 0$. Calculem $f'(x)$ i resolem l'equació que resulta en igualar-la a 0.

$f'(x) = 2x - 1 = 0 \rightarrow x = \frac{1}{2}$ és el punt c que prediu el teorema.

Per l'aplicació del teorema del valor mitjà, calculem el pendent de la recta secant que determinen els punts $(-1,f(-1)) = (-1,2)$ i $(3,f(3)) = (3,6)$:

$$m=\frac{6-2}{3+1}=1$$

Cal buscar, ara, el punt c tal que $f'(c) = 1$. Igualem la derivada a 1:

$$f'(x) = 2x - 1 = 1 \rightarrow x = 1 = c$$

La funció $f(x) = x^2 - x$ és decreixent per a $x < \frac{1}{2}$ i creixent per a $x > \frac{1}{2}$, ja que en el punt $x = \frac{1}{2}$ hi ha un mínim relatiu i és l'únic punt estacionari que té la funció.

ACTIVITATS

22. Considera la funció $f(x) = x^2 - 6x + 9$ en l'interval [0, 6]. Aplica-li el teorema de Rolle per trobar un punt c tal que $f'(c) = 0$.

23. Esbrina si la funció $f(x)=\frac{2}{(x-1)^2}$ verifica les condicions del teorema de Rolle en l'interval [0, 2].

24. Considera la funció $f(x) = x^3 - 3x^2$ en l'interval [0, 3] i aplica-li el teorema de Rolle en aquest interval. Quin és el punt c que prediu el teorema?

Hi ha algun altre punt que no pertany a (0, 3) en què també s'anul·li la derivada?

25. Demostra que a la funció $f(x) = \sqrt{x}$ se li pot aplicar el teorema del valo r mitjà en l'interval (0, 1).

Troba el punt c de l'interval en què $f'(c) = 1$. Determina l'equació de la recta tangent a la corba en aquest punt.

26. Demostra que la funció $f(x) = e^{-x}$ és decreixent en tot el seu domini.

27. Comprova que $c = \frac{5}{2}$ és el punt on es verifica el teorema de Cauchy per a les funcions següents:

$f(x) = 3x + 2$ i $g(x) = x^2 + 1$ en l'interval [1, 4].

6. La segona derivada

Com ja s'ha vist en la unitat anterior, es poden calcular les derivades successives d'una funció sempre que existeixin. Ens fixarem en les propietats que es poden deduir de la segona derivada d'una funció.

Considerem una funció $f(x)$ contínua i derivable en un interval (a, b) i $f'(x)$ contínua i derivable en el mateix interval. D'aquesta manera podem calcular la segona derivada:

$$f''(x) = [f'(x)]'$$

En la Figura 7.17 podem observar la gràfica d'una funció i la de la seva derivada i en podem treure conclusions.

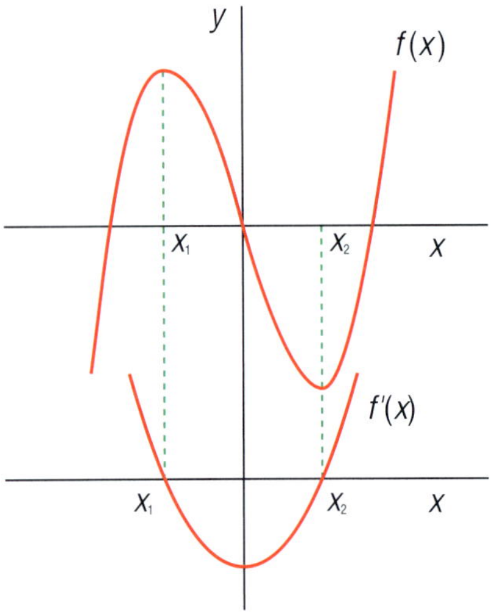

Fig. 7.17.

$f(x)$ té dos punts estacionaris:

- En x_1 hi ha un màxim relatiu.
- En x_2, un mínim relatiu.

La gràfica de la funció derivada talla l'eix de les abscisses en aquests dos punts, ja que $f'(x_1) = f'(x_2) = 0$. En x_1 la funció derivada passa de valors positius a negatius, ja que correspon a un màxim. En x_2 passa de valors negatius a positius, ja que la funció hi presenta un mínim.

Si considerem la derivada de $f'(x)$, és a dir, la segona derivada $f''(x)$, veiem que aquesta és negativa en x_1 i positiva en x_2. N'hi ha prou a observar el pendent de les rectes tangents o, el que és el mateix, $f'(x)$ és *decreixent* en x_1 i *creixent* en x_2.

Aquestes consideracions ens porten a donar un criteri per establir si un punt estacionari és un *màxim* o un *mínim*.

$f'(x_1) = 0$ i $f''(x_1) < 0$ en $x = x_1$ hi ha un **màxim relatiu** de $f(x)$.

$f'(x_2) = 0$ i $f''(x_2) > 0$ en $x = x_2$ hi ha un **mínim relatiu** de $f(x)$.

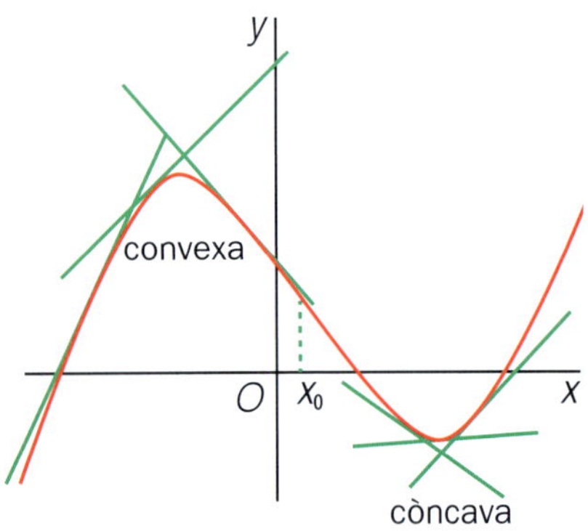

Fig. 7.18.

La segona derivada també ens permet parlar d'un nou concepte: la *concavitat* que presenta una funció. Així, direm que:

$f(x)$ és **convexa** en un interval si $f''(x) < 0$ per a tot x de l'interval.

$f(x)$ és **còncava** en un interval si $f''(x) > 0$ per a tot x de l'interval.

En un interval en què la funció és convexa, les rectes tangents estan per sobre de la seva gràfica. En canvi, en l'interval en què la funció és còncava, les rectes tangents se situen per sota de la gràfica de la funció. En un màxim relatiu la funció és convexa, mentre que en un mínim relatiu és còncava (Fig. 7.18).

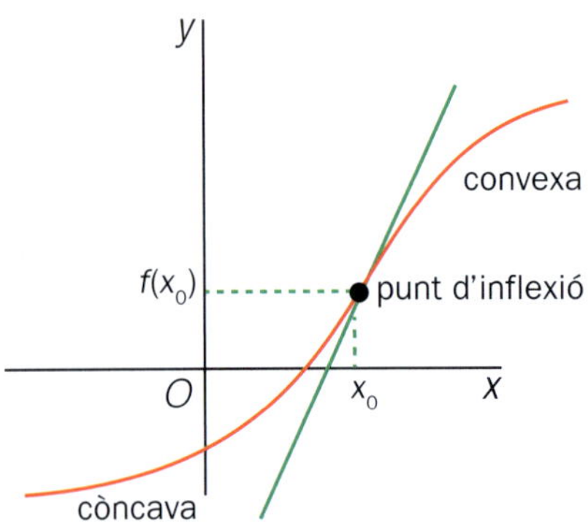

Fig. 7.19.

Si $f''(x)$ és contínua en l'interval considerat, en passar de positiva a negativa caldrà que hi hagi un punt en què sigui 0. En aquest punt és on canvia la concavitat de la gràfica de la funció. Aquest punt s'anomena **punt d'inflexió.**

Sempre que en $x = x_0$ la funció presenta un punt d'inflexió, es verifica que $f'(x) = 0$. En aquest punt, la gràfica de la funció passa de còncava a convexa o a l'inrevés. A més, en el punt d'inflexió, la recta tangent "travessa" la gràfica de la funció (Fig. 7.19).

Ara bé, si $f''(x_0) = 0$, la funció pot ser que no presenti un punt d'inflexió en $x = x_0$ De fet, per assegurar-se'n, cal comprovar que el signe de la segona derivada de la funció és diferent per a valors $x < x_0$ propers a x_0 que per a valors $x > x_0$ també propers a x_0 És a dir, s'ha de verificar: $f''(x_0^-) \cdot f''(x_0^+) < 0$.

Exemple 4 **Considera la funció $f(x) = 2x^3 - 24x + 6$ i troba els punts estacionaris i els intervals de concavitat i convexitat.**

Calculem la primera i la segona derivades de $f(x)$:

$$f'(x) = 6x^2 - 24 \qquad f''(x) = 12x$$

Els punts estacionaris es troben en els valors de x que anul·len la primera derivada:

$$6x^2 - 24 = 0 \rightarrow 6x^2 = 24 \rightarrow x^2 = 24/6 \rightarrow x_1 = 2 \text{ i } x_2 = -2$$

Valors que substituïm en la segona derivada:

$$f''(2) = 24 > 0 \rightarrow \text{en } x_1 = 2 \text{ hi ha un mínim relatiu.}$$

$$f''(-2) = -24 < 0 \rightarrow \text{en } x_2 = -2 \text{ hi ha un màxim relatiu.}$$

El punt d'inflexió és en $x = 0$, ja que aquest valor anul·la la segona derivada i es verifica que el signe de $f''(x)$ és diferent per a valors de x una mica més petits que 0 que per a valors de x poc més grans que 0.

Per trobar les ordenades dels punts de la gràfica de la funció caldrà substituir el valor de x en l'expressió de la funció.

Així, el punt (2, –26) és un mínim relatiu, el punt (–2, 38) és un màxim relatiu i el punt (0, 6) és un punt d'inflexió.

El punt (0, 6) determina la variació de la concavitat de la funció. Tenint en compte els punts màxim i mínim relatius, podem establir que:

$$f(x) \text{ és convexa } \forall\, x \in (-\infty, 0) \qquad f(x) \text{ és còncava } \forall\, x \in (0, +\infty)$$

ACTIVITATS

28. Troba els punts de la funció $f(x) = x^3 - 4x - 1$ que verifiquen $f'(x) = 0$.

Classifica'ls i expressa els intervals de monotonia i concavitat.

29. Estudia la primera i la segona derivada de la funció $f(x) = \ln(x^2 + 1)$ per trobar possibles màxims o mínims relatius i punts d'inflexió.

Ves amb compte a l'hora d'interpretar els valors que anul·len la segona derivada.

30. Troba els extrems relatius i els punts d'inflexió de les funcions:

a) $f(x) = x + \dfrac{1}{x}$

b) $f(x) = x\,(x-1)^2\,(x-2)^3$

c) $f(x) = e^x \cdot x$

d) $f(x) = \dfrac{e^x}{x^2}$, per a $x \neq 0$

31. Considera la funció $f(x) = x^4$. Calcula'n $f'(x)$ i $f''(x)$ i resol les equacions $f'(x) = 0$ i $f''(x) = 0$. En el punt d'abscissa $x = 0$, la funció presenta un extrem relatiu o un punt d'inflexió? Justifica la resposta.

32. Donada la funció $f(x) = x^3$:

a) Dibuixa'n una gràfica aproximada.

b) A partir de la gràfica, analitza'n el comportament en el punt en què $f'(x) = 0$ i $f''(x) = 0$. Quina particularitat presenta la funció en aquest punt?

c) Estableix-ne els intervals de creixement i decreixement i els intervals de concavitat i convexitat.

d) Quina és l'equació de la recta tangent a la gràfica de la funció en $x = 0$?

33. Determina l'expressió algèbrica de la funció inversa de la funció $f(x) = x^3$ de l'activitat anterior.

a) Calcula'n la primera i la segona derivades i indica per a quin o quins valors de x s'anul·la cadascuna d'elles.

b) Tenint en compte que les gràfiques de dues funcions inverses són simètriques respecte de la bisectriu dels quadrants primer i tercer, dibuixa en un mateix sistema de coordenades cartesianes les gràfiques aproximades de les funcions $f(x)$ i $f^{-1}(x)$.

c) A partir de la gràfica, indica la particularitat que presenta la funció $f^{-1}(x)$ en $x = 0$ i estableix-ne els intervals de creixement i decreixement i els intervals de concavitat i convexitat.

d) Quina és l'equació de la recta tangent a la gràfica de $f^{-1}(x)$ en $x = 0$?

7. La derivada i el càlcul de límits

Considerem dues funcions $f(x)$ i $g(x)$ que verifiquen les dues condicions següents:

a) Són derivables en un entorn de x_0.

b) $\lim_{x \to x_0} f(x) = 0$ i $\lim_{x \to x_0} g(x) = 0$.

Això vol dir que $\lim_{x\ \ x_0} \dfrac{f(x)}{g(x)}$ és una indeterminació del tipus $\dfrac{0}{0}$.

El teorema de Cauchy diu: $\dfrac{f(b)-f(a)}{g(b)-g(a)} = \dfrac{f'(c)}{g'(c)}$ i l'apliquem en un interval $[x_0, x]$ en el qual es pot suposar que $f(x_0) = g(x_0) = 0$. Per la derivabilitat de les funcions, existeix $\lim_{x\ \ x_0} \dfrac{f\ (x)}{g\ (x)}$.

Amb consideracions en el càlcul dels límits laterals, l'Hôpital va concloure que en l'interval (x, x_0) es verifica:

$$\lim_{x\ \ x_0} \frac{f(x)}{g(x)} = \lim_{x\ \ x_0} \frac{f\ (x)}{g\ (x)}$$

Important

En el càlcul de límits, són expressions indeterminades les del tipus:

$$\frac{0}{0}, \frac{\infty}{\infty}, \infty \cdot 0, 1^{\infty}, \infty^0, 0^0$$

Aquesta igualtat es coneix amb el nom de **regla de l'Hôpital,** i ens diu que en el càlcul de límits de quocients de funcions, amb les hipòtesis considerades, el límit que es vol calcular coincideix amb el límit del quocient de les derivades respectives.

S'aplica en els casos d'indeterminació del tipus $\dfrac{0}{0}$.

Si la indeterminació persisteix, es pot aplicar el mateix procediment de manera reiterada, en les mateixes condicions, fins a obtenir una expressió que tingui límit determinat.

Biografia

Guillaume François Antoine, marquès de l'Hôpital (1661-1704) matemàtic francès.

La regla de l'Hôpital es pot aplicar també a indeterminacions del tipus $\dfrac{\infty}{\infty}$.

Altres indeterminacions es poden reconduir a alguna d'aquestes dues.

Sabies què...

Tot i que s'anomena Regla de l'Hopital, en honor al matemàtic Guillem Françoise, marquès de l'Hopital; sembla que aquest li va adquirir els drets per publicar-la amb el seu nom, a un altre reconegut matemàtic Johan Bernouilli, que va ser qui veritablement la va enunciar i demostrar.

Si cal trobar el límit del producte de dues funcions $f(x)$ i $g(x)$ i una d'elles té límit 0 i l'altra ∞, ens trobem amb una indeterminació del tipus $\infty \cdot 0$. Per desfer-la podem escriure:

$$f(x)\cdot g(x) = \frac{f(x)}{\dfrac{1}{g(x)}} \text{ o } f(x)\cdot g(x) = \frac{g(x)}{\dfrac{1}{f(x)}}$$

que són expressions del tipus $\dfrac{0}{0}$ o $\dfrac{\infty}{\infty}$ a les quals ja es pot aplicar la regla de L'Hôpital. En cada cas caldrà veure quina és la transformació més adequada.

Quan calculem límits d'expressions exponencials com ara $[f(x)]^{g(x)}$, podem obtenir algun dels tres casos d'indeterminació següents: 1^{∞}, ∞^0, 0^0. Caldrà veure si és possible expressar el límit d'aquestes expressions exponencials en forma de producte.

Important

Per a les indeterminacions indicades, la regla de l'Hôpital també es aplicable quan x tendeix a infinit.

Si $\lim_{x \to x_0} [g(x) \ln f(x)] = k$, aleshores $\lim_{x \to x_0} [f(x)]^{g(x)} = e^k$

El càlcul del límit del producte ens portarà a indeterminacions del tipus $\infty \cdot 0$, la resolució de les quals acabem de veure.

Exemple 5 **Calcula els límits següents:**

a) $\lim_{x\to 0}\frac{e^x - e^{-x}}{x}$ ***b)*** $\lim_{x\to 0}(x \ln x)$

c) $\lim_{x\to 0} x^x$ ***d)*** $\lim_{x\to 3}\frac{x^2 - 9}{x^2 - 5x + 6}$

a) El límit és del tipus $\frac{0}{0}$. Podem derivar la funció del numerador i la del denominador:

$$\lim_{x\to 0}\frac{e^x - e^{-x}}{x} = \lim_{x\to 0}\frac{e^x - e^{-x}(-1)}{1} = \lim_{x\to 0}\left(e^x + e^{-x}\right) = \lim_{x\to 0}\left(e^x + \frac{1}{e^x}\right) = 1 + 1 = 2$$

b) $\lim_{x\to 0}(x \ln x)$ és del tipus $0 \cdot (-\infty)$. Podem reconvertir-lo en forma de quocient i derivar numerador i denominador:

$$\lim_{x\to 0}(x \ln x) = \lim_{x\to 0}\frac{\ln x}{\frac{1}{x}} = \lim_{x\to 0}\frac{\frac{1}{x}}{-\frac{1}{x^2}} = \lim_{x\to 0} -\frac{x^2}{x} = \lim_{x\to 0}(-x) = 0$$

c) $\lim_{x\to 0} x^x$ és un límit de la forma 0^0. Prenem logaritmes en el límit que es vol calcular:

$$\ln\left(\lim_{x\to 0} x^x\right) = \lim_{x\to 0}(\ln x^x) = \lim_{x\to 0}(x \ln x) = 0$$

que hem calculat en l'apartat *b*). Així, tenim: $\lim_{x\to 0} x^x = e^0 = 1$

d) $\lim_{x\to 3}\frac{x^2 - 9}{x^2 - 5x + 6}$ és del tipus $\frac{0}{0}$.

La regla de l'Hôpital està definida per a $x \to x_0$, també es pot aplicar en aquest cas:

$$\lim_{x\to 3}\frac{x^2 - 9}{x^2 - 5x + 6} = \lim_{x\to 3}\frac{2x}{2x - 5} = 6$$

Aquest límit ja l'havíem calculat utilitzant un altre procediment. Si els polinomis numerador i denominador s'anul·len per a $x = 3$, és que són divisibles per $x - 3$ i podem escriure:

$$\lim_{x\to 3}\frac{x^2 - 9}{x^2 - 5x + 6} = \lim_{x\to 3}\frac{x + 3}{x - 2} = 6$$

ACTIVITATS

34. Calcula els límits següents:

a) $\lim_{x\to 2}\frac{4 - x^2}{2x - 4}$ *b)* $\lim_{x\to 1}(\ln x)^{1-x}$

c) $\lim_{x\to 0}\frac{e^x - e^{-3x}}{\ln(1 + x)}$ *d)* $\lim_{x\to 0}(x^4 \ln x)$

35. Calcula els límits següents aplicant la regla de l'Hôpital i sabent que són una potència del nombre e.

a) $\lim_{x\to +\infty}\left(\frac{2x + 3}{2x - 1}\right)^x$ *b)* $\lim_{x\to 0}(1 + x)^{\frac{3}{x}}$

c) $\lim_{x\to \infty}\left(1 + \frac{1}{x}\right)^x$ *d)* $\lim_{x\to \infty}\left(\frac{x + 1}{x - 1}\right)^{3x}$

36. Calcula els límits:

a) $\lim_{x\to -1}\frac{x^2 - 1}{x^2 + 3x + 2}$

b) $\lim_{x\to 1}\frac{x^3 - 3x^2 + 3x - 1}{x^3 - x^2 - x + 1}$

c) $\lim_{x\to 2}\frac{2x - x^2}{x^2 - 4x + 4}$

Factoritzant els polinomis del numerador i del denominador, i aplicant la regla de l'Hôpital.

Activitats finals

1. Raona la continuïtat de les funcions:

a) $f(x) = \ln(x^2 + 1)$

b) $f(x) = x^2 \cdot e^{x+1}$

c) $f(x) = \dfrac{x^2 + 1}{x^3 + 1}$

d) $f(x) = \dfrac{e^x}{x}$

2. La funció $f(x) = x^2 + x + 1$ és contínua. Explica si es pot aplicar el teorema de Bolzano en algun interval. Té alguna arrel l'equació $f(x) = 0$?

3. Raona si la funció $f(x) = x^6 - 6x^2 + 3$ té alguna arrel entre 0 i 1. Troba aquest valor amb una aproximació fins a les centèsimes.

4. Troba els extrems absoluts de $f(x) = e^x - 1$ en l'interval $[-1, 1]$.

5. Estudia la derivabilitat de la funció $f(x) = \sqrt{x+1}$ en el punt $x = 0$.

6. Demostra que $f(x) = \dfrac{2x}{x-1}$ és decreixent en tot el seu domini.

7. Calcula les tres primeres derivades de $f(x) = \sqrt[3]{x}$. Troba una expressió per a la derivada enèsima.

8. Troba l'equació de la recta tangent a la corba $y = x^3 - 3x$ en el punt d'abscissa -1.

9. Esbrina si $f(x) = \dfrac{-1}{(x+1)^2}$ és creixent en tot el seu domini.

Què passa en el punt $x = -1$?

10. Calcula la derivada de les funcions següents:

a) $f(x) = \dfrac{2^{-x}}{4^x}$ *b)* $f(x) = \dfrac{2x+1}{(1-x)^2}$

Simplifica les expressions obtingudes.

11. Raona per què la funció $f(x) = e^x + x$ no pot tenir màxims ni mínims relatius.

12. Estudia la monotonia i dona els intervals de creixement i decreixement de les funcions:

a) $f(x) = 1 - 2x - 3x^2$

b) $f(x) = x + \dfrac{1}{x}$

c) $f(x) = x^2 - \ln x^2$

d) $f(x) = x^4 - x^2$

13. Justifica raonadament que la funció $f(x) = x^5 + 5x^3 + 2x$ talla l'eix de les abscisses en un sol punt.

14. Classifica els possibles extrems relatius de les funcions:

a) $f(x) = x \cdot \ln x$

b) $f(x) = x^4 \cdot e^{-x}$

c) $f(x) = x^3 - 5x^2 + 6x$

d) $f(x) = x^4 - x^2$

15. Determina la concavitat i els punts d'inflexió de les funcions:

a) $f(x) = x^3 + 2x^2 - 4x - 8$

b) $f(x) = x^3 + 2$

c) $f(x) = 2x^2 - e^{2x}$

d) $f(x) = x^4 - x^2$

16. Determina els punts d'inflexió de la funció següent:

$$f(x) = \frac{1}{1 + x^2}$$

17. Calcula la primera i la segona derivada de la funció $f(x) = (x - 1)^3$. S'anul·len les dues derivades en un mateix punt? Troba aquest punt i explica de quin tipus és.

18. Considera la funció $f(x) = x^3 + ax^2 + bx + 7$. Troba a i b de manera que la gràfica de la funció tingui en $x = 1$ un punt d'inflexió de tangent horitzontal.

19. Determina $f(x)$ sabent que la derivada tercera és $f'''(x) = 24x$, $f(0) = 0$, $f'(0) = 1$ i $f''(0) = 2$.

20. Analitza la continuïtat i la derivabilitat de la funció

$$f(x) = \frac{x}{|x|} \text{ si } x \neq 0 \text{ i } f(0) = 0.$$

21. Considera la funció definida per

$$f(x) = \begin{cases} e^{2ax} + 1 & \text{si } x \leq 0 \\ x^2 - x + 2 & \text{si } x > 0 \end{cases}$$

on a és un nombre real.

a) Comprova que $f(x)$ és contínua en $x = 0$.

b) Per a quin valor de a la funció $f(x)$ és derivable en $x = 0$?

22. Analitza el comportament de les funcions del tipus $f(x) = x^n$ en el punt d'abscissa $x = 0$ en cadascun dels casos següents:

a) n és un nombre natural parell.

b) n és un nombre natural senar.

Indica en cada cas els intervals de creixement i decreixement i els intervals de concavitat i convexitat de la funció $f(x)$.

23. La gràfica següent correspon a una funció $f(x):[2,6]\to\mathbb{R}$ derivable i amb derivada contínua.

Fes un esbós de la gràfica de $f'(x):(2,6)\to\mathbb{R}$ i justifica'n el perquè.

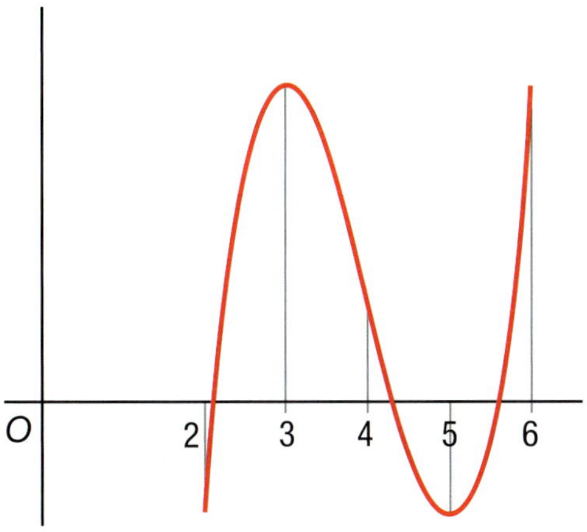

Fig. 7.20.

24. Calcula els límits següents:

a) $\lim\limits_{x\to 1}\dfrac{1-x^2}{\ln(2-x)}$

b) $\lim\limits_{x\to 1}\dfrac{\ln x}{x-1}$

c) $\lim\limits_{x\to 2}\left(\dfrac{x}{2}\right)^{\frac{1}{x-2}}$

d) $\lim\limits_{x\to 0}\dfrac{x^3}{e^{2x}-e^x}$

25. Considera la funció $f(x)=\dfrac{x}{x^2-1}$.

a) Estudia'n la continuïtat i la derivabilitat.

b) Justifica que és decreixent en tot el domini de $f(x)$.

26. Calcula *a* i *b* per tal que la funció:

$$f(x)=\begin{cases} x^3-x & \text{si } x\le 0 \\ ax+b & \text{si } x>0 \end{cases}$$

sigui contínua i derivable.

27. Estudia el creixement i el decreixement de la funció $f(x)=2x^3+3x^2-12x+5$. Determina'n els punts estacionaris.

28. Demostra que la funció $f(x)=(x+1)\cdot e^{-x}$ presenta un punt estacionari en $x = 0$ i classifica'l. Indica els intervals de creixement i de decreixement de la funció.

29. Estableix els intervals de concavitat i de convexitat de la funció de l'activitat anterior. Aquesta funció té algun punt d'inflexió? Si la resposta és afirmativa, quines en són les coordenades?

30. Sigui $f'(x)=3x^2-12x$ la derivada d'una funció $f(x)$.

a) Determina l'expressió algèbrica general de totes les funcions $f(x)$ que verifiquen aquesta condició. Quina d'aquestes funcions talla l'eix d'abscisses en $x = 1$?

b) Troba l'abscissa del punt d'inflexió de la funció de l'apartat anterior i estudia'n la concavitat.

31. Comprova que la funció $f(x)=-x^3+6x^2-16$ té una arrel a $x = 2$ i que és estrictament creixent a l'interval (0,4).

32. Sigui la funció $f(x) = x\ 2 \ln x$.

a) Indica el domini i estudia la continuïtat.

b) Determina els intervals en què la funció $f(x)$ és creixent i els intervals en què és decreixent, classifica'n els extrems possibles.

33. Donada la funció $f(x)=e^{x-1}-x-1$:

a) Estudia'n la continuïtat, els punts estacionaris i els intervals de creixement i de decreixement.

b) Demostra que l'equació $f(x) = 0$ té exactament dues solucions entre $x = -1$ i $x = 3$.

34. Se sap que la funció $f(x)=2x^3+mx^2+nx+p$ té dos punts estacionaris en $x=-3$ i $x=1$ i que la seva gràfica passa pel punt de coordenades (3,4). Calcula *m*, *n* i *p*.

35. Calcula els límits següents:

a) $\lim\limits_{x\to 0}\left[\dfrac{1}{\ln(1+x)}-\dfrac{1}{x}\right]$

b) $\lim\limits_{x\to 3}\dfrac{x^2-5x+6}{9-x^2}$

c) $\lim\limits_{x\to\infty}\dfrac{(2x+3)^3}{(3x-1)^2}$

d) $\lim\limits_{x\to 0}\left(\dfrac{1+x}{1-x}\right)^{\frac{2}{x}}$

36. Dibuixa l'esbós de la gràfica d'una funció $y = f(x)$ que verifiqui les condicions següents:

a) És contínua a tota la recta real.

b) És simètrica respecte de l'eix d'ordenades.

c) Presenta un mínim relatiu i també absolut en $x = 2$, i un màxim relatiu en $x = 0$.

d) Presenta un punt d'inflexió en $x = 1$.

e) Estableix els intervals de creixement i de decreixement de la funció i també els intervals de concavitat i convexitat. Quantes solucions reals té l'equació $f(x) = 0$?

Activitats finals

37. Per a les funcions del tipus $f(x)=\dfrac{k}{x-2}$, amb k un nombre real, indica'n:

a) El domini.

b) Els intervals de creixement i de decreixement en funció del signe de k.

c) Els punts estacionaris.

38. És possible que una funció presenti un punt d'inflexió en $x=x_0$ tot i no existir $f''(x_0)$? Com és en aquest cas la recta tangent a la gràfica de la funció en aquest punt?

39. Els beneficis mensuals d'un artesà expressats en euros, quan fabrica i ven x objectes, s'ajusten a la funció $B(x)=-0{,}5x^2+50x-800$, en què $20 \le x \le 60$. Troba:

a) El benefici que obté en fabricar i vendre 20 objectes i en fabricar i vendre 60 objectes.

b) El nombre d'objectes que ha de fabricar i vendre per obtenir el benefici màxim, així com aquest benefici màxim.

40. Sabem que la funció f té per derivada la funció $f'(x)=(3x-2)^2(x-2)$. Calcula els valors de x en què la funció f té un màxim relatiu, un mínim relatiu o un punt d'inflexió, i indica en cada cas de què es tracta.

41. Una empresa disposa de cartons quadrats d'1 m de costat amb els quals ha de construir capses sense tapa tot retallant quadrats petits en els extrems, tal com indica la Figura 7.21, i doblegant convenientment la resta.

a) Quina és l'expressió algèbrica de la funció $V(x)$ que permet calcular el volum de la capsa en funció de x?

b) Quina ha de ser la longitud x del costat de cadascun dels quadrats petits per tal que el volum de la capsa sigui màxim?

c) Quina és la mesura, expressada en decímetres cúbics, d'aquest volum màxim?

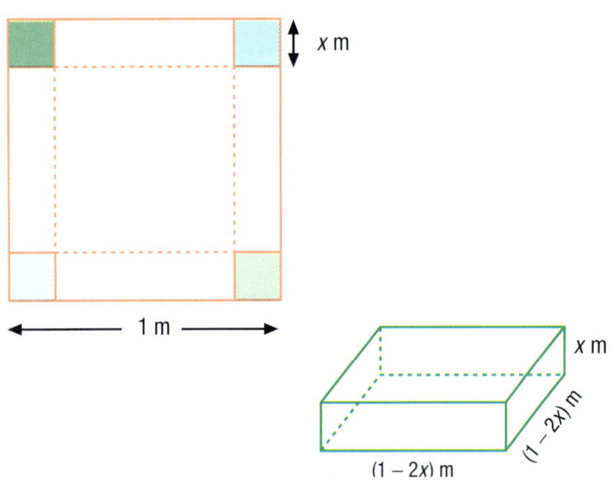

Fig. 7.21.

PREPARA'T PER A LA UNIVERSITAT

1. Considera la funció $f(x)=1+\dfrac{a}{x}+\dfrac{6}{x^2}$ on a és un nombre real.

a) Calcula el valor del nombre a sabent que $f(x)$ té un extrem relatiu en el punt d'abscissa $x=3$.

b) Aquest extrem relatiu, es tracta d'un màxim o d'un mínim? Raona la resposta.

2. Sigui la funció $f(x)=a+\dfrac{4}{x}+\dfrac{b}{x^2}$.

a) Calcula els valors de a i b sabent que la recta $2x+3y=14$ és tangent a la gràfica de la funció $f(x)$ en el punt d'abscissa $x=3$.

b) Si $a=-3$ i $b=4$, troba'n els intervals de creixement i decreixement i els extrems relatius.

c) Determina els punts de tall de la funció $f(x)$ amb l'eix OX.

3. Com a resultat del test efectuat amb un nou model d'automòbil per determinar-ne el consum de benzina, amb la finalitat de contribuir a l'ODS Acció pel clima, s'ha observat que, per a velocitats compreses entre 25 i 175 km/h, el consum $C(x)$ de gasolina, expressat en litres consumits en 100 km, fets a la velocitat constant de x km/h, es pot aproximar per la funció $C(x)=7{,}5-0{,}05x+0{,}00025x^2$.

a) Determina el consum a les velocitats de 50 km/h i de 150 km/h.

b) A quina velocitat s'obté el mínim consum? Quin és aquest consum mínim?

c) Fes un estudi del creixement i decreixement de la funció $C(x)$ en l'interval [25, 175]. Determina les velocitats que corresponen a consum màxim, així com aquest consum.

4. Calcula el valor dels límits següents:

a) $\lim\limits_{x\to 5}\dfrac{2x-10}{x^2-7x+10}$

b) $\lim\limits_{x\to 0}\dfrac{1-e^x}{\ln(x+1)}$

c) $\lim\limits_{x\to \infty}\dfrac{(1-x)^3}{2x^3+4x^2-5}$

d) $\lim\limits_{x\to 2}\left[\ln(x-1)\right]^{2x-4}$

- **Interpretes correctament el teorema de Bolzano per determinar de manera aproximada zeros d'una funció?**
- Diferencies entre punts estacionaris i punts d'inflexió?
- Tens clares les estratègies que et permeten diferenciar un màxim relatiu d'un mínim relatiu?
- Saps determinar els intervals de creixement i de decreixement d'una funció i els intervals que n'indiquen la concavitat?
- Interpretes i apliques correctament la regla de l'Hôpital per al càlcul de límits?

Divideix i venceràs

Situació d'aprenentatge

Tant el teorema del valor intermedi com el de Bolzano ens permeten assegurar que la funció pren un cert valor en un punt d'un interval, sense saber ben bé en quin punt passa això. Aquesta idea, que a primera vista sembla poc precisa, és bàsica per poder trobar maneres de calcular-lo. El mètode de la bisecció n'és un exemple clar. Si anem dividint per la meitat els intervals que compleixen les condicions del teorema (signes diferents en els extrems, intervals tancats i afitats i $f(x)$ contínua en aquests intervals), ens podem anar apropant al zero de la funció original tant com vulguem. De fet, aquesta idea no es restringeix només a trobar zeros de funcions: si mirem la funció $g(x)$, també podem buscar quan assoleix un valor determinat que es troba dins d'un interval donat.

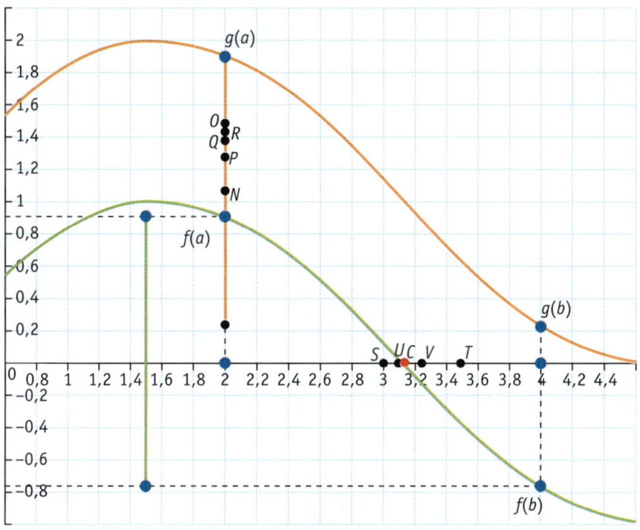

El mecanisme de dividir per la meitat per trobar un valor (mètode de la bisecció) es pot ampliar a l'algorísmica, obtenint així el mètode de cerca dicotòmica. Si hem de dir a un ordinador o a un robot com trobar una dada en un conjunt ordenat, li hem d'explicar tot fil per randa. Imagina que disposem d'un conjunt de paquets en un magatzem ordenats segons els nombres {1,2,3,...,200}, i que volem trobar el que està a la posició 135. Hem de proporcionar al robot una manera ràpida de trobar-lo i no només que vagi esbrinant un per un si el número de paquet coincideix amb el que necessitem. L'algorisme que seguirà el robot per trobar el paquet serà:

1. Tens un interval $[x_{min}, x_{max}] = [1,200]$
2. Busca $m = \frac{x_{min} + x_{max}}{2}$
3. Estudia quin dels dos intervals $[x_{min}, m]$, i $[m, x_{max}]$ té la nostra solució.
4. Repeteix el procés.

Seguint aquestes instruccions, l'interval [1,200] quedarà dividit per la meitat [100,200] la primera vegada que fem el procés. Repetint-lo, anem a parar a l'interval [100,150], fet que redueix a una quarta part la quantitat de paquets que cal mirar. El nombre de vegades que hem d'anar dividint per dos l'interval acaba essent només 7. D'aquesta manera arribem a [134,375 , 135,9375], interval en què el robot ja pot saber en quina posició està situat el paquet.

Les matemàtiques ens ofereixen una eina per saber quantes vegades podem dividir per dos un nombre. Usant les propietats dels logaritmes i les potències es pot calcular $log_2 200 \simeq 7$, que són les vegades que hem d'iterar el procés de dividir a la meitat l'interval. Si haguéssim cercat el paquet mirant cada element, hauríem realitzat al voltant de 135 operacions. Quan estem parlant de milions de dades, ser eficient és fonamental, i un algorisme com aquest ens pot estalviar temps i diners.

Ara et toca a tu!

1. Aplica el mètode de la bisecció per trobar l'arrel de la funció $f(x) = x^3 - 3x + 1$ en l'interval [1,2].

2. Un nombre primer de Sophie Germain és un nombre primer p de manera que $2p + 1$ també és primer. Imagina que volem saber si un nombre és un nombre primer de Germain o no. Tenim una llista de 20 primers de Sophie Germain.

2	3	5	11	23	29	41	53	83	89
113	131	173	179	191	233	239	251	281	293

Vols saber si el nombre primer 17 està a la llista dels primers de Germain. Per això, buscaràs a la llista si hi ha el nombre 17 usant la cerca dicotòmica.

a) Explica com esbrinaràs si 17 està o no a la llista donada.

b) Quants passos hauràs de fer per arribar a una conclusió?

c) El nombre 17 és un primer de Germain? Per què?

Nota històrica

Sophie Germain fou una matemàtica francesa que demostrà l'últim teorema de Fermat per al cas particular d'aquest tipus de nombres primers. Actualment, el nombre primer de Germain més gran que es coneix és $48.047.305.725 \cdot 2^{172403} - 1$, un nombre de 51910 dígits obtingut el gener de 2007.

UNITAT

8 Aplicacions de la derivada

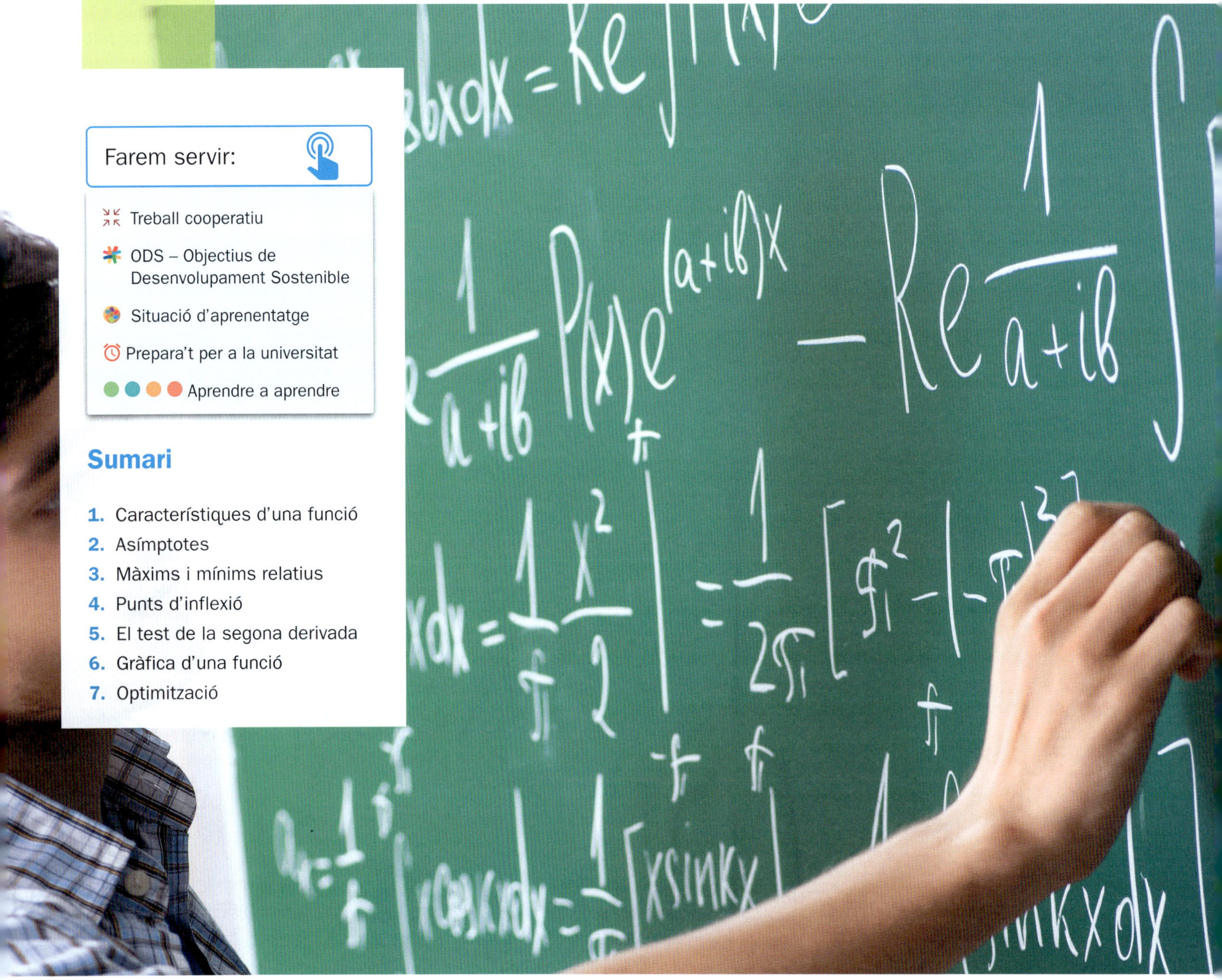

Farem servir:

- Treball cooperatiu
- ODS – Objectius de Desenvolupament Sostenible
- Situació d'aprenentatge
- Prepara't per a la universitat
- Aprendre a aprendre

Sumari

Els psicòlegs analitzen la teoria de l'aprenentatge a partir de corbes que mesuren el rendiment de qui aprèn i que contribueix en l'assoliment de l'**ODS Educació de qualitat.** Moltes vegades, en començar un aprenentatge es cometen errors que posteriorment van disminuint a mesura que el coneixement i la pràctica augmenten. En conseqüència, el nostre rendiment per adquirir coneixement i destresa anirà en augment a mesura que anem treballant aquells continguts i, evidentment, anem aprenent dels errors.

El filòsof i psicòleg alemany H. Ebbinghaus (1850-1909) va ser un dels primers a estudiar la nostra memòria i analitzar la manera com aprenem. Som-hi!

- **Ets capaç de determinar el domini d'una funció a partir de la seva expressió algèbrica?**
- I el recorregut a partir de la seva representació gràfica?
- Coneixes el camí que cal seguir per trobar els punts de tall de qualsevol funció amb els eixos de coordenades?
- Recordes com calcular límits funcionals?
- Tens clars els conceptes de punt estacionari i de punt d'inflexió?
- Apliques bé les regles de derivació de funcions?

1. Característiques d'una funció

En aquest apartat ens dedicarem a trobar informació sobre funcions i gràfiques a partir de l'expressió algèbrica de la funció. Algunes de les característiques que es tractaran a continuació ja han estat treballades anteriorment.

1.1. Domini i discontinuïtats

És imprescindible saber el domini i, en els punts de discontinuïtat, els tipus de discontinuïtat que presenta la funció. Haurem d'estudiar quin és el domini de la funció i calcular els límits laterals en els punts on es presenti una possible discontinuïtat.

Important

Per tal d'analitzar les discontinuïtats, cal haver definit prèviament el domini de la funció.

1.2. Simetries

Direm que $f(x)$ és una **funció parella** si $f(-x) = f(x)$ per a tot $x \in D_f$.

Els valors que pren la funció en x i en el seu oposat $-x$ coincideixen (Fig. 8.1).

En aquest cas, si un punt (a, b) és de la gràfica de $f(x)$, també n'és el punt $(-a, b)$; per a cada punt, la gràfica conté el seu simètric respecte de l'eix d'ordenades.

La gràfica d'una **funció parella** és simètrica respecte de l'eix d'ordenades.

Direm que $f(x)$ és una **funció imparella** si $f(-x) = -f(x)$ per a tot $x \in D_f$.

Els valors que pren la funció en x i en el seu oposat $-x$ són també oposats (Fig. 8.2).

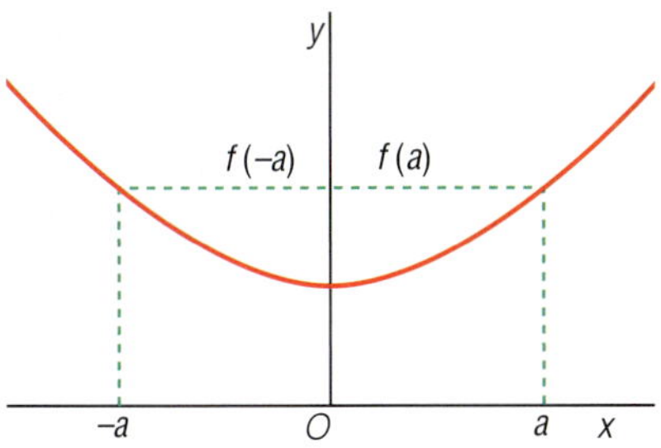

Fig. 8.1.

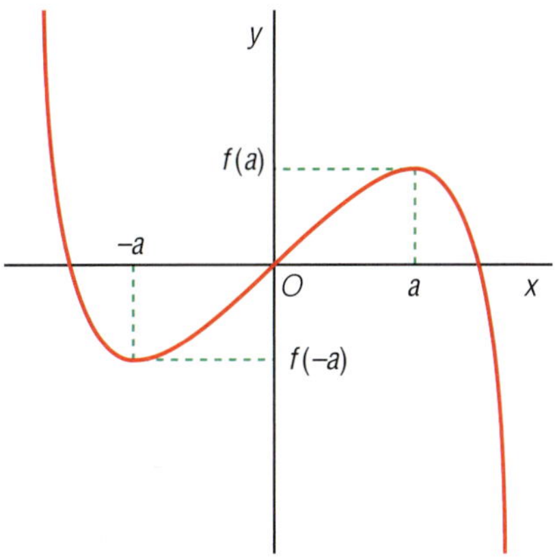

Fig. 8.2.

En aquest cas, si un punt (a, b) és de la gràfica de $f(x)$, també n'és el punt $(-a, -b)$; per a cada punt, la gràfica conté el seu simètric respecte de l'origen de coordenades.

La gràfica d'una **funció imparella** és simètrica respecte de l'origen.

Hi ha funcions que no són parelles ni imparelles. En aquest cas la gràfica no és simètrica ni respecte de l'eix d'ordenades ni respecte de l'origen.

Raona si té sentit o no plantejar-se l'estudi de la determinació de la possible simetria de la gràfica d'una funció respecte de l'eix de les abscisses.

Tal com veurem en l'exemple següent, en una funció polinòmica, si tots els exponents de la variable x són parells, la funció és parella; en canvi, si tots els exponents de x són senars i el terme independent és nul, la funció és imparella.

Exemple 1 ➡ **Estudia la simetria de les funcions següents:**

a) $f(x) = 3x^4 - x^2 + 3$ ***b)*** $f(x) = -x^3 + 3x$ ***c)*** $f(x) = 2x^6 + 4x^3 - 2x + 1$

a) Busquem la imatge de $-x$, essent x qualsevol valor del domini de la funció:

$$f(-x) = 3(-x)^4 - (-x)^2 + 3 = 3x^4 - x^2 + 3 = f(x)$$

$f(x)$ és parella, la gràfica de $f(x)$ és simètrica respecte de l'eix d'ordenades.

b) Repetim el procés anterior: $f(-x) = -(-x)^3 + 3(-x) = x^3 - 3x = -f(x)$

$f(x)$ és imparella, la gràfica de $f(x)$ és simètrica respecte de l'origen.

c) $f(-x) = 2(-x)^6 + 4(-x)^3 - 2(-x) + 1 = 2x^6 - 4x^3 + 2x + 1$

Veiem que $f(-x) \neq f(x)$ i que $f(-x) \neq -f(x)$, per tant la funció no és parella ni imparella, la seva gràfica no és simètrica ni respecte de l'eix d'ordenades ni respecte de l'origen.

Quan estudiem les simetries d'una funció, només ens referim a la simetria respecte de l'eix d'ordenades o a la simetria respecte de l'origen, tot i que la gràfica d'una funció pot tenir-ne d'altres, les quals no s'estudien.

Per representar gràficament una funció no és imprescindible estudiar prèviament les simetries. Al contrari, a partir de la gràfica es poden observar directament totes les simetries de la funció, sense haver de recórrer a mètodes analítics.

1.3. Punts de tall amb els eixos de coordenades

Els punts de tall amb els eixos de coordenades ofereixen una informació d'interès a l'hora de dibuixar la gràfica d'una funció $y = f(x)$.

Els punts on la gràfica de la funció talla l'eix d'abscisses es troben resolent el sistema format per l'equació de la funció $y = f(x)$ i l'equació de l'eix d'abscisses $y=0$, sistema que ens porta a l'equació següent: $f(x)=0$.

Els valors de x que són solució de l'equació anterior s'anomenen *arrels de la funció* $f(x)$.

Una funció talla l'eix d'abscisses tantes vegades com arrels tingui. Pot tenir un, més d'un o cap punt de tall amb l'eix *OX*.

L'únic punt on la gràfica pot tallar l'eix d'ordenades es troba a partir de l'equació de la funció i de l'equació de l'eix d'ordenades $x = 0$, és a dir, cal calcular $f(0)$.

Si $f(0)=a$, la gràfica talla l'eix d'ordenades en el punt $(0, a)$. Si $x = 0 \notin D_f$, aleshores la gràfica no talla l'eix *OY*.

Important

És millor començar buscant els punts de tall amb l'eix d'abscisses, ja que, si s'obté l'origen, aquest és l'unic punt on la gràfica talla l'eix d'ordenades.

Exemple 2 ➡ **Busca els punts de tall amb els eixos de coordenades de les funcions:**

a) $f(x) = x^2 - 4$ **b)** $f(x) = \sqrt{x - 1}$

a) Resolent l'equació $x^2 - 4 = 0$, trobarem els punts de tall amb l'eix *OX*:

$$x^2 - 4 = 0 \rightarrow x = 2 \quad \text{i} \quad x = -2$$

La gràfica talla l'eix d'abscisses en els punts $(-2, 0)$ i $(2, 0)$.

Per trobar el punt on la gràfica talla l'eix *OY* cal trobar la imatge de $x = 0$.

Com que $f(0) = -4$, la gràfica talla l'eix d'ordenades en el punt $(0, -4)$.

b) La funció $f(x) = \sqrt{x - 1}$ talla l'eix *OX* en el punt $(1, 0)$, ja que el valor $x = 1$ anul·la la funció. I no talla l'eix *OY* perquè el valor $x = 0 \notin D_f$.

1.4. Recorregut

Cal tenir present que, mentre que el domini d'una funció fa referència als valors que pot prendre la variable independent x, el recorregut d'una funció fa referència a valors que corresponen a la variable dependent $y = f(x)$.

El **recorregut** d'una funció és el conjunt de les imatges dels valors del domini.

Aquesta informació es pot deduir fàcilment a partir de la gràfica: n'hi ha prou a observar quins són els valors de y que són imatge dels valors de $x \in D_f$.

Un mètode analític per trobar el recorregut és calcular el domini de la funció inversa, ja que el domini de la inversa és el recorregut de la funció.

Estudiem el recorregut de la funció $f(x) = x^2$.

En la funció $f(x) = x^2$, els valors de la variable y són positius o zero; això vol dir que el recorregut és:

$$R_f = \{y \in \mathbb{R} \mid y \geq 0\} = [0, +\infty)$$

Si ho fem a partir del domini de la funció inversa $f^{-1}(x) = \sqrt{x}$, tenim que:

$$R_f = D_{f^{-1}} = [0, +\infty)$$

Si observem la gràfica de la funció (Fig. 8.3), veiem que el recorregut és el que hem indicat.

Com que el recorregut de la funció no és una informació imprescindible per dibuixar la gràfica, el deduirem a partir d'aquesta, ja que la majoria de vegades resulta la manera més senzilla d'obtenir-lo.

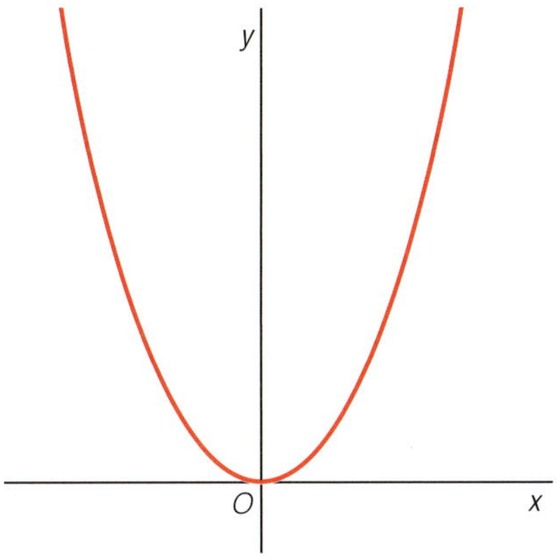

Fig. 8.3.

ACTIVITATS

1. Estudia les simetries i indica els punts de tall amb els eixos de la funció: $f(x) = \dfrac{x^3}{x^2+2}$.

2. Donada la funció $f(x) = \dfrac{x-1}{x+1}$ dedueix-ne:

a) El domini i els tipus de discontinuïtats.

b) Les simetries.

c) Els punts de tall amb els eixos de coordenades.

3. Troba el recorregut de la funció de l'activitat anterior a partir del domini de la funció inversa.

4. *a)* Per què una funció no pot ser simètrica respecte de l'eix d'abscisses?

b) Per què la gràfica d'una funció pot tallar com a màxim en un punt l'eix *OY*?

Justifica les respostes.

2. Asímptotes

Definim una **asímptota** com aquella recta límit de les rectes tangents a la gràfica de la funció quan el punt de tangència tendeix a infinit.

La distància entre l'asímptota i la gràfica de la funció tendeix a zero.

Hi ha tres tipus d'asímptotes: les *verticals*, les *horitzontals* i les que no són ni verticals ni horitzontals, i que s'anomenen *obliqües*.

2.1. Asímptota vertical

Si $f(x)$ té una discontinuïtat asimptòtica en el punt $x = a$, la recta $x = a$ és una **asímptota vertical** de la funció $f(x)$.

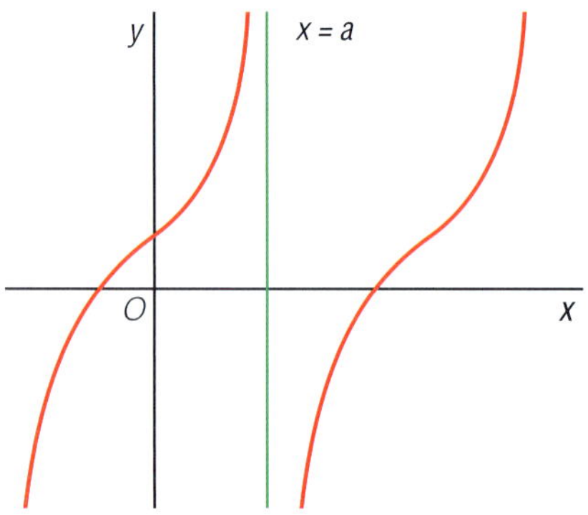

Fig. 8.4.

Això vol dir que, si $\lim_{x\to a} f(x) = \infty$, aleshores diem que la recta $x = a$ és una **asímptota vertical** (Fig. 8.4).

Una funció pot tenir cap, una o més d'una asímptota vertical, segons el nombre de discontinuïtats asimptòtiques que presenti. Una funció contínua en tots els reals no té cap asímptota vertical.

Es pot deduir fàcilment que la gràfica de la funció no talla en cap punt les asímptotes verticals.

Important

Si $\lim_{x\to a^-} f(x) = \infty$ o $\lim_{x\to a^+} f(x) = \infty$ aleshores $f(x)$ té una discontinuïtat asimptòtica en $x = a$.

2.2. Asímptota horitzontal

Si $\lim_{x\to +\infty} f(x) = b \in \mathbb{R}$, la recta $y = b$ és una asímptota horitzontal per a $x \to +\infty$.

Si $\lim_{x\to -\infty} f(x) = c \in \mathbb{R}$, la recta $y = c$ és una asímptota horitzontal per a $x \to -\infty$.

Si $b = c$, la funció té una sola asímptota horitzontal, que ho és per a $x \to \pm\infty$ (Fig. 8.5a).

Si $b \neq c$, la funció $f(x)$ té dues asímptotes horitzontals: una per a $x \to +\infty$ i l'altra per a $x \to -\infty$ (Fig. 8.5b).

Si $\lim_{x\to +\infty} f(x) = b$ i $\lim_{x\to -\infty} f(x) = \infty$, la funció té una única asímptota horitzontal, per a $x \to +\infty$.

Si $\lim_{x\to +\infty} f(x) = \infty$ i $\lim_{x\to -\infty} f(x) = c$, la funció té una única asímptota horitzontal, per a $x \to -\infty$.

Si $\lim_{x\to +\infty} f(x) = \infty$ i $\lim_{x\to -\infty} f(x) = \infty$, la funció no té cap asímptota horitzontal.

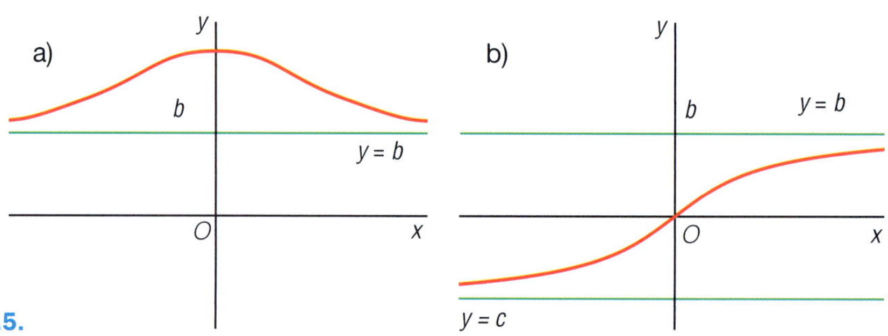

Fig. 8.5.

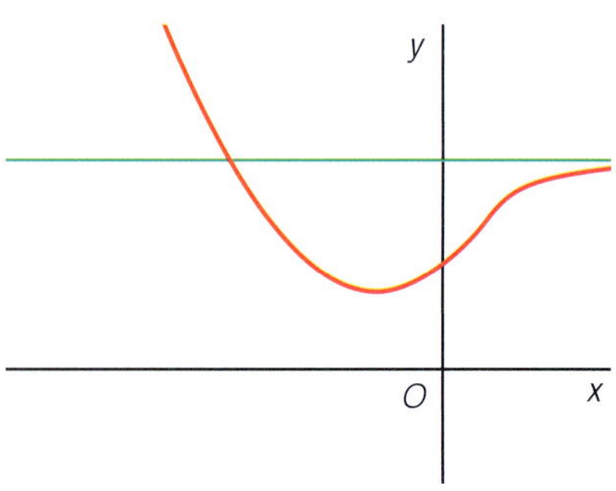

Fig. 8.6.

Per tant, una funció pot tenir com a màxim dues asímptotes horitzontals. Contràriament al cas de les asímptotes verticals, les asímptotes horitzontals poden tallar la gràfica de la funció (Fig. 8.6).

2.3. Asímptota obliqua

En cas que $\lim_{x\to+\infty} f(x) = \infty$, la gràfica no s'acosta per a $x \to +\infty$ a una recta horitzontal, però pot acostar-se a una recta obliqua quan x tendeix a $+\infty$? Ara ho veurem.

Si existeix, aquesta recta tindrà per equació $y = mx + n$, per a $m \neq 0$, i per la definició d'asímptota haurà de satisfer la igualtat següent:

$$\lim_{x\to+\infty} \left[f(x) - (mx+n)\right] = 0$$

Si aquest límit és nul, també ho serà el límit que s'obté dividint per $x \neq 0$, tenint en compte que $x \to +\infty$:

$$\lim_{x\to+\infty} \left(\frac{f(x)}{x} - m - \frac{n}{x}\right) = 0$$

Aquesta expressió es pot escriure:

$$\lim_{x\to+\infty} \left(\frac{f(x)}{x} - m\right) = \lim_{x\to+\infty} \frac{n}{x}$$

com que $\lim_{x\to+\infty} \frac{n}{x} = 0$ queda:

$$\lim_{x\to+\infty} \left(\frac{f(x)}{x} - m\right) = 0$$

d'on s'obté:

$$m = \lim_{x\to+\infty} \frac{f(x)}{x}$$

que ens permet determinar el *pendent de la recta obliqua* buscada.

Tornant a la primera expressió:

$$\lim_{x\to+\infty} \left[f(x) - (mx+n)\right] = 0$$

la podem escriure:

$$\lim_{x\to+\infty} \left(f(x) - mx - n\right) = 0$$

de la qual deduïm que:

$$n = \lim_{x\to+\infty} \left[f(x) - mx\right]$$

que és l'expressió que ens permet determinar l'ordenada a l'origen de la recta obliqua.

De manera semblant trobaríem una asímptota obliqua quan x tendeix a $-\infty$.

Així i tot, podem dir que una funció $f(x)$ té asímptota obliqua, per a $x \to +\infty$, si:

a) No té asímptota horitzontal per a $x \to +\infty$, és a dir, $\lim_{x\to+\infty} f(x) = \infty$.

b) Es poden determinar el pendent i l'ordenada a l'origen de l'esmentada recta, si els límits següents existeixen i són finits:

$$m = \lim_{x\to+\infty} \frac{f(x)}{x},\ m \neq 0 \qquad n = \lim_{x\to+\infty} \left[f(x) - mx\right]$$

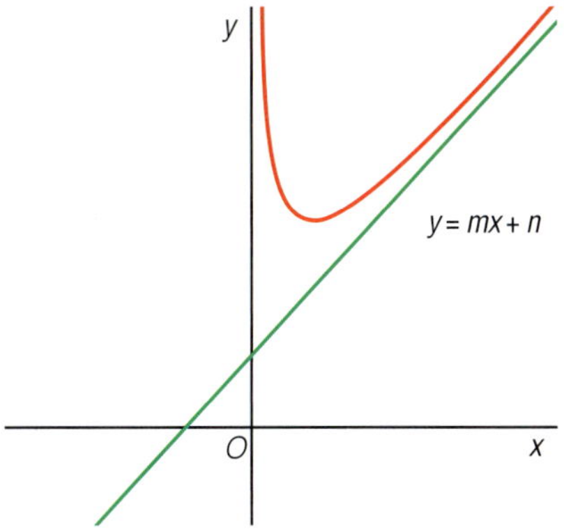

Fig. 8.7.

L'asímptota obliqua per a $x \to +\infty$ és la recta d'equació $y = mx + n$ (Fig. 8.7).

De manera anàloga es defineix *asímptota obliqua* per a $x \to -\infty$.

La definició d'asímptota obliqua ens permet afirmar que:

És del tot necessari que, abans de buscar les asímptotes obliqües, es miri si la funció en té d'horitzontals.

Si $m = 0$ i $n \in \mathbb{R}$, obtindríem la recta $y = n$, que és una asímptota horitzontal.

Si $m = \lim_{x\to\infty} \frac{f(x)}{x} = \infty$, la funció no té asímptotes horitzontals ni obliqües.

Com en el cas de les asímptotes horitzontals, les asímptotes obliqües també poden tallar la gràfica de la funció (Fig. 8.8). Entre asímptotes horitzontals i obliqües, una funció pot tenir-ne com a màxim dues. Les funcions polinòmiques són exemples de funcions que no tenen ni asímptotes horitzontals ni obliqües.

Important

Per trobar els punts de tall de la gràfica de la funció amb l'asímptota obliqua n'hi ha prou a resoldre el sistema format per l'equació de la funció i l'equació de l'asímptota obliqua.

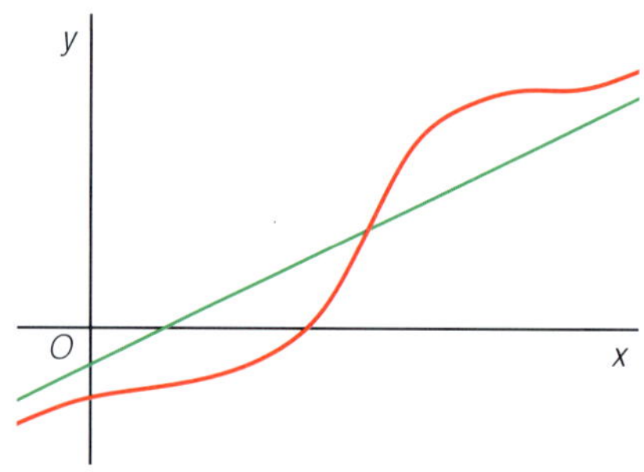

Fig. 8.8.

Exemple 3 **Busca les asímptotes de les funcions següents:**

a) $f(x) = \frac{14x+13}{x^2-1}$ **b)** $f(x) = \frac{x^2}{4-2x}$ **c)** $f(x) = \frac{e^x}{e^x-1}$

a) $f(x) = \frac{14x+13}{x^2-1}$

Per trobar les asímptotes verticals cal trobar les discontinuïtats asimptòtiques de la funció, per a la qual cosa necessitem prèviament el domini:

$$D_f = \{x \in \mathbb{R} | x^2 - 1 \neq 0\} = \mathbb{R} - \{-1, 1\}$$

Calculem els límits laterals en els punts $x = -1$ i $x = 1$:

$$\text{en } x = -1, \ \lim_{x\to -1^-} \frac{14x+13}{x^2-1} = \frac{-1}{0^+} = -\infty \quad \text{i} \quad \lim_{x\to -1^+} \frac{14x+13}{x^2-1} = \frac{-1}{0^-} = +\infty$$

$$\text{en } x = 1, \ \lim_{x\to 1^-} \frac{14x+13}{x^2-1} = \frac{27}{0^-} = -\infty \quad \text{i} \quad \lim_{x\to 1^+} \frac{14x+13}{x^2-1} = \frac{27}{0^+} = +\infty$$

En cadascun dels punts $x = -1$ i $x = 1$ la funció presenta una discontinuïtat asimptòtica, per tant les rectes $x = -1$ i $x = 1$ són asímptotes verticals de la funció.

Per trobar les asímptotes horitzontals, hem de calcular els límits de la funció a l'infinit:

$$\lim_{x\to -\infty} \frac{14x+13}{x^2-1} = 0 \quad \text{i} \quad \lim_{x\to +\infty} \frac{14x+13}{x^2-1} = 0$$

La recta $y = 0$ és una asímptota horitzontal per a $x \to -\infty$ i per a $x \to +\infty$. Per tant, aquesta funció no té asímptotes obliqües.

b) $f(x)=\dfrac{x^2}{4-2x} \rightarrow D_f=\{x\in\mathbb{R} | 4-2x\neq 0\}=\mathbb{R}-\{2\}$

$$\lim_{x\to 2^-}\frac{x^2}{4-2x}=\frac{4}{0^+}=+\infty \quad \text{i} \quad \lim_{x\to 2^+}\frac{x^2}{4-2x}=\frac{4}{0^-}=-\infty$$

La funció té una discontinuïtat asimptòtica en el punt $x = 2$; per tant, la recta $x = 2$ és una asímptota vertical.

$$\lim_{x\to -\infty}\frac{x^2}{4-2x}=+\infty \quad \text{i} \quad \lim_{x\to +\infty}\frac{x^2}{4-2x}=-\infty$$

La funció no té cap asímptota horitzontal. En aquest cas, hem de veure si en té d'obliqües.

Trobem m i n per a $x\rightarrow -\infty$:

$$m=\lim_{x\to -\infty}\frac{f(x)}{x}=\lim_{x\to -\infty}\frac{x}{4-2x}=-\frac{1}{2}$$

$$n=\lim_{x\to -\infty}\left[f(x)-mx\right]=\lim_{x\to -\infty}\left(\frac{x^2}{4-2x}+\frac{1}{2}x\right)=\lim_{x\to -\infty}\frac{2x}{4-2x}=-1$$

La recta $y=-\dfrac{1}{2}x-1$ és una asímptota obliqua per a $x\rightarrow -\infty$.

Repetim el procés per a $x\rightarrow +\infty$.

$$m=\lim_{x\to +\infty}\frac{f(x)}{x}=\lim_{x\to +\infty}\frac{x}{4-2x}=-\frac{1}{2}$$

$$n=\lim_{x\to +\infty}\left[f(x)-mx\right]=\lim_{x\to +\infty}\left(\frac{x^2}{4-2x}+\frac{1}{2}x\right)=\lim_{x\to +\infty}\frac{2x}{4-2x}=-1$$

La mateixa recta $y=-\dfrac{1}{2}x-1$ també és asímptota obliqua per a $x\rightarrow +\infty$.

c) $f(x)=\dfrac{e^x}{e^x-1} \rightarrow D_f=\{x\in\mathbb{R} | e^x-1\neq 0\}=\mathbb{R}-\{0\}$

Estudiem la discontinuïtat en el punt $x = 0$:

$$\lim_{x\to 0^-}\frac{e^x}{e^x-1}=\frac{1}{0^-}=-\infty \quad \text{i} \quad \lim_{x\to 0^+}\frac{e^x}{e^x-1}=\frac{1}{0^+}=+\infty$$

Tenim, doncs, que la recta $x = 0$ és una asímptota vertical.

Com que: $\displaystyle\lim_{x\to -\infty}\frac{e^x}{e^x-1}=\frac{0}{0-1}=\frac{0}{-1}=0$ la recta $y = 0$ és una asímptota horitzontal per a $x\rightarrow -\infty$.

El límit de $f(x)$ quan $x\rightarrow +\infty$, el calculem per la regla de l'Hôpital:

$$\lim_{x\to +\infty}\frac{e^x}{e^x-1}=\lim_{x\to +\infty}\frac{e^x}{e^x}=1$$

per tant la recta $y = 1$ és una asímptota horitzontal per a $x\rightarrow +\infty$.

Com acabem de veure, aquesta funció té dues asímptotes horitzontals, per tant no té cap asímptota obliqua.

ACTIVITATS

5. Justifica de manera raonada per què la gràfica d'una funció no talla en cap punt una asímptota vertical.

6. Demostra que les funcions polinòmiques no tenen asímptotes de cap tipus.

7. Troba, si n'hi ha, els punts de tall de l'asímptota obliqua i la gràfica de la funció de l'exemple 3 apartat *b*.

8. Determina les asímptotes de les funcions següents:

a) $f(x)=\dfrac{x+3}{x^2-4}$ *b)* $f(x)=\dfrac{2x^3}{x^2+1}$ *c)* $f(x)=\dfrac{x^2-1}{e^x}$

d) $f(x)=\dfrac{3-4x}{2x+6}$ *e)* $f(x)=\dfrac{x^3}{x-5}$ *f)* $f(x)=\dfrac{3}{(x+1)^2}$

3. Màxims i mínims relatius

Recorda que, si $f'(x_0) = 0$, el punt $x = x_0$ és un punt estacionari. La recta tangent a la gràfica de la funció en els punts estacionaris és horitzontal. Hi ha tres tipus de punts estacionaris: els *màxims* i els *mínims* relatius i els *punts d'inflexió de tangent horitzontal.*

> Una funció contínua i derivable presenta un **màxim relatiu** en un punt si passa de creixent a decreixent en aquest punt.
>
> Una funció contínua i derivable presenta un **mínim relatiu** en un punt si passa de decreixent a creixent en aquest punt.

En el cas de funcions derivables, la localització dels màxims i mínims relatius pot fer-se analitzant la primera derivada.

Per determinar quin dels tres tipus és, cal estudiar el signe de la primera derivada per a valors de x propers al punt estacionari, ja que el signe de $f'(x)$ determina el creixement o decreixement de la funció de tal manera que:

> Si $f'(x_0) > 0 \rightarrow$ la funció $f(x)$ és **creixent** en $x = x_0$
>
> Si $f'(x_0) < 0 \rightarrow$ la funció $f(x)$ és **decreixent** en $x = x_0$

A continuació presentem, de manera esquemàtica, la justificació d'un màxim relatiu (Fig. 8.9 punt *a*), d'un mínim relatiu (Fig. 8.9 punt *c*) o d'un punt d'inflexió de tangent horitzontal (Fig. 8.9 punt *b*) i (Fig. 8.9 punt *d*). En cada cas considerem que la funció és contínua i derivable.

Important

Els símbols ↗, ↘, → indiquen **creixent**, **decreixent** i **tangent horitzontal**, respectivament.

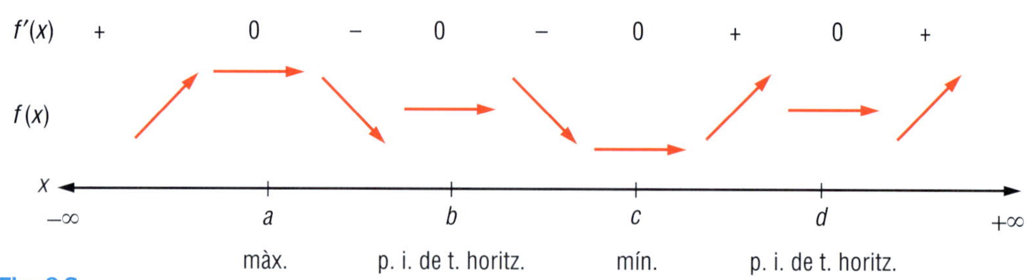

Fig. 8.9.

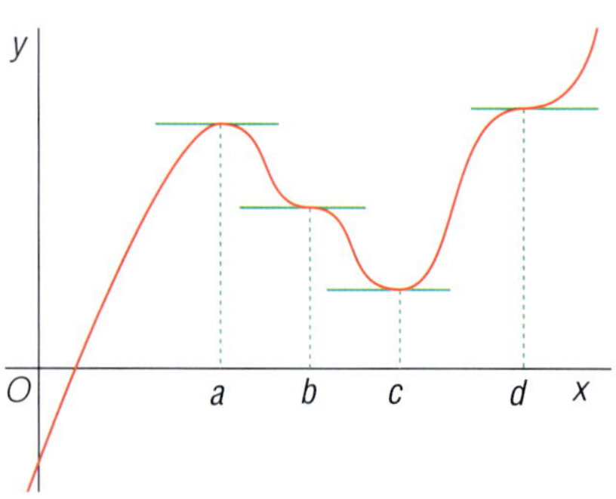

Fig. 8.10.

- En el punt $x = a$ la gràfica presenta un **màxim relatiu**, ja que $f'(a) = 0$ i la funció passa de creixent a decreixent, perquè la derivada passa de positiva a negativa (Fig. 8.10 punt *a*).
- En $x = c$ hi ha un **mínim relatiu**, $f'(c) = 0$; com que la derivada passa de negativa a positiva, la funció passa de decreixent a creixent (Fig. 8.10 punt *c*).
- En el punt $x = b$ la funció és decreixent. Tot i que $f'(b) = 0$, no hi ha ni un màxim ni un mínim ja que es tracta d'un **punt d'inflexió de tangent horitzontal** (Fig. 8.10 punt *b*).
- El mateix succeeix en el punt $x = d$, on la funció presenta un **punt d'inflexió de tangent horitzontal** i és creixent (Fig. 8.10 punt *d*).

La diferència dels màxims i mínims relatius (estudiats aquí) amb els màxims i mínims absoluts (estudiats anteriorment) la veurem més endavant quan fem la gràfica de la funció.

A partir d'ara, per referir-nos als màxims o mínims relatius, direm senzillament *màxims* o *mínims*.

A continuació presentem uns exemples per veure com es troben els màxims i els mínims d'una funció.

Exemple 4 ➡ **Troba els màxims i els mínims de la funció $f(x) = -x^4 + 2x^2$.**

La primera cosa que cal fer és definir el domini de la funció: $D_f = \mathbb{R}$, la funció és contínua i derivable per a tot x real.

Com que és una funció contínua i derivable en tots els reals, a l'hora d'estudiar-ne el creixement, només cal tenir en compte els punts estacionaris.

Derivem:

$$f'(x) = -4x^3 + 4x$$

Igualem $f'(x)$ a zero, per tal d'esbrinar els punts estacionaris, ja que en aquests punts la recta tangent és horitzontal i, per tant, la primera derivada ha de ser 0:

$$f'(x) = -4x^3 + 4x = 0 \rightarrow 4x(-x^2 + 1) = 0$$

D'on obtenim que: $\begin{cases} 4x = 0 \rightarrow x = 0 \\ -x^2 + 1 = 0 \rightarrow x = \pm 1 \end{cases}$

Tenim tres punts estacionaris. Per classificar-los, estudiarem el signe de la primera derivada per a valors de x propers per l'esquerra i per la dreta a cadascun dels punts estacionaris:

$f'(-2) = -4(-2)^3 + 4(-2) = 32 - 8 = 24 > 0$

$f(x)$ és creixent en $x = -2 < -1$

$f'\left(-\frac{1}{2}\right) = -4\left(-\frac{1}{2}\right)^3 + 4\left(-\frac{1}{2}\right) = \frac{1}{2} - 2 = -\frac{3}{2} < 0$

$f(x)$ és decreixent en $x = -\frac{1}{2} \in (-1, 0)$

$f'\left(\frac{1}{2}\right) = -4\left(\frac{1}{2}\right)^3 + 4\left(\frac{1}{2}\right) = -\frac{1}{2} + 2 = \frac{3}{2} > 0$

$f(x)$ és creixent en $x = \frac{1}{2} \in (0,1)$

$f'(2) = -4 \cdot 2^3 + 4 \cdot 2 = -32 + 8 = -24 < 0$

$f(x)$ és decreixent en $x = 2 > 1$

Ho presentem de manera esquemàtica (Fig. 8.11).

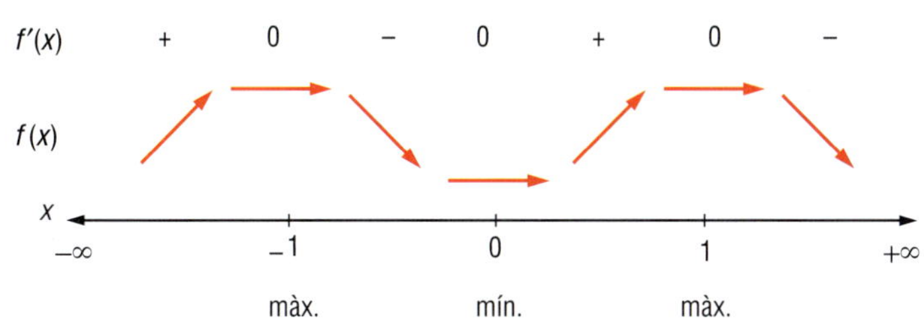

Fig. 8.11.

Per tant, tenim que en els punts $x = -1$ i $x = 1$ hi ha màxims i que en el punt d'abscissa $x = 0$ hi ha un mínim. En aquests punts, on la funció és derivable, no és creixent ni decreixent, ja que hi canvia el creixement de la funció.

Al mateix temps, podem indicar els intervals on la funció creix o decreix:

$f(x)$ és creixent en els intervals $(-\infty, -1)$ i $(0, 1)$, i és decreixent en $(-1, 0)$ i $(1, +\infty)$.

Exemple 5 ➡ **Determina els màxims i els mínims de la funció $f(x)=\dfrac{x^3}{x^2-1}$.**

Seguim el mateix procés anterior. Calculem el domini: $D_f=\mathbb{R}-\{-1, 1\}$. En els únics punts on la funció no és contínua ni derivable és en $x=\pm 1$.

$$f'(x)=\frac{x^4-3x^2}{\left(x^2-1\right)^2};\ f'(x)=0 \rightarrow \frac{x^4-3x^2}{\left(x^2-1\right)^2}=0 \quad \rightarrow \quad x^4-3x^2=0 \rightarrow x^2\left(x^2-3\right)=0$$

Tenim que $x=0$ i $x=\pm\sqrt{3}$ són els punts estacionaris, punts on la recta tangent és horitzontal.

Per estudiar el creixement de la funció hem de considerar els punts estacionaris i les discontinuïtats, ja que en una discontinuïtat pot canviar el creixement de la funció. En aquest cas, les discontinuïtats són els punts $x=-1$ i $x=1$. Amb tot això, tenim que els intervals de creixement o decreixement de la funció són:

$$\left(-\infty,-\sqrt{3}\right),\ \left(-\sqrt{3},-1\right),\left(-1,0\right),\ \left(0,1\right),\ \left(1,\sqrt{3}\right)\ \text{i}\ \left(\sqrt{3},+\infty\right)$$

Prenem valors de x de cadascun dels intervals, i els substituïm a $f'(x)$ per tal d'analitzar-ne el signe:

$$f'(-2)=\frac{4}{9}>0 \rightarrow f(x) \text{ creix en l'interval } \left(-\infty,-\sqrt{3}\right)$$

$$f'\left(-\frac{3}{2}\right)=-\frac{27}{25}<0 \rightarrow f(x) \text{ decreix en l'interval } \left(-\sqrt{3},-1\right)$$

$$f'\left(-\frac{1}{2}\right)=-\frac{11}{9}<0 \rightarrow f(x) \text{ decreix en l'interval } (-1,0)$$

$$f'\left(\frac{1}{2}\right)=-\frac{11}{9}<0 \rightarrow f(x) \text{ decreix en l'interval } (0,1)$$

$$f'\left(\frac{3}{2}\right)=-\frac{27}{25}<0 \rightarrow f(x) \text{ decreix en l'interval } (1,\sqrt{3})$$

$$f'(2)=\frac{4}{9}>0 \rightarrow f(x) \text{ creix en l'interval } \left(\sqrt{3},+\infty\right)$$

La Figura 8.12 ho mostra de manera esquemàtica.

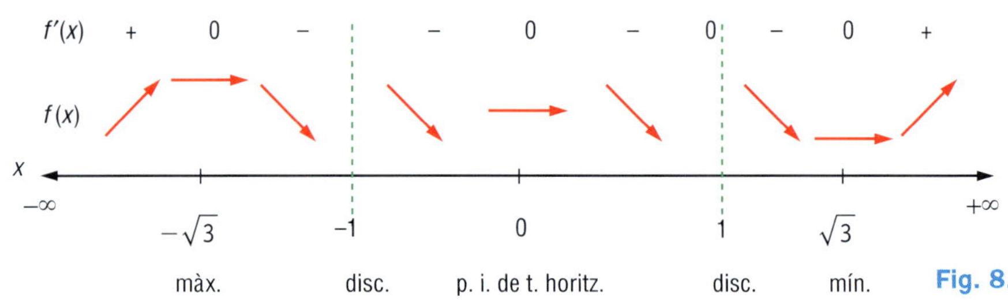

Fig. 8.12.

S'observa que:

- En $x=-\sqrt{3}$ hi ha un màxim, ja que en aquest punt la funció passa de creixent a decreixent.
- El punt $x=-1$ és una discontinuïtat; en aquest punt la funció no canvia el creixement.
- En $x=0$ hi ha un punt d'inflexió de tangent horitzontal on la funció és decreixent.
- El punt $x=1$ és l'altra discontinuïtat, que tampoc no canvia el creixement de la funció.
- En $x=\sqrt{3}$ hi ha un mínim, ja que la funció passa de decreixent a creixent.

Resumint, tenim que la funció creix en els intervals $\left(-\infty,-\sqrt{3}\right)$ i $\left(\sqrt{3},+\infty\right)$, i decreix en els intervals $\left(-\sqrt{3},-1\right),\left(-1,1\right)$ i $\left(1,\sqrt{3}\right)$.

Observa que:

- En els punts $x=-\sqrt{3}$ i $x=\sqrt{3}$, la funció no creix ni decreix, perquè hi ha un màxim i un mínim, respectivament.
- En el punt $x=0$, tot i que $f'(0)=0$, la funció és decreixent.
- En els punts $x=-1$ i $x=1$ no podem parlar de creixement perquè en aquests punts la funció no està definida, ja que no són punts del domini.

En aquest darrer exemple, per determinar els intervals de creixement i decreixement, hem tingut en compte els valors que anul·len la primera derivada i les discontinuïtats de la funció, ja que els únics punts on pot canviar el creixement d'una funció són els punts estacionaris i les discontinuïtats.

Un cop tenim els intervals de creixement de la funció, per saber si la funció creix o decreix en cada interval, només cal prendre un punt qualsevol de l'interval i determinar el signe que pren la primera derivada en aquest punt.

Exemple 6 **Troba els màxims i els mínims de la funció $f(x) = x \ln x$.**

$D_f = \mathbb{R}^+ = (0, +\infty)$, la funció és contínua i derivable per a tot x real positiu.

$$f'(x) = \ln x + 1$$
$$f'(x) = 0 \rightarrow \ln x + 1 = 0 \rightarrow \ln x = -1 \rightarrow x = e^{-1} = \frac{1}{e}$$

$x = \frac{1}{e}$ és l'únic punt estacionari de la funció.

Tenint en compte el domini de la funció i el punt estacionari, els intervals de creixement o decreixement de la funció són:

$$\left(0, \frac{1}{e}\right), \left(\frac{1}{e}, +\infty\right)$$

Prenent un punt de cada interval i substituint-lo en la primera derivada, esbrinarem si la funció creix o decreix en l'interval.

Com que en l'expressió de $f(x)$ apareix $\ln x$, prenem com a valors de x potències del nombre e, per tal de facilitar el càlcul.

Per a $x = e^{-2} = \frac{1}{e^2} \in \left(0, \frac{1}{e}\right)$ tenim que: $f'(e^{-2}) = \ln e^{-2} + 1 = -2 + 1 = -1 < 0$

Per tant, $f(x)$ és decreixent en l'interval $\left(0, \frac{1}{e}\right)$.

Per a $x = 1 \in \left(\frac{1}{e}, +\infty\right)$ substituint en $f'(x)$ obtenim: $f'(1) = \ln 1 + 1 = 0 + 1 = 1 > 0$

Per tant, $f(x)$ és creixent en l'interval $\left(\frac{1}{e}, +\infty\right)$.

Deduïm que en el punt $x = \frac{1}{e}$ hi ha un mínim, ja que la funció passa de decreixent a creixent.

ACTIVITATS

9. Justifica la certesa o falsedat de les afirmacions següents:

a) Si $f(x)$ és creixent en el punt $x = x_0$, aleshores $f'(x_0) > 0$.

b) Si $f(x)$ és decreixent en el punt $x = x_0$, aleshores $f'(x_0) \leq 0$.

c) Si $f(x)$ és creixent a l'esquerra del punt $x = a$ i decreixent a la dreta del mateix punt, aleshores $x = a$ és un màxim.

10. Estudia els intervals de creixement i decreixement de les funcions següents:

a) $f(x) = \frac{x+1}{x-1}$ *b)* $f(x) = \frac{2x}{2x^2+1}$

c) $f(x) = \frac{x}{\ln x}$ *d)* $f(x) = \frac{e^x}{x}$

11. Contesta raonadament les preguntes següents:

a) Per què igualem a zero la funció derivada i resolem l'equació obtinguda per trobar els punts estacionaris?

b) Per què una funció és creixent en un punt del seu domini quan la derivada en aquest punt és positiva?

c) Per què en un punt d'inflexió de tangent horitzontal la funció és creixent o decreixent i en els màxims i mínims relatius no?

12. Esbrina els màxims, els mínims i els punts d'inflexió de tangent horitzontal de les funcions:

a) $f(x) = 3x^4 - 6x^2$ *b)* $f(x) = x^4 + 2x^3$

c) $f(x) = \frac{e^x}{e^x - 1}$ *d)* $f(x) = \frac{4}{\sqrt{x^2+8}}$

4. Punts d'inflexió

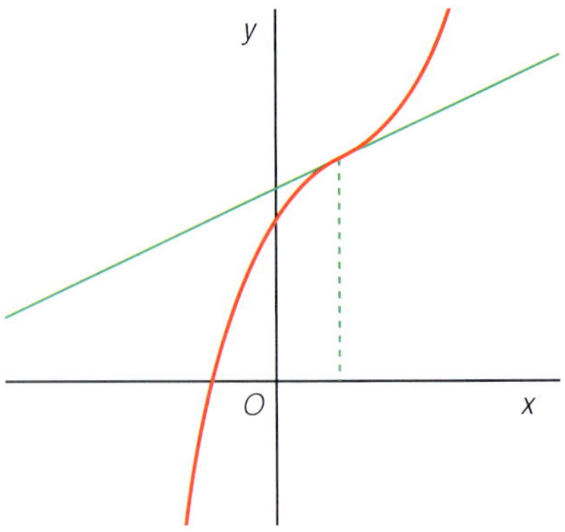

Fig. 8.13.

Important

Els punts d'inflexió de tangent horitzontal es poden analitzar a partir de la primera derivada.

Un **punt d'inflexió** és un punt on la funció que és contínua i derivable passa de còncava a convexa o de convexa a còncava.

Quan la funció és convexa en un interval, vol dir que les rectes tangents a la gràfica de la funció en cada punt d'aquest interval estan per sota de la gràfica. Si les rectes tangents estan per sobre de la gràfica, la funció és còncava.

Si en un punt d'inflexió la funció canvia la concavitat, vol dir que la recta tangent en aquest punt passarà d'estar per sobre a estar per sota o viceversa, la qual cosa ens diu que en els punts d'inflexió la recta tangent travessa la gràfica (Fig. 8.13).

Recorda que:

- Si $f''(x_0) > 0$ la funció $f(x)$ és **còncava** en el punt $x = x_0$.
- Si $f''(x_0) < 0$ la funció $f(x)$ és **convexa** en el punt $x = x_0$.

Per tant, per trobar els punts d'inflexió haurem de treballar amb la segona derivada. Els valors de x que siguin solució de l'equació $f''(x) = 0$ seran els possibles punts d'inflexió de la funció. Per assegurar-nos que ho són, caldrà veure si en el punt canvia el signe de la segona derivada.

Els punts d'inflexió que es dedueixen a partir de la segona derivada no tenen per què ser de tangent horitzontal, ja que desconeixem si també anul·len la primera derivada. En aquest cas ens fixarem en els punts d'inflexió en general, tot i que els punts d'inflexió de tangent horitzontal ja els hem tractat abans.

La manera de procedir és semblant a la que hem seguit per als punts estacionaris, però en lloc de fer-ho a partir de $f'(x)$, ho farem a partir de $f''(x)$. Vegem-ho.

Exemple 7 → **Troba els punts d'inflexió de la funció $f(x) = x^3 - 2x^2 + 3x$.**

Com que $D_f = \mathbb{R}$, la funció és contínua i derivable per a tot $x \in \mathbb{R}$.

$$f'(x) = 3x^2 - 4x + 3 \rightarrow f''(x) = 6x - 4$$

$$f''(x) = 0 \rightarrow 6x - 4 = 0 \rightarrow x = \frac{2}{3}$$

$x = \frac{2}{3}$ és l'únic punt que anul·la la segona derivada, per tant és l'únic valor de x on pot haver-hi un punt d'inflexió.

Per assegurar-nos que hi ha un punt d'inflexió, hem d'estudiar la concavitat de la funció per a valors de x més petits i més grans que $x = \frac{2}{3}$.

Prenem $x = 0 < \frac{2}{3}$ i ho substituïm a $f''(x)$: $f''(0) = -4 < 0 \rightarrow f(x)$ és convexa en $x = 0$.

Repetim per a $x = 1 > \frac{2}{3}$: $f''(1) = 6 - 4 = 2 > 0 \rightarrow f(x)$ és còncava en $x = 1$.

Per tant, en el punt $x = \frac{2}{3}$ la funció passa de convexa a còncava, la qual cosa vol dir que, efectivament, en el punt d'abscissa $x = \frac{2}{3}$ la funció $f(x)$ presenta un punt d'inflexió.

En aquest cas no és de tangent horitzontal, perquè aquest punt no anul·la la primera derivada.

Esquemàticament ho hem representat en la Figura 8.14.

En l'interval $\left(-\infty, \frac{2}{3}\right)$ la funció és convexa, mentre que en l'interval $\left(\frac{2}{3}, +\infty\right)$ és còncava.

Important

Amb els símbols $\cap$ i $\cup$ indiquem que la funció és **convexa** o **còncava**, respectivament.

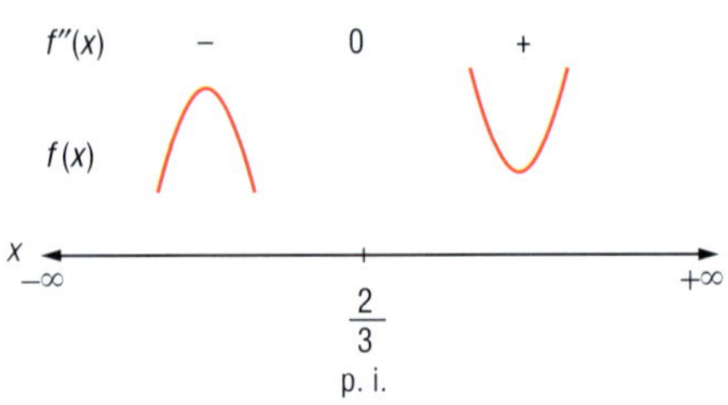

Fig. 8.14.

Exemple 8 ➡ **Troba els punts d'inflexió de la funció $f(x)=\dfrac{x^3+1}{x}$.**

$D_f = \mathbb{R} - \{0\}$, $x = 0$ és l'únic punt on la funció no és contínua i, per tant, tampoc no serà derivable.

Derivant $f(x)$, obtenim:

$$f'(x)=\frac{2x^3-1}{x^2}$$

Tornant a derivar i simplificant per a $x \neq 0$ arribem a $f''(x)=\dfrac{2x^3+2}{x^3}$.

$f''(x) = 0 \rightarrow 2x^3 + 2 = 0 \rightarrow x^3 = -1 \rightarrow x = -1$.

En $x = -1$ hi ha un possible punt d'inflexió.

Estudiant la concavitat de la funció determinarem si en el punt d'abscissa $x = -1$ hi ha o no un punt d'inflexió.

Tenint en compte el punt de discontinuïtat $x = 0$ i el punt que anul·la la segona derivada $x = -1$, els intervals que cal considerar en aquest cas són $(-\infty, -1)$, $(-1, 0)$ i $(0, +\infty)$.

Prenem un punt situat a cadascun dels tres intervals i el substituïm a la segona derivada a fi i efecte d'analitzar-ne el signe. D'aquesta manera, podrem esbrinar el tipus de concavitat que presenta la funció a cada interval.

$x=-2\in(-\infty,-1)$, $f''(-2)=\dfrac{7}{4}>0 \rightarrow f(x)$ és còncava en tot l'interval $(-\infty, -1)$.

$x=-\dfrac{1}{2}\in(-1,0)$, $f''\left(-\dfrac{1}{2}\right)=-14<0 \rightarrow f(x)$ és convexa en tot l'interval $(-1, 0)$.

$x=1\in(0,+\infty)$, $f''(1)=4>0 \rightarrow f(x)$ és còncava en tot l'interval $(0, +\infty)$.

La Figura 8.15 ho representa de manera esquemàtica.

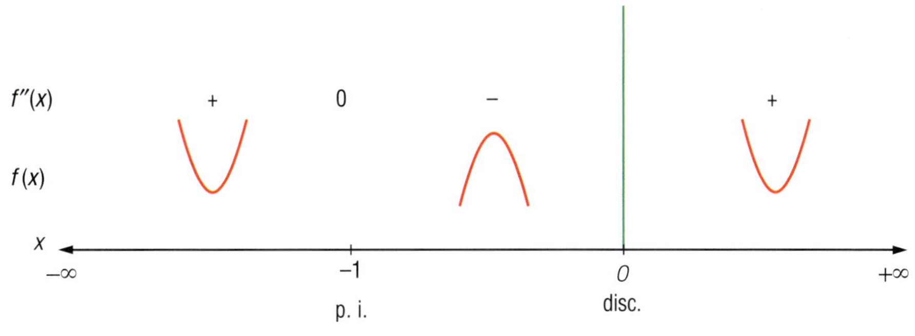

Fig. 8.15.

Observa que en el punt $x = -1$, on la funció és contínua i derivable, passa de còncava a convexa. Això vol dir que en $x = -1$ la gràfica de la funció presenta un punt d'inflexió.

Ara bé, què succeeix en $x = 0$? Fixa't que també hi canvia la concavitat de la funció, ja que passa de convexa a còncava. Això no obstant, la funció no hi pot tenir un punt d'inflexió, atès que es tracta d'una discontinuïtat.

Exemple 9 ➡ **Troba els punts d'inflexió de la funció** $f(x)=\dfrac{e^x}{x+1}$.

$D_f=\mathbb{R}-\{-1\}$, i la funció és contínua i derivable en tots els punts excepte en $x=-1$.

Calculem-ne la primera i la segona derivada:

$$f'(x)=\frac{e^x(x+1)-e^x}{(x+1)^2}=\frac{e^x x+e^x-e^x}{(x+1)^2}=\frac{e^x x}{(x+1)^2}$$

El domini de $f(x)$ el formen els valors de x tals que $x+1\neq 0$, per tant podem simplificar $f''(x)$. Es recomana simplificar les derivades sempre que sigui possible.

$$f''(x)=\frac{(e^x x+e^x)(x+1)^2-2(x+1)e^x x}{(x+1)^4}=\frac{(x+1)\left[(e^x x+e^x)(x+1)-2e^x x\right]}{(x+1)^4}=$$

$$=\frac{(e^x x+e^x)(x+1)-2e^x x}{(x+1)^3}=\frac{e^x x^2+2e^x x+e^x-2e^x x}{(x+1)^3}=\frac{e^x x^2+e^x}{(x+1)^3}=$$

$$=\frac{e^x(x^2+1)}{(x+1)^3}$$

Com que $e^x(x^2+1)\neq 0$ per a tot x real, vol dir que no hi ha cap punt que anul·li la segona derivada, per tant aquesta funció no té cap punt d'inflexió. Però malgrat no tenir-ne, hem d'estudiar-ne la concavitat, ja que la funció presenta una discontinuïtat en el punt $x=-1$.

Els intervals que cal considerar són $(-\infty,-1)$ i $(-1,+\infty)$:

$$f''(-2)=-\frac{5}{e^2}<0 \rightarrow \text{la funció és convexa en l'interval } (-\infty,-1).$$

$$f''(0)=1>0 \rightarrow \text{la funció és còncava en l'interval } (-1,+\infty).$$

En el punt de discontinuïtat $x=-1$, la funció passa de convexa a còncava.

ACTIVITATS

13. Contesta raonadament les preguntes següents:

a) Una funció $f(x)$ és còncava en l'interval obert (a, b) i convexa en l'interval obert (b, c). Vol dir això que en el punt d'abscissa $x=b$ hi ha un punt d'inflexió?

b) Si $f'(x_0)=f''(x_0)=0$, podem estar segurs que en $x=x_0$ hi ha un punt d'inflexió de tangent horitzontal?

14. Determina els punts d'inflexió en general i els intervals de concavitat i convexitat de les funcions següents:

a) $f(x)=x^3-2x^2+4$ *b)* $f(x)=x^3(x-4)$

c) $f(x)=\dfrac{4x}{x^2+4}$ *d)* $f(x)=\dfrac{x}{x^2-4}$

15. Troba l'equació de la recta tangent a la gràfica de les funcions següents en cada un dels seus punts d'inflexió:

a) $f(x)=x^3-3x^2+2x$ *b)* $f(x)=x(x-1)^3$

c) $f(x)=\dfrac{1}{1+3e^{-x}}$ *d)* $f(x)=e^{-x}$

16. Determina els intervals de concavitat i convexitat de cadascuna de les funcions de l'activitat anterior.

17. Dibuixa la gràfica aproximada d'una funció que tingui un punt d'inflexió de tangent horitzontal en el punt $x=1$, de manera que en aquest punt la funció passi de convexa a còncava. Justifica el creixement o decreixement de la funció en el punt $x=1$.

18. La funció $f(x)=x^3-2$, té algun punt estacionari? En cas afirmatiu, fes-ne la classificació i determina'n les coordenades. Dibuixa de manera aproximada la gràfica de la funció ajudant-te, si escau, d'una taula de valors. Indica'n els intervals de creixement i decreixement i els intervals de concavitat i convexitat.

19. Sabem que $f(x)$ és una funció derivable la gràfica de la qual passa pel punt de coordenades (0,1). D'altra banda, la gràfica de la seva derivada $f'(x)$ conté el punt de coordenades (0,–4). Determina l'equació de la recta tangent a la gràfica de $f(x)$ en el punt d'abscissa $x=0$.

20. Estudia la concavitat de la funció $f(x)=\dfrac{2}{x-3}$.

5. El test de la segona derivada

A partir de la gràfica d'una funció contínua $f(x)$ (Fig. 8.16), considerant en cada punt el valor del pendent de la recta tangent a la gràfica de $f(x)$, podem obtenir la gràfica de la funció $f'(x)$. Cal tenir en compte que, quan el pendent és negatiu, $f'(x)$ és negativa; quan el pendent és zero, $f'(x)$ s'anul·la, i quan el pendent és positiu, $f'(x)$ és positiva. Procedint de manera anàloga podem passar de la gràfica de $f'(x)$ a la de $f''(x)$.

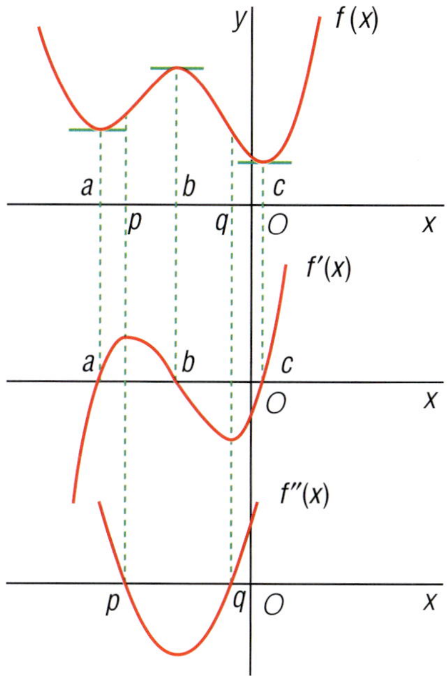

Fig. 8.16.

- Comparem les gràfiques de $f(x)$ i $f'(x)$:

Observem que per a valors de $x \in (-\infty, a)$ i $x \in (b, c)$, $f'(x)$ és negativa i $f(x)$ és decreixent. És a dir, la funció $f(x)$ decreix en els punts on $f'(x)$ és negativa.

En els intervals (a, b) i $(c, +\infty)$ la funció $f'(x)$ és positiva i $f(x)$ és creixent, per tant $f(x)$ creix en els punts on $f'(x)$ és positiva.

En els punts $x = a$ i $x = c$, $f'(x)$ s'anul·la i la funció $f(x)$ passa de decreixent a creixent. Això ens diu que en els punts $x = a$ i $x = c$ hi ha dos mínims relatius de $f(x)$.

Una cosa semblant passa en el punt $x = b$, on s'anul·la la primera derivada i la funció passa de creixent a decreixent: tenim que en $x = b$ hi ha un màxim relatiu de $f(x)$.

- Comparem ara les gràfiques de $f'(x)$ i $f''(x)$:

En els intervals $(-\infty, p)$ i $(q, +\infty)$, la funció $f''(x)$ és positiva i $f'(x)$ és creixent; en canvi, per a valors de $x \in (p, q)$ la funció $f''(x)$ és negativa i $f'(x)$ és decreixent.

En el punt $x = p$ la funció $f''(x)$ s'anul·la i $f'(x)$ passa de creixent a decreixent, en $x = p$ hi ha un màxim relatiu de $f'(x)$. En canvi, en el punt $x = q$, on també s'anul·la la segona derivada, la funció $f'(x)$ passa de decreixent a creixent, i per tant en $x = q$ hi ha un mínim relatiu de $f'(x)$.

- Finalment comparem les tres gràfiques (Fig. 8.16):

En els punts on $f''(x)$ és positiva, $f'(x)$ és creixent i $f(x)$ és còncava. En canvi, en els punts on $f''(x)$ és negativa, $f'(x)$ decreix i $f(x)$ és convexa.

Si analitzem el que passa en els punts a, p, b, q i c, veiem que:

- En $x = a$, on hi ha un mínim relatiu, tenim que $f'(a) = 0$ i $f''(a) > 0$.
- El mateix, exactament, passa en el punt $x = c$.
- En el punt $x = b$, on hi ha un màxim relatiu de $f(x)$, tenim que $f'(b) = 0$ i $f''(b) < 0$.
- En $x = p$ hi ha un màxim relatiu de $f'(x)$, tenim que $f''(p) = 0$; s'observa que la funció $f(x)$ passa de còncava a convexa. Així doncs, en $x = p$ hi ha un punt d'inflexió de $f(x)$.
- En $x = q$ hi ha un mínim relatiu de $f'(x)$, $f''(q) = 0$, la funció $f(x)$ passa de convexa a còncava; per tant, en el punt $x = q$ també hi ha un punt d'inflexió de $f(x)$.

En els intervals on $f'(x)$ creix la funció $f(x)$ és còncava, i allà on $f'(x)$ decreix, $f(x)$ és convexa. Això es pot expressar de la manera següent:

$f''(x_0) > 0 \Rightarrow f'(x)$ creix en $x = x_0 \Leftrightarrow f(x)$ és **còncava** en $x = x_0$.

$f''(x_0) < 0 \Rightarrow f'(x)$ decreix en $x = x_0 \Leftrightarrow f(x)$ és **convexa** en $x = x_0$.

Important

Els punts d'inflexió de $f(x)$ són punts estacionaris de $f'(x)$.

Estudiant el signe de la segona derivada analitzem la concavitat o convexitat de la funció. Observant la gràfica de $f(x)$, podem dir que la funció $f(x)$ és còncava per a valors de $x \in (-\infty, p)$ i $x \in (q, +\infty)$; i és convexa per a valors de $x \in (p, q)$.

Tornant als punts estacionaris de $f(x)$, podem dir:

> En els **màxims relatius**, on s'anul·la la primera derivada, la funció és **convexa**; per tant, la segona derivada ha de ser negativa. En canvi en els **mínims relatius**, on també s'anul·la la primera derivada, la segona derivada ha de ser positiva, ja que en un mínim la funció és **còncava**.

Això, que es coneix com el **test de la segona derivada**, ens serveix per deduir quan un punt estacionari és un màxim o un mínim a partir de la segona derivada. És una altra manera de descobrir els màxims i mínims relatius d'una funció.

Ho podem resumir de la manera següent:

- $f'(a) = 0$ i $f''(a) > 0$, aleshores en el punt $x = a$ hi ha un mínim relatiu, la funció passa de decreixent a creixent i és còncava.
- $f'(b) = 0$ i $f''(b) < 0$, aleshores en el punt $x = b$ hi ha un màxim relatiu, la funció passa de creixent a decreixent i és convexa.
- En el punt $x = c$, passa el mateix que en el punt $x = a$.

Tornant a la gràfica de $f(x)$, pots observar que entre un mínim i un màxim hi ha un punt d'inflexió; això passa perquè entre el mínim i el màxim la funció és contínua i, a més, en el mínim la funció és còncava i en el màxim és convexa. Per tant, hi ha d'haver un punt entre el mínim i el màxim on canviï la concavitat de la funció. Hi ha, doncs, un punt d'inflexió.

Però no sempre els punts d'inflexió han d'estar entre un màxim i un mínim. Una funció pot tenir un punt d'inflexió i no tenir cap màxim ni cap mínim.

Important

En els màxims i en els mínims canvia el creixement, però no la concavitat, mentre que en els punts d'inflexió canvia la concavitat, però no el creixement.

ACTIVITATS

21. Dibuixa les gràfiques de $f'(x)$ i de $f''(x)$ a partir de la gràfica de $f(x)$ (Fig. 8.17).

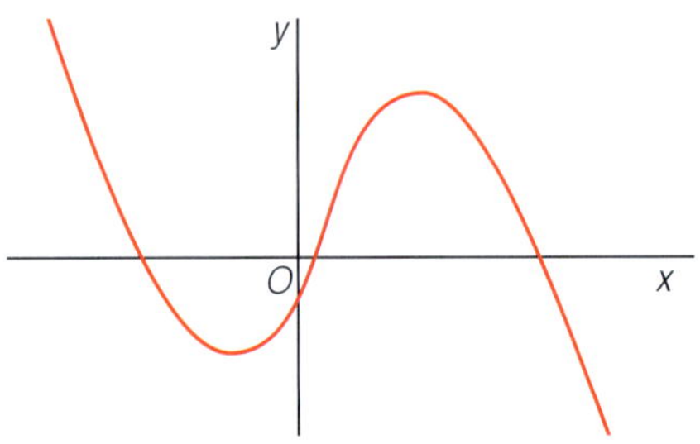

Fig. 8.17.

22. Si $f''(x_0) > 0$, aleshores $f(x)$ és còncava en $x = x_0$, però no recíprocament. Justifica-ho.

23. Donada la funció $f(x) = x^3$, dibuixa, mitjançant una taula de valors, les gràfiques de $f(x)$, $f'(x)$ i $f''(x)$. Explica de manera raonada què passa en el punt $x = 0$.

24. Considera les funcions dels apartats *a)* i *b)* de l'activitat 12: de cadascuna d'elles, dedueix-ne els màxims i els mínims aplicant el test de la segona derivada. Compara'n els resultats.

25. Dibuixa la gràfica d'una funció tal que:

a) Tingui un màxim i un mínim relatius i no tingui cap punt d'inflexió.

b) Tingui un punt d'inflexió i no tingui cap màxim ni cap mínim relatius.

26. Considera la funció polinòmica de segon grau $f(x) = ax^2 + bx + c$. Analitza'n la concavitat o convexitat en funció del signe del coeficient a. Justifica el motiu pel qual aquesta funció no pot tenir mai cap punt d'inflexió.

27. Calcula $f'(x)$ i $f''(x)$ essent $f(x) = \dfrac{x^2}{x^2 - 4}$.

a) Resol les equacions $f'(x) = 0$ i $f''(x) = 0$, indica si la gràfica de la funció té o no algun punt estacionari i, en cas que el tingui, classifica'l i calcula'n les coordenades.

b) Justifica que $f(x)$ no té cap punt d'inflexió en la seva gràfica.

c) És cert que aquesta funció presenta el mateix tipus de concavitat en tot el seu domini? Raona la resposta.

28. Determina els intervals de concavitat i convexitat de la funció de l'activitat anterior.

29. Sabem que $f'(x) = 3x^2 - 12x$ és la derivada d'una funció $f(x)$.

a) Quina és l'expressió algèbrica de $f(x)$ si la seva gràfica talla l'eix de les abscisses en el punt $x = 1$?

b) Calcula l'abscissa del punt d'inflexió de $f(x)$ i estudia la concavitat de la funció.

30. Troba les coordenades d'un punt de la corba $y = f(x)$, amb $f(x) = \dfrac{\ln x}{x}$, en què la recta tangent hi sigui horitzontal, i analitza si la funció té un màxim o un mínim en aquest punt.

6. Gràfica d'una funció

En aquest punt veurem com es pot arribar a dibuixar la gràfica d'una funció a partir de l'expressió algèbrica.

Per fer-ho, caldrà buscar prèviament aquella informació que sigui del tot imprescindible. En general, la informació que es necessita és la següent:

- Domini i discontinuïtats
- Asímptotes
- Punts de tall amb els eixos de coordenades
- Punts estacionaris i creixement

Fixeu-vos que no cal estudiar tots els aspectes de la funció per deduir-ne la gràfica.

Les simetries i el recorregut, per exemple, es poden deduir fàcilment un cop dibuixada la gràfica.

Pel que fa als punts d'inflexió, només caldrà buscar-los quan la funció ho requereixi.

A continuació presentem uns quants exemples de gràfiques de funcions.

Exemple 10 ➡ **Dibuixa la gràfica de la funció $f(x) = x^2 - x^4$.**

Com que és una funció polinòmica, el domini són tots els reals, no presenta cap discontinuïtat i no té cap asímptota.

En calculem els límits a l'infinit: $\lim_{x\to-\infty}\left(x^2-x^4\right)=-\infty$ i $\lim_{x\to+\infty}\left(x^2-x^4\right)=-\infty$

A continuació, busquem els punts de tall amb els eixos:

- Amb l'eix *OX*: $x^2 - x^4 = 0 \rightarrow x^2(1 - x^2) = 0 \rightarrow x = 0$ i $x = \pm 1$
  Talla l'eix d'abscisses en els punts (–1, 0), (0, 0) i (1, 0).
- Amb l'eix *OY*: com que la gràfica de la funció passa per l'origen, l'únic punt de tall amb l'eix d'ordenades és el mateix (0, 0).

Màxims i mínims:

Derivem, $f'(x) = 2x - 4x^3$, i igualem a zero la primera derivada:

$$2x-4x^3=0\rightarrow 2x\left(1-2x^2\right)=0\rightarrow x=0,\ x=\pm\sqrt{\frac{1}{2}}=\pm\frac{1}{\sqrt{2}}$$

Hi ha tres punts estacionaris.

Per saber de quin tipus són, analitzem el creixement o decreixement de f(x) en cadascun dels quatre intervals en què podem dividir la recta real:

$x=-1\rightarrow f'(-1)=2>0\rightarrow f(x)$ creix a l'interval $\left(-\infty,-\frac{1}{\sqrt{2}}\right)$

$x=-\frac{1}{2}\rightarrow f'\left(-\frac{1}{2}\right)=-\frac{1}{2}<0\rightarrow$ $f(x)$ decreix a l'interval $\left(-\frac{1}{\sqrt{2}},0\right)$

$x=\frac{1}{2}\rightarrow f'(x)=\frac{1}{2}>0\rightarrow$ $f(x)$ creix a l'interval $\left(0,\frac{1}{\sqrt{2}}\right)$

$x=1\rightarrow f'(x)=-2<0\rightarrow f(x)$ decreix a l'interval $\left(\frac{1}{\sqrt{2}},+\infty\right)$

De manera esquemàtica, representem tota aquesta informació en la Figura 8.18

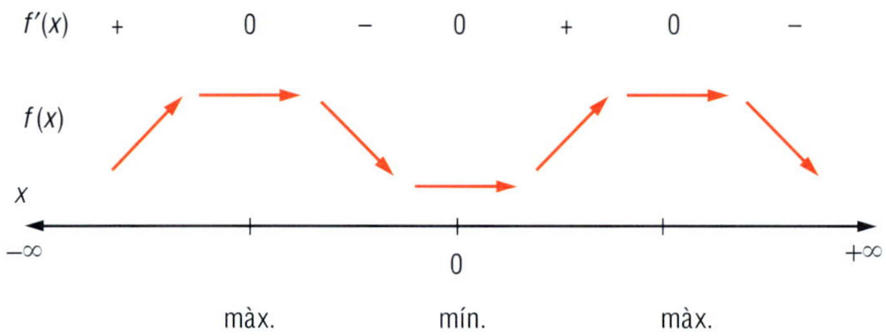

Fig. 8.18.

En conseqüència:

f(x) presenta un màxim en $x=-\frac{1}{\sqrt{2}}$, ja que passa de creixent a decreixent; presenta un mínim en $x=0$, perquè passa de decreixent a creixent, i presenta un altre màxim en $x=\frac{1}{\sqrt{2}}$, on passa de creixent a decreixent.

Calculem tot seguit les ordenades de cadascun d'aquests tres punts:

$f\left(-\frac{1}{\sqrt{2}}\right)=\frac{1}{4}\rightarrow$ en el punt $\left(-\frac{1}{\sqrt{2}},\frac{1}{4}\right)$ hi ha un màxim

$f(0)=0\rightarrow$ en el punt $(0,0)$ hi ha un mínim

$f\left(\frac{1}{\sqrt{2}}\right)=\frac{1}{4}\rightarrow$ en el punt $\left(\frac{1}{\sqrt{2}},\frac{1}{4}\right)$ hi ha un màxim

Fixa't que podem arribar a la mateixa conclusió si utilitzem el criteri del signe de la segona derivada: $f''(x)=2-12x^2$.

$f''\left(-\frac{1}{\sqrt{2}}\right)=-4<0\rightarrow$ màxim en $x=-\frac{1}{\sqrt{2}}$

$f''(0)=2>0\rightarrow$ mínim en $x=0$

$f''\left(\frac{1}{\sqrt{2}}\right)=-4<0\rightarrow$ màxim en $x=\frac{1}{\sqrt{2}}$

Amb tot plegat, ja podem dibuixar la gràfica de la funció (Fig. 8.19):

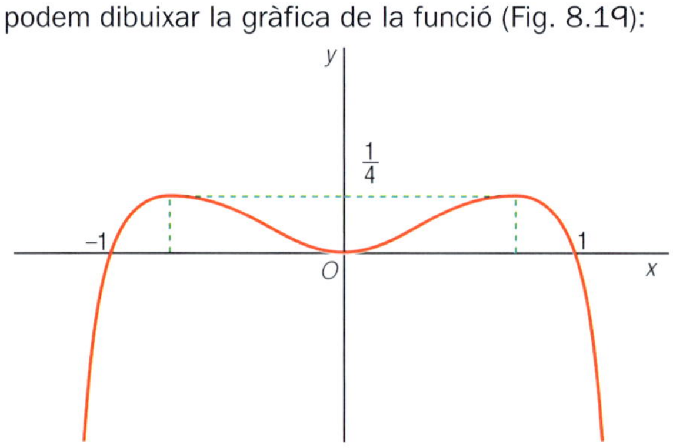

Fig. 8.19.

A partir de la gràfica podem observar que:

- La funció és parella, ja que la gràfica és simètrica respecte de l'eix OY.
- El recorregut de la funció és $R_f=\left(-\infty,\frac{1}{4}\right]$.
- El màxim absolut que pren la funció és $y=\frac{1}{4}$, i l'assoleix per a $x=\pm\frac{1}{\sqrt{2}}$, on hi ha màxims relatius. D'altra banda, la funció no té mínim absolut, ja que no existeix cap valor de la funció que sigui més petit que tots els altres. Assoleix un mínim relatiu en $x=0$.

Exemple 11 ➡ **Dibuixa la gràfica de la funció $f(x)=\dfrac{x+1}{x^2}$.**

A partir del domini $D_f=\mathbb{R}-\{0\}$, estudiem les discontinuïtats:

$$\lim_{x\to 0^-}\frac{x+1}{x^2}=+\infty \qquad \lim_{x\to 0^+}\frac{x+1}{x^2}=+\infty$$

En el punt $x=0$, la funció presenta una discontinuïtat asimptòtica.

Asímptotes:

- Verticals: per l'anàlisi de la discontinuïtat sabem que la recta $x=0$ és una asímptota vertical.
- Horitzontals: $\lim_{x\to -\infty}\dfrac{x+1}{x^2}=0$, $\lim_{x\to +\infty}\dfrac{x+1}{x^2}=0$

La recta $y=0$ és una asímptota horitzontal per a $x\to-\infty$ i per a $x\to+\infty$. Per tant, la funció no té asímptotes obliqües.

Punts de tall amb els eixos:

- Amb l'eix OX: $\dfrac{x+1}{x^2}=0\to x+1=0\to x=-1$, la gràfica talla l'eix d'abscisses en el punt (–1, 0).
- Amb l'eix OY: com que $x=0\notin D_f$, la gràfica de la funció no talla l'eix d'ordenades.

Punts estacionaris:

$$f'(x)=\frac{-x-2}{x^3};\ f'(x)=0\to -x-2=0\to x=-2$$

Creixement (Fig. 8.20):

Com que $\lim_{x\to 0^-}\dfrac{x+1}{x^2}=+\infty$ i $\lim_{x\to 0^+}\dfrac{x+1}{x^2}=+\infty$, la gràfica de la funció tendeix a $+\infty$ tant per l'esquerra com per la dreta de 0.

Per tant, la funció és creixent a l'esquerra de 0 i decreixent a la dreta de 0.

A l'hora d'estudiar el creixement, cal tenir en compte la discontinuïtat.

$f(-2)=-\dfrac{1}{4}$, en el punt $\left(-2,-\dfrac{1}{4}\right)$ la funció presenta un mínim.

La gràfica de la funció és la de la Figura 8.21.

Observem que la funció no és parella ni imparella, la gràfica no és simètrica ni respecte a l'eix d'ordenades ni respecte a l'origen.

El recorregut de la funció és $R_f=\left[-\dfrac{1}{4},+\infty\right)$

El mínim absolut d'aquesta funció és $-\dfrac{1}{4}$, ja que la funció no pren cap valor més petit que $-\dfrac{1}{4}$.

En aquesta funció no hi ha màxim absolut perquè no es pot trobar un valor de la funció més gran que tots els altres. Els valors de la funció a l'entorn de zero es fan indefinidament grans.

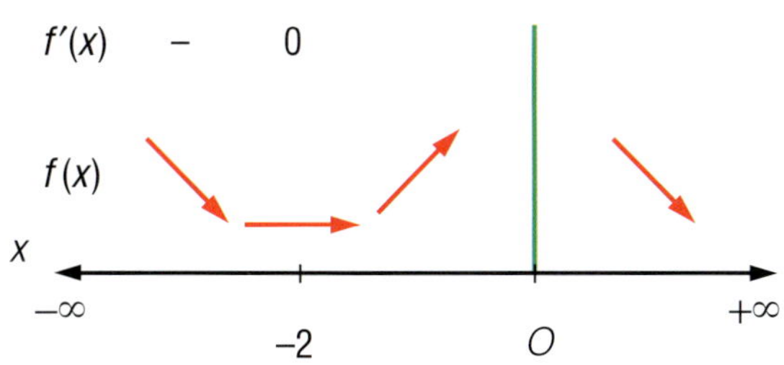

Fig. 8.20.

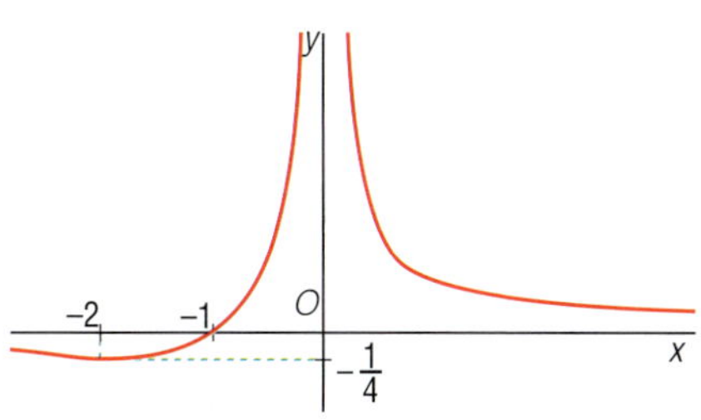

Fig. 8.21.

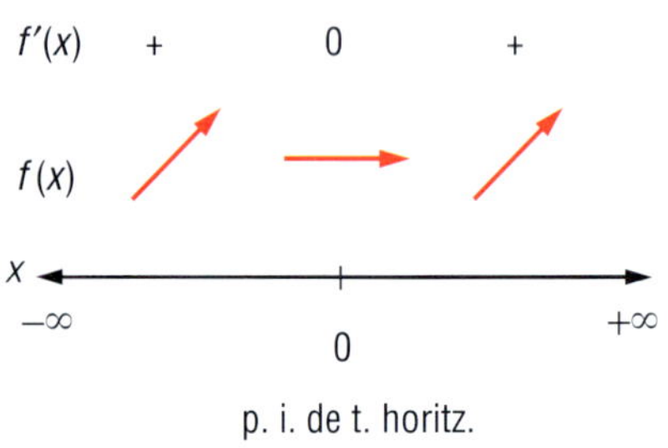

Fig. 8.22.

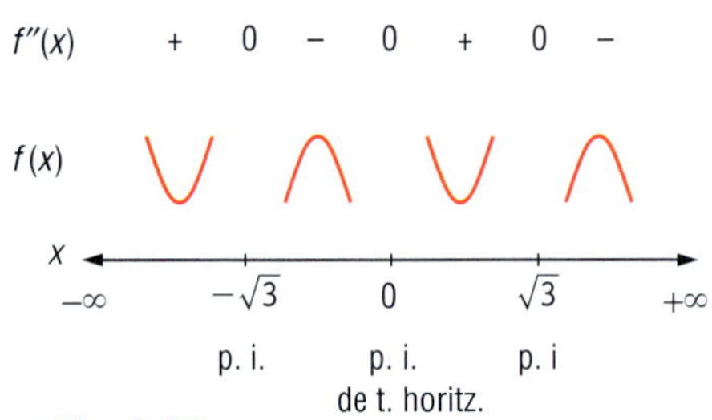

Fig. 8.23.

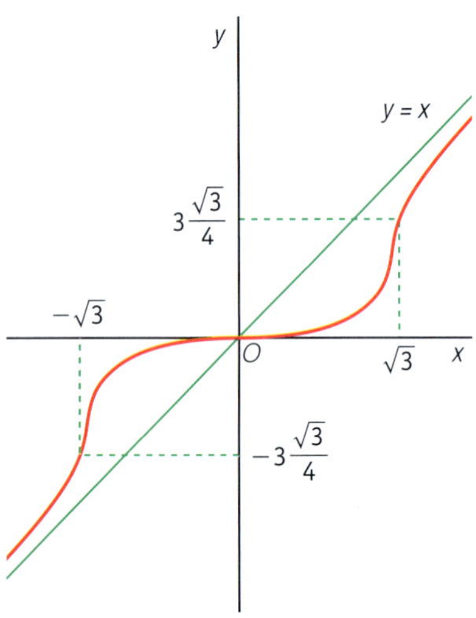

Fig. 8.24.

Exemple 12 ➡ **Dibuixa la gràfica de la funció: $f(x)=\dfrac{x^3}{x^2+1}$.**

Domini: $D_f=\{x\in\mathbb{R}\,|\,x^2+1\neq 0\}=\mathbb{R}$

No hi ha cap discontinuïtat, per tant la gràfica no té asímptotes verticals.

Com que $\lim\limits_{x\to-\infty}\dfrac{x^3}{x^2+1}=-\infty$ i $\lim\limits_{x\to+\infty}\dfrac{x^3}{x^2+1}=+\infty$, la gràfica no té asímptotes horitzontals.

Hem de veure si en té d'obliqües:

$$m=\lim_{x\to-\infty}\frac{f(x)}{x}=\lim_{x\to-\infty}\frac{x^3}{x\left(x^2+1\right)}=\lim_{x\to-\infty}\frac{x^2}{x^2+1}=1$$

$$n=\lim_{x\to-\infty}\left(f(x)-mx\right)=\lim_{x\to-\infty}\left(\frac{x^3}{x^2+1}-x\right)=\lim_{x\to-\infty}\frac{-x}{x^2+1}=0$$

Tenim que la recta $y=x$ és una asímptota obliqua quan $x\to-\infty$.

Repetint els límits per a $x\to+\infty$, obtindríem els mateixos valors $m=1$ i $n=0$. Per tant, la recta $y=x$ és asímptota obliqua per a $x\to\pm\infty$.

La gràfica passa per l'origen de coordenades, és l'únic punt de tall amb l'eix d'abscisses i amb l'eix d'ordenades.

Calculem la derivada de la funció:

$$f'(x)=\frac{x^4+3x^2}{\left(x^2+1\right)^2}$$

$$f'(x)=0\to x^4+3x^2=0\to x^2(x^2+3)=0 \begin{cases} x=0 \\ x^2=-3\to x\notin\mathbb{R}\end{cases}$$

Observem (Fig. 8.22) que a l'origen hi ha un punt d'inflexió de tangent horitzontal.

Com que aquesta funció no presenta màxims ni mínims, mirarem si té algun altre punt d'inflexió que no sigui de tangent horitzontal.

$$f''(x)=\frac{-2x^3+6x}{\left(x^2+1\right)^3}$$

$$f''(x)-0\to -2x^3+6-0\to$$

$$2x(-x^2+3)-0 \begin{cases} 2x=0\to x=0 \\ -x^2+3=0\to x^2=3\to x=\pm\sqrt{3}\end{cases}$$

Estudiem la concavitat de la funció (Fig. 8.23):

$$f\left(-\sqrt{3}\right)=-3\frac{\sqrt{3}}{4} \qquad f\left(\sqrt{3}\right)=3\frac{\sqrt{3}}{4}$$

Els punts $\left(-\sqrt{3},-3\dfrac{\sqrt{3}}{4}\right)$ i $\left(\sqrt{3},3\dfrac{\sqrt{3}}{4}\right)$ són punts d'inflexió de tangent no horitzontal.

En el punt (0, 0), que és un punt d'inflexió de tangent horitzontal, la gràfica de la funció talla l'asímptota obliqua.

Finalment, dibuixem la gràfica (Fig. 8.24).

Exemple 13 **Dibuixa la gràfica de la funció:** $f(x)=\dfrac{(x+1)^2}{e^x}$**.**

Domini: $D_f = \mathbb{R}$

No té asímptotes verticals, perquè no presenta cap discontinuïtat.

$\lim\limits_{x\to+\infty}\dfrac{(x+1)^2}{e^x}=\lim\limits_{x\to+\infty}\dfrac{2x+2}{e^x}=\lim\limits_{x\to+\infty}\dfrac{2}{e^x}=0$, la recta $y = 0$ és asímptota horitzontal per a $x\to+\infty$.

Per calcular el límit quan $x\to+\infty$, hem aplicat la regla de l'Hôpital.

$\lim\limits_{x\to-\infty}\dfrac{(x+1)^2}{e^x}=+\infty$, no té asímptota horitzontal per a $x\to-\infty$.

Cal mirar si n'hi ha, d'asímptota obliqua, per a $x\to-\infty$:

$$m=\lim_{x\to-\infty}\frac{f(x)}{x}=\lim_{x\to-\infty}\frac{(x+1)^2}{xe^x}=\lim_{x\to-\infty}\frac{(x+1)^2}{x}\cdot\lim_{x\to-\infty}\frac{1}{e^x}=+\infty$$

Tenim, doncs, que per a $x\to-\infty$ la gràfica de la funció tendeix a infinit.

Punts de tall amb els eixos

$f(x) = 0 \to (x + 1)^2 = 0 \to x + 1 = 0 \to x = -1$, el punt (–1, 0) és el punt on la gràfica talla l'eix d'abscisses.

$f(0) = 1$, la gràfica talla l'eix d'ordenades en el punt (0, 1).

Punts estacionaris

$f'(x)=\dfrac{1-x^2}{e^x}$ $\qquad f'(x) = 0 \to 1 - x^2 = 0 \to x^2 = 1 \to x = \pm1$

$f(-1) = 0$, el punt (–1, 0) és un mínim relatiu (Fig. 8.25).

$f(1)=\dfrac{4}{e}$, el màxim relatiu és el punt $\left(1,\dfrac{4}{e}\right)$ (Fig. 8.25).

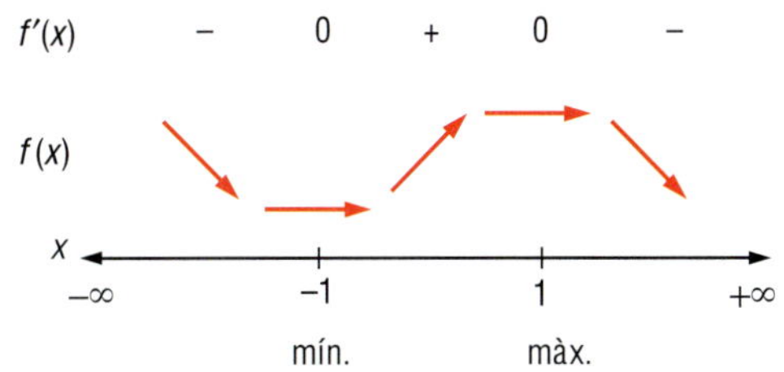

Fig. 8.25.

Ja podem dibuixar la gràfica (Fig. 8.26).

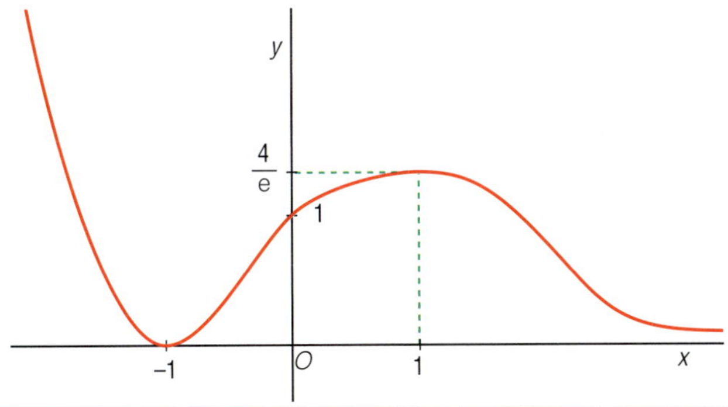

Fig. 8.26.

ACTIVITATS

31. *a)* A partir de les gràfiques dels exemples 12 i 13, justifica les simetries, el recorregut i els màxims i mínims absoluts de cada una de les funcions.

b) Justifica els punts d'inflexió de cadascuna de les gràfiques dels exemples anteriors.

32. Dibuixa la gràfica de les funcions següents:

a) $f(x)=x^4-4x$ $\qquad$ *b)* $f(x)=\dfrac{x-1}{x}$

33. Dibuixa la gràfica de les funcions següents:

a) $f(x)=6x^2-2x^3$ $\qquad$ *b)* $f(x)=\dfrac{x-1}{x^2}$

c) $f(x)=\dfrac{x^2-x}{8x^2+1}$ $\qquad$ *d)* $f(x)=\dfrac{x^2+3x}{x-1}$

A partir de les gràfiques dibuixades, informa sobre la concavitat, els punts d'inflexió, les simetries, el recorregut i els màxims i mínims absoluts de cada funció.

7. Optimització

Reben el nom de **problemes d'optimització** aquells en els quals es busca el valor que fa màxima o mínima una determinada funció que correspon a la matematització d'una situació pràctica.

En la majoria dels casos, la dificultat del problema està precisament a l'hora de trobar l'expressió de la funció d'una sola variable que haurem d'optimitzar.

De vegades, la funció que cal optimitzar apareix com a funció de dues variables; aleshores, caldrà trobar una relació entre les dues variables que permeti transformar la funció original en una altra d'una sola variable, que serà la que haurem d'optimitzar.

Hem de tenir molt present que estem resolent problemes relacionats amb casos pràctics i, per tant, caldrà considerar que les variables no podran prendre qualsevol valor, sinó que els valors que ens interessen per a les variables hauran de pertànyer a un interval lligat al context de l'enunciat del problema. Això ens obliga a definir prèviament el domini de la funció que es vol optimitzar.

En aquest sentit hem de dir, doncs, que busquem el màxim absolut o el mínim absolut en un interval sense que sigui imprescindible que sigui un màxim o un mínim relatiu. Hem de tenir molt present aquest fet perquè, si bé habitualment trobarem un màxim o un mínim relatiu que alhora serà un màxim o un mínim absolut, en altres situacions no serà així i caldrà analitzar molt bé l'enunciat del problema.

En cada cas ens haurem d'assegurar que el valor trobat per a cada variable és un màxim o un mínim, segons el que ens demani el del problema. Analitzem-ho amb uns quants exemples.

Exemple 14 ➡ **S'han corregit uns quants examens d'una prova d'accés a la universitat de Matemàtiques, que s'han puntuat amb notes entre 0 i 10. El nombre de persones que han obtingut una determinació qualificació x és definit per la funció $f(x) = 250 - (2x - 9)^2$.**

***a)* Quantes persones han tret un 10 en aquesta prova? I quantes han tret un 6?**

***b)* Quina és la nota que han tret més persones? Quantes persones han tret aquesta nota?**

a) Cal calcular les imatges de $x = 10$ i de $x = 6$, respectivament.

$$f(10) = 250 - (2 \cdot 10 - 9)^2 = 250 - (20 - 9)^2 = 250 - 11^2 = 250 - 121 = 129$$

129 persones han tret un 10.

$$f(6) = 250 - (2 \cdot 6 - 9)^2 = 250 - (12 - 9)^2 = 250 - 3^2 = 250 - 9 = 241$$

241 persones han tret un 6.

b) Per saber quina és la nota que han tret més persones, hem de maximitzar la funció $f(x)$, ja que aquesta ens indica el total de pesones que han tret una determinada qualificació x.

$$f(x) = 250 - (2x - 9)^2 \rightarrow f'(x) = -2(2x - 9) \cdot 2 = -4(2x - 9)$$

$$f(x) = 0 \rightarrow -4\,(2x - 9) = 0 \rightarrow 2x - 9 = 0 \rightarrow x = \frac{9}{2}$$

Per comprovar que és un màxim, estudiarem el signe de la segona derivada en aquest punt:

$f''(x) = -4 \cdot 2 = -8 \rightarrow f''\left(\frac{9}{2}\right) = -8 < 0$, efectivament la nota $x = \frac{9}{2}$ és un màxim de la funció $f(x)$ donada.

D'on: $f\left(\frac{9}{2}\right) = 250 - \left(2 \cdot \frac{9}{2} - 9\right)^2 = 250 - (9 - 9)^2 = 250$

La nota que han tret més persones és 4,5, i l'han tret 250 persones.

Exemple 15 **En una empresa que fabrica un producte determinat, els costos fixos de fabricació són de 1 200 € i el cost de cada unitat produïda és de 4 €. El preu y de venda, en funció del nombre x d'unitats fabricades, és $y = 200 - 2x$. Quantes unitats s'han de produir, i a quin preu, perquè el benefici de l'empresa sigui màxim?**

Les variables x i y ja són definides pel mateix problema: x és el nombre d'unitats que cal fabricar i y el preu de venda de cadascuna d'aquestes unitats.

El benefici és la diferència entre el preu de les vendes realitzades i el cost total de producció.

El preu de venda de x unitats fabricades és $y \cdot x = (200 - 2x)x$, mentre que els costos totals de producció són $1\,200 + 4x$. Per tant, la funció benefici serà:

$$f(x) = (200 - 2x)x - (1\,200 + 4x)$$

que és la funció que cal optimitzar.

Abans de calcular la derivada, és preferible fer càlculs per aconseguir-ne una expressió més senzilla:

$$(200 - 2x)x - (1\,200 + 4x) = 200x - 2x^2 - 1\,200 - 4x = -2x^2 + 196x - 1\,200$$

d'on tenim que:

$$f(x) = -2x^2 + 196x - 1\,200$$

Derivem:

$$f'(x) = -4x + 196$$

i igualem a zero:

$$-4x + 196 = 0 \rightarrow -4x = -196 \rightarrow x = 49$$

Per assegurar-nos que el valor de x trobat correspon a un màxim, n'hi ha prou d'observar l'expressió de la funció $f(x)$. És un polinomi de segon grau amb el coeficient de x^2 negatiu i, per tant, la gràfica és el d'una paràbola el vèrtex de la qual és un màxim (Fig. 8.27).

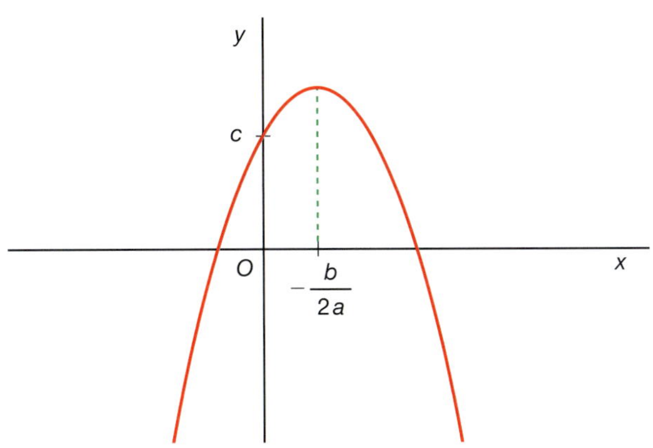

Fig. 8.27.

Un cop sabem el valor de x, per trobar el valor y del preu de venda de cada unitat produïda, només cal substituir $x = 49$ a l'expressió $y = 200 - 2x$:

$$y = 200 - 2 \cdot 49 = 200 - 98 = 102$$

En conclusió, per tal que l'empresa obtingui el màxim benefici possible ha de produir 49 unitats del producte, i el preu de venda serà de 102 € cadascuna.

Exemple 16 **Actualment la població d'una ciutat és de 50 000 habitants i evoluciona d'acord amb l'expressió:**

$$f(x) = 50\,000 + 500x - 25x^2$$

on la variable x ve donada en anys. Analitza si en el futur la població augmentarà o disminuirà.

Per fer-ho, podem estudiar els màxims o mínims de la funció $f(x)$, així sabrem a partir de quin moment la població augmentarà o disminuirà.

$$f(x) = 50\,000 + 500x - 25x^2 \rightarrow f'(x) = 500 - 50x$$

$$500 - 50x = 0 \rightarrow x = 10$$

Per l'expressió algèbrica de la funció $f(x)$ podem deduir fàcilment que el valor $x = 10$ correspon a un màxim. Així doncs, durant els 10 primers anys la població anirà creixent, i passat el desè any anirà disminuint. En conseqüència, el valor $x = 10$ anys marcarà el màxim de població de la ciutat.

Exemple 17 **Una escola contracta una empresa d'autobusos per fer el servei de transport. Acorden pagar 3 € al mes per estudiant si n'hi ha un mínim de 60.**

L'empresa es compromet a reduir 0,02 € del preu mensual per cada estudiant que passi dels 60.

Esbrina el nombre d'estudiants que proporciona el màxim ingrés mensual a l'empresa d'autobusos, i calcula aquest ingrés.

Anomenant x el nombre d'estudiants que passen de 60, la funció que ens dona l'ingrés que cal cobrar per l'empresa és:

$$f(x) = (3 - 0{,}02x)\,(60 + x)$$

Aquesta és la funció que s'ha d'optimitzar.

Operant queda:

$$f(x) = -0{,}02x^2 + 1{,}8x + 180$$

Derivem:

$$f'(x) = -0{,}04x + 1{,}8$$

i igualem a zero:

$$-0{,}04x + 1{,}8 = 0 \rightarrow 0{,}04x = 1{,}8$$

$$x = 45$$

Per assegurar-nos que és un màxim, podem fer el mateix raonament dels exemples anteriors, ja que $f(x)$ també és un polinomi de segon grau amb el coeficient de x^2 negatiu.

Per tal que l'empresa cobri el màxim possible ha d'haver-hi 105 alumnes que utilitzin el servei de transport i, en aquest cas, tindrà un ingrés màxim de:

$$105 \cdot 2{,}1 = 220{,}5\,€$$

Exemple 18 → **Un col·leccionista de segells i monedes en té un total de 50. Si un altre col·leccionista li dona tres segells a canvi d'una moneda, el producte del nombre de monedes que li queden pel de segells és màxim. Quants segells i monedes tenia inicialment?**

Si definim x com el nombre de segells que tenia inicialment, $50 - x$ serà el nombre de monedes.

La funció que hem d'optimitzar és:

$$f(x)=(x+3)(50-x-1)=(x+3)(49-x)=-x^2+46x+147$$

Com que és una funció polinòmica, sembla que el domini hauria de ser el conjunt dels nombres reals, però si ens fixem en l'enunciat del problema deduirem que el domini és el conjunt dels nombres enters compresos entre 0 i 50. Ho expressem així:

$$D_f=\{x \in \mathbb{Z} \,/\, 0 \le x \le 50\}$$

Per l'expressió algèbrica de $f(x)$, ja sabem que tindrà un màxim, que és el que ens demana el problema.

Derivem la funció $f(x)$: $f'(x)=-2x+46$.

Igualem a zero $f'(x)$: $-2x+46=0 \rightarrow x=23 \in D_f$ és el valor de la variable que fa màxima la funció $f(x)$.

Per tant, la resposta del problema és 23 segells i 27 monedes.

Podem fer-ne la comprovació:

Si prenem $x = 22 < 23$, el nombre de monedes seria 28, i el producte demanat donaria: $25 \cdot 27 = 675$.

Si prenem $x = 24 > 23$, el nombre de monedes seria 26, i el producte, $27 \cdot 25 = 675$.

En canvi, per 23 segells i 27 monedes, el producte demanat en l'enunciat dona: $26 \cdot 26 = 676$.

Podem observar que en el darrer cas és quan el producte és més gran.

ACTIVITATS

34. Troba dos nombres tals que el seu producte sigui 12 i la seva suma sigui mínima.

35. Descompon el nombre 36 en dos sumands tals que el seu producte sigui màxim.

36. Suposem que, després de la ingestió d'una beguda alcohòlica, a l'instant $x = 0$, la concentració en g/L d'alcohol a la sang respon a la funció $f(x) = x\,e^{1-x}$, on x és el temps expressat en hores.

a) Calcula la derivada de la funció $f(x)$.

b) Calcula l'instant en què la concentració d'alcohol a la sang serà màxima i el valor que tindrà.

37. Es vol construir un marc de fusta de 8 m² de superfície. Sabent que el tros de marc horitzontal costa 2 € el metre i el tros vertical 4 €, calcula les dimensions que cal donar al marc perquè el cost sigui mínim. Calcula el preu del marc.

38. El propietari d'un immoble de 30 pisos els té tots llogats a 300 € al mes. Per cada 30 € d'augment en el preu del lloguer perd un llogater. Quin és el preu del lloguer que produeix més guanys al propietari?

39. La cotització de les accions de certa empresa a la borsa va tenir, aproximadament, l'evolució següent durant un any:

$$f(x) = 342 + 39x - 3x^2$$

on x és el temps en mesos ($0 \le x \le 12$).

Calcula el percentatge del benefici que hauria obtingut un individu que hagués comprat accions en el moment de cotització mínima i que les hagués venudes en el de màxima.

40. Les vendes d'un article són funció del preu d'aquest, de manera que:

$$f(x) = \frac{20}{(100+x)^2},\ x > 0$$

on x és el preu en €/kg i $f(x)$, el nombre de quilograms venuts en una setmana.

El benefici brut setmanal s'obté multiplicant el preu d'un quilogram pel nombre de quilograms venuts. Calcula el preu a què s'ha de vendre si es vol obtenir el benefici màxim i quin serà aquest benefici.

Activitats finals

1. Dibuixa la gràfica de la funció $f(x) = |x^2 - x|$. Estudia'n la continuïtat i la derivabilitat en els punts $x = 0$ i $x = 1$.

2. Dibuixa, en cada cas, la gràfica d'una funció que tingui una discontinuïtat asimptòtica en un punt en el qual:

a) En canviï el creixement, però no la concavitat.

b) En canviï la concavitat, però no el creixement.

3. Dibuixa la gràfica d'una funció que sigui contínua en tots els reals i que tingui un punt $x = x_0$ on canviï el creixement i la concavitat de la funció. En aquest punt, és derivable la funció? Raona la resposta.

4. Raona la certesa o la falsedat de les afirmacions següents:

a) Dues funcions amb idèntica funció derivada són necessàriament idèntiques.

b) La funció $f(x) = \dfrac{x}{x+1}$ és creixent en tot el seu domini.

c) La funció $f(x) = x^3$ no té cap punt estacionari.

5. Donada la funció $f(x) = \dfrac{e^x}{\ln x}$ indica'n el domini, els límits per a $x \to 0$ i $x \to \infty$ i les asímptotes.

Raona detalladament tot el que fas.

6. Sigui $f(x)$ una funció derivable en tots els reals.

a) Si sabem que $f'(a) = 0$, pots afirmar que $f(x)$ té necessàriament un màxim o un mínim relatiu en el punt $x = a$?

b) Si sabem que la derivada de $f(x)$ és negativa en tots els punts $x < a$ i positiva en tots els punts $x > a$, pots afirmar que $f(x)$ té necessàriament un mínim relatiu en el punt $x = a$?

Raona les respostes.

7. Calcula el valor de k per tal que:

a) La funció $f(x) = x\,e^{-kx}$ tingui un màxim o un mínim relatiu en el punt $x = 1$.

b) $f(x) = \dfrac{2x^2}{(kx+1)^2}$ tingui límit 2 quan $x \to +\infty$.

c) La funció $f(x) = \ln(kx^2 + 1)$ sigui creixent en $x = 1$.

8. Determina quins són els coeficients a i b de la funció $f(x) = ax^2 + bx + 2$, sabent que la recta tangent a la gràfica en el punt $x = 1$ és $y = -2x$.

9. Determina quins són els coeficients a, b i c de la funció $f(x) = ax^3 + bx^2 + cx$ per tal que aquesta funció tingui un màxim relatiu en $x = 0$, un mínim relatiu en $x = 1$ i compleixi la condició $f(1) = -\dfrac{1}{2}$.

10. Determina quins són els coeficients a i b de la funció $f(x) = x^3 + ax^2 + bx$, sabent que canvia de còncava a convexa en el punt $x = 1$ i que la recta tangent a la gràfica de la funció en aquest mateix punt és horitzontal.

11. Considerant la funció $f(x) = -x^3 + 3x^2$, troba l'equació de la recta tangent a la gràfica en el punt d'inflexió.

12. Tenim una funció $f(x)$ de la qual sabem que la seva derivada és positiva en tot $x \neq 2$ i s'anul·la en $x = 2$, tal com indica la Figura 8.28. Què pots dir de la funció $f(x)$ en el punt $x = 2$? Tindrà en aquest punt un màxim, un mínim, un punt d'inflexió? Raona detalladament la resposta.

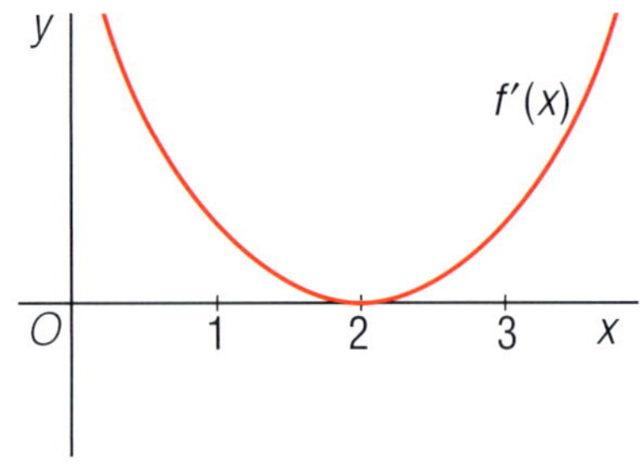

Fig. 8.28.

13. Sabem que la gràfica de la derivada $f'(x)$ d'una funció $f(x)$ és la que mostra la Figura 8.29. Observa que s'anul·la en $x = 1$, $x = 2$ i $x = 3$. Digues quins valors de x corresponen a mínims relatius de $f(x)$. Explica el perquè de la teva resposta.

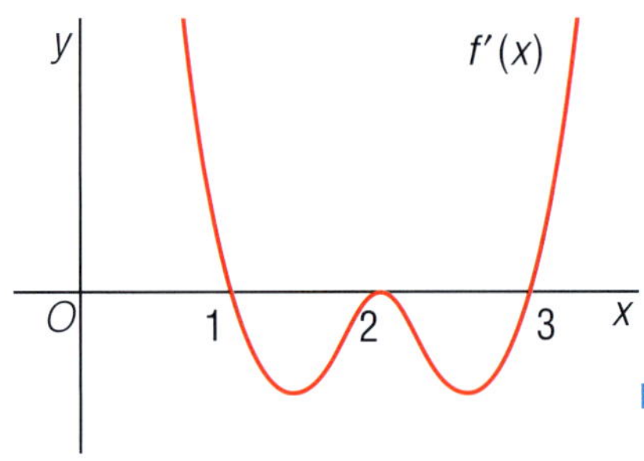

Fig. 8.29.

14. Tenim una funció derivable $f(x)$ definida per a $x > 0$, de la qual sabem que la gràfica és la que s'indica (Fig. 8.30), l'eix d'ordenades és asímptota vertical, la recta $y = x$ és asímptota obliqua i té un mínim en el punt $x = 1$. Fes un esquema senzill de la gràfica de la funció $f'(x)$ i explica raonadament la resposta.

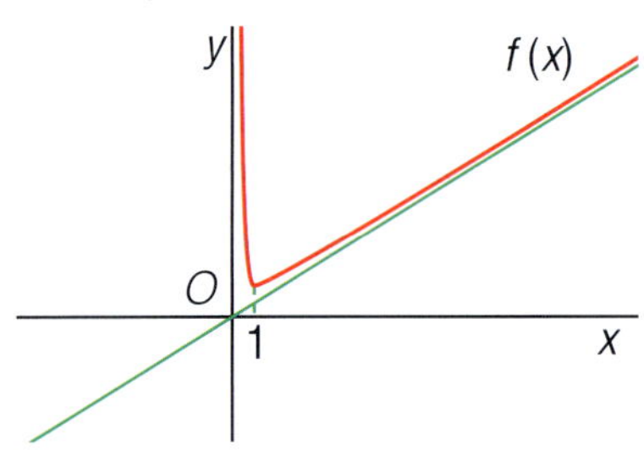

Fig. 8.30.

15. Dibuixa la gràfica de les funcions següents:

a) $f(x)=\dfrac{4x-12}{(x-2)^2}$ *b)* $f(x)=\dfrac{x^3}{(x+1)^2}$

c) $f(x)=x^2-\dfrac{1}{3}x^3$ *d)* $f(x)=x^3-3x$

e) $f(x)=\dfrac{x^2+2x}{x-2}$ *f)* $f(x)=\dfrac{8}{x^2-4}$

g) $f(x)=x^2+\dfrac{2}{x}$ *h)* $f(x)=\dfrac{x^3}{x^2-1}$

i) $f(x)=\dfrac{8}{x^2-4}$ *j)* $f(x)=\dfrac{x^4+3}{x}$

16. A partir de la gràfica, dona tota la informació possible de les funcions dels apartats *a*, *d*, *f* i *h* de l'activitat anterior.

17. Calcula els intervals de creixement i de decreixement, els màxims i els mínims de la funció següent:

$$f(x)=x^2\cdot e^{\frac{x}{1000}}$$

Després fes-ne un esquema senzill de la gràfica.

18. Considera la funció: $f(x)=\dfrac{\ln 1000x}{x}$ per a $x>0$. Troba els valors de x tals que $f'(x)=0$. Després fes un esquema senzill de la gràfica de $f(x)$ i explica-ho.

19. Fes un esquema senzill de la gràfica de la funció $f(x)=e^x+e^{-x}$ que posi en evidència els límits quan $x\to\infty$ i els possibles màxims i mínims. Explica raonadament tot el que fas.

20. Troba dos nombres positius que sumin 30 tals que la suma dels seus quadrats sigui mínima.

21. La població d'un estat és, en milions d'habitants, $f(x)=\dfrac{20}{4e^{-\frac{x}{100}}+1}$, on x és el temps en anys. Calcula'n la població actual (per a $x=0$) i la població límit que tindrà quan el temps tendeixi a infinit.

22. Calcula els intervals de creixement i de decreixement, els màxims i els mínims de la funció següent:

$$f(x)=x^2\,e^{\frac{x}{1000}}$$

Després fes un esquema senzill de la gràfica.

23. Determina dos nombres positius la suma dels quals sigui 21 i el producte d'un pel quadrat de l'altre sigui màxim.

24. El preu de cost d'una joguina és de 50 €. Venuda a 60 €, la compren 3 000 persones, per cada cèntim d'euro que augmenta o disminueix aquest preu, disminueix o augmenta, respectivament, el nombre de compradors en 40 persones. A quin preu s'ha de vendre la joguina per obtenir un benefici màxim? Quin és aquest benefici?

25. Calcula el punt de la gràfica de la funció $f(x)=e^{-x^2}$ en el qual la recta tangent té el pendent màxim.

26. El preu de cost d'una unitat d'un cert producte és de 120 €. Si es ven a 150 € la unitat, el compren 500 clients. Per cada 10 € d'augment en el preu, les vendes disminueixen en 20 clients.

a) Troba una fórmula mitjançant la qual obtinguem els beneficis.

b) Calcula a quin preu *p* per unitat hem de vendre el producte per obtenir un benefici màxim.

c) En el cas anterior, troba el nombre d'unitats que es venen i calcula el benefici màxim.

27. La demanda d'energia elèctrica d'una ciutat, comptada a partir de la mitjanit i fins a les vuit del matí, és donada per la funció $f(t)=\dfrac{t^2-6t+12}{6}$ on t s'expressa en hores i $f(t)$, en milions de kilowatts hora (kWh).

a) A quina hora el consum coincideix amb el de la mitjanit, i quin és aquest consum?

b) A quina hora es donarà el mínim consum? Justifica que, efectivament, es tracta d'un mínim.

28. Una empresa que fabrica un determinat article ven la totalitat de la producció. Anomenarem x el nombre d'articles que fabrica mensualment. Els costos mensuals de producció, en euros, segueixen la funció $C(x)=180x+12000$. La venda dels articles li reporta uns ingressos que segueixen la funció $I(x)=500x-\dfrac{1}{2}x^2$.

a) En quin interval cal situar la producció per a no perdre diners?

b) Quants articles ha de produir mensualment l'empresa per obtenir el benefici màxim? En aquest cas, quant guanya per cada article?

29. En un hort hi ha plantades 50 pomeres. Cada arbre produeix 800 pomes. Per cada arbre addicional que hi plantem, la producció de cada arbre es redueix en 10 pomes. Quants arbres més ens cal plantar per obtenir la producció més alta possible? Quina és aquesta producció?

30. Considera la funció real de variable real $f(x)=\dfrac{x^2+5x}{x-4}$.

a) Determina'n els intervals de creixement i decreixement.

b) Troba'n els extrems relatius.

31. Considera la funció: $f(x)=\dfrac{3x-1}{x+2}$.

a) Calcula les asímptotes horitzontals i verticals, si n'hi ha.

b) Si $f'(x)>0$ en tot el domini de la funció $f(x)$, calcula els límits laterals quan x tendeix a -2 i fes un esbós de la gràfica de la funció.

32. Una empresa agrícola ha recollit un total de 40 tones de fruita que produeixen un benefici de 0,80 €/kg. Cada setmana que passa es produeix una pèrdua de 400 kg de fruita, però el benefici augmenta en un cèntim per cada kilogram.

a) Quin benefici s'obté si es ven la fruita al cap de nou setmanes? Quin percentatge de fruita s'ha hagut de llençar?

b) Quina setmana de venda s'obtindrà un benefici màxim?

33. Un hivernacle està destinat al cultiu de tomàquets. Se sap que les tomaqueres només produeixen fruits si la temperatura dins l'hivernacle està entre 15 °C i 40 °C. En la gràfica següent es mostra la producció de tomàquets en kilograms, segons la temperatura que es manté a l'hivernacle.

a) Si la temperatura està entre 15 °C i 30 °C, quina variació experimenta la producció en augmentar la temperatura 1 °C? Calcula aquesta variació quan la temperatura està entre 30 °C i 40 °C.

b) Troba les temperatures per a les quals s'obté el 75 % de la producció màxima

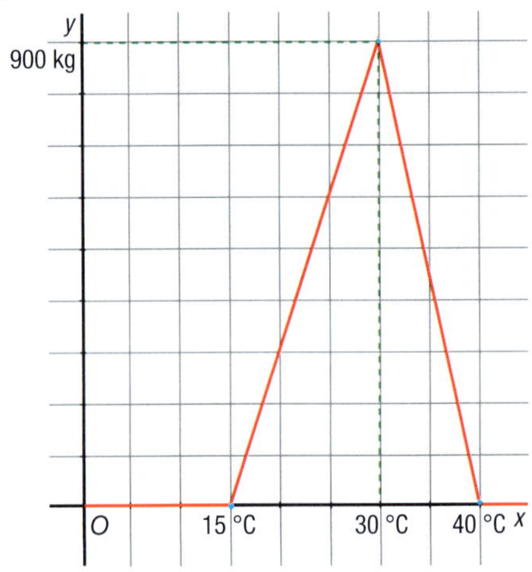

Fig. 8.31.

34. Un hotel cobra 45 € per habitació i nit. Per aquest preu, té ocupades 165 habitacions cada nit. S'ha fet un estudi a partir del qual s'ha deduït que, per cada euro que s'apugi el preu de l'habitació, se n'ocuparà una menys cada nit.

a) Si x és la quantitat que s'apuja el preu de l'habitació per sobre dels 45 € inicials, determina la funció que dona els ingressos diaris de l'hotel segons el valor de x. Indica també els ingressos màxims que pot obtenir l'hotel.

b) Calcula entre quins preus obtindrà ingressos l'hotel.

35. Un equip de treballadors ha de fer la collita d'un camp de tarongers a partir de l'1 d'octubre i només pot treballar durant un dia. Si la collita es fa l'1 d'octubre, es colliran 60 tones i el preu serà de 2 000 €/tona. Sabem que a partir d'aquest dia, la quantitat que es pot collir augmenta en una tona cada dia, però el preu de la tona disminueix en 20 €/dia.

a) Determina la fórmula que expressa els ingressos que s'obtenen en funció del nombre de dies que es deixen passar des de l'1 d'octubre per fer la collita.

b) Troba quants dies han de passar perquè els ingressos per la collita siguin màxims.

c) Digues quin és el valor màxim dels ingressos per la collita.

d) Calcula quants dies han de passar perquè els ingressos per la collita siguin els mateixos que si es fes el dia 1 d'octubre.

PREPARA'T PER A LA UNIVERSITAT

1. La funció següent indica el nombre de minuts que s'aconsella de caminar diàriament en funció del nombre x de setmanes que han passat des que es va començar un programa de manteniment: $f(x) = \dfrac{90x+100}{x+5}$

a) Segons aquest programa de manteniment, a partir de quina setmana s'ha de caminar més d'una hora?

b) Fes una gràfica aproximada de la funció i explica'n el creixement. Quant de temps aproximadament hauria de dedicar diàriament a caminar una persona que fa molt de temps que segueix el programa?

2. Considera la funció $f(x) = 3 - x^2$ i un punt de la seva gràfica, M, situat en el primer quadrant ($x \geq 0$, $y \geq 0$). Si pel punt M tracem paral·leles als eixos de coordenades, la seva intersecció amb OX i OY determina dos punts, A i B, respectivament.

a) Fes un gràfic dels elements del problema.

b) Troba les coordenades del punt M que fan que el rectangle $OAMB$ tingui l'àrea màxima.

3. Considera la funció $f(x) = \dfrac{2x^3}{x^2 - 1}$:

a) Determina l'equació de les asímptotes, si en té.

b) Estudia els intervals de creixement i decreixement, així com les abscisses dels extrems relatius, si en té, i classifica'ls.

4. Un arbre té un volum de 30 m³ i, per la qualitat de la seva fusta, es ven a 50 € per metre cúbic. Cada any l'arbre augmenta el volum en 5 m³. Alhora, la qualitat de la fusta de l'arbre disminueix, i també el preu, que cada any és un euro per metre cúbic més barat. D'aquí a quants anys aconseguirem el màxim d'ingressos per la venda de la fusta de l'arbre? Quins seran aquests ingressos?

5. En la figura següent es representen dues funcions. Sabent que una és la derivada de l'altra, raona si la funció $f(x)$ és la derivada de $g(x)$ o és a l'inrevés, estudiant què passa en els punts $x = a$, $x = b$ i $x = c$.

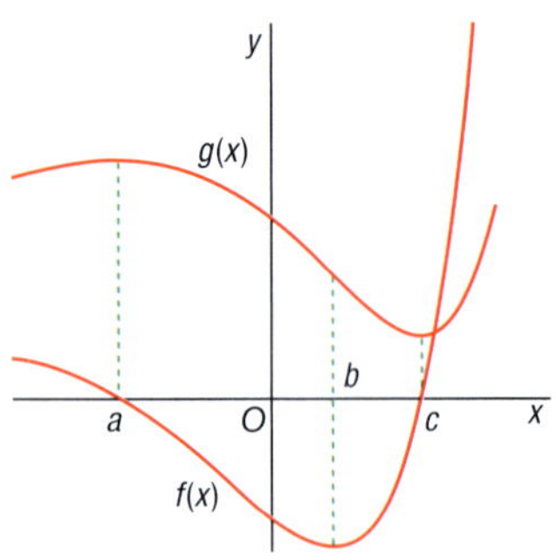

Fig. 8.32.

- **Identifiques i determines amb correcció les diferents característiques que presenta una funció?**
- Tens clars els passos que cal seguir per trobar els punts més importants de la gràfica d'una funció?
- Apliques correctament el test de la segona derivada?
- Ets capaç de representar la gràfica d'una funció a partir del que has estudiat a la unitat?
- Valores l'aplicació de les derivades en la resolució de problemes de la vida real?

Matemàtiques, psicologia i aprenentatge

Les matemàtiques ajuden a modelitzar moltes situacions de la vida quotidiana. Les funcions, així com les seves derivades, ens donen informació rellevant per estudiar moltes situacions de la física, l'economia i la psicologia, entre d'altres.

Precisament en aquest darrer camp, la corba d'aprenentatge és la gràfica d'una funció $R(t)$, que representa el rendiment R de l'habilitat d'aprendre mesurat en funció del temps t d'entrenament o estudi. La derivada d'aquesta corba és la variació o la ràtio a la qual s'aprèn. Quan aprenem molt ràpidament alguna cosa, la derivada $R'(t)$ és positiva, i per tant la funció d'aprenentatge creix. Tots sabem, però, que no creix indefinidament, ja que en algun moment sembla aturar-se per arribar al nostre rendiment límit. Aquesta idea es pot descriure matemàticament mitjançant una equació, anomenada equació diferencial, en què intervenen la funció $R(t)$ i la seva derivada. Cada persona té la seva constant de creixement k i el seu propi límit de rendiment M.

$$\frac{dR}{dt} = k\,(M - R(t)) \quad (1)$$

On l'expressió $\frac{dR}{dt}$ (com veurem en la unitat 9) representa $R'(t)$.

Aquesta equació diferencial ens indica que la manera com canvia el nostre aprenentatge és proporcional a la diferència entre el nostre límit i el nostre rendiment en cada moment.

El valor de la derivada en cada punt correspon al pendent de la recta tangent, i aquesta informació ens orienta sobre com poden ser les solucions d'una equació diferencial sense la necessitat de resoldre-la.

Dibuixant en cada punt del pla un petit segment per representar de manera limitada aquestes rectes tangents obtindrem el que s'anomena camp vectorial. Aquest camp vectorial ens permet veure com es comporten totes les funcions solució depenent de les nostres condicions inicials.

El model matemàtic solució de l'equació diferencial anterior és una família de funcions $R(t) = M - Ce^{-kt}$, on C depèn del grau de coneixement a partir del qual comencem a estudiar; el que normalment anomenem coneixements previs.

De vegades la informació que tenim per generar un model no tan sols ve d'uns valors concrets, sinó de com canvien amb el temps.

En el camp de l'aprenentatge, tot i que els primers moments són claus per avançar amb celeritat, és l'esforç el que realment ens ajudarà a dominar un tema i a no tenir pensaments d'abandonar abans d'hora.

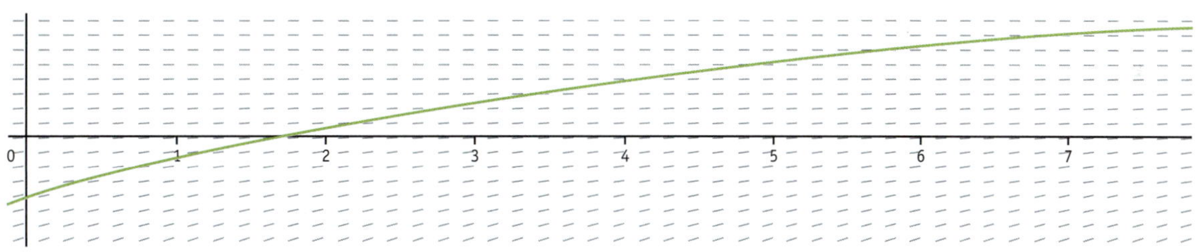

Fig. 8.33.

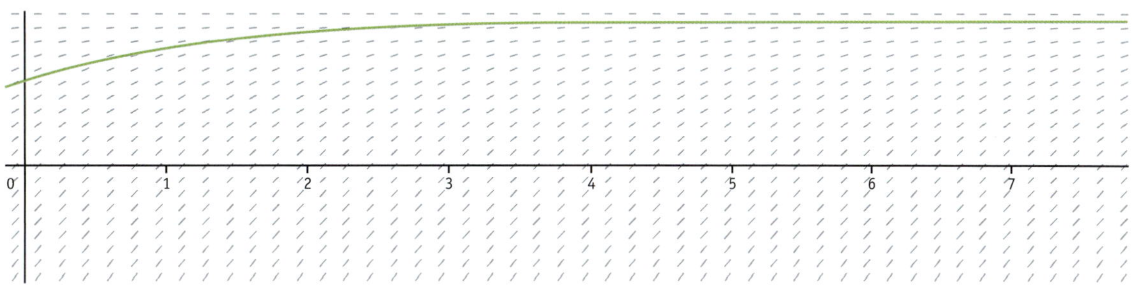

Fig. 8.34.

Ara et toca a tu!

Suposem que un alumne A aprèn a una velocitat del 20 %, mentre que un altre alumne B aprèn a una velocitat del 80 %.

a) Comprova que $R(t) = 1 - 0{,}3e^{-0{,}2t}$ compleix l'equació diferencial (1) amb $k = 0{,}2$, $M = 1$ i $C = 0{,}3$.

b) Quina imatge correspon a cada estudiant? Quina de les dues corbes dibuixades no té sentit? Per què?

c) Considerem que tots dos alumnes comencen a estudiar amb els mateixos coneixements bàsics del 30 %. Dibuixa la corba d'aprenentatge damunt del camp vectorial.

UNITAT

9 Primitives

Farem servir:

- Treball cooperatiu
- ODS – Objectius de Desenvolupament Sostenible
- Situació d'aprenentatge
- Prepara't per a la universitat
- Aprendre a aprendre

Sumari

Sovint molts problemes que són senzills de resoldre en un sentit esdevenen molt difícils o, fins i tot, impossibles de resoldre en sentit contrari. Això succeeix per diversos motius: són més complexos, en desconeixem el procediment de resolució, són fora del nostre abast...

En aquests casos, en ciència es recorre de manera freqüent a l'estratègia de resolució del problema invers, que consisteix a trobar una possible solució a partir de diferents observacions. Així, per exemple, un exemple de problema invers seria trobar de manera aproximada la densitat de la Lluna a partir de mesures de la seva gravetat.

Si coneixes la gràfica d'una funció $f(x)$, sabries com dibuixar la gràfica de la funció $f(x) + C$ amb C un nombre real?

Saps quina relació hi ha entre les derivades de dues funcions que es diferencien en una constant?

Apliques correctament les regles de la derivació de funcions?

Ets capaç d'expressar de manera general totes les funcions que tenen per derivada la funció $2x$?

Imagines què et caldria saber per conèixer-ne una de concreta?

1. Primitives d'una funció

La funció $F(x)$ és una **primitiva** de la funció $f(x)$ si es verifica $F'(x) = f(x)$.

Fixa't que, si la funció $F(x)$ és una primitiva de $f(x)$, també ho són totes les funcions del tipus $F(x) + C$, amb $C \in \mathbb{R}$.

En efecte, $F'(x) = f(x) \rightarrow (F(x)+C)' = f(x)$

Així, per exemple, la funció $f(x) = 2x$ té per primitives totes les funcions del tipus $F(x) = x^2 + C$.

Això vol dir que les funcions x^2, $x^2 + 2$, $x^2 - 5$, $x^2 + \frac{3}{4}$, $x^2 + \sqrt{3}$ ... són totes primitives de la funció $f(x) = 2x$.

Si representem gràficament en un mateix sistema de coordenades cartesianes aquestes funcions, observarem que una simple translació ens permet passar d'una gràfica a l'altra.

En la Figura 9.1 hem representat les tres primeres. Una translació de vector $\vec{v}$ amb components (0, 2) ens permet obtenir la gràfica de la funció $x^2 + 2$ a partir de la gràfica de la funció x^2.

De la mateixa manera, podem passar de la gràfica de la funció x^2 a la de la funció $x^2 - 5$ mitjançant una translació de vector $\vec{w} = (0, -5)$.

Aquesta observació és general. Si $F(x)$ és una primitiva de $f(x)$, representant gràficament la funció $F(x)$ i aplicant a aquesta gràfica una translació de vector $\vec{v} = (0, C)$ podem obtenir la gràfica de la primitiva d'equació $F(x) + C$ (Fig. 9.2).

Suposem que la funció $F(x)$ és una primitiva de la funció $f(x)$. Hem vist que qualsevol altra primitiva de $f(x)$ és del tipus $F(x) + C$. És possible arribar a conèixer el valor de C?

Això significa que hem de triar una sola primitiva d'entre totes les infinites primitives que té la funció $f(x)$. Naturalment, si hem de precisar tant, ens caldrà tenir més informació d'aquesta funció que hem de determinar. Observa com resolem l'exemple següent.

Important

Coneixent una primitiva d'una funció, podem conèixer-ne tantes com vulguem.

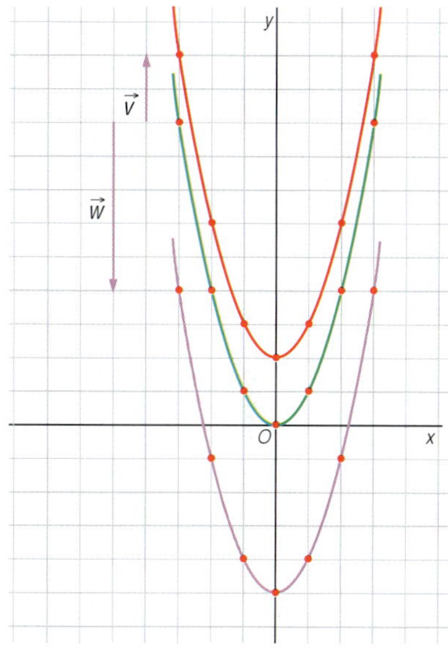

Fig. 9.1.

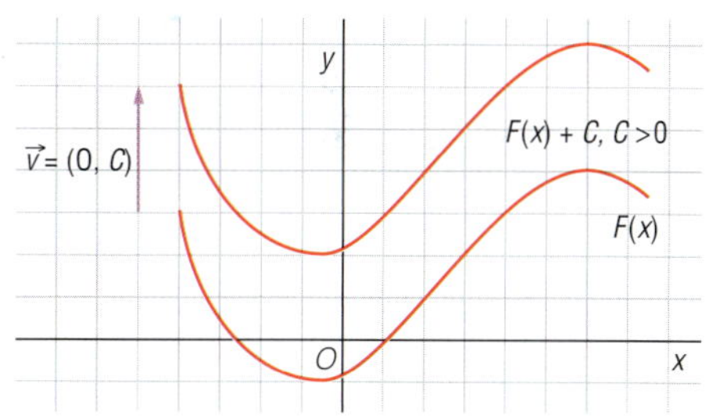

Fig. 9.2.

Exemple 1 ➡ **Troba la primitiva de la funció $f(x) = e^x$ la gràfica de la qual talla l'eix d'ordenades en el punt (0, 7).**

Les primitives de la funció $f(x) = e^x$ són de la forma $F(x) = e^x + C$.

La gràfica de la funció primitiva que ens demanen ha de contenir el punt (0, 7); és a dir, ha de verificar $F(0) = 7$.

Substituint, tenim: $F(0) = e^0 + C \rightarrow 7 = 1 + C \rightarrow C = 6$

Per tant, la funció demanada és: $F(x) = e^x + 6$

ACTIVITATS

1. Escriu l'expressió general de les primitives de cadascuna de les funcions següents:

a) $f(x) = 3x^2$ *b)* $f(x) = 10^x \ln 10$

c) $h(x) = -5$ *d)* $k(x) = \frac{1}{x}$

2. Determina la funció primitiva de la funció $f(x) = -\frac{1}{x^2}$ la gràfica de la qual passi pel punt (–1,3).

3. Sabem que la funció $F(x) = \frac{x^2+1}{x^2-1}$ és una primitiva de la funció $f(x)$. Quina és la funció $f(x)$?

4. Comprova que totes les primitives de la funció $f(x) = \ln x$ són del tipus $F(x) = x(\ln x - 1) + C$.

5. Si $G_1(x)$ i $G_2(x)$ són dues primitives d'una mateixa funció $g(x)$, es poden tallar les seves gràfiques?

Dibuixa la gràfica de la funció $G_1(x)$ sabent que passa pel punt (0, –4) si la gràfica de la funció $G_2(x)$ és la de la Figura 9.3.

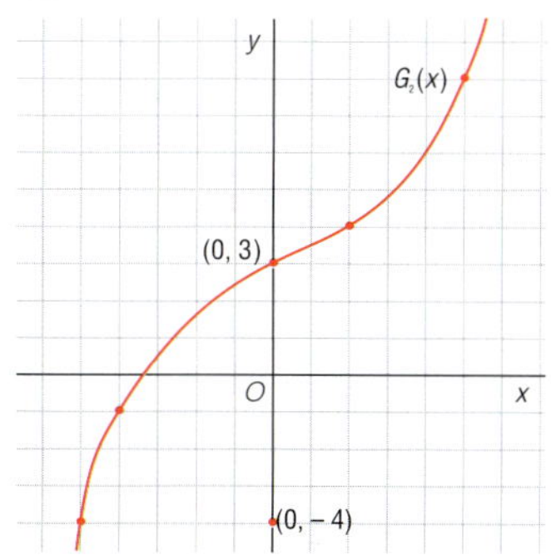

Fig. 9.3.

2. La integral indefinida

Per expressar la derivada de la funció $f(x)$ fem servir la notació $f'(x)$. Quin símbol s'utilitza per expressar la primitiva de la funció $f(x)$?

La funció derivada d'una funció es defineix:

$$f'(x) = \lim_{h \to 0} \frac{f(x+h) - f(x)}{h}$$

L'expressió de la qual calculem el límit no és més que el quocient entre l'increment de la funció i l'increment de la variable independent, quan aquest últim tendeix a zero. Per tant, també podem escriure:

$$f'(x) = \lim_{\Delta x \to 0} \frac{\Delta f(x)}{\Delta x} = \frac{\mathrm{d}f(x)}{\mathrm{d}x} \to f'(x) = \frac{\mathrm{d}f(x)}{\mathrm{d}x}$$

Aquesta notació, deguda a Leibniz, es llegeix: *derivada de la funció $f(x)$ respecte de la variable independent x.*

Fixa't que l'última igualtat es pot escriure formalment d'aquesta manera:

$$\mathrm{d}f(x) = f'(x)\,\mathrm{d}x$$

Naturalment, $f(x)$ és una primitiva de $f'(x)$. Ho expressem:

$$f(x) = \int f'(x)\,\mathrm{d}x$$

Per exemple, si $f(x) = x^4 \to f'(x) = \frac{\mathrm{d}f(x)}{\mathrm{d}x} = 4x^3 \to \mathrm{d}f(x) = 4x^3\mathrm{d}x$.

La funció $f(x) = x^4$ és una primitiva de la funció $f'(x) = 4x^3$. S'expressa:

$$f(x) = \int 4x^3\,\mathrm{d}x = x^4$$

En general, l'expressió $\int f(x)\,\mathrm{d}x$ ens servirà per designar qualsevol primitiva de la funció $f(x)$.

En conseqüència,

$$\int f(x)\mathrm{d}x = F(x) + C \text{ si } F'(x) = f(x)$$

Així, escrivim:

$$\int 4x^3\,\mathrm{d}x = x^4 + C, \int e^x\,\mathrm{d}x = e^x + C, \int \frac{-1}{x^2}\,\mathrm{d}x = \frac{1}{x} + C$$

El símbol $\int$ es coneix amb el nom d'**integral** i l'expressió $\int f(x)\,\mathrm{d}x$ s'anomena **integral indefinida** de la funció $f(x)$.

En la unitat següent, parlarem d'un altre tipus d'integrals, les *integrals definides*, i serà aleshores quan podràs comprendre el veritable sentit d'aquesta notació. De fet, existeixen diferents notacions de les integrals indefinides. És possible que alguna vegada et trobis amb la notació $\int f$ en lloc de $\int f(x)\,\mathrm{d}x$.

De tota manera, nosaltres no la utilitzarem per la senzilla raó que, de vegades, pot dur a confusions a l'hora de saber quina és la variable independent de la funció que s'integra. Per exemple, les integrals indefinides $\int tx^2\,\mathrm{d}x$ i $\int tx^2\,\mathrm{d}t$ són diferents. A la primera, la variable independent és x, mentre que a la segona és t. Això vol dir que a la primera t és constant i a la segona el que és constant és x.

Per tal que et vagis familiaritzant amb aquesta notació, et recomanem que et fixis en els dos exemples resolts que segueixen a continuació. A més, podràs comprovar que el càlcul de primitives o integrals indefinides i el càlcul de derivades són processos inversos l'un de l'altre.

Exemple 2 ➡ **Calcula la derivada de les funcions següents i, tot seguit, escriu les integrals corresponents:**

a) $f(x) = 3\sqrt{x+1}$ **b)** $g(x) = x\,e^x$ **c)** $h(x) = (x^2+3)^4$

a) $f'(x) = \dfrac{3}{2\sqrt{x+1}} \rightarrow \int \dfrac{3}{2\sqrt{x+1}}dx = 3\sqrt{x+1} + C$

b) $g'(x) = e^x(1+x) \rightarrow \int e^x(1+x)dx = x\,e^x + C$

c) $\int 8x(x^2+3)^3 dx = (x^2+3)^4 + C$

Exemple 3 ➡ **D'una determinada funció $f(x)$ sabem que la seva funció derivada és $f'(x) = 2x + 6$. Es tracta de trobar l'expressió de la funció $f(x)$, sabent que el valor que pren en el punt $x = 0$ és igual a 6.**

Ja saps que coneixent l'expressió de la funció derivada $f'(x)$ pots trobar-ne la de la funció $f(x)$. Només cal tenir en compte que $f'(x) = \dfrac{df(x)}{dx}$.

Aquest exercici ens planteja el problema invers, trobar l'expressió de $f(x)$ a partir de conèixer l'expressió de $f'(x)$ Naturalment, si per passar de $f(x)$ a $f'(x)$ cal derivar, per passar de $f'(x)$ a $f(x)$ haurem d'integrar.

Per tant, $f(x) = \int f'(x)dx = \int (2x+6)dx = x^2 + 6x + C$

Sabem que per a $x = 0$, $f(0) = 6$. Substituint, tenim $f(0) = C$. Per tant, $C = 6$.

En definitiva, l'expressió de la funció $f(x)$ és:
$f(x) = x^2 + 6x + 6$.

ACTIVITATS

6. Calcula la derivada de les funcions següents i escriu-ne després les corresponents integrals indefinides:

a) $f(x) = x^2e^{2x}$ b) $g(x) = 2^{3x+5}$

c) $h(x) = \dfrac{x^2}{x^2-4}$ d) $k(x) = \ln^2 x$

7. Troba la derivada de les funcions següents:

a) $f(x) = \int x3^x\,dx$

b) $g(x) = \int \sqrt{1-x^2}\,dx$

c) $\int (x^3 - \ln x)dx$

d) $k(x) = \int x^2 e^x\,dx$

8. D'una determinada funció $f(x)$ sabem que:

a) $f''(x) = 2$ b) $f'(0) = 3$

c) $f(0) = -5$

Amb aquestes dades, troba les expressions de les funcions $f'(x)$ i $f(x)$.

9. Escriu l'expressió general de totes les funcions $F(x)$ que verifiquen la igualtat $F(x) = \int 4x^3dx$. Quina d'aquestes funcions conté el punt de coordenades (10, –2) en representar-la gràficament?

10. La funció derivada d'una funció $f(x)$ té per representació gràfica una recta de pendent 2 que passa per l'origen de coordenades. Determina l'expressió algèbrica de $f(x)$ sabent que la seva gràfica passa pel punt (1, 4).

3. Primitives immediates

Tenint en compte la relació que hi ha entre el càlcul de primitives i el de derivades, qualsevol taula de derivades pot convertir–se en una de primitives si se'n fa la lectura de dreta a esquerra.

Començarem per calcular les primitives de les funcions que són més senzilles. Les anomenem **immediates** perquè es poden determinar a partir de coneixements elementals de derivació.

$$\int k\,dx = kx + C,\ k \in \mathbb{R}$$

$$\int x^n dx = \frac{x^{n+1}}{n+1} + C,\ n \in \mathbb{R} \text{ i } n \neq -1$$

$$\int \frac{1}{x} dx = \ln|x| + C$$

$$\int e^x dx = e^x + C$$

$$\int a^x dx = \frac{a^x}{\ln a} + C$$

Important

Si domines correctament el càlcul de derivades, tens molt de guanyat a l'hora de calcular primitives.

Abans de passar a la resolució d'alguns exemples concrets, cal fer un comentari relatiu a les primitives de la funció $f(x) = \frac{1}{x}$. Si escrivim $\int \frac{1}{x}\,dx = \ln x + C$ només donem les primitives de $f(x) = \frac{1}{x}$ quan $x > 0$. Si volem donar–les per a qualsevol $x \neq 0$, hem d'escriure $\int \frac{1}{x}\,dx = \ln|x| + C$.

Reflexiona–hi una mica, tenint en compte els dominis de les funcions $f(x) = \frac{1}{x}$ i $F(x) = \ln x$.

Exemple 4 ➡ **Calcula les primitives següents:**

a) $\int \frac{1}{x^3}\,dx$ **b)** $\int \sqrt{x}\,dx$ **c)** $\int \frac{1}{\sqrt{x}}\,dx$ **d)** $\int \frac{x}{\sqrt[3]{x}}\,dx$

a) $\int \frac{1}{x^3}\,dx = \int x^{-3}\,dx = \frac{x^{-2}}{-2} + C = \frac{-1}{2x^2} + C$

b) $\int \sqrt{x}\,dx = \int x^{\frac{1}{2}}\,dx = \frac{x^{\frac{3}{2}}}{\frac{3}{2}} + C = \frac{2}{3}\sqrt{x^3} + C$

c) $\int \frac{1}{\sqrt{x}}\,dx = \int x^{-\frac{1}{2}}\,dx = \frac{x^{\frac{1}{2}}}{\frac{1}{2}} + C = 2\sqrt{x} + C$

d) $\int \frac{x}{\sqrt[3]{x}}\,dx = \int \frac{x}{x^{\frac{1}{3}}}\,dx = \int x^{\frac{2}{3}}\,dx = \frac{x^{\frac{5}{3}}}{\frac{5}{3}} + C = \frac{3}{5}\sqrt[3]{x^5} + C$

ACTIVITATS

11. Comprova que les derivades de les funcions següents:

$$F(x) = \frac{x^{n+1}}{n+1},\ n \in \mathbb{R},\ n \neq -1 \text{ i } G(x) = \frac{a^x}{\ln a}$$

són, respectivament, $f(x) = x^n$ i $g(x) = a^x$.

12. Determina la primitiva de la funció $f(x) = 4x^3$ la gràfica de la qual conté el punt (1,2).

13. Calcula les primitives següents:

a) $\int \frac{1}{x^4}dx$ b) $\int \sqrt[4]{x^3}dx$

c) $\int \frac{\sqrt[3]{x}}{x^2}dx$ d) $\int \frac{3^x}{4^x}dx$

14. Troba $\int x^{-1}\,dx$.

4. Primitives quasi immediates

La **regla de la cadena** ens permet derivar funcions que resulten de la composició d'altres funcions. Recorda que si $F(x) = g[u(x)]$, aleshores $F'(x) = g'[u(x)] \cdot u'(x)$.

Per tant, es verifica:

$$\int g'[u(x)] \cdot u'(x)\,dx = g[u(x)] + C$$

Estem, doncs, en condicions d'ampliar el conjunt de funcions de les quals podem conèixer les primitives, tan sols a partir d'un bon domini de la derivació de funcions.

Les primitives que veurem tot seguit no són més que la generalització de les de l'apartat anterior a funcions que són la derivada d'una funció composta que ens cal determinar. Com veuràs, la substitució de x per $u(x)$ fa imprescindible la presència de $u'(x)$ perquè la primitiva sigui fàcilment calculable.

$$\int [u(x)]^n u'(x)\,dx = \frac{[u(x)]^{n+1}}{n+1} + C,\ n \in \mathbb{R} \text{ i } n \neq -1$$

Exemple 5 **Calcula:**

a) $\int (x^3+2)^4 3x^2\,dx$ ***b)*** $\int \frac{2x}{(x^2+1)^2}dx$ ***c)*** $\int \frac{\ln x}{x}dx$ ***d)*** $\int 3\sqrt{3x-2}\,dx$

e) $\int (2+e^x)^2 e^x dx$

a) Per calcular $\int (x^3+2)^4 3x^2\,dx$, definim:

$u(x) = x^3 + 2 \rightarrow u'(x) = 3x^2$

Tenint en compte la regla de la cadena:

$$\int [u(x)]^n u'(x)\,dx = \int (x^3+2)^4 3x^2\,dx = \frac{(x^3+2)^5}{5} + C$$

b) $u(x) = x^2+1 \rightarrow \int \frac{2x}{(x^2+1)^2}dx = \int (x^2+1)^{-2}2x\,dx = \frac{(x^2+1)^{-1}}{-1} + C = -\frac{1}{x^2+1} + C$

c) $u(x) = \ln x \rightarrow \int \frac{\ln x}{x}dx = \int \ln x \frac{1}{x}dx = \frac{(\ln x)^2}{2} + C = \frac{\ln^2 x}{2} + C$

d) $u(x) = 3x-2 \rightarrow \int 3\sqrt{3x-2}\,dx = \int (3x-2)^{\frac{1}{2}}3\,dx = \frac{(3x-2)^{\frac{3}{2}}}{\frac{3}{2}} + C = \frac{2}{3}\sqrt{(3x-2)^3} + C$

e) $u(x) = 2+e^x \rightarrow \int (2+e^x)^2 e^x dx = \frac{(2+e^x)^3}{3} + C$

$$\int \frac{1}{u(x)}u'(x)\,dx = \int \frac{u'(x)}{u(x)}dx = \ln|u(x)| + C$$

Exemple 6 ➡ **Calcula:**

a) $\int \frac{2x}{x^2+1}\,dx$ **b)** $\int \frac{2e^{2x}}{e^{2x}+1}\,dx$ **c)** $\int \frac{1}{x\ln x}\,dx$

a) Per calcular $\int \frac{2x}{x^2+1}\,dx$, definim:

$u(x) = x^2 + 1$

$u'(x) = 2$

Per tant: $\int \frac{2x}{x^2+1}\,dx = \ln(x^2+1) + C$

Atès que $x^2 + 1 > 0$ per a qualsevol $x \in \mathbb{R}$, no és necessari expressar-ho en valor absolut.

b) $\int \frac{2e^{2x}}{e^{2x}+1}\,dx$; $u(x) = e^{2x}+1 \rightarrow \int \frac{2e^{2x}}{e^{2x}+1}\,dx = \ln(e^{2x}+1)+C$

En aquest cas tampoc cal expressar-ho en valor absolut, ja que $e^{2x} + 1 > 0$.

c) $\int \frac{1}{x\ln x}\,dx = \int \frac{\frac{1}{x}}{\ln x}\,dx$; $u(x) = \ln x \rightarrow \int \frac{1}{x\ln x}\,dx = \ln|\ln x| + C$

$$\int e^{u(x)}u'(x)\,dx = e^{u(x)} + C$$

Exemple 7 ➡ **Calcula:**

a) $\int \frac{e^{\sqrt{x}}}{2\sqrt{x}}\,dx$ **b)** $\int -2xe^{1-x^2}\,dx$ **c)** $\int \frac{-3}{e^{3x}}\,dx$

a) $u(x) = \sqrt{x} \rightarrow \int \frac{e^{\sqrt{x}}}{2\sqrt{x}}\,dx = \int e^{\sqrt{x}}\,\frac{1}{2\sqrt{x}}\,dx = e^{\sqrt{x}} + C$

b) $u(x) = 1-x^2 \rightarrow \int -2xe^{1-x^2}\,dx = e^{1-x^2} + C$

c) $\int \frac{-3}{e^{3x}}\,dx = \int -3e^{-3x}\,dx$; $u(x) = -3x \rightarrow \int \frac{-3}{e^{3x}}\,dx = e^{-3x} + C$

$$\int a^{u(x)}u'(x)\,dx = \frac{a^{u(x)}}{\ln a} + C$$

Exemple 8 ➡ **Calcula:**

a) $\int -\frac{\sqrt[x]{2}}{x^2}\,dx$ **b)** $\int 3\cdot 10^{3x+2}\,dx$ **c)** $\int \frac{5^{\ln x}}{x}\,dx$

a) $u(x) = \frac{1}{x} \rightarrow \int -\frac{\sqrt[x]{2}}{x^2}\,dx = \int 2^{\frac{1}{x}}\left(-\frac{1}{x^2}\right)dx = \frac{2^{\frac{1}{x}}}{\ln 2} + C = \frac{\sqrt[x]{2}}{\ln 2} + C$

b) $u(x) = 3x+2 \rightarrow \int 3\cdot 10^{3x+2}\,dx = \frac{10^{3x+2}}{\ln 10} + C$

c) $u(x) = \ln x \rightarrow \int \frac{5^{\ln x}}{x}\,dx = \int 5^{\ln x}\frac{1}{x}\,dx = \frac{5^{\ln x}}{\ln 5} + C$

A vegades la integral a calcular es pot resoldre a partir de diferents criteris. A continuació ho veiem en un exemple, on cadascuna de les dues integrals es resol de dues maneres diferents.

Exemple 9 **Calcula les integrals:**

a) $\int \frac{1}{\sqrt{1-2x}}dx$ **b)** $\int (3x+2)^2 dx$

a_1) Primer ho farem a partir de l'expressió $\int [u(x)]^n u'(x)\,dx = \frac{[u(x)]^{n+1}}{n+1}+C$:

$$\int \frac{1}{\sqrt{1-2x}}dx = \int (1-2x)^{-\frac{1}{2}}dx = -\frac{1}{2}\int -2(1-2x)^{-\frac{1}{2}}dx = -\frac{1}{2}\frac{(1-2x)^{\frac{1}{2}}}{\frac{1}{2}}+C = -\sqrt{1-2x}+C$$

I com a segon criteri, utilitzarem l'expressió $\int \frac{u'(x)}{2\sqrt{u(x)}}dx = \sqrt{u(x)}+C$ ja que:
Si $f(x)=\sqrt{u(x)} \to f'(x) = \frac{u'(x)}{2\sqrt{u(x)}}$.

I per tant, tenim que:

a_2) $\int \frac{1}{\sqrt{1-2x}}dx = -\int \frac{-2}{2\sqrt{1-2x}}dx = -\sqrt{1-2x}+C$

S'observa que aplicant el segon mètode s'arriba al mateix resultat amb molts menys passos.

b_1) $\int (3x+2)^2 dx = \frac{1}{3}\int 3(3x+2)^2 dx = \frac{1}{3}\cdot\frac{(3x+2)^3}{3}+C = \frac{1}{9}(3x+2)^3+C$

b_2) $\int (3x+2)^2 dx = \int (9x^2+12x+4)dx = 3x^3+6x^2+4x+C$

Tot i que els dos resultats obtinguts no són iguals. Comprovem que ambdós són correctes, per la qual cosa derivem cadascuna de les dues funcions primitives resultants:

a_1) $F(x) = \frac{1}{9}(3x+2)^3 \to F'(x) = \frac{1}{9}\cdot 3(3x+2)^2\cdot 3 = (3x+2)^2$

b_1) $G(x) = 3x^3+6x^2+4x \to G'(x) = 9x^2+12x+4 = (3x+2)^2$

ACTIVITATS

15. Calcula:

a) $\int 2x\sqrt{1+x^2}\,dx$

b) $\int \frac{\ln^4 x}{x}dx$

c) $\int -\sqrt{1-x}\,dx$

d) $\int \frac{1}{(x-3)^2}dx$

e) $\int \frac{2x+1}{x^2+x-10}dx$

f) $\int \frac{-1}{e^x(1+e^{-x})}dx$

16. Troba la primitiva de la funció $f(x)=3x^2(x^3+1)^2$ la gràfica de la qual passa per l'origen de coordenades.

17. Justifica el motiu pel qual podem afirmar que no hi ha cap primitiva de la funció $f(x)=\frac{1}{(x-2)^2}$ que presenti màxims ni mínims relatius en el seu domini.

18. Troba la primitiva de la funció $f(x)=e^{1-x}$ la gràfica de la qual talla l'eix d'abscisses en $x=1$.

19. Calcula:

a) $\int \frac{2x\ln^3(x^2+1)}{x^2+1}dx$ b) $\int \frac{2x}{\sqrt{1+x^2}}dx$

c) $\int \frac{4^{\ln x}}{x}dx$ d) $\int \frac{e^x}{e^x+9}dx$

20. Determina les asímptotes de la funció $F(x)=\int \frac{1}{(x+3)^3}dx$ sabent que $F(-2)=2$.

5. Les primitives i les operacions amb funcions

El comportament de les primitives, quant a la suma de funcions i al producte d'una constant per una funció, és idèntic al de les derivades que ja hem recordat en una unitat anterior. Si tens en compte la definició de primitiva, t'adonaràs que és lògic que sigui així. Vegem-ho:

Recorda

$f(x) = g(x) + h(x) \to f'(x) = g'(x) + h'(x)$

$f(x) = k \cdot g(x) \to f'(x) = k \cdot g'(x)$

Per obtenir una primitiva de la funció suma de dues o més funcions, només cal sumar una primitiva de cadascuna de les funcions sumands.

Per al cas de dues funcions,

$$\int [f(x) + g(x)]\,dx = \int f(x)\,dx + \int g(x)\,dx$$

Per demostrar-ho, només cal veure que la derivada del segon membre és $f(x) + g(x)$. En efecte,

$$\left[\int f(x)\,dx + \int g(x)\,dx\right]' = \left[\int f(x)\,dx\right]' + \left[\int g(x)\,dx\right]' = f(x) + g(x)$$

Exemple 10 **Calcula:**

a) $\int (x^2 + e^x)\,dx$ **b)** $\int \frac{x + \sqrt{x}}{x^2}\,dx$ **c)** $\int \left(\frac{2^{\sqrt{x}}}{2\sqrt{x}} + \frac{1}{x+1}\right)dx$

a) $\int (x^2 + e^x)\,dx = \int x^2\,dx + \int e^x\,dx = \frac{x^3}{3} + e^x + C$

b) $\int \frac{x + \sqrt{x}}{x^2}\,dx = \int \frac{x}{x^2}\,dx + \int \frac{\sqrt{x}}{x^2}\,dx = \int \frac{1}{x}\,dx + \int x^{-\frac{3}{2}}\,dx = \ln|x| - \frac{2}{\sqrt{x}} + C$

c) $\int \left(\frac{2^{\sqrt{x}}}{2\sqrt{x}} + \frac{1}{x+1}\right)dx = \int 2^{\sqrt{x}} \frac{1}{2\sqrt{x}}\,dx + \int \frac{1}{x+1}\,dx = \frac{2^{\sqrt{x}}}{\ln 2} + \ln|x+1| + C$

Fixa-t'hi

$\int dx = \int 1 \cdot dx = x + C$

$\int k \cdot dx = k \cdot \int dx = kx + C$

Si volem obtenir una primitiva de la funció que resulta de multiplicar una constant k per una funció $f(x)$, només cal multiplicar la constant k per una primitiva de la funció $f(x)$.

$$\int k\,f(x)\,dx = k\int f(x)\,dx$$

Efectivament,

$$\left[k\int f(x)\,dx\right]' = k\left[\int f(x)\,dx\right]' = k\int f(x)$$

Exemple 11 **Calcula:**

a) $\int \frac{\sqrt{x} - 6xe^{3x} + 5}{2x}\,dx$ **b)** $\int (7x^2 + 5x - 6)\,dx$ **c)** $\int \frac{6x^2 + 9}{5x}\,dx$

a) $\int \frac{\sqrt{x} - 6xe^{3x} + 5}{2x}\,dx = \int \frac{\sqrt{x}}{2x}\,dx - \int \frac{6xe^{3x}}{2x}\,dx + \int \frac{5}{2x}\,dx = \int \frac{1}{2\sqrt{x}}\,dx - \int 3e^{3x}\,dx + \frac{5}{2}\int \frac{1}{x}\,dx = \sqrt{x} - e^{3x} + \frac{5}{2}\ln|x| + C$

b) $\int (7x^2 + 5x - 6)\,dx = \int 7x^2\,dx + \int 5x\,dx - \int 6\,dx = 7\int x^2\,dx + 5\int x\,dx - 6\int dx = 7\frac{x^3}{3} + 5\frac{x^2}{2} - 6x + C = \frac{7}{3}x^3 + \frac{5}{2}x^2 - 6x + C$

c) $\int \frac{6x^2 + 9}{5x}\,dx = \int \frac{6x^2}{5x}\,dx + \int \frac{9}{5x}\,dx = \int \frac{6}{5}x\,dx + \int \frac{9}{5} \cdot \frac{1}{x}\,dx = \frac{6}{5}\int x\,dx + \frac{9}{5}\int \frac{1}{x}\,dx = \frac{6}{5} \cdot \frac{x^2}{2} + \frac{9}{5}\ln|x| + C = \frac{3}{5}x^2 + \frac{9}{5}\ln|x| + C$

La propietat que hem aplicat en el càlcul de les primitives de l'exemple anterior també ens permet calcular amb èxit primitives com aquesta:

$$\int e^{x^3} x^2 \, dx$$

Fixa't que perquè aquesta integral indefinida sigui del tipus:

$$\int e^{u(x)} u'(x) \, dx$$

i, per tant, estiguem en condicions de calcular-la, falta el factor constant 3:

$$u(x) = x^3 \rightarrow u'(x) = 3x^2$$

Situacions com aquesta tenen una solució senzilla. En aquest cas, només ens cal multiplicar per 3 i per $\frac{1}{3}$ la funció que integrem i aplicar la segona propietat.

Observa:

$$\int e^{x^3} x^2 \, dx = \int 3 \cdot \frac{1}{3} e^{x^3} x^2 dx = \frac{1}{3} \int e^{x^3} 3x^2 \, dx = \frac{1}{3} e^{x^3} + C$$

Important

$\int [f(x) \cdot g(x)] dx \neq$
$\neq (\int f(x) dx) \cdot (\int g(x) dx)$

$$\int \frac{f(x)}{g(x)} dx \neq \frac{\int f(x) \, dx}{\int g(x) \, dx}$$

Només cal que recordis com es deriven el producte i el quocient de dues funcions.

Exemple 12 **Calcula:**

a) $\int \frac{7}{3x+10} dx$ **b)** $\int \frac{x}{\sqrt{1-x^2}} dx$

a) $\int \frac{7}{3x+10} dx = 7 \int \frac{1}{3x+10} dx = \frac{7}{3} \int \frac{3}{3x+10} dx = \frac{7}{3} \ln|3x+10| + C$

b) $\int \frac{x}{\sqrt{1-x^2}} dx = \int x(1-x^2)^{-\frac{1}{2}} dx = -\frac{1}{2} \int -2x(1-x^2)^{-\frac{1}{2}} dx = -\frac{1}{2} \frac{(1-x^2)^{\frac{1}{2}}}{\frac{1}{2}} + C = -(1-x^2)^{\frac{1}{2}} + C = -\sqrt{1-x^2} + C$

ACTIVITATS

21. Calcula:

a) $\int (2x^3 - 3x^2 + 5x - 1) dx$ b) $\int \frac{2x+5}{7x} dx$

c) $\int (3^{2x} - e^{4x} + 1) dx$ d) $\int \frac{5}{(2x-1)^2} dx$

e) $\int (2x-3)(2x+3) dx$ f) $\int \frac{9}{7x+3} dx$

g) $\int \frac{2x^3 - x^2}{3x^2} dx$ h) $\int \frac{7x}{5x^2 - 3} dx$

22. Sabem que la gràfica d'una funció passa pel punt $P(1, 4)$ i que el pendent de la recta tangent en qualsevol punt d'aquesta gràfica s'expressa mitjançant $m(x) = 2x^2 - 3x + 5$. Determina l'expressió algèbrica d'aquesta funció.

23. Troba la primitiva de la funció $f(x) = x\sqrt{x^2 - 1}$ que s'anul·la quan $x = 2$.

24. Calcula la integral de l'apartat b) de l'exemple 12 a partir de la derivada de la funció arrel quadrada.

Recorda $f(x) = \sqrt{x} \rightarrow f'(x) = \frac{1}{2\sqrt{x}}$

25. Calcula:

a) $\int 5(3x-2)^4 dx$ b) $\int \frac{1}{5x-12} dx$

c) $\int \frac{7e^{\sqrt{1-x}}}{3\sqrt{1-x}} dx$ d) $\int \frac{e^{x+1}}{e^x - 5} dx$

e) $\int \sqrt{7x-6} \, dx$ f) $\int \frac{3}{\sqrt{5x+8}} dx$

g) $\int \frac{7x}{1+4x^2} dx$ h) $\int \frac{5x}{\sqrt{1-9x^2}} dx$

i) $\int 2x^2 \sqrt{1-x^3} \, dx$ j) $\int \frac{dx}{(1-x)\ln(1-x)}$

26. La derivada d'una funció és $f'(x) = \frac{x}{1+x^2}$. Determina la funció $f(x)$ la gràfica de la qual passa pel punt de coordenades $(0, -4)$.

27. Calcula $\int \frac{-3}{x(1+\ln x)} dx$.

6. Integració per parts

Arribats a aquest punt, disposem ja de les eines imprescindibles per anar una mica més lluny. Començarem amb el que en podríem anomenar mètodes d'integració, que ens permetran calcular primitives que en aquests moments no estan al nostre abast. En tot cas, l'aplicació de qualsevol dels tres mètodes que veurem ens ha de conduir a una funció la primitiva de la qual pertanyi a un dels tipus que acabem de veure.

El primer dels mètodes que veurem es coneix amb el nom d'**integració per parts**.

Es basa en l'aplicació de la regla de derivació d'un producte de dues funcions.

$$[f(x)g(x)]' = f'(x)g(x) + f(x)g'(x)$$

Integrant els dos membres de la igualtat anterior, tenim:

$$\int [f(x)g(x)]'\,dx = \int [f'(x)g(x) + f(x)g'(x)]dx$$

Si tenim en compte la definició de primitiva i apliquem la primera de les propietats que hem vist en l'apartat anterior, podem escriure:

$$f(x)g(x) = \int f'(x)g(x)dx + \int f(x)g'(x)dx$$

Fixa't que si sabem calcular una de les dues integrals del segon membre d'aquesta igualtat, ja podem conèixer l'altra, per exemple:

$$\int f(x)g'(x)dx = f(x)g(x) - \int f'(x)g(x)dx$$

Cal, doncs, identificar en la funció de la qual hem de calcular la primitiva una expressió del tipus $f(x)\ g'(x)$. Naturalment, hem de conèixer una primitiva de $g'(x)$ i, a més, hem de ser capaços d'integrar la funció $f'(x)\ g(x)$.

Exemple 13 ➡ **Calcula:** ***a)*** $\int x \ln x\, dx$ ***b)*** $\int x^2 e^x\, dx$

a) No podem prendre $g'(x) = \ln x$, ja que no en coneixem la primitiva, per tant necessàriament hem de prendre $f(x) = \ln x$, és a dir:

$$\left.\begin{array}{l} f(x) = \ln x \to f'(x) = \dfrac{1}{x} \\ g'(x) = x \to g(x) = \dfrac{1}{2}x^2 \end{array}\right\} \text{D'on tenim:}$$

$$\int x \ln x\, dx = \frac{1}{2}x^2 \ln x - \int \frac{1}{x}\cdot\frac{1}{2}x^2\, dx = \frac{1}{2}x^2 \ln x - \frac{1}{2}\int x\, dx = \frac{1}{2}x^2 \ln x - \frac{1}{4}x^2 + C$$

b) $\int x^2 e^x\, dx$

Si $f(x) = x^2$ i $g'(x) = e^x \to f'(x) = 2x$ i $g(x) = e^x$

$$\int x^2 e^x\, dx = x^2 e^x - \int 2x e^x\, dx = x^2 e^x - 2\int x e^x\, dx$$

La integral $\int xe^x dx$no és immediata. La calculem tornant a aplicar el mètode d'integració per parts.

Fent $r(x) = x$ i $g'(x) = e^x \to r'(x) = 1$ i $g(x) = e^x$

En conseqüència, $\int x e^x\, dx = x e^x - \int e^x\, dx = x e^x - e^x + k$

Finalment, ja només ens queda substituir en la igualtat anterior:

$$\int x^2 e^x\, dx = x^2 e^x - 2\left(x e^x - e^x\right) + C = e^x\left(x^2 - 2x + 2\right) + C$$

Exemple 14 ➡ **Calcula la funció primitiva $F(x)$ de la funció $f(x)=\dfrac{x+1}{e^{2x}}$ tal que $F(0)=-\dfrac{3}{4}$.**

Primer hem de calcular la integral de la funció $f(x)$:

$$\int \frac{x+1}{e^{2x}}dx=\int (x+1)e^{-2x}\,dx=\int xe^{-2x}\,dx+\int e^{-2x}\,dx$$

La primera de les integrals de la suma cal resoldre-la per parts, mentre que la segona integral és quasi immediata.

Comencem per la primera: $\int xe^{-2x}\,dx$

$$f(x)=x \text{ i } g'(x)=e^{-2x} \rightarrow f'(x)=1 \text{ i } g(x)=-\frac{1}{2}e^{-2x}$$

$$\int xe^{-2x}\,dx=-\frac{1}{2}xe^{-2x}-\int -\frac{1}{2}e^{-2x}\,dx=-\frac{1}{2}xe^{-2x}+\frac{1}{2}\int e^{-2x}\,dx\,,$$

d'on tenim que:

$$\int \frac{x+1}{e^{2x}}dx=\int xe^{-2x}\,dx+\int e^{-2x}\,dx=-\frac{1}{2}xe^{-2x}+\frac{1}{2}\int e^{-2x}\,dx+\int e^{-2x}\,dx=$$

$$=-\frac{1}{2}xe^{-2x}+\frac{3}{2}\int e^{-2x}\,dx=-\frac{1}{2}xe^{-2x}-\frac{3}{4}e^{-2x}+C=-\frac{e^{-2x}}{2}\left(x+\frac{3}{2}\right)+C=$$

$$=-\frac{1}{2e^{2x}}\cdot\frac{2x+3}{2}+C=-\frac{2x+3}{4e^{2x}}+C$$

A partir d'aquí ja podem calcular la funció primitiva demanada:

$$F(0)=-\frac{3}{4}\rightarrow -\frac{3}{4e^{0}}+C=-\frac{3}{4}\rightarrow -\frac{3}{4}+C=-\frac{3}{4}\rightarrow C=0$$

La primitiva és $F(x)=-\dfrac{2x+3}{4e^{2x}}$.

ACTIVITATS

28. Calcula:

a) $\int \ln x\,dx$ *b)* $\int 2^{x}x\,dx$

c) $\int (x+2)e^{3x}\,dx$ *d)* $\int \frac{x}{3^{x}}dx$

e) $\int \frac{x}{e^{2x}}dx$ *f)* $\int \frac{\ln(\ln x)}{x}dx$

g) $\int x^{2}e^{5x}\,dx$ *h)* $\int (x^{2}+4)\,x\,dx$

i) $\int \frac{x^{2}}{2^{x}}dx$ j) $\int (1-x^{2})2^{3x}\,dx$

29. Troba una primitiva de la funció $F(x)$ de l'exemple 14.

30. Indica raonadament quantes vegades caldria aplicar el mètode d'integració per parts per calcular les integrals:

a) $\int x^{n}e^{mx}\,dx$ *b)* $\int x^{n}\ln mx\,dx$

On n i m són nombres naturals.

Calcula ambdues integrals per a $n=m=2$.

31. *a)* Resol l'equació $F'(x)=0$ si $F(x)=\int e^{x}x(2+x)\,dx$

b) Calcula la primitiva de la funció $f(x)=e^{x}x(2+x)$ la gràfica de la qual passa per l'origen de coordenades.

7. Integració per canvi de variable

Imagina que et demanen que calculis les primitives de la funció:

$$f(x) = \frac{1}{x + \sqrt{x}}$$

Fixa't que no respon a cap dels tipus de les integrals que hem anomenat "quasi immediates" i, si proves de fer-la per parts, et trobaràs amb una altra integral que, almenys a priori, sembla força més complexa. Comprova-ho.

En situacions com aquesta, s'utilitza una altra estratègia que es coneix amb el nom d'**integració per canvi de variable**. Vegem com s'aplica en el cas concret que ens ocupa.

$$\int \frac{1}{x + \sqrt{x}} \, dx$$

Si fem $\sqrt{x} = t \to x = t^2$ i si derivem respecte de t la segona igualtat, tenim:

$$\frac{dx}{dt} = 2t \to dx = 2t \, dt$$

Substituint a la integral que hem de calcular, queda:

$$\int \frac{1}{x + \sqrt{x}} dx = \int \frac{1}{t^2 + t} 2t \, dt = \int \frac{2t}{t^2 + t} dt = \int \frac{2t}{t(t+1)} dt =$$

$$= \int \frac{2}{t+1} dt = 2\int \frac{1}{t+1} dt = 2\ln|t+1| + C$$

Observa que amb el canvi de variable que hem fet, passant de la variable x a la variable t, arribem a una integral que sí que sabem calcular.

Ara bé, la primitiva d'una funció de variable x no pot ser una funció de variable t, ha de ser una altra funció la variable de la qual també sigui x.

Per resoldre aquest problema desfem el canvi aplicat, és a dir, substituïm la variable t per $\sqrt{x}$.

Podem, doncs, escriure:

$$\int \frac{1}{x + \sqrt{x}} dx = 2 \ln\left|\sqrt{x} + 1\right| + C$$

Fixa't que hem resolt la integral proposada utilitzant el canvi de variable $x = u(t)$, en aquest cas, $x = t^2$, i com que $u(t)$ té funció inversa, podem desfer el canvi emprat:

$$t = u^{-1}(x) \to t = \sqrt{x}$$

Important

Observa que la funció $u(t)$ cal que tingui inversa.

El que acabem de fer en aquest exemple concret ho podem generalitzar.

> Per calcular $\int f(x)\, dx$ mitjançant canvi de variable, fem:
>
> $$x = u(t) \to \frac{dx}{dt} = u'(t) \to dx = u'(t)dt$$
>
> En conseqüència, $\int f(x)dx = \int f[u'(t)]u(t)\,dt$.

Si el canvi és l'adient, la integral de variable t ens ha de resultar fàcilment calculable. No hem d'oblidar-nos de desfer el canvi de variable:

$$x = u(t) \to t = u^{-1}(x)$$

En general, saber quin és el canvi de variable adient no és senzill. És per aquest motiu que en les integrals que et proposarem resoldre per canvi de variable, te l'indicarem sempre.

Exemple 15 **Calcula amb els canvis de variable indicats:**

a) $\int \frac{e^x - 1}{e^{2x}}\,dx$, amb $e^x = t$

b) $\int \frac{2}{\sqrt{x} - x}\,dx$, amb $\sqrt{x = t}$

c) $\int x\sqrt{x-1}\,dx$, amb $\sqrt{x-1} = t$

a) Si $e^x = t \rightarrow x = \ln t \rightarrow \frac{dx}{dt} = \frac{1}{t} \rightarrow dx = \frac{1}{t}dt$

$$\int \frac{e^x - 1}{e^{2x}}dx = \int \frac{t-1}{t^2}\cdot\frac{1}{t}dt = \int \frac{t-1}{t^3}dt =$$

$$= \int\left(\frac{t}{t^3} - \frac{1}{t^3}\right)dt = \int (t^{-2} - t^{-3})\,dt = \frac{-1}{t} + \frac{1}{2t^2} + C =$$

$$= \frac{-1}{e^x} + \frac{1}{2e^{2x}} + C$$

b) Si $\sqrt{x} = t \rightarrow x = t^2 \rightarrow dx = 2t\,dt$

$$\int \frac{2}{\sqrt{x} - x}dx = \int \frac{2}{t - t^2}2t\,dt = 4\int \frac{t}{t(1-t)}dt = -4\int \frac{1}{t-1}dt =$$

$$= -4\int \frac{1}{t-1}dt = -4\ln|t-1| + C = -4\ln\left|\sqrt{x} - 1\right| + C$$

c) Si $\sqrt{x-1} = t \rightarrow x - 1 = t^2 \rightarrow x = t^2 + 1 \rightarrow \frac{dx}{dt} = 2t \rightarrow dx = 2t\ dt$

$$\int x\sqrt{x-1}\ dx = \int (t^2+1)\cdot t\cdot 2t\ dt = \int (2t^4 + 2t^2)\ dt = \frac{2}{5}t^5 + \frac{2}{3}t^3 + C =$$

$$= \frac{2}{5}\sqrt{(x-1)^5} + \frac{2}{3}\sqrt{(x-1)^3} + C$$

ACTIVITATS

32. Calcula amb els canvis de variable indicats:

a) $\int \frac{x}{\sqrt{x-1}}$ dx, amb $\sqrt{x-1} = t$.

b) $\int \frac{1-\sqrt{x}}{\sqrt[3]{x}}$ dx, amb $\sqrt[6]{x} = t$.

33. La integral $\int \frac{2}{\sqrt{x} - x}$ dx, de l'exemple 15, que hem resolt per canvi de variable, és quasi immediata. Calcula-la sense fer el canvi.

34. Calcula la integral $\int x\sqrt{1-x^2}\,dx$ per dos mètodes diferents:

a) Com a quasi immediata.

b) Amb el canvi de variable $1 - x^2 = t$.

35. La integral $\int \frac{x}{x^2+3}\,dx$ és quasi immediata. Calcula-la.

Comprova que arribes al mateix resultat aplicant-hi el canvi de variable $x^2 + 3 = t$.

8. Integració de funcions racionals

Anomenem *funcions racionals* les funcions que s'expressen mitjançant el quocient entre dos polinomis $P(x)$ i $Q(x)$.

Es tracta, doncs, de calcular integrals del tipus $\int \frac{P(x)}{Q(x)} dx$.

De fet, d'integrals de funcions racionals ja n'hem calculat alguna. Eren, això sí, integrals quasi immediates semblants a les tres següents:

$$\int \frac{x^2+3}{x} dx = \int \left(x + \frac{3}{x} \right) dx = \frac{x^2}{2} + 3 \ln|x| + C$$

$$\int \frac{1}{x^2-6x+9} dx = \int \frac{1}{(x-3)^2} dx = \int (x-3)^{-2} dx = \frac{-1}{x-3} + C$$

$$\int \frac{2x-5}{x^2-5x+1} dx = \ln|x^2-5x+1| + C$$

Naturalment, no totes les funcions racionals tenen primitives quasi immediates. La integral següent n'és una mostra:

$$\int \frac{x+3}{x^2-4} dx$$

El mètode per calcular les integrals de funcions racionals passa per la descomposició d'aquestes funcions en suma d'altres fraccions més senzilles, les integrals de les quals ja sabem calcular. Aquest mètode es coneix amb el nom de **descompondre en fraccions simples**. Per aconseguir-ho, cal fer la factorització del polinomi denominador.

Per començar, considerarem el cas en què el **grau del polinomi numerador $P(x)$ és més petit que el del denominador $Q(x)$**. Estudiarem dues possibles situacions:

- **El denominador $Q(x)$ només té arrels reals simples**. Dit d'una altra manera, les solucions de l'equació $Q(x) = 0$ són totes diferents.

  Suposem que les arrels de $Q(x)$ són $x_1, x_2, \ldots, x_n$. Es verifica:

$$Q(x) = (x - x_1)(x - x_2) \ldots (x - x_n)$$

  La fracció $\frac{P(x)}{Q(x)}$ es pot descompondre de manera única en la forma:

$$\frac{P(x)}{Q(x)} = \frac{a}{x-x_1} + \frac{b}{x-x_2} + \ldots + \frac{r}{x-x_n}$$

  on $a, b, \ldots, r$ són nombres reals. Fixa't que, si som capaços de determinar aquests nombres, ja sabrem calcular la integral. En efecte,

$$\int \frac{P(x)}{Q(x)} dx = \int \frac{a}{x-x_1} dx + \int \frac{b}{x-x_2} dx + \ldots + \int \frac{r}{x-x_n} dx =$$

$$= a \int \frac{1}{x-x_1} dx + b \int \frac{1}{x-x_2} dx + \ldots + r \int \frac{1}{x-x_n} dx =$$

$$= a \ln|x-x_1| + b \ln|x-x_2| + \ldots + r \ln|x-x_n| + C$$

Vegem amb un exemple el camí que cal seguir per tal de conèixer el valor de $a, b, \ldots, r$.

Important

Recorda que si $Q(x_1) = 0$, $x = x_1$ és una arrel del polinomi $Q(x)$. A més, $x - x_1$ és un factor de la descomposició factorial de $Q(x)$.

Exemple 16 **Calcula $\int \frac{x+3}{x^2-4}\,dx$**

Les solucions de l'equació $x^2 - 4 = 0$ són $x_1 = 2$ i $x_2 = -2$.

Per tant,

$$x^2 - 4 = (x-2)\,(x+2)$$

La descomposició és:

$$\frac{x+3}{x^2-4} = \frac{a}{x-2} + \frac{b}{x+2}$$

Per calcular a i b, efectuem la suma indicada en el segon membre de la igualtat utilitzant de denominador comú el m.c.m. dels denominadors.

$$\frac{x+3}{x^2-4} = \frac{a(x-2) + b(x+2)}{(x-2)(x+2)}$$

Els denominadors de les dues fraccions són iguals. En conseqüència, els seus numeradors també han de ser iguals.

$$x + 3 = a(x+2) + b(x-2)$$

La igualtat anterior ha de ser, en realitat, una identitat. És a dir, s'ha de verificar per a qualsevol valor de x. Això ens permet determinar a i b seguint dos camins diferents.

Primer camí

Atès que tenim dues incògnites, donem a x dos valors arbitraris i resolem el sistema que resulta. Com veuràs tot seguit, si dones a x els valors que són arrels de $x^2 - 4$, arribaràs a les solucions molt de pressa.

Per a $x = 2 \rightarrow 5 = 4a \rightarrow a = \frac{5}{4}$ i per a $x = -2 \rightarrow 1 = -4b \rightarrow b = -\frac{1}{4}$.

Segon camí

Efectuem les operacions indicades en el segon membre, agrupem termes semblants, ordenem el polinomi i igualem els coeficients dels termes semblants dels dos membres de la igualtat:

$$x + 3 = ax + 2a + bx - 2b \rightarrow x + 3 = (a+b)x + 2a - 2b \rightarrow \begin{cases} a + b = 1 \\ 2a - 2b = 3 \end{cases}$$

La solució del sistema és:

$$a = \frac{5}{4} \quad \text{i} \quad b = -\frac{1}{4}$$

En definitiva,

$$\int \frac{x+3}{x^2-4}\,dx = \int \frac{\frac{5}{4}}{x-2}\,dx + \int \frac{-\frac{1}{4}}{x+2}\,dx = \frac{5}{4}\ln|x-2| - \frac{1}{4}\ln|x+2| + C$$

Fixa't que, aplicant les propietats dels logaritmes, el resultat d'aquesta integral també es pot expressar així:

$$\int \frac{x+3}{x^2-4}\,dx = \ln\sqrt[4]{\frac{(x-2)^5}{x+2}} + C$$

- **El denominador $Q(x)$ té alguna arrel múltiple**. És a dir, hi ha alguna solució de l'equació $Q(x) = 0$ que es repeteix.

  Suposem que es verifica: $Q(x) = (x - x_1)^p (x - x_2) \ldots (x - x_n)$

  El polinomi $Q(x)$ té una arrel amb multiplicitat p i les altres arrels són simples.

  La fracció $\dfrac{P(x)}{Q(x)}$ es descompon de manera única:

$$\frac{P(x)}{Qx} = \underbrace{\frac{a_p}{(x-x_1)^p} + \frac{a_{p-1}}{(x-x_1)^{p-1}} + \ldots + \frac{a_1}{x-x_1}}_{p \text{ fraccions}} + \frac{b}{x-x_2} + \ldots + \frac{r}{x-x_n}$$

Com en el cas anterior, determinant el valor numèric del numerador de cada fracció, tenim el problema resolt perquè totes les fraccions resulten fàcils d'integrar. Vegem-ne un exemple concret.

Exemple 17 ➡ **Calcula** $\displaystyle\int \frac{2x-1}{(x-3)^2(x+1)}\,dx$

El fet que ens donin el denominador descompost ens permet veure que $x_1 = 3$ és una arrel doble i $x_2 = -1$ és una arrel simple. Podem, doncs, escriure:

$$\frac{2x-1}{(x-3)^2(x+1)} = \frac{a_2}{(x-3)^2} + \frac{a_1}{x-3} + \frac{b}{x+1}$$

Procedint com a l'exemple anterior,

$$\frac{2x-1}{(x-3)^2(x+1)} = \frac{a_2(x+1) + a_1(x-3)(x+1) + b(x-3)^2}{(x-3)^2(x+1)}$$

Qualsevol dels dos camins que ja coneixes et durà als valors:

$$a_2 = \frac{5}{4}, \quad a_1 = \frac{3}{16} \quad \text{i} \quad b = -\frac{3}{16}$$

Comprova-ho.

Per tant,

$$\int \frac{2x-1}{(x-3)^2(x+1)}\,dx = \frac{5}{4}\int \frac{1}{(x-3)^2}\,dx + \frac{3}{16}\int \frac{1}{x-3}\,dx - \frac{3}{16}\int \frac{1}{x+1}\,dx =$$

$$= \frac{-5}{4(x-3)} + \frac{3}{16}\ln|x-3| - \frac{3}{16}\ln|x+1| + C =$$

$$= \frac{-5}{4(x-3)} + \ln \sqrt[16]{\left(\frac{x-3}{x+1}\right)^3} + C$$

Vegem ara com hem de procedir en cas que el **grau del polinomi numerador $P(x)$ sigui més gran o igual que el del polinomi denominador $Q(x)$**.

Fent la divisió entera de $P(x)$ entre $Q(x)$ obtindrem un quocient $C(x)$ i un residu $R(x)$. La propietat fonamental de la divisió ens permet escriure la igualtat:

$$P(x) = Q(x)C(x) + R(x)$$

Dividint-ne els dos membres per $Q(x)$, queda: $\dfrac{P(x)}{Q(x)} = C(x) + \dfrac{R(x)}{Q(x)}$

Per tant,

$$\int \frac{P(x)}{Q(x)}\,dx = \int C(x)\,dx + \int \frac{R(x)}{Q(x)}\,dx$$

D'aquesta manera, descomponem la integral que ens demanen en la suma de dues integrals que ja estem en condicions de calcular. La primera correspon a una funció polinòmica i la segona, atès que s'ha de verificar que: grau $R(x) <$ grau $Q(x)$, pertany a un dels tipus que acabem de veure en aquest mateix apartat.

Exemple 18 ➡ **Calcula** $\int \frac{x^3 - 4x^2 + 2x + 5}{x^2 - 5x + 6}\,dx$

Fent la divisió, s'obté $C(x) = x + 1$ i $R(x) = x - 1$

Aleshores,

$$\int \frac{x^3 - 4x^2 + 2x + 5}{x^2 - 5x + 6}\,dx = \int (x+1)\,dx + \int \frac{x-1}{x^2 - 5x + 6}\,dx =$$
$$= \frac{x^2}{2} + x + \int \frac{x-1}{x^2 - 5x + 6}\,dx$$

Per calcular la integral que ens queda pendent, procedim com en l'exemple 19.

$$x^2 - 5x + 6 = 0 \rightarrow x_1 = 3 \text{ i } x_2 = 2 \rightarrow x^2 - 5x + 6 = (x-3)(x-2)$$
$$\frac{x-1}{x^2 - 5x + 6} = \frac{a}{x-3} + \frac{b}{x-2} = \frac{a(x-2) + b(x-3)}{(x-3)(x-2)}$$

La identitat $x - 1 = a(x - 2) + b(x - 3)$ ens duu a $a = 2$ i $b = -1$.

$$\int \frac{2}{x-3}\,dx + \int \frac{-1}{x-2}\,dx = 2\ln|x-3| - \ln|x-2| + k$$

En definitiva,

$$\int \frac{x^3 - 4x^2 + 2x + 5}{x^2 - 5x + 6}\,dx = \frac{x^2}{2} + x + 2\ln|x-3| - \ln|x-2| + C$$

I utilitzant les propietats dels logaritmes per expressar d'una altra manera el resultat d'aquesta integral:

$$\int \frac{x^3 - 4x^2 + 2x + 5}{x^2 - 5x + 6}\,dx = \frac{x^2}{2} + x + \ln\frac{(x-3)^2}{|x-2|} + C$$

ACTIVITATS

36. Calcula:

a) $\int \frac{10}{x^2 - 4x + 4}\,dx$

b) $\int \frac{3x - 2}{x^2 - 9}\,dx$

c) $\int \frac{x^2 - 3}{x(x-1)(x+2)}\,dx$

d) $\int \frac{3}{x^2 - x}\,dx$

e) $\int \frac{1 - 2x}{x^3 - 6x^2 + 11x - 6}\,dx$

f) $\int \frac{x - 3}{x^2 - 6x + 5}\,dx$

37. Calcula: $\int \frac{1}{\sqrt[3]{x} + \sqrt{x}}\,dx$ fent el canvi de variable $x = t^6$.

38. Calcula:

a) $\int \frac{x^2}{x-5}\,dx$

b) $\int \frac{x^3 - 4}{x^2 - 2x}\,dx$

c) $\int \frac{1}{x^2(x-1)^2}\,dx$

d) $\int \frac{x^2 + 9}{x^2 - 9}\,dx$

e) $\int \frac{5}{(2x+1)^3}\,dx$

f) $\int \frac{4x + 5}{x^2 - 3x + 2}\,dx$

g) $\int \frac{(x-1)^2}{x^2}\,dx$

h) $\int \frac{x^3}{x-2}\,dx$

39. Calcula: $\int \frac{x^2 - 9}{x^2 + 6x + 9}\,dx$.

Activitats finals

1. Determina la funció $f(x)$ sabent que la funció $F(x) = x^2 e^x + 2$ n'és una primitiva.

2. Quina és la primitiva de la funció $f(x) = 2x + 5$ que verifica la condició $F(1) = 9$? I la que verifica $F^{-1}(3) = -3$?

3. Dos companys obtenen resultats diferents en el càlcul de les primitives d'una mateixa funció. El primer obté:

$\int \frac{1}{-4\sqrt{1-x}} dx = -\frac{1}{2}\sqrt{1-x} + C$ i el segon,

$\int \frac{1}{-4\sqrt{1-x}} dx = \frac{1}{2}\sqrt{1-x} + C$

Indica raonadament quin dels dos ha arribat a la resposta correcta.

4. Calcula:

a) $\int (2x^3 - 3x^2 - 1) dx$

b) $\int (-3 \cdot 3^x + 4x^3) dx$

c) $\int \frac{x^2 - 3\sqrt{x} + 1}{x} dx$

d) $\int \frac{1 + 2x + 3x^2}{4x^2} dx$

e) $\int (4 + 2^{2x}) dx$

f) $\int \frac{2 - 4x}{7x} dx$

5. Calcula les integrals quasi immediates següents:

a) $\int (1-3x)^2 dx$

b) $\int \frac{x-1}{x^2-2x+3} dx$

c) $\int \frac{4\ln^3 x}{5x} dx$

d) $\int \frac{2^{x+2}}{2^x - 13} dx$

e) $\int \frac{3x^2}{x+7} dx$

f) $\int 9x^2 e^{x^3+2} dx$

6. Calcula les integrals quasi immediates següents:

a) $\int \frac{3^{\ln x}}{2x} dx$

b) $\int \frac{x^2}{4\sqrt{1-x^3}} dx$

c) $\int \frac{7}{x^2 - 8x + 16} dx$

d) $\int \frac{5e^{\sqrt{x}}}{\sqrt{x}} dx$

e) $\int \frac{(1+\ln x)^2}{4x} dx$

f) $\int \frac{1}{x^2} 10^{\frac{1}{x}} dx$

7. Troba la primitiva de la funció $f(x) = e^{2x}$ que verifica la condició F(0).

8. Troba l'expressió de la funció $F(x)$ la gràfica de la qual passa pel punt (1, 1) sabent que el pendent de la recta tangent en qualsevol punt ve donat per la funció $m(x) = 3x^2 + 6x - 4$.

9. Considera la funció $F(x) = \int \frac{5}{(x-4)^2} dx$. Determina'n les asímptotes sabent que $F(0) = -3$.

10. Calcula per parts les integrals següents:

a) $\int x^2 e^{3x} dx$

b) $\int 5x \ln 5x \, dx$

c) $\int x^3 \ln x \, dx$

d) $\int x e^{4x} dx$

e) $\int (x-1) 5^x dx$

f) $\int \ln^2 x \, dx$

11. Comprova que:

$\int (x^2 - 2x - 1) e^x dx = (x^2 - 4x + 3) e^x + C$

12. Calcula les integrals següents, fent ús en cada cas del canvi de variable indicat:

a) $\int \sqrt{4x^2 + x^4} dx, \quad t = \sqrt{4 + x^2}$

b) $\int \frac{dx}{x(1 + \ln x)}, \quad \ln x = t$

c) $\int \frac{\sqrt{x}}{x-1} dx, \quad \sqrt{x} = t$

d) $\int \frac{2x}{\sqrt{6 - x^2}} dx, \quad t = 6 - x^2$

13. Les integrals dels apartats *a)*, *b)* i *d)* de l'activitat anterior són quasi immediates. Calcula-les sense fer el canvi indicat.

14. Troba la primitiva de la funció $f(x) = \frac{x+2}{x-1}$ la gràfica de la qual passa pel punt (2, 2).

15. Calcula les integrals següents:

a) $\int \frac{5x}{2x-2} dx$

b) $\int \frac{4x - 3}{x^2 - 10x + 25} dx$

c) $\int \frac{x - 1}{x^3 + 2x^2 - 4x - 8} dx$

d) $\int \frac{x^2 - 1}{x^2 + 4x} dx$

e) $\int \frac{1}{(x^2 - x)(x + 7)} dx$

f) $\int \frac{5 - 3x}{3x - 1} dx$

16. Troba una primitiva de la funció següent:

$$\int \frac{4x}{x^2 + 4} dx$$

17. Troba la primitiva de la funció $f(x) = \frac{-1}{(x-2)^2}$ la gràfica de la qual té per asímptota horitzontal la recta $y = 2$.

18. Determina la primitiva de la funció $f(x) = \frac{2}{x-3}$ la gràfica de la qual conté el punt (4, 0). Anomena $F(x)$ aquesta funció i calcula $\lim_{x \to 3^+} F(x)$ i $\lim_{x \to 3^-} F(x)$.
Dibuixa de manera aproximada la gràfica de la funció $F(x)$.

19. Calcula les integrals següents:

a) $\int \sqrt{x^4 - x^2}\, dx$

b) $\int \frac{\ln x - 1}{3x} dx$

c) $\int \frac{dx}{(x-1)(x^2+5x+6)}$

d) $\int \frac{5^x}{1+5^x} dx$

e) $\int \frac{dx}{e^{2x-1}}$

f) $\int \frac{6x^3}{2+x^4} dx$

g) $\int \frac{x^2}{\sqrt{1-4x^3}} dx$

h) $\int \frac{\sqrt{4(1+\ln x)}}{3x} dx$

20. Troba l'expressió algèbrica de la funció $F(x)$ que verifica les condicions següents:

a) $F'(x) = 2x - 6$

b) La gràfica de la funció $F(x)$ presenta un mínim en el punt d'ordenada -1.

21. Calcula $\int \frac{1-x}{\sqrt{x}-1} dx$ racionalitzant prèviament el denominador.

22. Calcula $\int \frac{dx}{\sqrt{x+1} + \sqrt{x-1}}$

Indicació: multiplica primer numerador i denominador per l'expressió conjugada del denominador.

23. Calcula la integral $\int \frac{1+\sqrt{x}}{\sqrt{x}} dx$ directament i mitjançant el canvi $t = \sqrt{x}$.

24. Aplicant el mètode d'integració per parts dues vegades, calcula $\int (x \ln x)^2 dx$.

25. La segona derivada d'una funció $f(x)$ és: $f''(x) = 2x + 1$. Determina l'expressió algèbrica de la funció $f(x)$ si $f'(1) = 4$ i $f(0) = 1$.

26. A partir de les dades següents:

a) $f(0) = 3$ *b)* $f'(4) = 6$ *c)* $f''(x) = \sqrt{x}$

Troba les expressions de les funcions $f'(x)$ i $f(x)$.

27. D'entre totes les funcions $f(x)$ tals que $f'(x) = \frac{x}{x^2+1}$, troba l'expressió algèbrica de la que verifica $f(0) = 5$.

28. La representació gràfica de la derivada d'una funció $f(x)$ és la paràbola que pots veure en la Figura 9.4. Sabent que el coeficient del terme de grau 2 de $f'(x)$ verifica $|a| = 1$, es demana:

a) L'expressió algèbrica de la funció $f'(x)$.

b) L'expressió algèbrica de $f(x)$ si $f(3) = 0$.

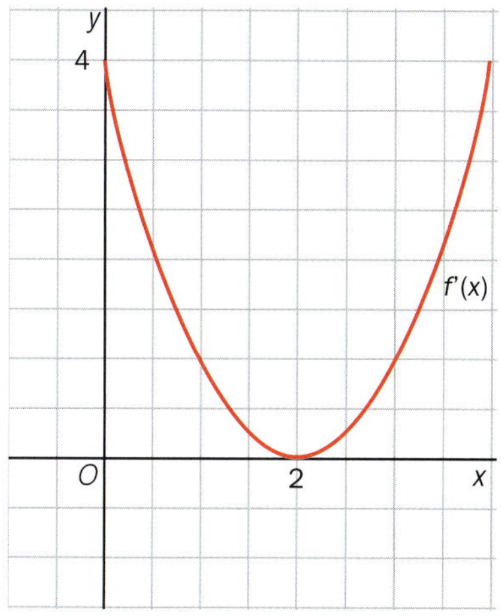

Fig. 9.4.

29. Calcula $\int \frac{1}{1+e^x} dx$. Suggeriment: en el numerador, primer suma i resta e^x.

30. Determina la primitiva de la funció $f(x) = \frac{1}{1+3x}$ que s'anul·la per a $x = 0$.

31. Calcula la següent integral quasi immediata $\int \frac{3x}{\sqrt{9-x^2}} dx$.

32. Troba $f(x)$ sabent que $f''(x) = 6x$, $f'(0) = 1$ i $f(2) = 5$.

33. Prova que les funcions: $f(x) = \frac{1}{1+x^4}$ i $g(x) = \frac{-x^4}{1+x^4}$ són dues primitives d'una mateixa funció.

34. Determina $\int \left(\frac{x}{2-\ln x}\right)^{-1} dx$ sabent que $F(e) = 0$.

35. En el càlcul de la primitiva $\int \frac{x-2}{x^2-4x+4} dx$ dos companys obtenen resultats diferents, que són:

a) $F(x) = \ln|x-2| + C$

b) $F(x) = \frac{1}{2}\ln(x^2 - 4x + 4) + C$

Quin dels dos ha arribat a la resposta correcta? Justifica-ho.

36. Comprova que es verifica la igualtat:

$$\int \frac{1-\ln x}{x^2}dx = \frac{\ln x}{x}+C$$

37. Calcula la funció que satisfà $g'(x)=\frac{x^3}{9x^4+1}$ i que talla l'eix de les ordenades en el punt (0,–1) .

38. Calcula $\int \frac{x+1+\sqrt{x+1}}{x+1}dx$.

39. Donada la funció $f(x)=e^x-\ln^2 x$:

a) Troba'n la integral indefinida.

b) Esbrina quina és la primitiva de $f(x)$ la gràfica de la qual passa pel punt de coordenades (1, –2).

40. La funció $f'(x)$, derivada d'una funció contínua $f(x)$ que passa per l'origen de coordenades, és una funció definida a trossos formada per les dues semirectes que pots observar en la Figura 9.5.

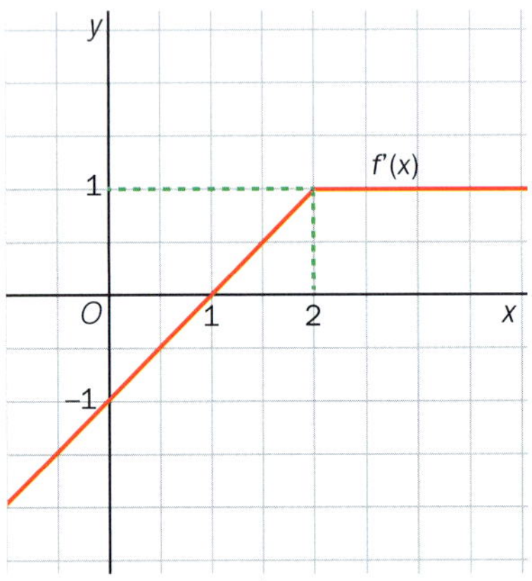

Fig. 9.5.

Escriu l'expressió de la funció $f(x)$ com una funció definida a trossos.

41. Calcula $\int e^{nx}dx$, on n representa un nombre natural. Quina és la primitiva de la funció $f(x)=e^{3x}$ tal que $F(1)=e^3$?

42. Calcula:

a) $\int x\sqrt[3]{x+1}dx$, aplicant el canvi de variable $x + 1 = t^3$.

b) $\int \frac{x}{\sqrt[3]{x}+1}dx$, aplicant el canvi de variable $x = t^3$.

43. Determina l'expressió de la funció $f(x)$ de la qual sabem que:

a) $f(0) = 0$

b) $f'(x)=x\cdot 2^x$

PREPARA'T PER A LA UNIVERSITAT

1. Explica què significa que $F(x)$ sigui una primitiva de $f(x)$.

a) Quantes primitives té una funció?

b) Calcula la primitiva de la funció $f(x)=\frac{1}{x+2}$ que passa pel punt (e–2,2).

2. Sabem que una funció derivable $F(x)$ verifica les condicions següents:

$$F'(x)=\frac{1}{\sqrt[4]{x}} \text{ i } F(1)=3$$

Troba $F(x)$.

3. Troba la primitiva $F(x)$ de la funció $f(x) = x\ln 3x$ tal que $F\left(\frac{1}{3}\right)=\frac{35}{36}$.

4. Donada la funció $f(x)=(2x+1)e^{x^2+x}$, determina la funció $g(x)$ tal que $g'(x) = f(x)$ sabent que la seva gràfica passa pel punt (0, 2).

5. Donada la funció:

$$f(x)=\frac{3x}{\sqrt{1-3x^2}}$$

a) Troba la seva integral indefinida.

b) Quina és la primitiva de $f(x)$ que passa pel punt $\left(\frac{1}{2},\frac{3}{2}\right)$?

6. Donada la funció:

$$f(x)=\frac{x}{\sqrt{5x^2-4}}$$

a) Calcula la integral $\int f(x)dx$.

b) Troba la primitiva $F(x)$ de $f(x)$ que compleixi $F(1) = 1$.

- **Tens assolit el concepte de primitives d'una funció?**
- Saps quina diferència hi ha entre dues qualssevol d'aquestes primitives?
- Si et demanessin quins són els coneixements previs imprescindibles per calcular primitives, què contestaries?
- Calcules correctament les primitives immediates i les quasi immediates?
- Apliques correctament els diferents mètodes d'integració?

Hora de la mort?

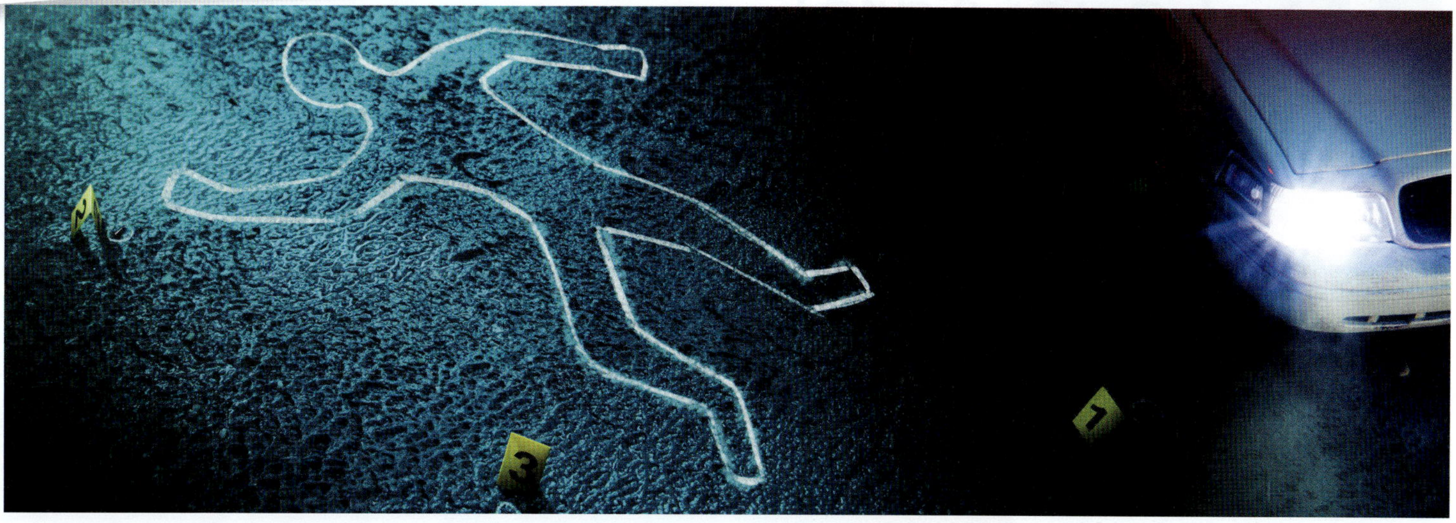

Al llarg de la unitat has vist que trobar una primitiva és el procediment invers a fer la derivada d'una funció. El càlcul de primitives és un procés menys directe que el de derivades, i ja saps que la solució no és una única funció sinó que està formada per un conjunt de funcions que es diferencien en una constant. Fins i tot, algunes vegades trobar una funció primitiva d'una funció no és només difícil, sinó impossible. Per exemple, les següents integrals $\int \sqrt{1-x^4}dx$ o $\int \frac{1}{\ln x}dx$ no es poden expressar amb funcions elementals.

A continuació estudiarem un model matemàtic que requerirà utilitzar el concepte de problema invers dues vegades.

Quan la policia descobreix un cadàver s'utilitza la temperatura del cos per determinar l'hora de la mort. Una primera aproximació és imaginar que inicialment el cos està a 37,5 °C i que es refreda 1,5 °C cada hora. Òbviament hi ha molts factors que afecten aquesta aproximació, ja sigui la constitució de la víctima o la temperatura de l'habitació. Aquesta teoria no té sentit si passa molt de temps, ja que el cos es podria refredar per sota de la temperatura de l'habitació.

Un model més realista considera que la temperatura del cos $(T(t))$ depèn de la temperatura ambient (T_{amb}), de manera que com més diferència hi ha entre la primera i la segona, més ràpidament es refreda el cos. Aquesta llei s'anomena «llei de refredament de Newton» i es pot modelitzar:

$\frac{dT}{dt} = -k\left(T(t) - T_{amb}\right)$ on k és una constant que depèn de l'objecte que es refreda.

Resolent l'equació diferencial anterior obtenim:

$$\int \frac{1}{T(t) - T_{amb}} dT = \quad -kdt$$

I buscant les primitives: $ln\left|T(t) - T_{amb}\right| = -kt + C$

Finalment, aïllant T(t) trobem la funció solució del problema: $T(t) = T_{amb} + \left(T(0) - T_{amb}\right)e^{-kt}$.

Fixa't que la constant d'integració C s'ha transformat en el coeficient de e^{-kt}, o sigui que hem fet $e^C = T(0) - T_{amb}$ per tal que la funció $T(t)$ encaixi amb el valor inicial $T(0)$.

En aquest model matemàtic hi ha tres paràmetres per fixar. Curiosament, s'utilitzen conceptes diferents per donar-los valor. La temperatura de l'habitació T_{amb} es pot mesurar al moment. El paràmetre de la temperatura inicial del cos $T(0)$ s'estima a partir d'observacions prèvies i mitjanes estadístiques. Finalment, el paràmetre k, que depèn de molts factors, l'hem d'inferir a partir de dues mesures preses en moments diferents. En aquest context estem utilitzant el concepte de problema invers per estimar aquest paràmetre.

Ara et toca a tu! Indica quin d'aquests processos inversos et sembla més senzill:

1) Generar un polinomi a partir de les seves arrels o buscar les arrels d'un polinomi.

2) Trobar el quadrat d'un nombre o fer-ne l'arrel quadrada.

3) Fer la primitiva de o fer-ne la derivada.

Suposa que hi ha hagut un crim i has d'investigar l'assassinat. La temperatura d'un cos viu és d'aproximadament 37,5 °C. Quan a les 13.31 arriba el metge forense, pren la temperatura al cos i observa que és de 35,2 °C. Mesura la temperatura de l'habitació i resulta que és de 20 °C. Mitja hora més tard, torna a mesurar la temperatura del cos i observa que és de 35 °C.

a) Utilitza aquesta informació per trobar el valor del paràmetre k del model.

b) A quina hora s'ha produït el crim?

c) Compara l'hora de la mort amb la que obtindríem si haguéssim utilitzat la funció: $T(t) = 37{,}5 - 1{,}5t$ en què t s'expressa en hores i T en graus centígrads.

UNITAT

10 La integral

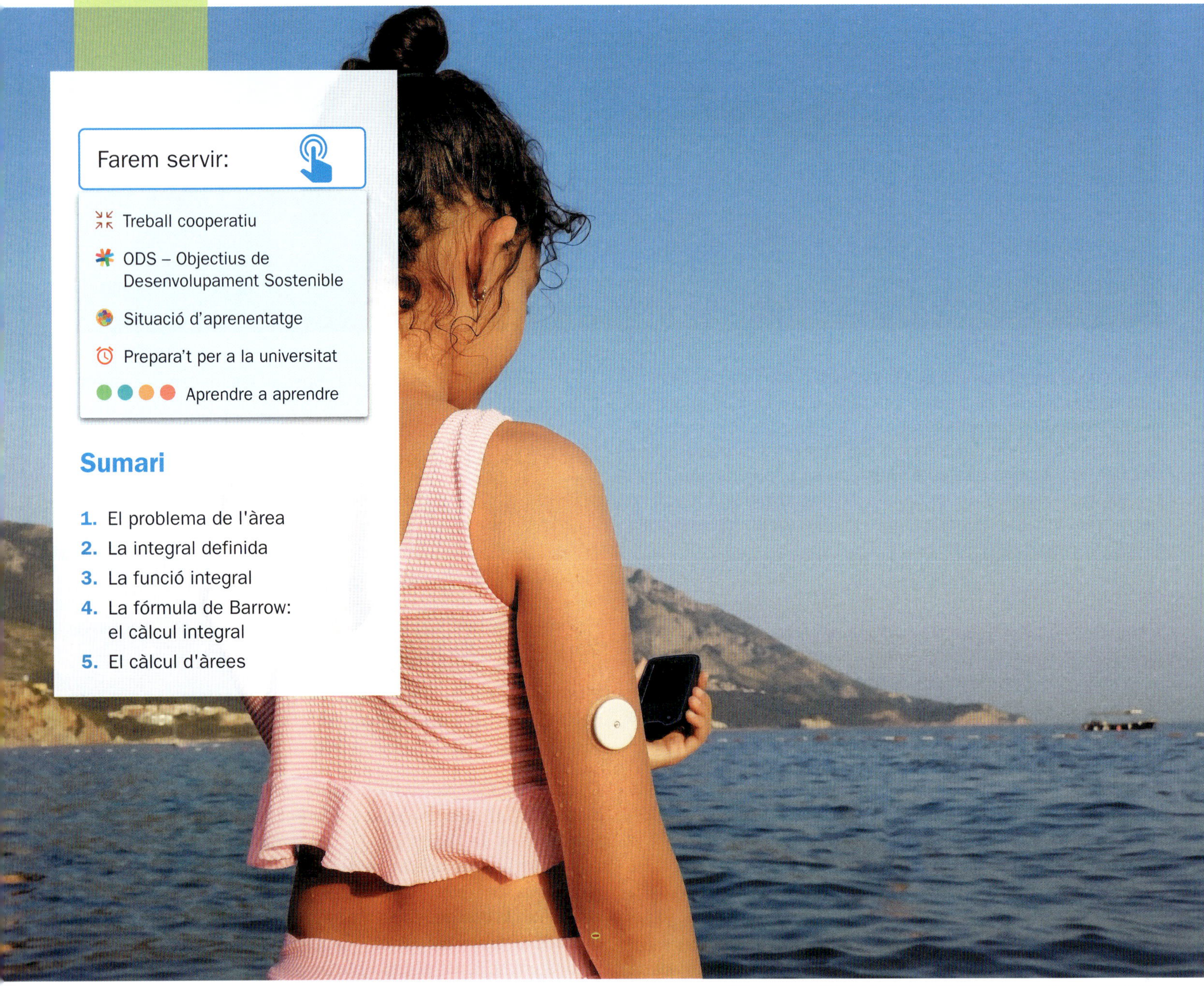

Farem servir:

- Treball cooperatiu
- ODS – Objectius de Desenvolupament Sostenible
- Situació d'aprenentatge
- Prepara't per a la universitat
- Aprendre a aprendre

Sumari

Per poder diagnosticar una malaltia a un pacient, el personal mèdic necessita uns indicadors clars basats en estudis previs. Per trobar aquests indicadors cal prendre dades del pacient i processar-les d'alguna manera per tal d'extreure'n una conclusió.

Per exemple, per determinar si una persona és diabètica s'han de fer proves de glucosa i, en funció dels resultats, es determinarà si el pacient té la malaltia o no. Has pensat mai que les matemàtiques són fonamentals en temes de recerca mèdica?, contribuint d'aquesta manera a l'**ODS Salut i benestar.**

Tens ben assolit el concepte i el càlcul de les funcions primitives d'una funció?

Recordes haver calculat alguna vegada el resultat d'una suma d'infinits sumands?

Domines el càlcul d'àrees de figures geomètriques planes?

Identifiques amb claredat les expressions algèbriques dels diferents tipus de funcions?

Saps calcular els diferents tipus d'integrals indefinides treballades en la unitat anterior?

1. El problema de l'àrea

En la Figura 10.1 hi ha representada una funció $f(x)$ contínua en un interval tancat $[a, b]$. La figura limitada per la gràfica de la funció en aquest interval, les ordenades corresponents als extrems de l'interval i el segment de l'eix OX corresponent a l'interval no és una figura geomètrica coneguda. Com se'n calcula l'àrea?

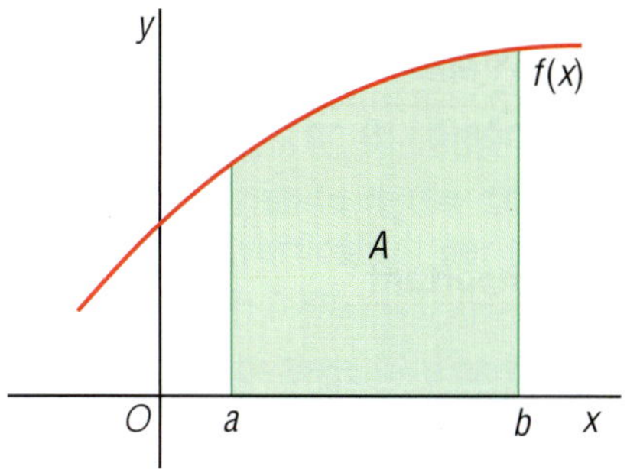

Fig. 10.1.

Per calcular l'àrea A procedirem per aproximació.

Posem condicions prèvies:

1a: $f(x)$ contínua i monòtona, creixent o decreixent, en tot l'interval $[a, b]$.

2a: $f(x)$ no negativa per a tot $x \in [a, b]$.

Com es veu en la gràfica, $f(x)$ és creixent en aquest cas. Valdria un raonament semblant al que fem a continuació si $f(x)$ fos decreixent.

Una primera aproximació de l'àrea es pot obtenir seguint el procediment següent:

Dividim l'interval $[a, b]$ en 4 parts iguals, o subintervals, i considerem cadascun d'aquests subintervals iguals com a base dels rectangles i, com a altura, el valor més petit de $f(x)$ (Fig. 10.2). La suma de les àrees d'aquests rectangles és una aproximació per defecte de l'àrea A.

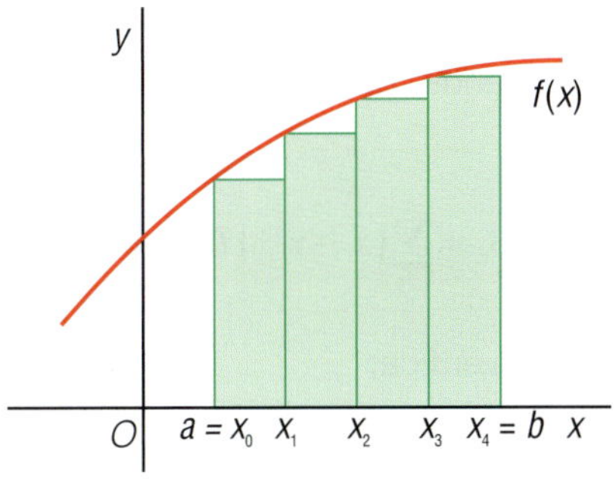

Fig. 10.2.

Aquesta suma d'àrees l'anomenem **suma inferior** i la representem per $\mathbf{s_i}$. Així:

$$s_i = (x_1 - x_0)f(x_0) + (x_2 - x_1)f(x_1) + (x_3 - x_2)f(x_2) + (x_4 - x_3)f(x_3)$$

Important

L'àrea A indica l'àrea sota la gràfica de la corba $f(x)$ entre a i b.

De manera semblant podem considerar la suma de les àrees dels rectangles que estan per sobre de la corba (Fig. 10.3). Tenen la mateixa base que els anteriors però l'altura és el valor més gran de $f(x)$ en cada subinterval. La suma de les àrees d'aquests rectangles és una aproximació per excés de l'àrea A.

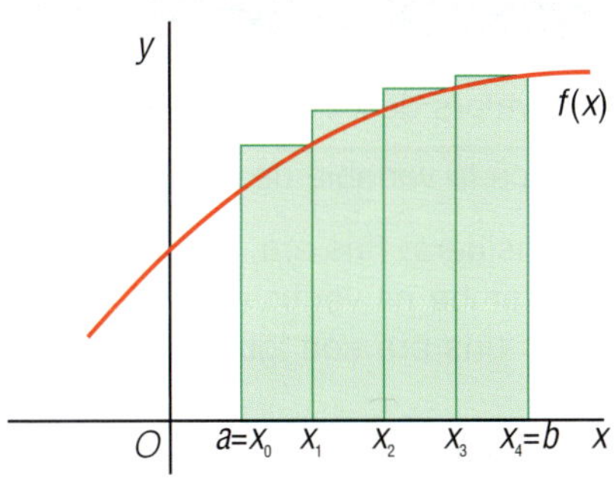

Fig. 10.3.

Aquesta suma d'àrees l'anomenem **suma superior** i la representem per $\mathbf{S_s}$. Així:

$$S_s = (x_1 - x_0)f(x_1) + (x_2 - x_1)f(x_2) + (x_3 - x_2)f(x_3) + (x_4 - x_3)f(x_4)$$

Important

La partició d'un segment o interval és la divisió del segment en un nombre de subintervals o parts. Es diu que una partició és més fina que una altra si està formada per un nombre més gran de divisions.

Important

$\sum_{i=1}^{n}$ representa la suma de n termes en els quals i varia de $i = 1$, en el primer sumand, fins a $i = n$ en l'últim.

Evidentment, l'àrea A que busquem es troba entre aquestes dues sumes:

$$s_i < A < S_s$$

Com podem millorar l'aproximació de s_i i S_s a l'àrea A?

Si fem una partició més fina de l'interval $[a, b]$, obtindrem unes sumes d'àrees de rectangles, per defecte i per excés, que seran una millor aproximació al valor de l'àrea que es vol obtenir. Si observem la Figura 10.4, podrem entendre aquest raonament.

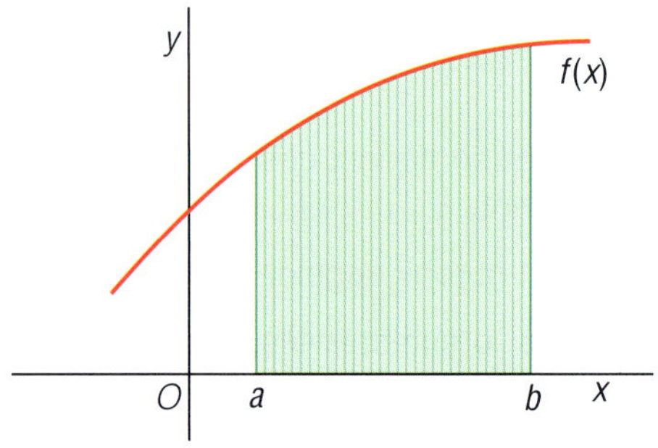

Fig. 10.4.

Com que augmenta el nombre de subdivisions de l'interval, la suma de les àrees dels rectangles corresponents consta de més sumands. Una manera d'expressar aquestes sumes és la següent:

$$s_i = \sum_{i=1}^{n}(x_i - x_{i-1})\,f(x_{i-1}) \text{ i } S_s = \sum_{i=1}^{n}(x_i - x_{i-1})\,f(x_i) \text{ on } x_0 = a \text{ i } x_n = b$$

Evidentment, l'àrea que estem buscant verifica:

$$\sum_{i=1}^{n}(x_i - x_{i-1})\,f(x_{i-1}) < A < \sum_{i=1}^{n}(x_i - x_{i-1})\,f(x_i)$$

Si ara considerem que el nombre de divisions tendeix a infinit, és a dir: $n \to \infty$, aleshores $x_i - x_{i-1} \to 0$, i a efectes de representació ho escriurem com a **dx**.

Els valors de la funció $f(x_{i-1})$ i $f(x_i)$ són gairebé iguals, per la continuïtat de $f(x)$. És a dir:

$$A = \lim_{n\to\infty} \sum_{i=1}^{n}(x_i - x_{i-1})\,f(x_i)$$

Aquest límit se sol representar amb la notació: $\int_a^b f(x)\,dx$. Per tant,

$$A = \lim_{n\to\infty} \sum_{i=1}^{n}(x_i - x_{i-1})\,f(x_i) = \int_a^b f(x)\,dx$$

on $\int_a^b$ indica el límit de la suma amb els valors de x que varien des de $x = a$ fins a $x = b$, a i b són els extrems de l'interval i dx ens indica la variable de la funció $f(x)$.

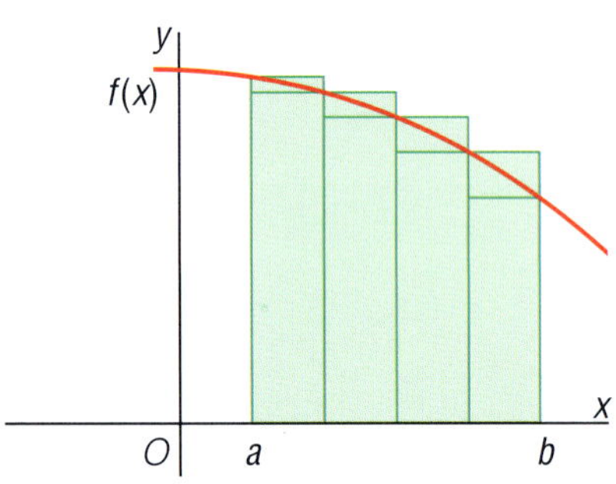

Fig. 10.5.

En els gràfics de les figures que hem considerat fins ara, $f(x)$ era creixent en l'interval $[a, b]$. Si $f(x)$ és decreixent en aquest interval, també es verifica que $S_s > s_i$, l'àrea que cal calcular verifica: $s_i < A < S_s$ i els raonaments fets fins ara són igualment vàlids. Pots veure-ho en la Figura 10.5.

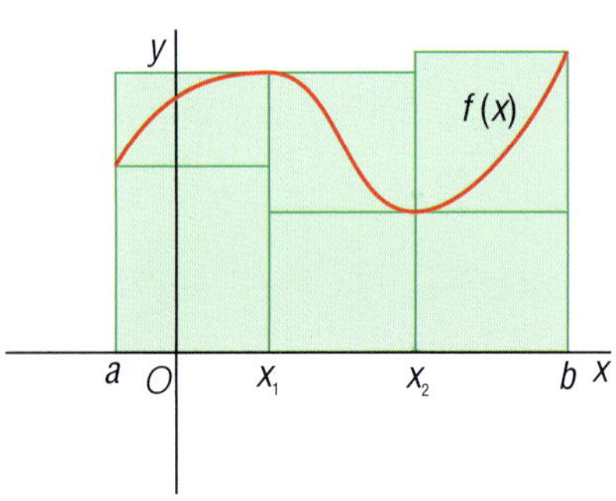

Fig. 10.6.

Encara que la funció $f(x)$ contínua en $[a, b]$ no sigui monòtona en tot l'interval (Fig. 10.6), es podria fer un raonament semblant al descrit anteriorment prenent els subintervals necessaris per tal que en cadascun d'ells es defineixi l'altura màxima o mínima del rectangle considerat per obtenir les sumes superior i inferior.

Vegem tot seguit amb un exemple com es troba una aproximació de l'àrea sota una corba com la que acabem de considerar.

Exemple 1 ➡ **Troba una aproximació de l'àrea sota la corba $f(x)=\frac{x^2}{2}+1$ (Fig. 10.7) en l'interval [0, 3] fent una partició de l'interval en 6 subintervals.**

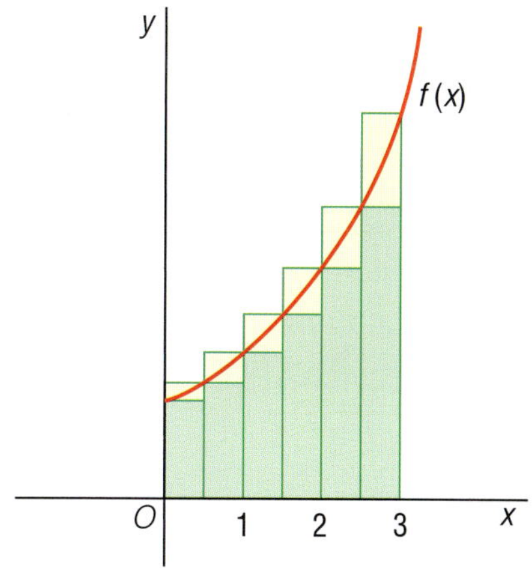

Fig. 10.7.

La funció $f(x)=\frac{x^2}{2}+1$ és creixent en l'interval [0, 3]. L'àrea A verifica: $s_i < A < S_s$.

Calculem aquestes sumes tenint en compte que si dividim l'interval en 6 subintervals iguals es verifica que:

$$x_i - x_{i-1} = \frac{3-0}{6} = \frac{1}{2}$$

Així:

$$s_i = \frac{1}{2}f(0)+\frac{1}{2}f\left(\frac{1}{2}\right)+\frac{1}{2}f(1)+\frac{1}{2}f\left(\frac{3}{2}\right)+\frac{1}{2}f(2)+\frac{1}{2}f\left(\frac{5}{2}\right)=$$

$$=\frac{1}{2}(1+1,125+1,5+2,125+3+4,125)=6,4375\ u^2$$

$$S_s = \frac{1}{2}f\left(\frac{1}{2}\right)+\frac{1}{2}f(1)+\frac{1}{2}f\left(\frac{3}{2}\right)+\frac{1}{2}f(2)+\frac{1}{2}f\left(\frac{5}{2}\right)+\frac{1}{2}f(3)=$$

$$=\frac{1}{2}(1,125+1,5+2,125+3+4,125+5,5)=8,6875\ u^2$$

Per tant, $6,4375\ u^2 < A < 8,6875\ u^2$.

Podem fer una estimació del valor de l'àrea tot calculant la mitjana aritmètica de s_i i S_s:

$$\frac{6,4375\ u^2 + 8,6875\ u^2}{2} = 7,5625\ u^2$$

Podem dir que $A \approx 7,5625\ u^2$.

Si la partició de l'interval fos en 12 subintervals, per exemple, la diferència entre les sumes superior i inferior seria més petita i podríem afinar una mica més en el valor de l'àrea A.

Fem-ne els càlculs. En aquest cas: $x_i - x_{i-1} = \frac{3-0}{12} = \frac{1}{4} = 0,25$

Per tant,

$$s_i = 0,25\left[f(0)+f(0,25)+f(0,5)+f(0,75)+\ldots+f(2,5)+f(2,75)\right]=6,953125\ u^2$$

$$S_s = 0,25\left[f(0,25)+f(0,5)+f(0,75)+\ldots f(2,5)+f(2,75)+f(3)\right]=8,078125\ u^2$$

En conseqüència, $6,953125\ u^2 < A < 8,078125\ u^2$.

Si volem una altra aproximació, millor que l'anterior, al valor de l'àrea la podem obtenir com hem fet abans:

$$A \approx \frac{6,953125\ u^2 + 8,078125\ u^2}{2} = 7,515625\ u^2$$

ACTIVITATS

1. Representa gràficament la funció $f(x) = -x^2 + 8x$ en l'interval [0, 4]. Calcula les sumes inferior i superior per estimar l'àrea sota la corba en aquest interval. Pots prendre $n = 8$.

2. Calcula, en l'interval [0, 4], l'àrea sota la gràfica de la funció $f(x) = -x + 5$. Fes-ne una gràfica i justifica per què pots calcular exactament aquesta àrea.

3. Considera la funció:

$$f(x) = x^2 + 2$$

a) Representa-la gràficament de manera aproximada a l'interval $[1,3]$ i assenyala l'àrea A limitada per la corba, les rectes verticals $x=1$ i $x=3$ i l'eix de les abscisses.

b) Realitza una partició de l'interval $[1,3]$ en 5 subintervals. Calcula les sumes s_i i S_s i, a partir dels seus valors, fes una estimació de l'àrea A.

c) Sabent que l'àrea és $A=\frac{38}{3}\ u^2$, determina el percentatge d'error comès en prendre com a vàlid el valor obtingut en l'apartat anterior.

2. La integral definida

En l'expressió $A = \int_a^b f(x)\,dx$ que hem obtingut en l'apartat anterior, hem considerat $f(x)$ positiva.

Es tractava de calcular l'àrea, que sempre s'expressa mitjançant un nombre positiu. Atès que tots els sumands són positius, també ho és la suma.

Podem generalitzar l'expressió anterior per una funció $f(x)$ contínua en un interval tancat $[a, b]$. Així definim el nombre:

$$I = \int_a^b f(x)\,dx$$

on I s'anomena **la integral definida de la funció $f(x)$ entre a i b**.

El nombre $I = \int_a^b f(x)\,dx$ coincideix amb l'àrea si $f(x)$ és no negativa en tot l'interval $[a, b]$ i $A = -I = |I|$ si $f(x)$ és negativa en tot l'interval $[a, b]$.

2.1. Propietats

a) $\int_a^b f(x)\,dx = -\int_b^a f(x)\,dx$

En l'interval $[b, a]$ es verifica $x_i - x_{i-1} = -(x_{i-1} - x_i)$. És a dir, tots i cadascun dels sumands canvien de signe; per tant, la suma també.

b) $\int_a^b f(x)\,dx = \int_a^c f(x)\,dx + \int_a^b f(x)\,dx$ si $c \in [a, b]$

Observa la Figura 10.8 per interpretar aquesta propietat.

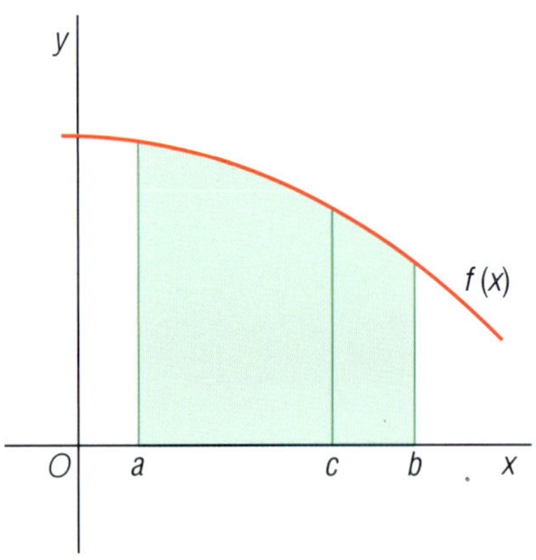

Fig. 10.8.

c) $\int_a^b k\,f(x)\,dx = k\int_a^b f(x)\,dx$ on k és una constant.

d) $\int_a^b [f(x)+g(x)]\,dx = \int_a^b f(x)\,dx + \int_a^b g(x)\,dx$

Observa que les propietats *c)* i *d)* són les propietats lineals que, de manera semblant, hem vist per a les derivades i les primitives.

e) $\int_a^a g(x)\,dx = 0$, ja que és una suma d'un sol terme amb longitud de l'interval igual a zero.

ACTIVITATS

4. Representa gràficament la funció següent: $f(x) = -e^x$. Expressa la integral definida de $f(x)$ en l'interval $[0, 1]$. Encara que no sabem calcular la integral $\int_0^1 -e^x\,dx$, coincideix aquesta integral amb l'àrea entre la corba i l'eix OX en el mateix interval? Raona la teva resposta.

5. Utilitza les propietats lineals *c)* i *d)* de la integral definida per expressar $\int_0^3 \left(3x^3 + \frac{x^2}{5} - 2\right) dx$ com a suma d'integrals.

• **6.** L'expressió $\int_{-1}^{1} \frac{dx}{x}$ no és una integral, encara que ho sembli. Explica el perquè d'aquesta afirmació.

7. Raona la certesa o falsedat de cadascuna de les igualtats següents:

a) $\int_2^2 x^2\,dx + \int_3^3 x^2\,dx + \int_4^4 x^2\,dx = \int_2^4 x^2\,dx$

b) $\int_2^2 x^2\,dx + \int_2^3 x^2\,dx + \int_3^4 x^2\,dx = \int_2^4 x^2\,dx$

8. Donada la funció $f(x) = x^2 - 4$,

a) Fes-ne la representació gràfica aproximada.

b) Expressa la integral definida de $f(x)$ a l'interval $[0,3]$.

c) Indica raonadament si aquesta integral coincideix o no amb l'àrea entre la corba, l'eix OX i les rectes $x = 0$ i $x = 3$.

9. Representa gràficament la funció $f(x) = x^2 - 4x + 3$ a l'interval $[0,4]$. El nombre $I = \int_0^4 (x^2 - 4x + 3)\,dx$ coincideix amb l'àrea limitada per la corba i l'eix de les abscisses en aquest interval? Raona la resposta.

3. La funció integral

En l'apartat anterior hem definit la integral $I = \int_a^b f(x)\,dx$ com un nombre.

Considerem ara que l'extrem *b* de l'interval pren diferents valors. És a dir, considerem intervals amb l'extrem inferior fixat i l'altre variable. Serien intervals del tipus [*a*, *x*]. En aquests intervals considerem la funció $f(t)$ amb $t \in [a, x]$ no negativa en tot l'interval.

Observa la Figura 10.9.

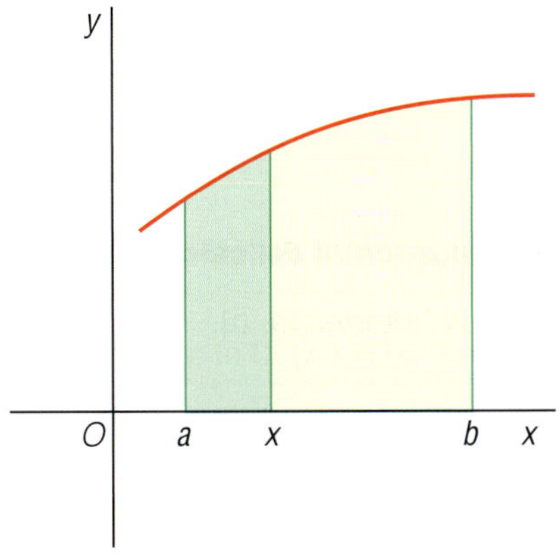

Fig. 10.9.

Per a cada valor de *x* tenim un valor de *I*.

Per exemple, per a $x = 3, I = \int_a^3 f(t)\,dt = F(3)$.

> Per a cada $x \in [a, b]$ podem definir la funció: $F(x) = \int_a^x f(t)\,dt$, que s'anomena la **funció integral**.

$F(x)$ és una funció contínua. És derivable?

Per veure-ho caldrà aplicar la definició de derivada:

$$F'(x) = \lim_{h \to 0} \frac{F(x+h) - F(x)}{h}$$

Si aquest límit existeix, serà la derivada de $F(x)$. Calculem-lo.

$$F'(x) = \lim_{h \to 0} \frac{F(x+h) - F(x)}{h} = \lim_{h \to 0} \frac{\int_a^{x+h} f(t)\,dt - \int_a^x f(t)\,dt}{h}$$

Aplicant les propietats de la integral, tenim:

$$F'(x) = \lim_{h \to 0} \frac{\int_a^x f(t)\,dt + \int_x^{x+h} f(t)\,dt - \int_a^x f(t)\,dt}{h} = \lim_{h \to 0} \frac{\int_x^{x+h} f(t)\,dt}{h}$$

Per calcular aquest límit ens fixem en la integral $\int_x^{x+h} f(t)\,dt$ i la podem afitar entre els valors màxim i mínim que pot prendre en l'interval [*x*, *x* + *h*], ja que hem considerat $f(x)$ monòtona creixent (Fig. 10.10). Així, podem escriure:

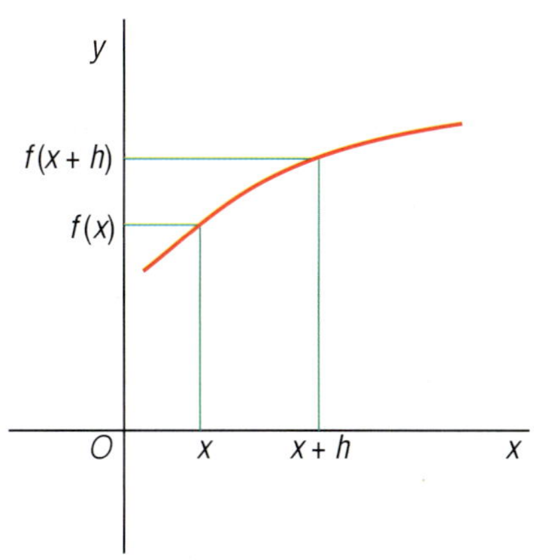

Fig. 10.10.

$$f(x)h \le \int_x^{x+h} f(t)\,dt \le f(x+h)h$$

Dividint els tres termes d'aquestes desigualtats per $h \neq 0$, tenim:

$$f(x) \leq \frac{\int_x^{x+h} f(t)\,dt}{h} \leq f(x+h)$$

$$\lim_{h\to 0} f(x) \leq \lim_{h\to 0} \frac{\int_x^{x+h} f(t)\,dt}{h} \leq \lim_{h\to 0} f(x+h)$$

Per la continuïtat de la funció $f(x)$, tenim: $\lim_{h\to 0} f(x+h) = f(x)$ i, per tant:

$$F'(x) = \lim_{h\to 0} \frac{\int_x^{x+h} f(t)\,dt}{h} = f(x)$$

És a dir, $F'(x) = f(x)$.

Acabem de demostrar el **teorema fonamental del càlcul**, que podem enunciar així:

> Si $F(x) = \int_a^x f(t)\,dt$, es verifica que $F'(x) = f(x)$. O el que és el mateix, **$F(x)$ és una primitiva de $f(x)$**.

Per exemple, si $F(x) = \int_2^x (t^2+3)\,dt$, $F'(x) = f(x) = x^2+3$ i $F(x) = \frac{x^3}{3} + 3x + C$

Hem trobat una expressió de la funció integral $F(x)$ tot calculant una primitiva de $f(x)$.

Exemple 2 ➡ **Determina l'expressió general de la funció integral $F(x)$ en cadascun dels casos següents:**

a) $F(x) = \int_1^x (2t-3)\,dt$ **b)** $F(x) = \int_1^x \left(1+\frac{1}{t}\right)dt$

c) $F(x) = \int_x^2 t(t+1)\,dt$ **d)** $F(x) = \int_2^x \frac{dt}{t^2}$

a) $F'(x) = f(x) = 2x-3 \to F(x) = \int f(x)\,dx = \int (2x-3)\,dx = x^2 - 3x + C$

b) $F'(x) = f(x) = 1 + \frac{1}{x} \to F(x) = \int f(x)\,dx = \int \left(1+\frac{1}{x}\right)dx = x + \ln|x| + C$

c) $F(x) = \int_x^2 t(t+1)\,dt = -\int_2^x (t^2+t)\,dt$

$F'(x) = f(x) = -(x^2+x) \to F(x) = \int f(x)\,dx = -\int (x^2+x)\,dx = -\frac{x^3}{3} - \frac{x^2}{2} + C$

d) $F'(x) = f(x) = \frac{1}{x^2} \to F(x) = \int f(x)\,dx = \int \frac{dx}{x^2} = -\frac{1}{x} + C$

ACTIVITATS

10. Troba la derivada de cadascuna de les funcions següents:

a) $F(x) = \int_0^x (t^3 - 5t)\,dt$ b) $G(x) = \int_2^x 3t^2\,dt$

c) $H(x) = \int_1^x \frac{1}{2\sqrt{t}}\,dt$ d) $J(x) = \int_x^3 \frac{dt}{t+1}$

11. Calcula l'expressió algèbrica de la funció:

$$F(x) = \int_1^x \frac{1}{e^t}\,dt$$

sabent que $F(0) = 2$.

4. La fórmula de Barrow: el càlcul integral

En l'apartat anterior hem vist que $F(x)=\int_a^x f(t)dt$ és una primitiva de $f(x)$, ja que $F'(x) = f(x)$. Però cal recordar que una mateixa funció té infinites primitives, de manera que dues qualssevol d'aquestes primitives es diferencien en una constant.

Així, si $G(x)$ és una primitiva qualsevol de $f(x)$, es verifica: $F(x) - G(x) = C$; per tant, podem escriure:

$$\int_a^x f(t)\,dt - G(x) = C$$

Si fem $x = a, \int_a^a f(t)\,dt = 0 \ i\ -G(a) = C.$

Per tant, $\int_a^x f(t)\,dt - G(x) = -G(a).$

Si ara fem $x = b$, tenim, $\int_a^b f(t)\,dt - G(b) = -G(a).$

Canviant el nom de la variable t per x, tenim, per acabar: $\int_a^b f(x)\,dx = G(b) - G(a)$,

essent $G(x)$ una primitiva de $f(x)$.

Aquesta expressió s'anomena la **fórmula de Barrow**.

Acabem de trobar un procediment per calcular la integral. En la pràctica, aquest càlcul s'expressa de la manera següent:

$$\int_a^b f(x)\,dx = \left[F(x)\right]_a^b = F(b) - F(a),$$

on $F(x)$ és una primitiva de $f(x)$.

La integral no depèn de la primitiva triada, ja que, si $G(x)$ és una altra primitiva, es verifica:

$$G(x) = F(x) + C \rightarrow \begin{cases} G(b) = F(b) + C \\ G(a) = F(a) + C \end{cases}$$

Restant membre a membre les dues igualtats numèriques, obtenim:

$$G(b) - G(a) = F(b) + C - \left[F(a) + C\right] = F(b) - F(a)$$

Igualtat que posa de manifest que el valor de la integral no depèn de la primitiva que hàgim escollit per fer-ne el càlcul.

El càlcul integral es redueix a calcular una primitiva de la funció que es vol integrar i restar-ne dos valors numèrics aplicant la fórmula de Barrow.

En la unitat anterior ja vam aprendre a determinar força primitives que ara ens serviran per calcular integrals. Recorda que per a la determinació de primitives hem utilitzat, tant a la unitat anterior com a l'exemple 2 d'aquesta unitat, el símbol: $\int f(x)\ dx$.

Es tracta d'una integral sense límits numèrics que, com ja saps, anomenem integral indefinida.

Vegem tot seguit, amb uns quants exemples, com s'aplica la regla de Barrow per calcular diferents integrals.

Exemple 3 ➡ **Calcula $\int_3^5 (2x-4)\,dx$**

L'expressió general de les primitives de la funció $f(x)=2x-4$ és $F(x)=x^2-4x+C$. Prenem, per comoditat, la primitiva en què $C=0$. Apliquem la fórmula de Barrow i fem els càlculs corresponents:

$$\int_3^5 (2x-4)\,dx=\left[x^2-4x\right]_3^5=F(5)-F(3)=25-20-(9-12)=8$$

Exemple 4 ➡ **Calcula $\int_{-1}^{1}\left(x^3+\frac{x}{3}+2\right)dx$**

Comencem per buscar una primitiva de la funció:

$$f(x)=x^3+\frac{x}{3}+2,\text{ amb } C=0.$$

Aquesta primitiva és:

$$F(x)=\frac{x^4}{4}+\frac{x^2}{6}+2x$$

Apliquem la fórmula de Barrow:

$$\int_{-1}^{1}\left(x^3+\frac{x}{3}+2\right)dx=\left[\frac{x^4}{4}+\frac{x^2}{6}+2x\right]_{-1}^{1}=$$

$$=F(1)-F(-1)=\frac{1}{4}+\frac{1}{6}+2-\left(\frac{1}{4}+\frac{1}{6}-2\right)=4$$

Exemple 5 ➡ **Calcula les integrals següents:**

a) $\int_4^{16}\frac{1}{\sqrt{x}}\,dx$ ***b)*** $\int_0^{\ln 2} e^x\,dx$

a) Una primitiva és: $\int\frac{1}{\sqrt{x}}\,dx=2\int\frac{1}{2\sqrt{x}}\,dx=2\sqrt{x}$, amb $C=0$.

$$\int_4^{16}\frac{1}{\sqrt{x}}dx=\left[2\sqrt{x}\right]_4^{16}=2\sqrt{16}-2\sqrt{4}=2\cdot 4-2\cdot 2=8-4=4$$

b) $\int_0^{\ln 2} e^x\,dx=\left[e^x\right]_0^{\ln 2}=e^{\ln 2}-e^0=2-1=1$

Exemple 6 ➡ **Calcula $\int_{-2}^{3} x\,e^x\,dx$**

La primitiva de la funció que es vol integrar no és immediata. Com que és un producte de funcions, podem provar el procediment d'integració per parts. Calculem una primitiva:

$$\int x\,e^x\,dx=x\,e^x-\int e^x\,dx=x\,e^x-e^x=e^x(x-1)$$

Tenim ja la primitiva i procedim al càlcul de la integral:

$$\int_{-2}^{3} x\,e^x\,dx=\left[e^x(x-1)\right]_{-2}^{3}=2e^3-(-3)e^{-2}=2e^3+\frac{3}{e^2}$$

Exemple 7 ➡ **Calcula** $\int_4^9 \frac{\sqrt{x}}{\sqrt{x}-1}\,dx$

La primitiva de la funció que es vol integrar no és immediata. Caldrà fer un canvi de variable per trobar-la.

Fem el canvi: $\sqrt{x} = t$ i, per tant, $x = t^2 \rightarrow dx = 2t\,dt$.

Per a $C = 0$, tenim:

$$\int \frac{\sqrt{x}}{\sqrt{x}-1}dx = \int \frac{t}{t-1}2t\,dt = \int \frac{2t^2}{t-1}dt = \int\left(2t+2+\frac{2}{t-1}\right)dt = t^2+2t+2\ln|t-1|$$

Cal tenir en compte que els valors 4 i 9 que figuren en la integral definida corresponen a valors de la variable, i ara han de ser valors de la nova variable que figura en la primitiva obtinguda. Vegem quins valors els corresponen:

$$x = 4 \rightarrow t = \sqrt{4} = 2$$

$$x = 9 \rightarrow t = \sqrt{9} = 3$$

La integral que s'ha de calcular és:

$$\int_4^9 \frac{\sqrt{x}}{\sqrt{x}-1}dx = \int_2^3\left(2t+2+\frac{2}{t-1}\right)dt = \left[t^2+2t+2\ln|t-1|\right]_2^3 = 9+6+2\ln 2-(4+4+2\ln 1) =$$

$$= 15+2\ln 2-8 = 7+2\ln 2 = 7+\ln 2^2 = 7+\ln 4$$

També es pot desfer el canvi en la primitiva obtinguda i aplicar la fórmula de Barrow per als valors de la variable *x*. Fes-ho i comprova que s'obté el mateix resultat.

Exemple 8 ➡ **Calcula** $\int_{-r}^{r}(r^2-x^2)\,dx$**, on** r **representa un nombre real.**

Tenint en compte que r és constant, la primitiva de la funció $f(x) = r^2 - x^2$amb $C=0$ és:

$$F(x) = r^2x - \frac{x^3}{3}$$

$$\int_{-r}^{r}(r^2-x^2)\,dx = \left[r^2x-\frac{x^3}{3}\right]_{-r}^{r} = r^3-\frac{r^3}{3}-\left(-r^3+\frac{r^3}{3}\right) = 2r^3-\frac{2r^3}{3} = \frac{4r^3}{3}$$

Com era de preveure, el valor de la integral depèn del nombre real r, de manera que per a cada valor de r la integral té un valor numèric concret.

ACTIVITATS

12. Calcula les integrals següents:

a) $\int_0^2 (x+1)^6\,dx$ *b)* $\int_{-2}^{1}\frac{dx}{2-x}$

c) $\int_{-1}^{0} x^2e^x\,dx$ *d)* $\int_0^5\sqrt{3x+1}\,dx$

e) $\int_e^{e^e}\frac{1}{x\ln x}dx$ *f)* $\int_2^4\frac{x}{x^2-1}\,dx$

g) $\int_{-1}^{1}\frac{x}{\sqrt{1+x^2}}\,dx$ *h)* $\int_2^4\frac{x^3}{x^2-1}\,dx$

13. A partir de la igualtat:

$$\int_{-2}^{b}\left(\frac{1}{2}x-\frac{2}{3}\right)dx = -\frac{25}{12}$$

determina el valor o valors de *b* que la compleixen.

14. Un dels valors de *a* que verifica la igualtat $\int_a^2(2x+1)\,dx = 0$ és, evidentment, *a* = 2. Hi ha algun altre valor de *a* que la verifiqui? Quin és?

5. El càlcul d'àrees

Hem començat la unitat plantejant el problema de calcular l'àrea sota una corba en un interval tancat. Ara el resoldrem.

Considerem la funció $f(x)=\frac{x^2}{2}+1$ en l'interval [0, 3] de l'exemple 1. Com que la funció és positiva en tot aquest interval, l'àrea coincideix amb la integral. Així, podem escriure i calcular

$$A=\int_0^3\left(\frac{x^2}{2}+1\right)dx=\left[\frac{x^3}{6}+x\right]_0^3=\frac{9}{2}+3=\frac{15}{2}\ u^2$$

Acabem de calcular l'àrea sota la corba limitada per la gràfica de la funció, l'eix *OX* i les rectes verticals $x = 0$ i $x = 3$ corresponents als extrems de l'interval.

Important

Escrivim u^2 per indicar que es tracta d'una àrea i, per tant, es mesura en unitats quadrades.

Observa que la mesura obtinguda no és gaire diferent de les que hem estimat en l'exemple 1.

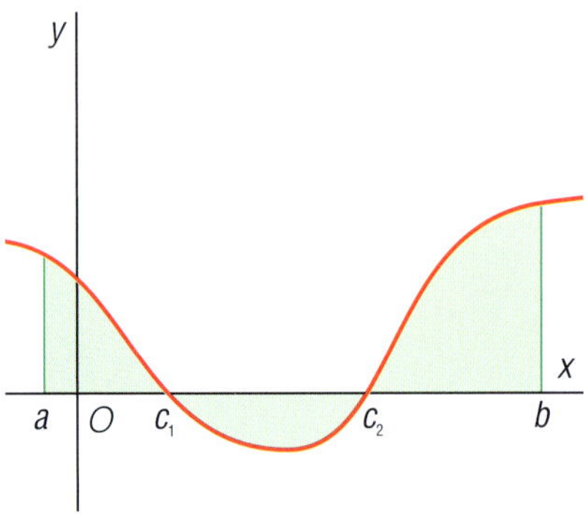

Fig. 10.11.

5.1. Àrea compresa entre la gràfica d'una funció i l'eix *OX*

Vegem un cas més general. Observa la Figura 10.11. Es tracta de calcular l'àrea compresa entre la gràfica de la funció $f(x)$ i l'eix *OX* en l'interval $[a, b]$.

En aquest interval, la funció no manté el mateix signe. En l'interval $[a, c_1]$ la funció no és negativa, igual que en el $[c_2, b]$. En canvi, manté el signe negatiu en l'interval $[c_1, c_2]$. L'àrea coincideix amb la integral si la funció és positiva. Si la funció és negativa, l'àrea serà el valor absolut de la integral. Tenint en compte aquestes consideracions, podem expressar l'àrea:

$$A=\int_a^{c_1}f(x)dx+\left|\int_{c_1}^{c_2}f(x)dx\right|+\int_{c_2}^{b}f(x)dx$$

Important

Cal resoldre l'equació $f(x)=0$ per trobar els punts de tall de la gràfica de la funció amb l'eix *OX*.

L'**àrea** s'expressa com a suma de tantes integrals com intervals defineixi la funció en tallar l'eix *OX* i es considera el valor absolut de la integral en l'interval en què la funció és negativa.

Per tal de calcular l'àrea compresa entre $f(x)$ i l'eix *OX* a l'interval $[a, b]$, cal esbrinar si en aquest interval $f(x)$ canvia de signe i, per tant, els punts en què la gràfica de la funció talla l'eix. Aquests punts definiran subintervals de $[a, b]$. L'àrea s'expressa com a suma d'integrals o dels seus valors absoluts, segons el signe de $f(x)$, en cadascun dels intervals obtinguts.

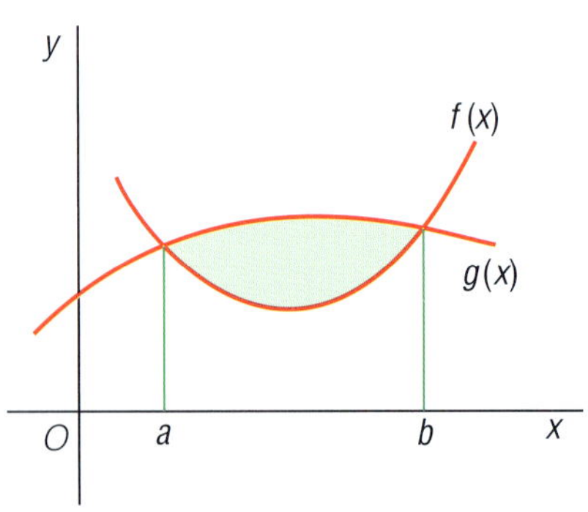

Fig. 10.12.

5.2. Àrea compresa entre les gràfiques de dues funcions

Per calcular l'àrea entre les gràfiques de les funcions $f(x)$ i $g(x)$ de la Figura 10.12 cal observar la gràfica detingudament.

Observem que *a* i *b* corresponen a les abscisses dels punts d'intersecció de les dues funcions. És a dir, els valors de *x* que s'obtenen en resoldre l'equació $f(x) = g(x)$.

L'àrea que s'ha de calcular és la diferència entre l'àrea corresponent a $g(x)$ en l'interval $[a, b]$ i l'àrea corresponent a $f(x)$ en el mateix interval: $A = A_g - A_f$. Expressat en termes d'integrals:

$$A=\int_a^b g(x)dx-\int_a^b f(x)dx$$

que, tenint en compte les propietats de la integral, podem escriure:

$$A=\int_a^b\left[g(x)-f(x)\right]dx$$

Aquesta igualtat correspon a la gràfica de la Figura 10.12, ja que $g(x) > f(x)$ en tot l'interval i la diferència és positiva i, per tant, la integral coincideix amb l'àrea. Si no fos així, caldria calcular el valor absolut de la integral.

En general, si no es coneix la posició relativa de les dues funcions, expressarem l'àrea amb el valor absolut de la integral:

$$A = \left| \int_a^b \left[f(x) - g(x) \right] dx \right|$$

Es pot pensar que per calcular l'àrea de la Figura 10.13 cal utilitzar un procediment diferent, ja que hi ha part de l'àrea en la regió negativa de les funcions. Però si observes la Figura 10.14, l'àrea que s'ha de calcular no varia si es traslladen les dues funcions de manera que les dues siguin positives en tot l'interval. Les funcions serien: $f(x)+h$ i $g(x)+h$

i la seva diferència: $f(x)+h-(g(x)+h) = f(x)-g(x)$

Aquesta igualtat ens permet afirmar que l'àrea compresa entre els gràfics de dues funcions és independent del signe que prenen en l'interval considerat.

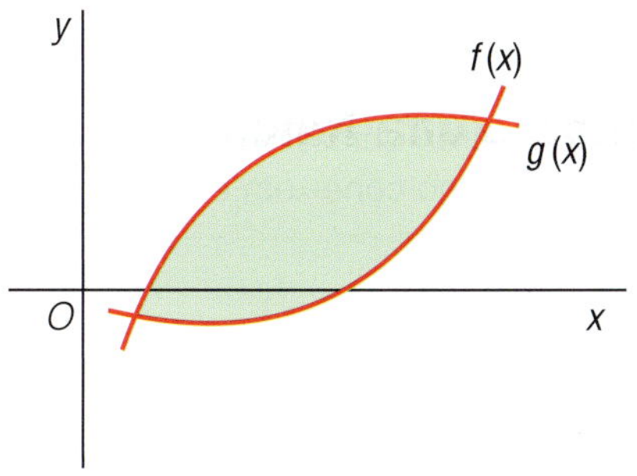

Fig. 10.13.

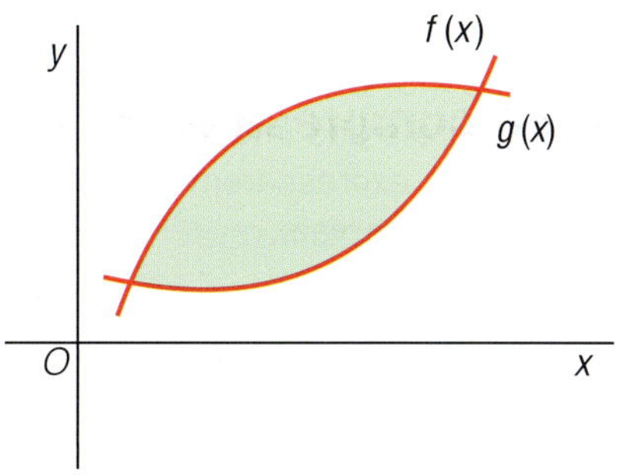

Fig. 10.14.

Vegem alguns exemples de com s'efectua el càlcul d'àrees.

Exemple 9

Calcula l'àrea entre la corba $f(x) = -x^2 + 5x - 4$ i l'eix *OX* en l'interval [2, 5].

Si observem la gràfica de la funció $f(x) = -x^2 + 5x - 4$ en l'interval [2, 5] (Fig. 10.15), hi ha un punt d'intersecció amb l'eix *OX*.

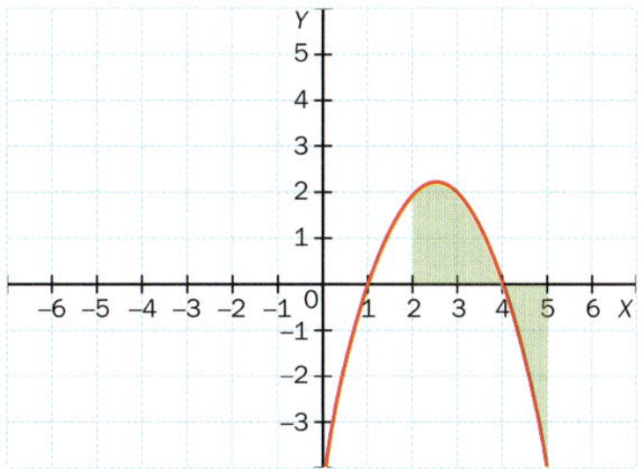

Fig. 10.15.

Aquest punt es troba resolent l'equació $-x^2 + 5x - 4 = 0 \rightarrow \begin{cases} x_1 = 1 \notin [2,5] \\ x_2 = 4 \in [2,5] \end{cases}$.

En l'interval [2, 4] la funció no és negativa i en l'interval [4, 5] no és positiva.

Expressem i calculem l'àrea:

$$A = \int_2^4 (-x^2+5x-4)\,dx + \left| \int_4^5 (-x^2+5x-4)\,dx \right| = \left[-\frac{1}{3}x^3 + \frac{5}{2}x^2 - 4x \right]_2^4 + \left| \left[-\frac{1}{3}x^3 + \frac{5}{2}x^2 - 4x \right]_4^5 \right| =$$

$$= -\frac{64}{3} + 40 - 16 - \left(-\frac{8}{3} + 10 - 8 \right) + \left| -\frac{125}{3} + \frac{125}{2} - 20 - \left(-\frac{64}{3} + 40 - 16 \right) \right| =$$

$$= \frac{8}{3} - \left(-\frac{2}{3} \right) + \left| \frac{5}{6} - \frac{8}{3} \right| = \frac{8}{3} + \frac{2}{3} + \left| -\frac{11}{6} \right| = \frac{10}{3} + \frac{11}{6} = \frac{31}{6}\,u^2$$

Observa que si es calcula la integral $\int_2^5 (-x^2+5x-4)\,dx$, no s'obté el mateix resultat. Fixa't que $\int_2^5 (-x^2+5x-4)\,dx = \frac{3}{2}$. Efectua els càlculs per comprovar-ho.

Exemple 10 ➡ **Calcula l'àrea compresa entre la corba $f(x) = x^3 - 3x^2 - x + 3$ i l'eix OX en l'interval [–2, 1].**

En primer lloc, cal veure si en aquest interval la funció talla en algun punt l'eix *OX*. Això es pot saber buscant els punts de tall amb l'eix. És a dir, resolent l'equació:

$$x^3 - 3x^2 - x + 3 = 0$$

Aquesta equació és de tercer grau. Busquem si existeix alguna solució entre els divisors del terme independent 3; $x = 1$ ho és. Per tant, el polinomi $x^3 - 3x^2 - x + 3$ és divisible per $x - 1$. Podem fer la divisió pel mètode de Ruffini i tenim:

$$x^3 - 3x^2 - x + 3 = (x - 1)(x^2 - 2x - 3) = 0$$

Queda per resoldre: $x^2 - 2x - 3 = 0$, que és una equació de segon grau que té les solucions: $x = -1$ i $x = 3$.

En conclusió, la gràfica de $f(x) = x^3 - 3x^2 - x + 3$ talla l'eix de les abscisses en els punts $x = -1$, $x = 1$ i $x = 3$; d'aquests, $x = -1$ és interior a l'interval [–2, 1]. Per calcular l'àrea, caldrà considerar els dos intervals [–2, –1] i [–1, 1]. L'àrea serà el resultat de la suma de dues integrals que expressarem en valor absolut, ja que no coneixem el signe de la funció en cadascun dels intervals.

Tenint en compte tot això, l'expressió de l'àrea és:

$$A = \left| \int_{-2}^{-1} \left(x^3 - 3x^2 - x + 3\right) dx \right| + \left| \int_{-1}^{1} \left(x^3 - 3x^2 - x + 3\right) dx \right| =$$

$$= \left| \left[\frac{x^4}{4} - x^3 - \frac{x^2}{2} + 3x \right]_{-2}^{-1} \right| + \left| \left[\frac{x^4}{4} - x^3 - \frac{x^2}{2} + 3x \right]_{-1}^{1} \right| =$$

$$= \left| \frac{-9}{4} - 4 \right| + \left| \frac{7}{4} + \frac{9}{4} \right| = \frac{41}{4}\ \text{u}^2$$

Exemple 11 ➡ **Calcula l'àrea entre la gràfica de les funcions $f(x) = \frac{x^2}{2} - x + 3$ i $g(x) = x + 3$.**

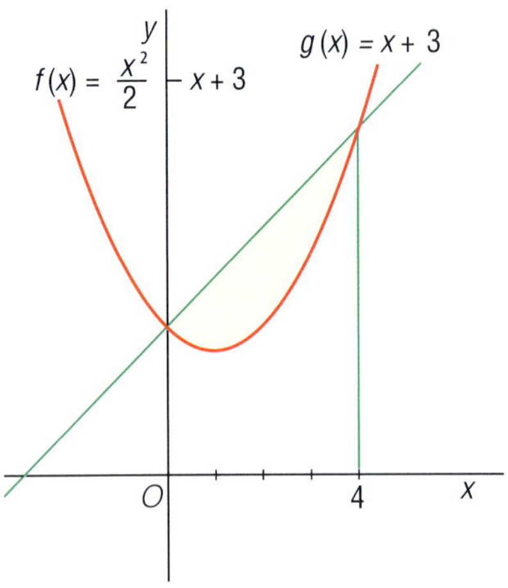

Fig. 10.16.

En la Figura 10.16 hem representat les dues funcions i la regió de la qual cal calcular l'àrea.

Començarem per trobar els punts d'intersecció de les dues gràfiques. D'aquests ens interessa el valor de l'abscissa per determinar l'interval on s'ha de calcular la integral. N'hi ha prou d'igualar les dues expressions i resoldre l'equació:

$$\frac{x^2}{2} - x + 3 = x + 3 \rightarrow \frac{x^2}{2} - 2x = 0 \rightarrow x_1 = 0 \text{ i } x_2 = 4$$

L'expressió de l'àrea l'escriurem tenint en compte que la funció $g(x)$ té valors més grans que $f(x)$ en aquest interval i, per tant, la seva diferència és positiva. Si no fos així, o no coneguéssim la posició de les dues funcions, caldria expressar la integral en valor absolut.

L'expressió de l'àrea és:

$$A = \int_0^4 \left[g(x) - f(x)\right] dx$$

$$g(x) - f(x) = x + 3 - \left(\frac{x^2}{2} - x + 3\right) = -\frac{x^2}{2} + 2x$$

que substituïm en la integral:

$$A = \int_0^4 \left(-\frac{x^2}{2} + 2x\right) dx = \left[-\frac{x^3}{6} + x^2\right]_0^4 = -\frac{32}{3} + 16 = \frac{16}{3}\ \text{u}^2$$

Exemple 12 **Calcula l'àrea limitada per la gràfica de la funció $f(x) = \ln x$, i les rectes $y = 0$, $x = 2$ i $x = 4$.**

Sabem que la funció $f(x) = \ln x$ és negativa per a valors de x tals que $0 < x < 1$, i no negativa per a $x \geq 1$.

Així que l'àrea a determinar està per sobre de l'eix de les abscisses ($y = 0$) i, per tant, l'àrea que se'ns demana és: $\int_2^4 \ln x\, dx$ (Fig. 10.17).

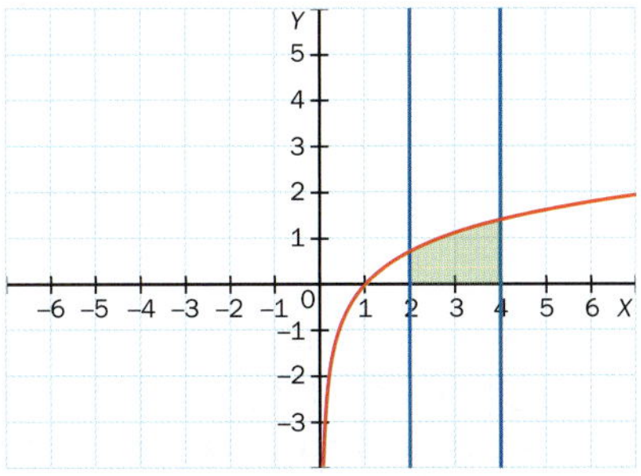

Fig. 10.17.

Calculem primer la integral indefinida $\int \ln x\, dx$, que es fa per parts:

$$\left.\begin{array}{l} f(x) = \ln x \to f'(x) = \dfrac{1}{x} \\ g'(x) = 1 \to g(x) = x \end{array}\right\} \to \int \ln x\, dx = x \ln x - \int dx = x \ln x - x, \text{ amb } C = 0$$

A continuació ja podem calcular l'àrea que ens demanen:

$$\int_2^4 \ln x\, dx = [x \ln x - x]_2^4 = 4\ln 4 - 4 - (2\ln 2 - 2) = 4\ln 4 - 4 - 2\ln 2 + 2 = 2(2\ln 4 - \ln 2 - 1) =$$

$$= 2(\ln 4^2 - \ln 2 - \ln e) = 2\ln\frac{4^2}{2e} = 2\ln\frac{2^4}{2e} = 2\ln\frac{2^3}{e} = 2\ln\frac{8}{e} \text{ u}^2$$

ACTIVITATS

15. Calcula la integral $\int_{-1}^{1} x^5\, dx$ i l'àrea limitada per la corba de la funció $f(x) = x^5$ i l'eix de les abscisses en l'interval $[-1, 1]$. Coincideixen els dos resultats? Raona la teva resposta.

16. Expressa i calcula l'àrea entre la gràfica de la funció $f(x) = (x - 1)(x^2 - x - 6)$ i l'eix OX.

17. Calcula l'àrea entre la gràfica de la funció $f(x) = x^3 - 3x$ i l'eix OX.

18. Calcula l'àrea de la regió compresa entre les gràfiques de les funcions $f(x) = x^2$ i $g(x) = -x^2 + 8$.

19. Representa gràficament les funcions $f(x) = x^2 + 4x$ i $g(x) = \dfrac{3x}{2}$. Calcula l'àrea de la regió compresa entre les dues gràfiques.

20. Representa gràficament la funció $f(x) = \ln x$ en l'interval $[1, e]$. Calcula l'àrea sota aquesta corba en aquest interval.

21. La funció $f(x) = x^2 - x^4$ presenta simetria parella en la seva gràfica. Pots comprovar-ho. Calcula l'àrea sota aquesta corba i l'eix OX. Pots fer-ho calculant només una integral? Fes-ho així i t'estalviaràs càlculs.

22. Calcula l'àrea ombrejada de la Figura 10.18. Les funcions representades són:

$$f(x) = \frac{(x-2)^2}{2} \text{ i } g(x) = -x^2 + 2x$$

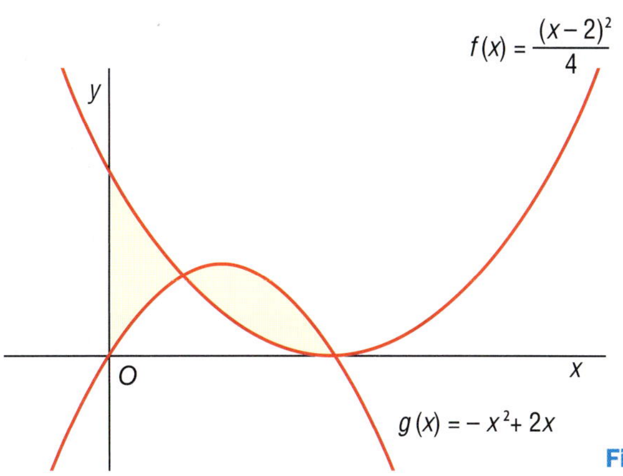

Fig. 10.18.

Activitats finals

1. Calcula la derivada de $F(x) = \int_0^x \frac{t-1}{t+1}\,dt$.

2. Calcula $F'(1)$ si $F(x) = \int_1^{3x+1} \sqrt{t}\,dt$.

3. Tenim una funció $y = f(x)$ de la qual l'única cosa que sabem és que la seva gràfica és aproximadament la que s'indica en la Figura 10.19. Fes un esquema senzill de la gràfica de la funció: $g(x) = \int_0^x f(t)\,dt$

Raona molt detalladament la resposta.

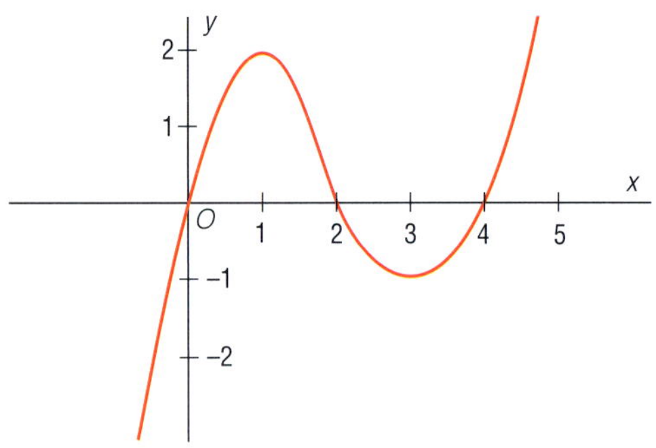

Fig. 10.19.

4. Calcula les integrals següents:

a) $\int_{-1}^{1} \frac{-x}{x^2+1}\,dx$ b) $\int_0^2 (2-3x)^5\,dx$

c) $\int_2^4 \frac{3}{1-x}\,dx$ d) $\int_{-1}^{1} \frac{x^3}{1+x^4}\,dx$

5. Calcula: $\int_{-2}^{1} x^2 e^x\,dx$. Per trobar una primitiva és necessari que apliquis el mètode d'integració per parts dues vegades.

6. Troba una primitiva de la funció $f(x) = \frac{x^3}{x-2}$ i calcula la integral d'aquesta funció en l'interval [3, 5].

7. Calcula la integral definida $\int_0^1 e^x\left(1-e^x\right)^2 dx$.

8. Utilitzant el canvi de variable $1 - e^x = t$, calcula la integral de l'activitat anterior.

9. Calcula l'àrea compresa entre la gràfica de la funció $f(x) = \frac{1}{x}$, l'eix de les abscisses i les ordenades corresponents a $x = 1$ i $x = 2$.

10. Calcula l'àrea limitada per la gràfica de la funció $y = x^2 - 3x$ i l'eix OX.

11. Calcula l'àrea determinada per la funció $f(x) = x^3 - x$ i l'eix de les abscisses.

12. Troba els punts de tall amb l'eix de les abscisses de la funció $f(x) = x^3 - 2x^2 - 5x + 6$ i expressa i calcula l'àrea compresa entre la gràfica de la funció i aquest eix.

13. En una comarca un riu adopta la forma de la funció $f(x) = \frac{1}{4}x^3 - x^2 + x$ (Fig. 10.20) i és tallat per un camí que té la direcció de l'eix OX. Prenent com a unitat el quilòmetre, calcula el valor del camp comprès entre el riu i el camí si el preu és de 300 € l'hectàrea.

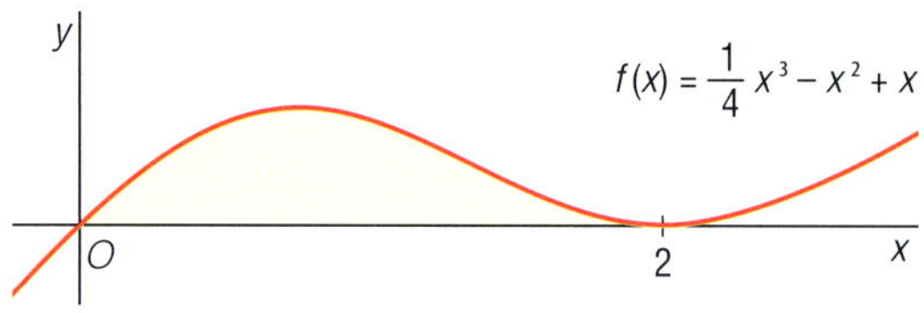

Fig. 10.20.

14. Representa gràficament la funció $f(x) = (x - 2)\,e^x$ en l'interval [2, 3]. Calcula l'àrea sota aquesta corba en aquest interval.

15. Representa la funció $f(x) = x^{-1}$ i calcula l'àrea compresa entre la corba i l'eix d'abscisses en l'interval [–3, 1].

16. Calcula l'àrea entre la gràfica de la funció $f(x) = 2 - 2x + x^2$, l'eix OX i les rectes $x = -1$ i $x = 2$.

17. Considera la funció $f(x) = \ln x$. Calcula l'àrea sota aquesta corba en l'interval [1, 2]. Pots fer el mateix en l'interval [0, 2]? Raona'n la resposta.

18. Calcula l'àrea entre la gràfica de la funció $f(x) = 2x \ln x$ en l'interval $[a, 1]$. Pot ser a un nombre negatiu? I $a = 0$? Per què?

19. Representa gràficament la funció $f(x) = -x^3$ en l'interval [–2, 2]. Raona quin és el valor de la integral $\int_{-2}^{2} -x^3\,dx$ sense calcular-la.

20. Demostra que $\int_{-1}^{1} \sqrt[3]{x}\,dx = 0$ sense calcular-ne la primitiva. Estudia la simetria que pot presentar la gràfica de la funció que s'ha d'integrar.

21. Comprova que $\int_{-a}^{a} x^4\,dx = 2\int_0^a x^4\,dx$. Per què creus que passa això? Raona la resposta.

22. Determina els valors de a, b i c en el polinomi $P(x) = ax^2 + bx + c$ si verifica $P(1) = 4$, $P'(1) = 8$ i $P(2) + 15P(0) = 0$. Representa la funció i calcula l'àrea compresa entre la corba i l'eix OX.

23. Troba l'àrea de la zona limitada per les funcions $f(x) = x^3$ i $g(x) = 2x$. Fes-ne una gràfica.

24. Troba l'àrea compresa entre les corbes $y = x^2$ i $y = \sqrt{x}$.

25. Representa en uns mateixos eixos de coordenades les funcions $f(x) = x^2$ i $g(x) = x^3$. Calcula l'àrea compresa entre les dues gràfiques.

26. Representa les funcions $f(x) = e^x$ i $g(x) = e^{-x}$ en una mateixa gràfica. Calcula l'àrea limitada per les dues corbes i la recta $x = 1$.

27. Calcula l'àrea del recinte limitat per les dues paràboles d'equacions: $y = x^2 - 2x$ i $y = -x^2 + 4x$ (Fig. 10.21)

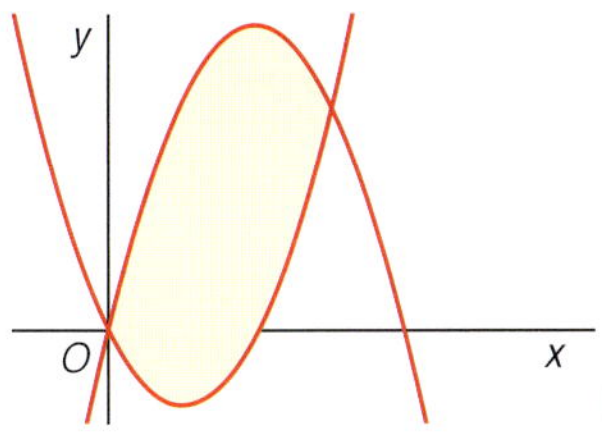

Fig. 10.21.

28. Troba el valor de $a > 0$ si sabem que l'àrea entre la paràbola $y = x^2 + ax$ i la recta $y + x = 0$ és 36 u^2.

29. Calcula l'àrea del recinte limitat pels gràfics de les dues funcions següents (Fig. 10.22): $f(x) = x^3 - 2x$, $g(x) = x^2$, quan considerem només valors de $x \leq 0$.

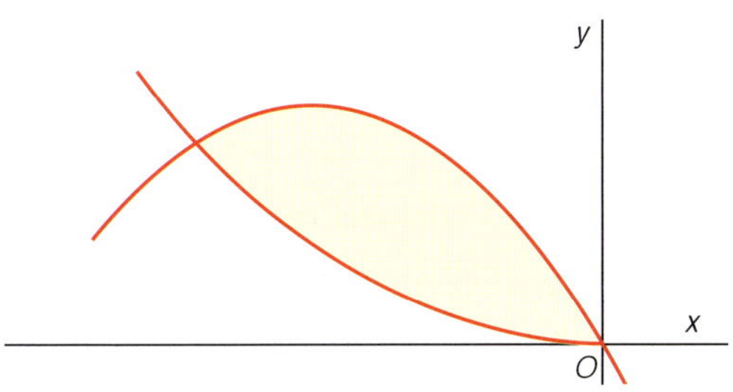

Fig. 10.22.

30. Considera un recinte tancat limitat per la paràbola d'equació $y = -x^2 + 1$ i la recta horitzontal d'equació $y = a$ (Fig. 10.23), on a és un nombre més petit que 1. Determina el valor de a per tal que l'àrea d'aquest recinte valgui $\dfrac{8\sqrt{2}}{3}$ u^2.

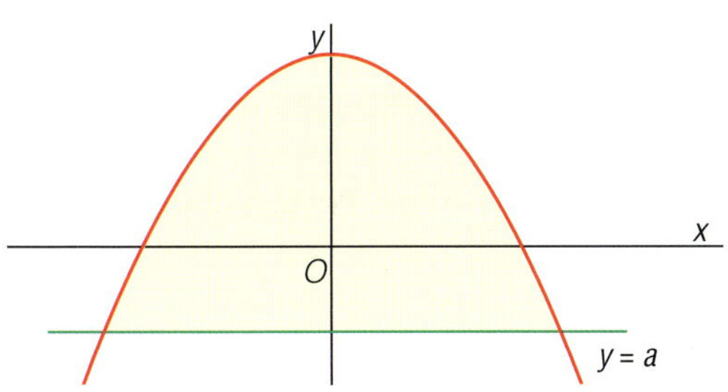

Fig. 10.23.

31. Calcula l'àrea de la regió plana finita limitada per la corba $y = x^3$ i la recta de pendent 3 que passa pel punt $(0, -2)$.

32. La corba $y = x^2$ i la recta $y = k$, amb $k > 0$, determinen una superfície plana.

a) Determina l'expressió que ens permet calcular el valor de l'àrea d'aquesta superfície en funció del paràmetre k.

b) Troba el valor de k per al qual l'àrea limitada mesura $\sqrt{6}$ u^2.

33. Determina l'àrea de la regió del pla limitada en el primer quadrant per les gràfiques de les paràboles $y = x^2$, $y = 4x^2$ i la recta $y = 9$.

34. Calcula $\int_1^2 x \ln x \, dx$.

35. Donada la funció $f(x) = \sqrt{x-1}$ i la recta $y = k$, amb $k > 0$:

a) Dibuixa un esbós del recinte limitat per les gràfiques de la funció i la recta i els eixos de coordenades.

b) Determina el valor de k sabent que l'àrea d'aquest recinte és $\dfrac{14}{3}$u^2.

36. De la funció polinòmica $f(x) = x^3 + ax^2 + bx + 2$ sabem que:

- $f'(-3) = 0$
- La integral definida en l'interval $[0,1]$ val $-\dfrac{5}{4}$.

Calcula el valor dels paràmetres a i b.

37. La gràfica aproximada de la funció $f(x) = x\sqrt{9 - x^2}$ és la de la figura:

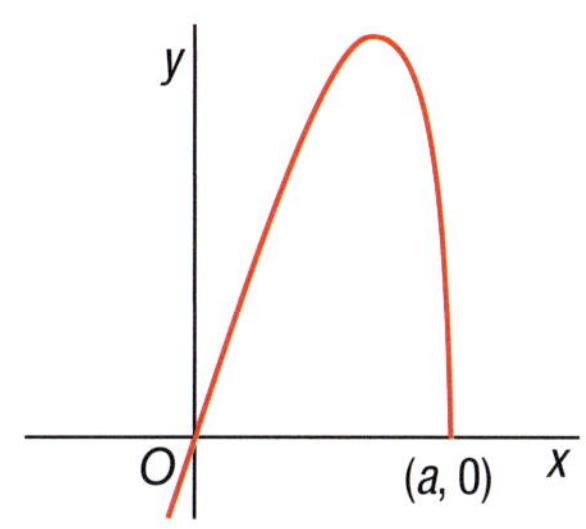

Fig. 10.24.

a) Troba les coordenades del punt de tall de la gràfica de la funció amb la part positiva de l'eix de les abscisses.

b) Calcula l'àrea del recinte limitat per la gràfica de la funció $f(x)$ i l'eix OX en el primer quadrant.

38. Considera les funcions $f(x) = a(1 - x^2)$ i $g(x) = \dfrac{x^2 - 1}{a}$, en què $a > 0$

a) Comprova que l'àrea del recinte limitat per les gràfiques de les funcions ve donada per l'expressió $\dfrac{4(1 + a^2)}{3a}$.

b) Calcula el valor del paràmetre a perquè aquesta àrea sigui mínima.

39. Calcula l'àrea de la superfície limitada per les corbes d'equació $f(x) = x^2 - 3x$ i $g(x) = x$.

40. Calcula l'àrea del triangle determinat per les rectes $2x - y = 0$, $x = 2$ i $y = 0$. Representa-la gràficament.

41. Sigui $f(a) = \int_c^d (a^2 + x^2)\, dx$, amb $c = 0$, $d = \dfrac{1}{a}$ i $a > 0$.

a) Verifica que $f(a) = \dfrac{1 + 3a^4}{3a^3}$.

b) Calcula el valor del paràmetre a perquè la funció $f(a)$ tingui un mínim relatiu.

Activitats finals

42. Calcula l'àrea de la gràfica de la funció $f(x) = 1 + x^3$ i l'eix OX entre els punts $x = 0$ i $x = 2$.

43. Considera el triangle que forma la recta representada a la Figura 10.25 amb els eixos de coordenades.

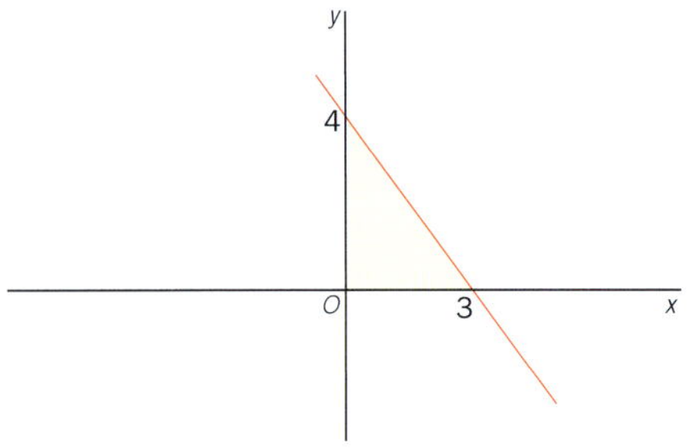

Fig. 10.25.

Calcula'n l'àrea a partir de:

a) La fórmula corresponent.

b) El càlcul integral.

44. Representa el polígon de vèrtexs $O(0, 0)$, $A(0, 2)$, $B(4, 4)$ i $C(4, 0)$ i calcula'n la seva àrea de dues maneres diferents: una a partir del càlcul integral i l'altra a partir de la fórmula de l'àrea d'un trapezi.

45. Calcula l'àrea limitada per la funció $f(x) = \sqrt{x}$, la recta vertical $x = 2$ i l'eix de les abscisses.

46. En la Figura 10.26 es mostra la corba $y = x(4 - x)$ i una recta r que passa per l'origen i talla la corba en un punt P d'abscissa k, amb $0 < k < 4$.

a) Troba l'àrea ombrejada, delimitada per la corba i la recta, en funció de k.

b) Troba per a quin valor de k l'àrea de la regió ombrejada és la meitat de l'àrea del recinte limitat per la corba i l'eix OX.

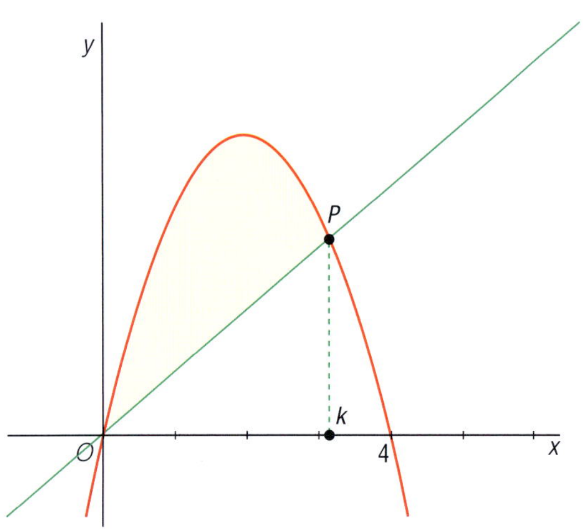

Fig. 10.26.

PREPARA'T PER A LA UNIVERSITAT

1. Calcula l'àrea limitada per les corbes d'equació $f(x) = x^2 - x + 2$ i $g(x) = 5 - 3x$.

2. Considera la funció $f(x) = \dfrac{x(a - x)}{a^3}$, amb $a > 0$.

a) Troba els punts de tall de la funció $f(x)$ amb l'eix OX.

b) Comprova que l'àrea del recinte limitat per la gràfica de la funció $f(x)$ i l'eix de les abscisses no depèn del valor del paràmetre a.

3. Considera les corbes $y = 4x - x^2$ i $y = x^2 - 6$.

a) Troba'n els punts d'intersecció.

b) Representa les dues corbes en una mateixa gràfica, on es vegi clarament el recinte que limiten entre elles.

c) Calcula l'àrea d'aquest recinte limitat per les dues corbes.

4. Sigui $f(x) = \dfrac{8x^2}{2x + 1}$. Troba l'àrea del recinte limitat per la gràfica d'aquesta funció, l'eix OX i les rectes $x = 0$ i $x = 2$.

5. Donades les funcions $f(x) = x^2 - ax - 4$ i $g(x) = \dfrac{x^2}{2} + b$:

a) Calcula a i b de manera que les gràfiques de $f(x)$ i de $g(x)$ siguin tangents en el punt d'abscissa $x = 3$, és a dir, tinguin la mateixa recta tangent en aquest punt.

b) Per al valor de a obtingut en l'apartat anterior, determina l'àrea de la regió limitada per l'eix OX i la funció $f(x)$.

6. Comprova que l'àrea limitada per la gràfica de la funció $f(x) = (x - 1)^3$ i l'eix de les d'abscisses en l'interval $[0, 2]$ coincideix amb $2\int_1^2 (x - 1)^3\,dx$.

- **Ets capaç de calcular, sempre que sigui possible, el valor aproximat de l'àrea sota una corba en un interval tancat del seu domini?**
- Interpretes i apliques correctament la regla de Barrow?
- Apliques amb soltesa aquesta regla per al càlcul d'àrees?
- Saps distingir entre el càlcul d'una integral definida i el càlcul de l'àrea d'una figura plana?
- Com valores l'aplicació de les integrals definides al càlcul d'àrees?

Trapezis i diabetis

Situació d'aprenentatge

Donada una funció, la integral ens ofereix la possibilitat de fer el càlcul exacte de l'àrea sota la corba determinada per la gràfica de la funció fins a l'eix d'abscisses. En molts casos de la vida quotidiana disposem d'un conjunt de mostres, però en canvi no tenim una funció que ens les modeli. Això suposa un problema a l'hora de fer aquest càlcul.

En estudis diagnòstics de diabetis es mesura el nivell de glucosa en sang del pacient en intervals regulars de temps. L'AUC *(Area Under Curve)* és el procés de calcular l'àrea sota una corba generada per aquestes dades. Aquest indicador ajuda a determinar si el pacient es considera diabètic o no, comparant-lo amb un llindar determinat, per exemple 27150 min mg/dL. Aquest llindar depèn del tipus de diabetis que s'estigui estudiant i d'altres consideracions mèdiques.

Una manera d'aproximar el valor de la integral és usant el *mètode dels trapezis*. Aquest mètode utilitza valors concrets de la funció en lloc de la seva expressió algèbrica, i es basa a dibuixar múltiples trapezis sota la corba. Recordem que l'àrea d'un trapezi es pot trobar com $A_t = \frac{1}{2}(B+b)h$, on B, i b són les dues bases i h és l'alçada. Podem veure en la figura 10.27 que les bases dels trapezis ens queden verticals i, per tant, corresponen a la imatge de la funció en un punt.

Aplicant aquesta fórmula a tots els trapezis que tinguem a partir de les dades donades i fent la suma de tots els resultats obtinguts, trobem el valor desitjat.

D'aquesta manera, els metges poden trobar un resultat aproximat sense necessitat de conèixer de manera precisa la corba.

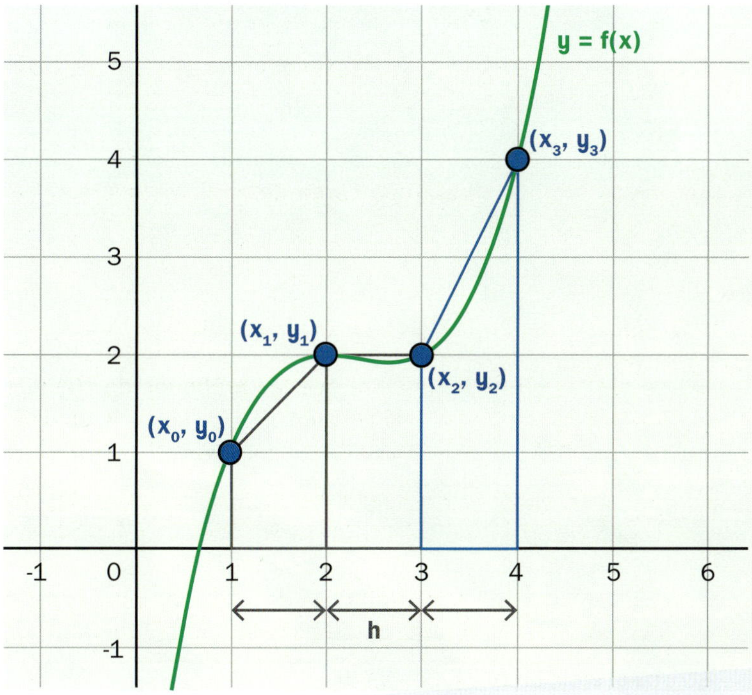

$$\int_a^b f(x)\,dx \approx \frac{h}{2}(y_0 + y_1) + \frac{h}{2}(y_1 + y_2) + \ldots + \frac{h}{2}(y_{n-1} + y_n) =$$
$$= \frac{h}{2}(y_0 + 2y_1 + 2y_2 + \ldots + 2y_{n-1} + y_n)$$

Fig. 10.27.

Ara et toca a tu! Tenim les següents dades d'una pacient. Li hem donat glucosa en dejú i mesurarem la quantitat de glucèmia (concentració de glucosa a la sang) cada 30 min.

Temps (min)	Glucèmia (mg/dL)
0	95
30	150
60	195
90	170
120	140

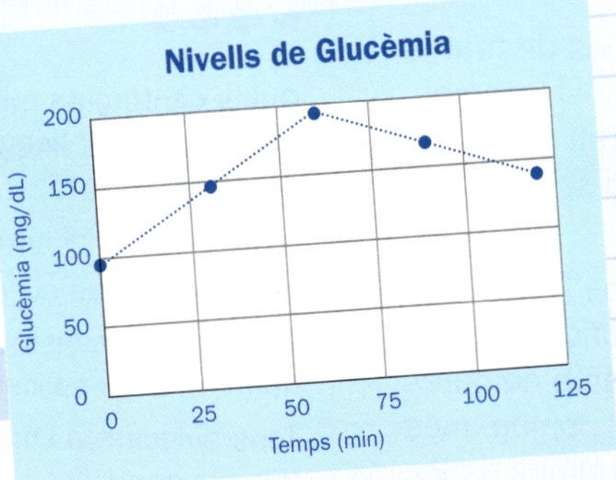

a) **Calcula l'àrea sota els punts donats usant el mètode dels trapezis.**

L'àrea de tall a partir de la qual es considera que una persona té diabetis és 27 150 min mg/dL (segons l'Associació Americana de Diabetis, ADA).

b) **D'acord amb aquest criteri, podem determinar que la pacient és diabètica?**

c) **El mètode dels trapezis usa intervals constants. Creus que es pot aplicar aquest mètode si quan prenem les dades ho fem en intervals de temps diferents entre ells?**

d) **Canviaria el valor de l'àrea si prenguéssim dades cada 15 min? Penses que seria més exacte?**

UNITAT

11 Aplicacions del càlcul de probabilitats

Farem servir:

- Treball cooperatiu
- ODS – Objectius de Desenvolupament Sostenible
- Situació d'aprenentatge
- Prepara't per a la universitat
- Aprendre a aprendre

Sumari

Prendre decisions és i ha estat sempre difícil per a tothom. Des de triar la roba cada matí fins a escollir a quines activitats dediquem el nostre temps, o bé quina és la carrera que volem estudiar. Amb tot el ventall d'opcions que tenim disponibles avui en dia és útil saber quan dir prou si n'hem de triar només una.

Una famosa estratègia per saber quina és la parada òptima ens l'ofereix el següent joc plantejat per M. Gardner el 1960 a la revista *Scientific American*. El «joc de googol» planteja aquesta situació: tenim *N* papers amb nombres escrits entre 0 i un googol (10^{100}). Volem trobar el paper amb el nombre més gran possible. A cada torn agafem un paper i decidim si plantar-nos (el joc acaba) o descartar-lo per agafar-ne un de nou. Juguem?

Quins continguts relacionats amb la probabilitat recordes? I del llenguatge de successos, què en recordes?

Saps elaborar diagrames en arbre?

Tens facilitat en el càlcul de la combinatòria?

Distingeixes la distribució binomial de la distribució normal? Saps aplicar ambdues distribucions?

Tens dificultat a l'hora d'utilitzar la taula de la distribució normal?

1. La regla de Laplace

En aquesta unitat repassarem i ampliarem els continguts referents al càlcul de probabilitats, que vàrem treballar en el curs anterior. Començarem per fer un recordatori sobre la probabilitat.

Tot experiment aleatori E porta associat el seu espai mostral Ω, en què qualsevol dels seus subconjunts és un succés de l'experiment aleatori la probabilitat del qual podem calcular. Entre els finits successos d'un experiment cal remarcar l'experiment segur, que és el mateix espai mostral Ω, el succés impossible, que es denota $\varnothing$, i els successos elementals, que són els que estan formats per un sol element de l'espai mostral.

El càlcul de probabilitats ens permet determinar quina és la probabilitat que pugui ocórrer un determinat succés quan es fa un experiment aleatori. És a dir, la probabilitat d'un succés és una mesura del grau de certesa que es produeixi el succés en qüestió.

Per tal que estigui ben definida, la probabilitat ha de complir tres propietats:

1. $0 \leq p(A) \leq 1$, per a qualsevol succés A

2. $p(\Omega) = 1$ i $p(\varnothing) = 0$

3. Si A i B són successos incompatibles, es verifica que $p(A \cup B) = p(A) + p(B)$

La tercera propietat és una conseqüència del fet que si A i B són dos successos compatibles, aleshores es verifica: $p(A \cup B) = p(A) + p(B) - p(A \cap B)$

Quan els successos elementals d'un experiment aleatori són **equiprobables,** per calcular la probabilitat d'un succés A qualsevol d'aquest experiment s'aplica la **regla de Laplace:**

$p(A) = \dfrac{\text{card}(A)}{\text{card}(\Omega)}$, on card(A) indica el nombre de casos favorables al succés A i card(Ω) el nombre de casos possibles de l'experiment. Es dedueix fàcilment que aquesta regla és, en efecte, una probabilitat, perquè verifica les tres propietats indicades anteriorment.

Per exemple, en l'experiment aleatori de treure una carta d'una baralla de 48, la probabilitat del succés A: «que sigui un as» és, aplicant la regla de Laplace:

$$p(A) = \frac{4}{48} = \frac{1}{12}$$

A vegades, per la complexitat de l'experiment aleatori, cal recórrer a la combinatòria per determinar el nombre de casos possible i el de casos favorables. Vegem un exemple.

Exemple 1

Amb les xifres 1, 2, 3, 4 i 5 formem tots els nombres possibles de 3 xifres. Si escollim a l'atzar un d'aquests nombres, calcula la probabilitat que:
***a)* Sigui un nombre parell.**
***b)* Tingui les tres xifres repetides.**
***c)* Sigui un nombre capicua.**

Definim els successos A «que sigui un nombre parell», B «que tingui les tres xifres repetides» i C «que sigui un nombre capicua».

Calculem el nombre de casos possibles: $VR_{5,3} = 5^3 = 125$

a) El nombre de casos favorables al succés A són: $2 \cdot VR_{5,2} = 2 \cdot 5^2 = 50$

Llavors: $p(A) = \dfrac{50}{125} = \dfrac{2}{5}$

b) Hi ha 5 nombres amb les tres xifres repetides, per tant: $p(B) = \dfrac{5}{125} = \dfrac{1}{25}$

c) Com que dels 125 nombres n'hi ha 25 que són capicues, la probabilitat del succés C és:

$p(C) = \dfrac{25}{125} = \dfrac{1}{5}$

Recorda que una tècnica que sovint s'utilitza per deduir el nombre de casos possibles d'un experiment aleatori és l'elaboració d'un diagrama en arbre. Vegem un exemple.

Recorda

Si l'espai mostral d'un experiment aleatori té n elements, podem obtenir 2^n successos, entre els quals sempre trobem Ω, $\varnothing$ i els n elementals.

Recorda

Dos successos A i B són incompatibles si $A \cap B = \varnothing$.

Biografia

Pierre-Simon Laplace (1749-1827) matemàtic francès.

Fixa't

Un cop elaborat el diagrama en arbre, les diferents branques formen part de qualsevol dels possibles successos de l'experiment. Així, podem calcular fàcilment diferents probabilitats triant correctament les branques corresponents.

Exemple 2 ➡ **En un equip de bàsquet, els jugadors disposen de pantalons blancs o negres, i de samarretes vermelles, blaves o verdes. De quantes maneres es poden vestir per jugar un partit? Quina és la probabilitat que portin els pantalons negres i la samarreta vermella? I que no portin la samarreta blava?**

Elaborem l'arbre corresponent:

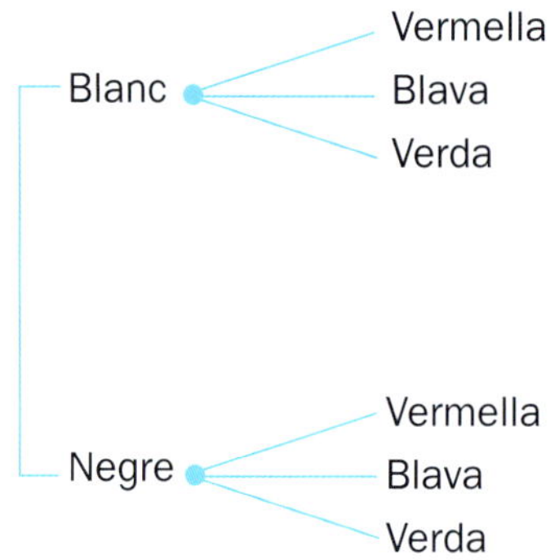

Fig. 11.1.

Observem que els jugadors disposen de 6 maneres diferents de vestir-se per a un partit. Com que els 6 successos elementals són equiprobables, utilitzarem la regla de Laplace per calcular les probabilitats que ens demanen.

Definim els successos N «que portin els pantalons negres» i V «que portin la samarreta vermella». Se'ns demana $p(N \cap V)$.

La combinació de pantalons negres amb samarreta vermella només la trobem en una branca, la quarta. Per tant: $p(N \cap V) = \frac{1}{6}$.

Per al succés «que portin la samarreta blava», tenim: $p(B) = \frac{2}{6} = \frac{1}{3}$, ja que hi ha dues branques, la segona i la cinquena, en què la samarreta és blava.

Però com que ens demanen la probabilitat que no portin la samarreta blava, per la probabilitat del succés complementari tenim: $p(\overline{B}) = 1 - p(B) = 1 - \frac{1}{3} = \frac{2}{3}$.

En aquest últim cas, també hauríem pogut calcular la probabilitat directament a partir del diagrama en arbre, ja que hi ha quatre branques en què la samarreta no és blava: la primera, la tercera, la quarta i la sisena. En conseqüència: $p(\overline{B}) = \frac{4}{6} = \frac{2}{3}$.

ACTIVITATS

1. La Marta i la Maria juguen un campionat de parxís. Convenen que el triomf se l'adjudica la primera que guanyi dues partides seguides o tres d'alternes. De quantes maneres es pot desenvolupar el joc? Quin és el nombre mínim i el nombre màxim de partides que hauran de fer perquè guanyi alguna de les dues noies?

2. En treure una fitxa de dòmino, quina és la probabilitat que la suma dels punts sigui menor que 7?

3. Tirem dos daus i ens fixem en la menor de les dues puntuacions obtingudes. Calcula la probabilitat que sigui un 3.

4. La probabilitat d'un succés A és $p(A) = 0,58$, la d'un altre succés B és $p(B) = 0,42$ i la de la seva unió és $p(A \cup B) = 0,8$. Calcula $p(A \cap B)$. Són incompatibles els successos A i B?

5. En un restaurant ofereixen un menú que consta de primer plat a triar entre amanida, pasta o llegums; un segon plat a triar entre carn i peix, i postres a escollir entre fruita o gelat. Si l'Arlet tria un menú a l'atzar, calcula la probabilitat que mengi:

a) Amanida, carn i fruita.

b) Pasta i peix.

6. Porto a la butxaca dues monedes de 0,50 €, dues de 0,20 € i dues de 0,10 €. Si perdo dues de les monedes que porto, calcula la probabilitat que hagi perdut:

a) 1 €.

b) Menys de 40 cèntims d'euro.

c) Més de 50 cèntims d'euro.

2. Successos elementals no equiprobables

En l'apartat anterior hem calculat probabilitats de successos en experiments aleatoris en què els successos elementals associats a l'experiment eren equiprobables. Aquest fet ens ha permès calcular la probabilitat d'un succés qualsevol de l'experiment a partir de la regla de Laplace. Però no sempre és així.

Quan els successos elementals no són equiprobables i, per tant, no podem emprar la regla de Laplace, la probabilitat d'un succés es calcula utilitzant-ne la freqüència relativa, obtinguda fent l'experiment moltes vegades i anotant-ne els resultats obtinguts. En aquest cas apliquem la **llei dels grans nombres,** que s'indica amb la igualtat:

$$\lim_{n\to\infty} f(A) = p(A).$$

Per exemple, en l'experiment de llençar una xinxeta enlaire i observar si la punta queda cap amunt o tocant a terra, per la forma d'una xinxeta no podem considerar que els únics dos successos elementals A «que la punta toqui a terra» i B «que la punta estigui enlaire» siguin equiprobables. Si fos així, la probabilitat de cadascun d'ells seria $\frac{1}{2}$, cosa que evidentment no és certa. La probabilitat del succés A és molt més gran que la del succés B , ja que en llençar una xinxeta és molt més probable que la punta toqui a terra que no pas que quedi cap amunt.

Per tant, en no ser equiprobables els dos successos, hem de recórrer a una altra tècnica: l'Estadística. Es tracta de fer l'experiment de llençar una xinxeta unes quantes vegades i anotar el nombre de vegades que la punta toca a terra i el nombre de vegades que la punta queda enlaire. Mostrem la taula amb els resultats obtinguts experimentalment en cada nombre de tirades:

n: nombre de vegades	50	100	500	1000
A: punta tocant a terra	41	83	416	839
B: punta enlaire	9	17	84	161

Tabla 11.1.

Amb les dades de la Taula 11.1 es dedueix que les diferents freqüències relatives del succés A són: 0,82; 0,83; 0,832; 0,839. Com que en augmentar el nombre de tirades la freqüència relativa tendeix a 0,84, aplicant la llei dels grans nombres podem considerar que $p(A) = 0,84$ i, per tant, $p(B) = 1 - p(A) = 0,16$. Obtenim així la probabilitat dels dos successos descrits.

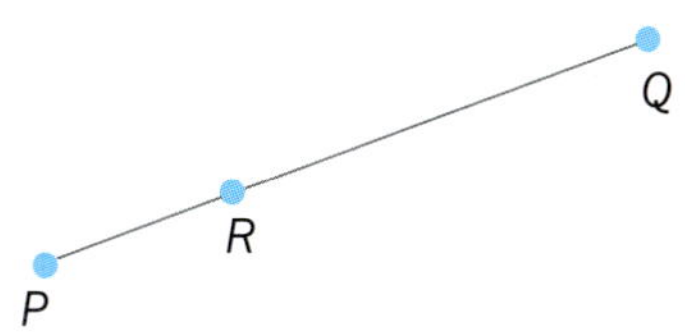

Fig. 11.2.

També existeix un altre tipus de probabilitat, que es coneix com a **probabilitat geomètrica,** en la qual els càlculs es determinen a partir de figures geomètriques. La probabilitat geomètrica permet determinar la probabilitat que un punt estigui dins d'un segment rectilini, dins d'una part d'una regió plana o dins d'una part d'un cos geomètric.

Si la figura és un segment, la probabilitat geomètrica la calcularem a partir de longituds. Per exemple, en el segment PQ (Figura 11.1) la probabiltat que un punt X triat a l'atzar estigui dins del segment PR és $p = \frac{\overline{PR}}{\overline{PQ}}$, sent $\overline{PR}$ la longitud del segment PR i $\overline{PQ}$ la longitud del segment PQ.

Per a situacions relacionades amb figures planes, la probabilitat es calcula a partir d'àrees, i si és amb una figura de tres dimensions, es calcula a partir de volums. Fixa't en l'exemple següent.

Fig. 11.3.

Exemple 3 ➡ **En tirar un dardell a la diana de la Figura 11.3, calcula la probabilitat d'encertar en cadascuna de les 4 zones de diferent color sabent que el radi del cercle vermell és 1 dm i que l'amplada de cada zona corresponent als altres tres colors també és 1 dm.**

Considerem els successos *V:* «que encerti la zona vermella», *G:* «que encerti la zona groga», *D:* «que encerti la zona verda» i *B:* «que encerti la zona blava».

Per calcular les probabilitats que ens demanen, cal calcular l'àrea de la diana, que és un cercle, i la de cadascuna de les 4 zones de diferent color, que són corones circulars, excepte la zona vermella, que és un altre cercle.

Recordem l'àrea d'un cercle de radi $r: S = \pi r^2$, i la d'una corona circular de radis R i r, amb $R > r:\ S = \pi(R^2 - r^2)$

Àrea de la diana: $S_t = 16\pi \text{ dm}^2$

Àrea de la zona vermella: $S_v = \pi \text{ dm}^2$

Àrea de la zona groga: $S_g = (4-1)\pi \text{ dm}^2 = 3\pi \text{ dm}^2$

Àrea de la zona verda: $S_g = (9-4)\pi \text{ dm}^2 = 5\pi \text{ dm}^2$

Àrea de la zona blava: $S_g = (16-9)\pi \text{ dm}^2 = 7\pi \text{ dm}^2$

Amb tot, ja podem calcular les 4 probabilitats:

$$p(V) = \frac{\pi \text{ dm}^2}{16\pi \text{ dm}^2} = \frac{1}{16};\quad p(G) = \frac{3\pi \text{ dm}^2}{16\pi \text{ dm}^2} = \frac{3}{16};$$

$$p(D) = \frac{5\pi \text{ dm}^2}{16\pi \text{ dm}^2} = \frac{5}{16};\quad p(B) = \frac{7\pi \text{ dm}^2}{16\pi \text{ dm}^2} = \frac{7}{16}$$

Observem que els quatre successos elementals no són equiprobables. Fixa't que la suma de les quatre probabilitats dona 1, tal com ha de ser.

ACTIVITATS

7. En una classe de 2n de Batxillerat, el 67 % dels alumnes van aprovar les Matemàtiques i el 63 % van aprovar l'Anglès, mentre que el 38 % van aprovar les dues matèries. Escollit un alumne de la classe a l'atzar, calcula la probabilitat que:

a) Hagi aprovat alguna de les dues matèries.

b) Hagi aprovat només les Matemàtiques.

c) No hagi aprovat cap de les dues matèries.

d) Hagi aprovat només una de les dues.

8. Cada tardor arriben a uns aiguamolls bandades d'ocells en el seu camí cap a zones més càlides. Per observar quants n'hi ha, s'ha capturat i anellat una mostra de 40 ocells. Posteriorment se'n capturen 50, 3 dels quals porten anella. Quants ocells podem estimar que hi ha?

9. Inscrivim un cercle en un quadrat de costat *c*. Calcula la probabilitat que un punt interior del quadrat triat aleatòriament no sigui un punt interior del cercle.

10. Al centre de cadascuna de les cares d'un cub d'aresta 10 cm hi coincideixen els vèrtexs d'un octaedre (Figura 11.4). Troba la probabilitat que un punt situat a l'interior del cub, marcat aleatòriament, també estigui situat a l'interior de l'octaedre.

Fig. 11.4.

3. Probabilitat condicionada

Considerem que A i B són dos successos de l'espai de successos S d'un experiment aleatori, tal que $p(A) \neq 0$. S'anomena **probabilitat de *B* condicionada a *A*,** i se simbolitza per $p(B/A)$ el quocient:

$$p(B/A) = \frac{p(A \cap B)}{p(A)}$$

Es llegeix «probabilitat del succés B sabent que s'ha verificat el succés A».

Es tracta d'incorporar la informació que tenim sobre el fet que hagi succeït el succés A per determinar la probabilitat del succés B. Una conseqüència immediata de la igualtat de la probabilitat condicionada és:

$$p(A \cap B) = p(A) \cdot p(B/A) \quad (1)$$

Aquesta última igualtat ens permet calcular la probabilitat de la intersecció de dos successos. En aquest cas, les probabilitats $p(A)$ i $p(B/A)$ poden conèixer-se directament a partir de l'enunciat del problema. De manera semblant es defineix la probabilitat de A condicionada a B, amb $p(B) \neq 0$:

$$p(A/B) = \frac{p(A \cap B)}{p(B)}$$

Es llegeix «probabilitat del succés A sabent que s'ha verificat el succés B». D'on s'obté que

$$p(A \cap B) = p(B) \cdot p(A/B) \quad (2)$$

Algunes vegades la realització d'un succés no afecta la probabilitat d'un altre succés posterior. Si és així, es parla de successos independents.

Si A i B són dos successos, direm que el succés B és **independent** del succés A si es verifica $p(B/A) = p(B)$.

La relació d'independència entre successos és simètrica, és a dir, si B és independent de A, A també és independent de B. Es dedueix fàcilment que si A i B són dos successos independents, es verifica: $p(A \cap B) = p(A) \cdot p(B)$

Aquesta última igualtat és la que s'utilitza habitualment per esbrinar si dos successos són independents o no. En el cas que $p(A \cap B) \neq p(A) \cdot p(B)$, els successos seran **dependents** i la probabilitat es calcula utilitzant les expressions (1) o bé (2).

Recorda

L'espai de successos S d'un experiment aleatori és el conjunt dels 2^n successos possibles de l'experiment.

Fixa-t'hi

En el denominador de l'expressió de la probabilitat condicionada hi ha la probabilitat del succés que condiciona. És per aquest motiu que aquesta probabilitat no pot ser zero.

Exemple 4 ➡ **A l'experiment aleatori de llançar tres vegades una moneda enlaire, l'espai mostral és: $\Omega = \{(c, c, c); (c, c, x); (c, x, c); (x, c, c); (c, x, x); (x, c, x); (x, x, c); (x, x, x)\}$**

Considera els successos:
***A*: «obtenir cara en el primer llançament» $\rightarrow A = \{(c, c, c); (c, c, x); (c, x, c); (c, x, x)\}$;**
***B*: «obtenir cara en el segon llançament» $\rightarrow B = \{(c, c, c); (c, c, x); (x, c, c); (x, c, x)\}$;**
***C*: «obtenir dues cares seguides» $\rightarrow C = \{(c, c, x); (x, c, c)\}$**
Estudia la dependència entre aquests tres successos.

Per fer-ho, hem de calcular les probabilitats de A, B, C, $A \cap B$, $A \cap C$ i $B \cap C$.

$$p(A) = \frac{4}{8} = \frac{1}{2} \qquad p(B) = \frac{4}{8} = \frac{1}{2} \qquad p(C) = \frac{2}{8} = \frac{1}{4}$$

$A \cap B = \{(c, c, c); (c, c, x)\} \rightarrow p(A \cap B) = \dfrac{2}{8} = \dfrac{1}{4}$ $\qquad A \cap C = \{(c, c, x)\} \rightarrow p(A \cap C) = \dfrac{1}{8}$

$B \cap C = \{(c, c, x); (x, c, c)\} \rightarrow p(B \cap C) = \dfrac{2}{8} = \dfrac{1}{4}$

En conseqüència:

$p(A) \cdot p(B) = \dfrac{1}{2} \cdot \dfrac{1}{2} = \dfrac{1}{4} = p(A \cap B) \rightarrow A$ i B són independents.

$p(A) \cdot p(C) = \dfrac{1}{2} \cdot \dfrac{1}{4} = \dfrac{1}{8} = p(A \cap C) \rightarrow A$ i C són independents.

$p(B) \cdot p(C) = \dfrac{1}{2} \cdot \dfrac{1}{4} = \dfrac{1}{8} \neq p(B \cap C) \rightarrow B$ i C són dependents.

Exemple 5 → **Disposem de tres guardioles *A*, *B*, i *C* amb monedes d'un euro i de dos. La guardiola *A* conté 3 monedes d'un euro i 5 de dos euros; la guardiola *B*, 8 monedes d'un euro i 3 de dos euros, i la guardiola *C* conté 5 monedes d'un euro i 4 de dos euros. Escollim a l'atzar una de les guardioles i n'extraiem una moneda. Quina probabilitat hi ha que sigui una moneda de dos euros?**

Anomenem *D:* «extreure una moneda de dos euros», *A:* «extreure una moneda de la guardiola *A*», *B:* «extreure una moneda de la guardiola *B*» i *C:* «extreure una moneda de la guardiola *C*».

De les dades de l'enunciat del problema obtenim les probabilitats següents:

$$p(A) = p(B) = p(C) = \frac{1}{3}$$

$$p(D/A) = \frac{5}{8}, \quad p(D/B) = \frac{3}{11} \quad \text{i} \quad p(D/C) = \frac{4}{9}$$

Per resoldre el problema utilitzarem el procediment del diagrama en arbre. Aquest representa les diferents possibilitats de l'experiment. Un cop confeccionat, podem respondre a la pregunta del problema:

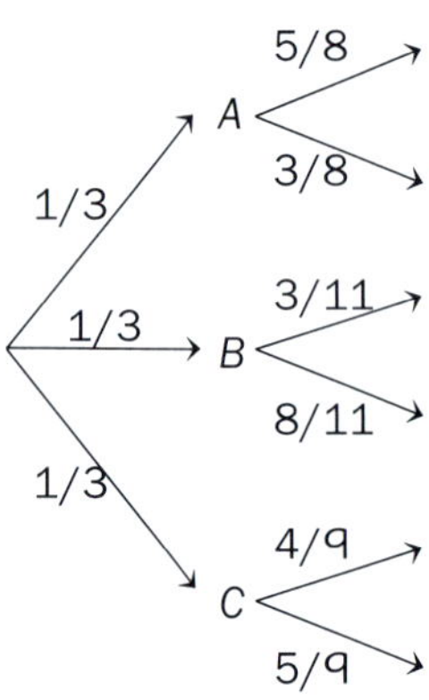

$$D/A \rightarrow p(A \cap D) = p(A)\, p(D/A) = \frac{1}{3} \cdot \frac{5}{8} = \frac{5}{24}$$

$$\bar{D}/A \rightarrow p(A \cap \bar{D}) = p(A)\, p(\bar{D}/A) = \frac{1}{3} \cdot \frac{3}{8} = \frac{1}{8}$$

$$D/B \rightarrow p(B \cap D) = p(B)\, p(D/B) = \frac{1}{3} \cdot \frac{3}{11} = \frac{1}{11}$$

$$\bar{D}/B \rightarrow p(B \cap \bar{D}) = p(B)\, p(\bar{D}/B) = \frac{1}{3} \cdot \frac{8}{11} = \frac{8}{33}$$

$$D/C \rightarrow p(C \cap D) = p(C)\, p(D/C) = \frac{1}{3} \cdot \frac{4}{9} = \frac{4}{27}$$

$$\bar{D}/C \rightarrow p(C \cap \bar{D}) = p(C)\, p(\bar{D}/C) = \frac{1}{3} \cdot \frac{5}{9} = \frac{5}{27}$$

$$p(D) = p[(A \cap D) \cup (B \cap D) \cup (C \cap D)] =$$

$$= p(A \cap D) + p(B \cap D) + p(C \cap D) =$$

$$= p(A)\, p(D/A) + p(B)\, p(D/B) + p(C)\, p(D/C) =$$

$$= \frac{1}{3} \cdot \frac{5}{8} + \frac{1}{3} \cdot \frac{3}{11} + \frac{1}{3} \cdot \frac{4}{9} = \frac{5}{24} + \frac{1}{11} + \frac{4}{27} = \frac{1\,063}{2\,376}$$

ACTIVITATS

11. Demostra que, efectivament, la independència de successos és simètrica.

12. Sabent que: $p(A) = 0{,}3$; $p(\bar{B}) = 0{,}6$ i $p(A/B) = 0{,}32$ calcula: $p(A \cap B)$, $p(A \cup B)$, $p(A/\bar{B})$, $p(B/A)$, $p(\overline{A \cup B})$, i $p(\bar{B}/\bar{A})$

13. Indica la probabilitat de la unió de dos successos independents.

14. Calcula la probabilitat $p(B/A)$ en aquests casos:

a) $A \subset B$ *b)* $A \cap B = \varnothing$

15. Suposem que *A* i *B* són dos successos independents tals que la probabilitat que succeeixi algun dels dos és de 0,7 i la probabilitat que succeeixin tots dos alhora és de 0,2. Calcula $p(A)$ i $p(B)$.

16. Tenim una capsa amb 5 cargols de cabota rodona, dos dels quals són defectuosos, i 8 cargols de cabota quadrada, dels quals només 3 són correctes. Escollim un cargol a l'atzar. Calcula la probabilitat:

a) Que sigui de cabota quadrada, si sabem que és correcte.

b) Que sigui defectuós, si sabem que és de cabota rodona.

17. Disposem de 2 bosses amb boles blanques, vermelles i negres. En una bossa hi ha 3 boles blanques, 4 de vermelles i 5 de negres. L'altra bossa conté 5 boles blanques, 7 de vermelles i 2 de negres. Si agafem una bola de cada bossa, quina probabilitat hi ha que siguin del mateix color?

18. Demostra que, si *A* i *B* són dos successos independents, també ho són els successos $\bar{A}$ i $\bar{B}$.

4. Fórmula de Bayes

A l'espai de successos S, associat a un experiment aleatori, considerem els successos $A_1, A_2, A_3, \ldots, A_k$ incompatibles dos a dos, és a dir, $A_i \cap A_j = \varnothing$, per a $i \neq j$; de manera que $A_1 \cup A_2 \cup A_3 \cup \ldots \cup A_k = \Omega$. Per a qualsevol altre succés $B \in S$ es compleix:

$$\begin{aligned} p(B) &= p(B \cap \Omega) = p[B \cap (A_1 \cup A_2 \cup A_3 \cup \ldots A_k)] = \\ &= p[(B \cap A_1) \cup (B \cap A_2) \cup (B \cap A_3) \cup \ldots \cup (B \cap A_k)] = \\ &= p(A_1 \cap B) + p(A_2 \cap B) + (A_3 \cap B) + \ldots + p(A_k \cap B) = \\ &= p(A_1)\, p(B/A_1) + p(A_2)\, p(B/A_2) + \ldots + p(A_k)\, p(B/A_k) \end{aligned}$$

És a dir,

$$p(B) = p(A_1)\, p(B/A_1) + p(A_2)\, p(B/A_2) + \ldots + p(A_k)\, p(B/A_k)$$

Aquesta igualtat es coneix com la fórmula de la **probabilitat total.** Ens permet calcular la probabilitat d'un succés B com la suma de les probabilitats dels successos A_i, multiplicades per les probabilitats de B condicionades a A_i.

Si B és un succés tal que $p(B) \neq 0$, per la probabilitat condicionada tenim que:

$$\left.\begin{aligned} p(A_i \cap B) &= p(A_i)\, p(B/A_i) \\ p(A_i \cap B) &= p(B \cap A_i) = p(B)\, p(A_i/B) \end{aligned}\right\} \rightarrow p(A_i)\, p(B/A_i) = p(B)\, p(A_i/B)$$

D'on obtenim:

$$p(A_i/B) = \frac{p(A_i)\, p(B/A_i)}{p(B)}$$

Substituint-hi $p(B)$ per la fórmula de la probabilitat total:

$$p(A_i/B) = \frac{p(A_i)\, p(B/A_i)}{p(A_1)\, p(B/A_1) + p(A_2)\, p(B/A_2) + \ldots + p(A_k)\, p(B/A_k)}$$

Aquesta última expressió es coneix amb el nom de **fórmula de Bayes.**

És important destacar que el producte que hi ha al numerador de l'expressió és un dels sumands del denominador.

Aquesta fórmula ens permet calcular les probabilitats $p(A_i/B)$ un cop ha succeït el succés B, a partir de les probabilitats $p(A_i)$. Les probabilitats $p(A_i/B)$ reben el nom de *probabilitats a posteriori,* mentre que les probabilitats $p(A_i)$ són *probabilitats a priori.*

Biografia

Thomas Bayes (1701-1761) matemàtic anglès.

Exemple 6

Es reuneixen tres amigues, l'Anna, la Beatriu i la Carme, per resoldre una sèrie de problemes. L'Anna, que és la més ràpida, resol el 50% dels problemes, la Beatriu en resol el 30% i la Carme, el 20% restant. L'Anna s'equivoca en un 3% dels problemes que resol, mentre que la Beatriu i la Carme s'equivoquen en un 4% i un 5%, respectivament. Escollim un problema a l'atzar i resulta que està mal resolt. Quina probabilitat hi ha que l'hagi resolt la Beatriu?

Definim els successos: *A:* «que el problema l'hagi resolt l'Anna» $\rightarrow p(A) = 0{,}5$

B: «que el problema l'hagi resolt la Beatriu» $\rightarrow p(B) = 0{,}3$

C: «que el problema l'hagi resolt la Carme» $\rightarrow p(C) = 0{,}2$

M: «que el problema estigui mal resolt»

$\bar{M}$: «que el problema no estigui mal resolt»

Per les dades del problema sabem que: $p(M/A) = 0{,}03$, $p(M/B) = 0{,}04$ i $p(M/C) = 0{,}05$.

Construïm el diagrama d'arbre corresponent:

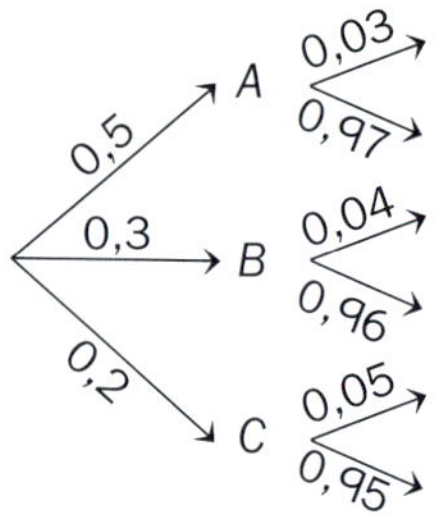

$M/A \rightarrow p(A \cap M) = p(A)\ p(M/A) = 0{,}5 \cdot 0{,}03 = 0{,}015$

$\bar{M}/A \rightarrow p(A \cap \bar{M}) = p(A)\ p(\bar{M}/A) = 0{,}5 \cdot 0{,}97 = 0{,}485$

$M/B \rightarrow p(B \cap M) = p(B)\ p(M/B) = 0{,}3 \cdot 0{,}04 = 0{,}012$

$\bar{M}/B \rightarrow p(B \cap \bar{M}) = p(B)\ p(\bar{M}/B) = 0{,}3 \cdot 0{,}96 = 0{,}288$

$M/C \rightarrow p(C \cap M) = p(C)\ p(M/C) = 0{,}2 \cdot 0{,}05 = 0{,}01$

$\bar{M}/C \rightarrow p(C \cap \bar{M}) = p(C)\ p(\bar{M}/C) = 0{,}2 \cdot 0{,}95 = 0{,}19$

Aplicant-hi la fórmula de Bayes, obtenim:

$$p(B/M) = \frac{p(B)\ p(M/B)}{p(A)\ p(M/A) + p(B)\ p(M/B) + p(C)\ p(M/C)} =$$

$$= \frac{0{,}012}{0{,}015 + 0{,}012 + 0{,}01} = \frac{0{,}012}{0{,}037} = 0{,}3243$$

ACTIVITATS

19. En les últimes eleccions municipals, a la ciutat *A* els grocs han obtingut el 20 % dels vots; els verds el 30 %, i els grisos el 50 %. A la ciutat *B*, els percentatges respectius han estat: 40 %, 45 % i 15 %. Escollim una de les dues ciutats a l'atzar i una persona que hi visqui.

Quina probabilitat hi ha que aquesta persona hagi votat el partit groc? Suposant que la persona escollida hagi votat efectivament el partit groc, quina probabilitat hi ha que visqui a la ciutat *A*?

20. Un joier compra els rellotges a dues cases proveïdores. La primera li serveix el 60 % dels rellotges, dels quals el 0,4 % són defectuosos. La segona li proporciona la resta, i en són defectuosos l'1,5 %. Un dia, el joier, quan es disposa a vendre un rellotge, observa que no funciona.

Calcula la probabilitat que el rellotge procedeixi de la segona casa proveïdora. Si el rellotge venut funcionés correctament, determina la probabilitat que provingui del primer proveïdor.

21. En un institut s'organitza una excursió a una estació d'esquí. El 65 % dels alumnes viatjarà en un autobús gran i la resta ho farà en un de petit. Es coneix que el 90 % dels alumnes que viatja a l'autobús petit sap esquiar, mentre que dels alumnes que viatgen a l'autobús gran saben esquiar el 60 %. S'escull un alumne a l'atzar i resulta que no sap esquiar. Quina probabilitat hi ha que viatgi a l'autobús petit? I si sap esquiar, quina probabilitat hi ha que viatgi al gran?

22. Disposem de tres monedes. La primera té dues cares; a la segona la probabilitat de sortir cara i de sortir creu és la mateixa, i a la tercera la probabilitat que surti cara és del 30 %. S'escull una d'aquestes tres monedes a l'atzar i es llança enlaire. Sabent que ha sortit cara, calcula la probabilitat que la moneda escollida hagi estat la primera.

23. D'un cistell en què hi ha 20 pomes, 4 de les quals estan macades, en cau una en un altre cistell en què hi havia 6 pomes macades i 18 en bon estat. Escollim una poma del segon cistell i no està macada. Quina probabilitat hi ha que la poma que ha caigut del primer cistell fos bona?

24. En una cadena de muntatge hi ha una etapa on 3 robots, *A*, *B* i *C*, solden peces. La probabilitat que la soldadura sigui defectuosa i el percentatge de peces que solda cada robot es poden observar en la taula següent:

Robots	Probabilitat de soldadura defectuosa	Peces que solda el robot
A	0,002	18%
B	0,005	42%
C	0,001	40%

Quin és el percentatge de soldadures defectuoses? Si escollim una peça i és defectuosa en la soldadura, quina és la probabilitat que l'hagi soldat el robot *C*?

5. La distribució binomial

En els dos últims apartats d'aquesta unitat repassarem les distribucions de probabilitat que ja es van tractar el curs anterior. Començarem per la distribució binomial i acabarem amb la distribució normal.

Una **variable aleatòria discreta** X es diu que té una distribució binomial de paràmetres n i p si representa el nombre d'èxits en n repeticions independents d'una prova en què la probabilitat d'èxit és p.

Per exemple, si en llençar 10 vegades un dau ordinari ens interessa saber quantes vegades obtenim un 6, l'èxit és «treure un 6» i la variable X que compta el nombre de sisos té una distribució binomial de paràmetres $n = 10$ i $p = \frac{1}{6}$, i s'escriu $B\left(10, \frac{1}{6}\right)$.

S'anomena **experiència de Bernouilli** aquell experiment aleatori del qual només s'estudia la verificació o no d'un succés A que té probabilitat $p(A) = p$. La realització del succés A s'anomena **èxit**, mentre que la realització del succés complementari $\overline{A}$, la probabilitat del qual s'indica per $p(\overline{A}) = q$, s'anomena **fracàs.** És evident que $p + q = 1$.

La **distribució binomial** és una distribució de probabilitat discreta que fa el recompte del nombre de vegades que es verifica l'èxit (realització del succés) quan es repeteix vegades l'experiment, de forma independent i en les mateixes condicions, una experiència de Bernouilli. Per a $n = 1$, la distribució binomial és una distribució de Bernouilli.

Designant per X la variable aleatòria discreta que mesura el nombre d'èxits que s'han produït en les n proves de l'experiment, direm que la variable X segueix una distribució binomial de paràmetres n i p, sent p la probabilitat d'èxit, i ho escriurem $B(n,p)$.

Per calcular les diferents probabilitats d'una variable aleatòria discreta que segueix una distribució binomial $B(n,p)$ s'utilitza l'expressió:

$$p[X = k] = \binom{n}{k} p^k q^{n-k}.$$

Per exemple, per determinar la probabilitat d'obtenir 2 cares en llençar 10 vegades una moneda, cal adonar-se que es tracta d'una distribució binomial $B(10,\ 0{,}5)$, ja que hi ha 10 repeticions d'un mateix experiment, de manera que el resultat de cada repetició no depèn dels resultats anteriors. Atès que només hi ha dos resultats possibles, cara (èxit) i creu (fracàs), en aquest cas les probabilitats d'èxit i de fracàs són iguals: $p = q = 0{,}5$.

Aplicant l'expressió anterior, la probabilitat que ens demanen és:

$$p[X = 2] = \binom{10}{2} 0{,}5^2 \cdot 0{,}5^8 = 0{,}0439.$$

Sent X: «nombre de cares», i per tant $\overline{X}$: «nombre de creus». Així que si volem determinar, per exemple, la probabilitat d'obtenir més de 8 creus en el mateix experiment aleatori, calculem:

$$p[\overline{X} > 8] = p[X < 2] = p[X = 0] + p[X = 1] =$$

$$= \binom{10}{0} 0{,}5^{10} + \binom{10}{1} 0{,}5 \cdot 0{,}5^9 = 0{,}001 + 0{,}0098 = 0{,}0108$$

Important

La distribució binomial va ser proposada pel matemàtic i físic suís **Jacob Bernouilli** (1655-1705).

Recorda

En la pàgina 256 (Taula 11.3) hi ha una taula que permet calcular algunes probabilitats de distribucions binomials per a $2 \leq n \leq 10$

Exemple 7

El 3 % dels articles produïts en una fàbrica són defectuosos. En una mostra de 20 articles, calcula la probabilitat que hi hagi:

a) Exactament 3 articles que siguin defectuosos.

b) Més de 3 articles que siguin correctes.

Si valorem com a èxit el succés «article defectuós», estem davant d'una distribució binomial $B(20,\ 0{,}03)$, ja que es verifiquen totes les condicions requerides.

a) Calculem: $p[X=3]=\binom{20}{3}0{,}03^3\cdot 0{,}97^{17}=0{,}0183$

Si valoréssim com a èxit el succés «article correcte», tindríem una distribució binomial $B(20,\ 0{,}97)$, i en aquest cas ho calcularíem:

$$p[\overline{X}=3]=p[X=17]=\binom{20}{17}0{,}97^{17}\cdot 0{,}03^3=0{,}0183$$

Com pots veure, arribem al mateix resultat.

Fixa't que la variable X sempre va associada al succés èxit, que té com a probabilitat p, mentre que la variable $\overline{X}$ va associada al succés fracàs, amb probabilitat q.

b) Més de 3 articles correctes és el mateix que menys de 4 defectuosos, i si valorem com a èxit «article defectuós», tenim que:

$$p[X<4]=p[X=0]+p[X=1]+p[X=2]+p[X=3]=\binom{20}{0}0{,}97^{20}+\binom{20}{1}0{,}03\cdot 0{,}97^{19}+$$

$$+\binom{20}{2}0{,}03^2\cdot 0{,}97^{18}+\binom{20}{3}0{,}03^3\cdot 0{,}97^{17}=$$

$$=0{,}5438+0{,}3363+0{,}0988+0{,}0183=0{,}9972$$

ACTIVITATS

25. En l'experiment descrit en l'exemple 7, calcula la probabilitat que:

a) Hi hagi 18 articles correctes.

b) Tots els articles siguin correctes.

c) Hi hagi menys de 3 articles defectuosos

d) Coincideixin el nombre d'articles correctes i el de defectuosos.

26. En una determinada zona hi ha 10 places d'aparcament de cotxes. A cada plaça hi pot haver o no un cotxe aparcat, independentment que les altres places estiguin ocupades. Si la probabilitat que una plaça d'aparcament estigui ocupada és 0,4:

a) Identifica i descriu aquest model de probabilitat.

b) Calcula la probabilitat que en un cert moment hi hagi 8 cotxes aparcats.

27. Llancem 7 vegades una moneda trucada amb la qual la probabilitat que surti cara és 0,45. Calcula les probabilitats següents:

a) Que surtin exactament 3 creus.

b) Que surtin almenys 3 cares.

c) Que surtin com a màxim 4 creus.

28. Un examen consta de 9 preguntes amb 4 possibles respostes cada una, de les quals només una és correcta. Si suposem que un dels alumnes que fa l'examen respon les preguntes a l'atzar, quina és la probabilitat que contesti correctament sis preguntes? I que no n'encerti cap?

29. Un jugador de tenis té una probabilitat de guanyar un partit del 25 %. Si juga 4 partits, calcula la probabilitat que en guanyi més de la meitat.

30. Calcula la probabilitat que 10 dels 100 habitants d'un poble hagin nascut el dia de Nadal.

6. La distribució normal

En alguns experiments, la variable que s'analitza pot arribar a prendre tots els valors d'un interval real. En aquests casos es parla d'una **variable aleatòria contínua.** Quan es fa abstracció d'aquesta situació, de la mateixa manera que s'ha fet en les variables aleatòries discretes, com és el cas de la distribució binomial, s'arriba al concepte de distribució de probabilitat contínua.

El diagrama de la Figura 11.5 ens pot proporcionar una idea intuïtiva d'una distribució de probabilitat contínua.

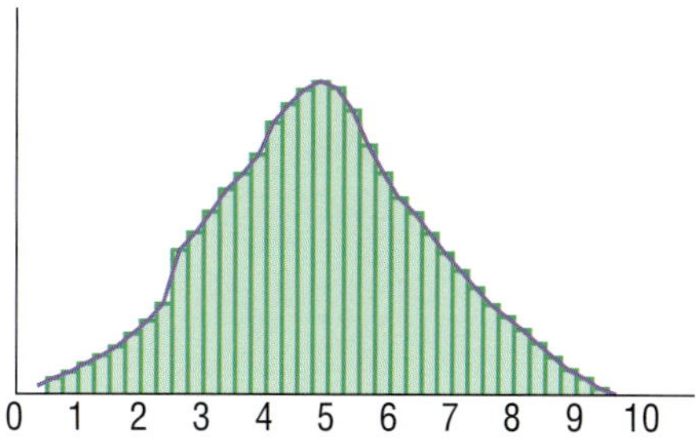

Fig. 11.5.

Tota variable aleatòria contínua X porta associada la seva funció de densitat $f(x)$, de manera que aquesta funció compleix dues propietats:

1. $f(x) \geq 0$, per a qualsevol valor de x real.

2. L'àrea del recinte que determina la gràfica de $f(x)$ amb l'eix OX és 1.

La **distribució normal** és un exemple de distribució de probabilitat contínua, i n'és una de les més importants. Es diu que una variable aleatòria X segueix una distribució normal de mitjana μ i desviació típica σ, i es designa per $N(\mu, \sigma)$, si es verifiquen les condicions següents:

- Els valors de la variable X són tots nombres reals.

- La funció de densitat és $f(x) = \dfrac{1}{\sigma\sqrt{2\pi}} e^{-\frac{1}{2}\left(\frac{x-\mu}{\sigma}\right)^2}$

Important

Carl Friedrich Gauss (1777-1855) matemàtic i científic alemany que va descobrir la distribució normal.

Aquesta és l'expressió algèbrica que té per gràfica la **corba normal o campana de Gauss** (Figura 11.6). Els valors de μ i σ s'anomenen paràmetres de la distribució normal.

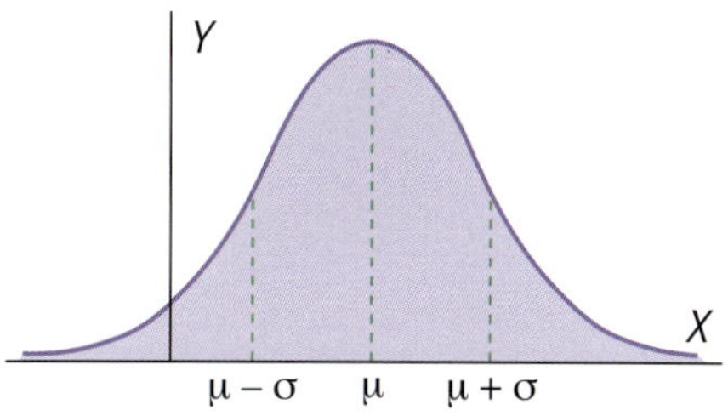

Fig. 11.6.

La distribució normal per a $\mu = 0$ i $\sigma = 1$, és a dir, la distribució $N(0, 1)$ es coneix amb el nom de **distribució normal reduïda** o **estàndard,** la funció de densitat de la qual és:

$$f(x) = \frac{1}{\sqrt{2\pi}} e^{\frac{-x^2}{2}}$$

La seva gràfica és la de la Figura 11.7

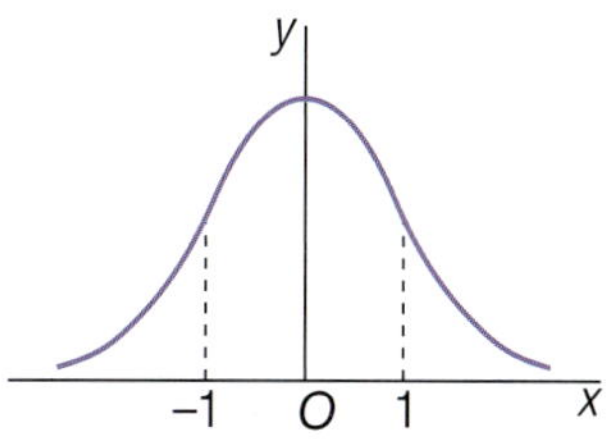

Fig. 11.7.

Per calcular probabilitats en el cas d'una variable aleatòria contínua X amb una distribució normal $N(\mu, \sigma)$ cal tipificar prèviament la variable, per la qual cosa hem de passar els valors X de la variable $Z = \dfrac{X-\mu}{\sigma}$ a valors de la variable Z, de manera que aquesta nova variable Z és la variable tipificada. Aquesta variable segueix la distribució normal $N(0, 1)$, de la qual existeixen diferents taules que permeten calcular-ne probabilitats. La taula que hi ha al final de la unitat en la pàgina 257 (Taula 11.4) és la que utilitzarem nosaltres.

Important

Hi ha taules de la distribució normal $N(0, 1)$ que mesuren l'àrea pel davant, i d'altres en què els valors de Z són per a l'interval [–4, 4]. La nostra taula mesura l'àrea per darrere i és per a $0 \leq z \leq 4$.

Cal tenir present que quan calculem probabilitats en la distribució normal estàndard, en realitat el que estem calculant són àrees. Per exemple, el valor de $p[Z \leq z_1]$ és l'àrea del recinte que determina la gràfica de la funció densitat de la distribució $N(0, 1)$ amb l'eix OX en l'interval $(-\infty, z_1]$, i el valor de $p[Z \geq z_2]$ és l'àrea en l'interval $[z_2, +\infty)$. També fer esment que l'àrea en l'interval $(-\infty, +\infty)$ és 1.

Tot seguit recordarem amb uns quants exemples com s'utilitza la taula en qüestió. Cal tenir present que la gràfica de la funció densitat de la distribució $N(0, 1)$ és simètrica respecte de l'eix d'ordenades. Això ens permet calcular probabilitats tant per a valors positius com negatius, tot i que aquests no apareixen en la taula.

Recorda

Per la Taula 11.4 tenim que:

$p[Z \le 4] \cong 1$, $p[Z \ge 4] \cong 0$

$p[Z \le -4] \cong 0$, $p[Z \ge -4] \cong 1$

Vegem-ho:

a) $p[Z \le 2,1] = 0,9821$

b) $p[Z \le -2,1] = p[Z \ge 2,1] = 1 - p[Z \le 2,1] = 1 - 0,9821 = 0,0179$

c) $p[Z \ge -0,95] = p[Z \le 0,95] = 0,8289$

d) $p[-2,1 \le Z \le 0,95] = p[Z \le 0,95] - p[Z \le -2,1] = 0,8289 - 0,0179 = 0,811$

Exemple 8 ➡ **Les notes d'accés a una determinada facultat universitària segueixen una distribució normal $N(9,5,\ 1,6)$**

a) **Quina és la probabilitat que un alumne tingui una nota superior a 9,5?**

b) **Sabent que han entrat només el 15 % dels alumnes que havien sol·licitat plaça, quina ha estat la nota de tall?**

Anomenem X a la variable que indica les notes d'accés.

a) Aquí no cal tipificar la variable X, ja que el valor que se'ns demana coincideix amb la mitjana de la distribució, que està just a la meitat de l'àrea, i sabent que l'àrea total és 1, tenim que:

$$P[X \ge 9,5] = 0,5$$

b) Volem saber el valor de x tal que $P[X \ge 9,5] = 0,5$. Per la taula de la distribució normal tenim:

$$P[Z \ge z] = 0,15 \rightarrow p[Z \le z] = 1 - 0,15 = 0,85 \rightarrow z = 1,04$$

A partir d'aquest valor de z, trobem el valor de x:

$$z = \frac{x-\mu}{\sigma} \rightarrow x = \sigma z + \mu = 1,6 \cdot 1,04 + 9,5 = 11,164$$

La nota de tall ha estat 11,164.

En les distribucions binomials per a valors molt grans de n és molt complicat calcular probabilitats a partir de l'expressió $p[X = k] = \binom{n}{k} p^k q^{n-k}$. Aquest fet va motivar que el matemàtic francès Abraham de Moivre (1667-1754) demostrés que una distribució binomial $B(n, p)$ s'aproxima a una distribució normal de paràmetres $\mu = np$ i $\sigma = \sqrt{npq}$ quan el valor de n és molt gran.

Aquesta aproximació resultarà millor com més gran sigui el valor de n i més proper a 0,5 sigui el valor de la probabilitat d'èxit p, la qual cosa ens indica que, abans d'aproximar una distribució binomial $B(n, p)$ per una normal $N(\mu, \sigma)$ cal comprovar que es verifiquen les condicions esmentades.

Recorda

En una distribució normal, $p[X < x_1] = p[X \le x_1]$, ja que $p[X = x_1] = 0$.

En aquest supòsit, per resoldre problemes de distribució binomial aproximant-la per una normal, els passos que s'han de fer són: $B(n,p) \rightarrow N\left(np, \sqrt{npq}\right) \rightarrow N(0, 1)$

En una distribució normal. a causa del fet que les probabilitats són àrees en un cert interval, no té sentit parlar de $p[X = x_1]$, ja que aquesta és 0. En canvi, sí que té sentit calcular la probabilitat $p[X = x_1]$ en una distribució binomial. Per tal de resoldre aquesta situació, en l'aproximació d'una binomial per una normal, s'estableix el criteri de calcular en la distribució normal aproximada el valor de $p[x_1 - 0,5 \le X \le x_1 + 0,5]$.

Exemple 9 **Una enquesta ha mostrat que, en un barri determinat, el 55% de les cases tenen dos cotxes. Si s'agafa a l'atzar una mostra de 50 cases d'aquest barri, calcula les probabilitats següents:**

***a)* Que almenys 20 de les cases tinguin dos cotxes.**

***b)* Que entre 30 i 40 cases tinguin dos cotxes.**

***c)* Que exactament la meitat de les cases tinguin dos cotxes.**

La situació descrita correspon a una distribució binomial $B(50,\ 0{,}55)$ en què la variable aleatòria X indica el nombre de cases que tenen dos cotxes. En aquest cas podem aproximar-la per una distribució normal, ja que n és prou gran i el valor de p és proper a 0,5.

Primer ens cal calcular els paràmetres de la distribució normal:

$\mu = np = 50 \cdot 0{,}55 = 27{,}5$ i $\sigma = \sqrt{npq} = \sqrt{50 \cdot 0{,}55 \cdot 0{,}45} = \sqrt{12{,}375} = 3{,}52$

A partir d'aquí utilitzarem la distribució normal $N(27{,}5,\ 3{,}52)$:

a) Tipifiquem la variable $X = 20$: $z = \dfrac{20 - 27{,}5}{3.52} = -2{,}13$

$p[X \geq 20] = p[Z \geq -2{,}13] = p[Z \leq 2{,}13] = 0{,}8834$

b) $z_1 = \dfrac{30 - 27{,}5}{3{,}52} = 0{,}71;\ z_2 = \dfrac{40 - 27{,}5}{3{,}52} = 3{,}55$

$p[30 \leq X \leq 40] = p[0{,}71 \leq Z \leq 3{,}55] = p[Z \leq 3{,}55] - p[Z \leq 0{,}71] =$
$= 0{,}9998 - 0{,}7611 = 0{,}2387$

c) Per a $X = 25$, si ho féssim per la binomial $B(50,\ 0{,}55)$, calcularíem $p[X = 25]$, però per la normal $N(27{,}5,\ 3{,}52)$ calculem $p[24{,}5 \leq X \leq 25{,}5]$:

$z_1 = \dfrac{24{,}5 - 27{,}5}{3{,}52} = -0{,}85;\ z_2 = \dfrac{25{,}5 - 27{,}5}{3{,}52} = -0{,}57$

$p[24{,}5 \leq X \leq 25{,}5] = p[-0{,}85 \leq Z \leq -0{,}57] = p[Z \leq -0{,}57] - p[Z \leq -0{,}85] =$
$= p[Z \leq 0{,}85] - p[Z \leq 0{,}57] = 0{,}8023 - 0{,}7157 = 0{,}0866$

ACTIVITATS

31. La durada mitjana d'un electrodomèstic és de 15 anys amb una desviació típica igual a 0,5 anys. Si la vida útil de l'electrodomèstic es distribueix normalment, calcula la probabilitat que duri més de 16 anys.

32. Les vendes diàries d'uns grans magatzems segueixen una distribució normal amb una mitjana de 35 560 € i una desviació típica de 2530 €.

a) Justifica si és raonable esperar obtenir en un dia unes vendes superiors a 55 000 €.
b) En un període d'un any, quants dies s'espera obtenir unes vendes superiors a 40 620€?

33. Sabent que les notes de Matemàtiques de 400 alumnes segueixen una distribució normal $N(6{,}5,\ 2{,}25)$, calcula quina és la nota que no és superada pel 67 % dels alumnes.

34. El 3 % dels llibres editats per una certa editorial tenen algun defecte d'impressió. Si un llibreter sol·licita 1.500 llibres a aquesta editorial, quina és la probabilitat que en rebi més de 50 de defectuosos?

35. Calcula la probabilitat d'obtenir entre 4 i 7 creus, ambdues incloses, en fer 12 llançaments d'una moneda utilitzant:

a) La distribució binomial.
b) L'aproximació normal de la distribució binomial.

36. En una determinada comarca hi ha una mitjana anual de precipitacions de 2000 ml/m^2, amb una desviació típica de 300 ml/m^2. Suposant que es tracta d'una distribució normal.

a) Calcula la probabilitat que en un any concret la pluja no superi els 1200 ml/m^2.
b) Quants dies en un any normal passa el mateix que en l'apartat anterior?

37. Tirem enlaire 500 vegades una moneda que ha estat trucada, de manera que la probabilitat d'obtenir creu és $\dfrac{2}{5}$. Calcula la probabilitat que el nombre de cares no difereixi de 300:

a) En més de 10 tirades.
b) En més de 20 tirades.

Activitats finals

1. En l'experiment aleatori de l'activitat 1, qui té més probabilitat de guanyar, la Maria o la Marta?

2. En una urna hi ha boles blanques i boles negres. La Mònica diu: «La probabilitat de treure una bola blanca és $\frac{5}{26}$». En Sergi diu: «La probabilitat de treure una bola negra és $\frac{11}{13}$».

a) Poden ser correctes ambdues afirmacions?

b) Si la Mònica té raó, quina és la probabilitat de treure una bola negra?

3. Es tria a l'atzar un nombre entre els 50 primers nombres naturals. Calcula la probabilitat que sigui:

a) Un nombre primer.

b) Un quadrat perfecte.

4. De dos successos *A* i *B* sabem que:

$p(A) = 0,37$; $p(A \cup B) = 0,79$ i $p(A \cap B) = 0,06$.

Calcula $p(\overline{B})$.

5. Un dau està trucat, de manera que la probabilitat de treure un nombre parell és 0,67. Si $p(1) = p(3) = p(5)$, calcula la probabilitat de treure un 5.

6. En una escola, el 66 % dels alumnes són afeccionats al futbol i el 42 % ho són al bàsquet. Hi ha un 27 % dels alumnes que són afeccionats als dos esports. Calcula la probabilitat que un alumne de l'escola triat a l'atzar no sigui afeccionat al futbol ni al bàsquet.

7. A una reunió assisteixen 32 homes i 48 dones. La meitat dels homes i la quarta part de les dones tenen 40 anys o més. Escollida una persona a l'atzar, calcula la probabilitat que:

a) Sigui dona i menor de 40 anys.

b) Sigui menor de 40 anys.

8. Quina és la probabilitat que un punt *X* d'una circumferència, marcat a l'atzar, sigui també un punt d'un determinat arc de circumferència de 45°?

9. Tenim una urna amb 4 boles blanques, 4 de negres i 2 de vermelles. En traiem 3 consecutivament, i retornem cada vegada la bola a l'urna abans de treure la següent. Calcula la probabilitat que, almenys, dues siguin blanques.

10. Un automòbil, abans de sortir al mercat, se sotmet a tres controls de qualitat: mecànic, elèctric i de planxa. La probabilitat que fallin els controls és, respectivament, 0,02, 0,01 i 0,07. Si la fàbrica treu al mercat 500 cotxes cada any, quants automòbils sortiran amb algun defecte?

11. Un ordinador personal està contaminat per un virus i està carregat amb dos programes antivirus P_1 i P_2, que actuen independentment, l'un després de l'altre. El programa P_1 detecta la presència del virus amb una probabilitat de 0,9 i el programa P_2 el detecta amb una probabilitat de 0,8. Quina probabilitat hi ha que no es detecti el virus?

12. Disposem d'una moneda trucada, en la qual la probabilitat que surti cara és el doble de la probabilitat que surti creu; i d'una caixa *A* amb 5 boles vermelles, 3 de blanques i 4 de grogues i una altra caixa *B* amb 4 boles vermelles, 2 de blanques i 6 de grogues. Llancem la moneda enlaire, si surt cara traiem 2 boles consecutivament de la caixa *A*, i si surt creu les traiem de la caixa *B*. Calcula la probabilitat que:

a) Surti creu quan llancem la moneda.

b) Surtin dues boles del mateix color.

c) Surtin una bola blanca i l'altra groga.

d) Surtin una bola vermella i una altra de blanca, en aquest ordre.

13. Disposem de dues caixes *A* i *B*. La caixa *A* conté 4 boles blanques i 2 boles negres i a la caixa *B* hi ha 3 boles blanques i 5 de negres. Escollim una caixa a l'atzar i en traiem una bola. A continuació, la introduïm a la caixa no escollida i traiem una altra bola d'aquesta caixa.

Calcula la probabilitat que:

a) La segona bola sigui negra.

b) La primera sigui negra i la segona blanca.

c) Totes dues boles siguin blanques.

14. Es fa un sorteig entre tres alumnes. Per establir-ne el guanyador, s'escriu en un paper la paraula *premi* i es deixen dos papers en blanc. Què és preferible, escollir primer, segon o tercer?

15. En un institut el 65% dels alumnes són noies. El 10% dels nois no practica cap esport, mentre que el 70% de les noies fa esport. Escollim un alumne a l'atzar i resulta que fa esport. Quina probabilitat hi ha que sigui noia? I que sigui noi si no fa esport?

16. En una fàbrica d'electrodomèstics determinada s'ha detectat que un de cada 100 frigorífics té un defecte al sistema de congelació. Per solucionar el problema, es posa en marxa un dispositiu per poder detectar aquest defecte abans que el frigorífic surti al mercat. No obstant això, aquest dispositiu no és fiable del tot, concretament, si el frigorífic té el defecte, el dispositiu el detecta en el 95 % dels casos, mentre que si no el té, el dispositiu el dona com a defectuós en un 2 % de les vegades. Si el dispositiu de control indica que un frigorífic és defectuós, quina probabilitat hi ha que el frigorífic no tingui cap defecte?

17. En una població, el 30% dels habitants pateix una malaltia. Es du a terme una prova per diagnosticar-la i s'anomenen *A* i *B* els dos únics resultats possibles de la prova. Se sap que si la prova es fa a un individu que té la malaltia, la probabilitat que el resultat sigui *A* és del 90%, però si es fa a un individu sa, la probabilitat que el resultat sigui *A* és del 5%.

a) Es fa la prova a un individu seleccionat a l'atzar. Quina probabilitat hi ha que el resultat sigui *B*?

b) Es fa la prova a una persona i s'obté com a resultat *B*. Quina probabilitat hi ha que no tingui la malaltia?

18. En un institut, el 30% de l'alumnat són noies. Se sap que el 40% de les noies ha anat al cinema l'últim cap de setmana i que el 70% dels nois també hi ha anat. Es tria un alumne a l'atzar. Quina és la probabilitat que hagi anat al cinema?

19. Tres urnes contenen boles de diferents colors amb la composició següent:

Urna *A*: 3 boles blanques i 5 de vermelles.

Urna *B*: 6 de vermelles i 4 de negres.

Urna *C*: 6 de blanques, 2 de vermelles i 3 de negres.

Es llança un dau. Si surt 1 o 2, s'extreu una bola de l'urna *A*; si és un 3 o un 4, s'extreu de l'urna *B*, i si surt un 5 o un 6, s'agafa de l'urna *C*. Se sap que s'ha extret una bola vermella. Calcula la probabilitat que al dau hagi sortit un 5 o un 6.

20. Determina el nombre mínim de vegades que cal llançar un dau per tal que la probabilitat d'obtenir, almenys una vegada, el nombre 3 sigui més gran que 0,5.

21. El 3% de les peces elaborades per una màquina són defectuoses. Les peces es venen en caixes de 25 unitats cadascuna. Quina és la probabilitat que una caixa contingui, com a màxim, una peça defectuosa?

22. El 55% dels treballadors d'un organisme oficial són dones. Per llei, el 25% dels alts càrrecs han de ser-ho. Si es trien cinc funcionaris a l'atzar, quina és la probabilitat que tres siguin dones? I si l'elecció només es fa entre els alts càrrecs?

23. Considerant igualment probable la distribució de sexes, calcula la probabilitat que una família amb sis fills tingui:

a) Dos nens.

b) Almenys una nena.

c) Almenys un nen i una nena.

d) Menys nens que nenes.

Quina és la mitjana de nens de la família?

24. El 20% de les bombetes d'un determinat model són defectuoses. En una mostra de 5 bombetes, calcula la probabilitat que més de 2 bombetes no siguin defectuoses.

25. En un examen fet a 500 alumnes s'ha comprovat que les qualificacions obtingudes corresponen raonablement a una distribució normal amb una qualificació mitjana de 6 i una desviació típica de 1. Si s'agafa un alumne a l'atzar, quina és la probabilitat que la seva qualificació estigui compresa entre 6,7 i 7,1? Quants alumnes hauran obtingut una qualificació que no estigui entre 6,7 i 7,1?

26. Sigui *X* una variable aleatòria que mesura l'alçada dels individus d'una població i que segueix una distribució normal *N*(1,74, 0,05).

a) Calcula la probabilitat que un individu triat a l'atzar tingui una alçada inferior a 1,74.

b) Quina és l'alçada que és superada pel 67 % dels individus?

27. En una variable aleatòria *X* que segueix una distribució normal $N(\mu, \sigma)$, sabem que els valors tipificats de $x_1 = 19$ i $x_2 = 26$ són $z_1 = -1$ i $z_2 = 0{,}75$, respectivament. Amb aquestes dades, calcula:

a) Els paràmetres μ i σ. *b)* La probabilitat $p[19 \le X \le 26]$.

28. El 94 % de les peces produïdes per una fàbrica són correctes. Entre un grup de 500 peces, quina és la probabilitat que el nombre de peces defectuoses sigui superior a 15 i inferior a 30?

29. Quina és la probabilitat que entre 10000 xifres escollides a l'atzar hi hagi menys de 950 zeros? I més de 120?

30. Una de cada tres famílies d'una ciutat no té cotxe. Si escollim a l'atzar 90 famílies d'aquesta ciutat, calcula la probabilitat d'aconseguir 40 cotxes.

31. Considera un con dins d'un cilindre de la mateixa base i alçada. Troba la probabilitat que un punt interior del cilindre escollit a l'atzar, no sigui interior al con.

32. A partir de la informació necessària, que hauràs de buscar, calcula la probabilitat que:

a) Una persona triada a l'atzar i que viu a Catalunya, sigui resident a la comarca del Berguedà.

b) Un punt geogràfic assenyalat a l'atzar sobre un mapa de Catalunya, sigui un punt geogràfic que pertanyi al Berguedà.

33. Els pesos dels individus d'una ciutat es distribueixen normalment amb una mitjana de 70 kg i una desviació típica de 6 kg. D'una població de dues mil persones, calcula quantes persones tindran un pes entre els 62 kg i els 74 kg.

34. En un examen tipus test, una pregunta consta de 5 respostes possibles i cal marcar la correcta. Se sap que la probabilitat que un alumne determinat sàpiga la resposta és 2/3 i que la probabilitat que encerti la resposta correcta és 1/3. Calcula la probabilitat que l'alumne sabés la resposta si se sap que ha triat la correcta.

35. El cap d'estudis d'un institut, abans de posar un càstig als seus alumnes, els concedeix una oportunitat. Els presenta dues urnes idèntiques, *A* i *B*. L'urna A conté 4 boles negres i 2 de blanques, i l'urna *B*, en conté 2 de negres i 3 de blanques. L'alumne tria una urna i n'extreu una bola, i si és blanca és perdonat. Un alumne s'ha salvat del càstig. Quina és la probabilitat que hagi triat l'urna *A*?

36. En Manuel té tres clauers a la butxaca. Al primer porta dues claus; al segon, tres claus, una de les quals és la de casa, i al tercer, quatre claus, una de les quals també obre la porta de casa. Una nit arriba a casa i es troba que no funciona el subministrament elèctric. Agafa al atzar un clauer de la butxaca, n'agafa una de les claus i intenta obrir la porta. Si no ho aconsegueix, prova successivament amb la resta de les claus del clauer. En acabar, si no ha pogut entrar a casa, agafa un altre clauer de la butxaca i procedeix de la mateixa manera que amb el primer. Calcula la probabilitat que en Manuel pugui obrir la porta de casa provant quatre claus com a màxim.

Activitats finals

37. Determina la probabilitat que una variable discreta prengui valors entre 380 i 420 en una distribució binomial $B(n, p)$, per a $n = 600$ i $p = \frac{2}{3}$.

38. Es llança 300 vegades un dau. Calcula la probabilitat d'obtenir un nombre parell de punts:

a) Menys de 120 vegades.

b) Més de 150 vegades.

c) Exactament 140 vegades.

39. S'ha passat un test d'agressivitat a 300 adolescents de 12 anys i s'ha observat que les puntuacions segueixen una distribució normal

a) Quina proporció d'adolescents tenen una puntuació entre 20 i 35?

b) Quants adolescents tenen una puntuació superior a 42?

40. Es llança 400 vegades una moneda on X és la variable aleatòria que descriu el nombre de cares obtingudes.

a) Calcula la probabilitat d'obtenir 187 cares, com a mínim.

b) Troba l'interval (a, b) centrat en la mitjana, de manera que es compleixi que $p[a \leq X \leq b] = 0{,}98$.

41. En un torneig d'escacs, els jugadors A i B disputen la final. Es proclamarà campió el primer que guanyi cinc partides. Si el jugador B ha guanyat la primera partida, quina probabilitat té el jugador A de guanyar el torneig?

42. Si el 85 % dels articles produïts per una màquina són correctes, determina la probabilitat que de quatre articles agafats a l'atzar:

a) Un sigui defectuós.

b) Com a màxim dos siguin defectuosos.

c) Tots siguin correctes.

d) N'hi hagi la meitat de cada.

43. Les dades en una clínica indiquen que el 10 % dels pacients tenen artritis reumatoide. Mentre que el 5 % dels pacients de la clínica tenen febre del fenc. Els registres de la clínica mostren també que el 7 % dels pacients amb artritis reumatoide, tenen febre del fenc.

44. Calcula la probabilitat que un pacient amb febre del fenc, no tingui artritis reumatoide.

45. En una ciutat s'estima que la temperatura màxima durant el mes de juny segueix una distribució normal amb mitjana de 23° i desviació típica de 5°.

a) Calcula la probabilitat que en un dia qualssevol del mes de juny la temperatura màxima de la ciutat sigui entre 21° i 27°.

b) En quants dies del mes de juny es donarà la situació descrita en l'apartat anterior?

PREPARA'T PER A LA UNIVERSITAT

1. D'una baralla espanyola de 48 cartes en traiem una a l'atzar. Són independents els esdeveniments «treure un rei» i «treure una espasa»? Raona la resposta.

2. Un producte està format per tres parts: A, B i C. En el procés de fabricació s'ha comprovat que la probabilitat que surti un defecte a A és 0,03; que en surti un a B, 0,02, i que el defecte surti a C, 0,01. Si sabem que els tres esdeveniments són independents, calcula la probabilitat que un producte escollit a l'atzar no tingui cap dels defectes.

3. Un banc ha comprovat que la probabilitat que un client amb fons escrigui la data equivocada en un xec és 0,001. En canvi, la probabilitat que un client sense fons ho faci és 1. El 90 % dels clients del banc té fons. A la caixa s'ha presentat un xec amb la data equivocada. Quina és la probabilitat que sigui sense fons?

4. Quina diferència hi ha entre variable estadística i variable aleatòria? Quines condicions ha de complir una distribució perquè segueixi el model binomial?

5. La probabilitat que un vaporitzador d'insecticida mati un mosquit és 0,75. Si dirigim el vaporitzador contra 100 mosquits, quina és la probabilitat de matar-ne almenys 75? I de matar-ne menys de 50?

6. Si llancem una moneda 5 vegades, quina és la probabilitat que surtin més creus que cares?

7. La probabilitat que hi hagi un incident en una fàbrica que disposa d'alarma és 0,1. La probabilitat que soni l'alarma si hi ha hagut algun incident és 0,97 i la probabilitat que soni l'alarma si no hi ha hagut cap incident és 0,02. En el supòsit que hagi sonat l'alarma, quina és la probabilitat que no hi hagi hagut cap incident?

- **Ets capaç de calcular i d'interpretar la probabilitat de qualsevol succés?**
- A partir d'ara, sabràs interpretar i aplicar la probabilitat geomètrica?
- Quan no es pugui aplicar la regla de Laplace, tindràs alternatives per calcular probabilitats?
- Tens clars els criteris pels quals cal aplicar la probabilitat condicionada? I la fórmula de Bayes?
- Quant a la distribució binomial, saps quan aplicar-la i el perquè?
- Et sembla útil l'ús de la distribució normal per resoldre situacions quotidianes?

Quan ens plantem?

Situació d'aprenentatge

Reprenem el problema de *M*. Gardner sobre la presa de decisions per trobar matemàticament la millor solució possible. Tenim *N* papers amb nombres escrits al darrere que no veiem. Els agafem d'un en un i, o bé ens plantem si creiem que el nombre és el més gran possible, o bé el descartem per agafar el següent. L'objectiu per guanyar és triar el paper amb el nombre més gran. La pregunta és: quan ens plantem?

Un altre context associat a aquesta qüestió és en entrevistes de feina. Tenim *N* candidats i volem triar el millor, però només podem anar d'un en un i acceptar-lo (acabem el procés) o rebutjar-lo (seguim entrevistant).

Analitzem què passaria si tinguéssim $N = 3$ papers amb diferents nombres escrits, com per exemple {5, 25, 125}. Recorda que a priori nosaltres no veiem els nombres; per tant, si triem el final a l'atzar, la probabilitat d'agafar el més gran i en conseqüència guanyar és $\frac{1}{3}$.

5	25	125
5	125	25
25	5	125
25	125	5
125	5	25
125	25	5

Tabla 11.2. Possibles ordenacions d'aquests 3 nombres

Imagina que decidim que sempre descartem el primer paper; en el segon ens aturem si és més gran que el primer i, en cas contrari, ens aturem en el tercer. A partir de la taula podem veure que, usant aquesta estratègia, guanyem en la segona, la tercera i la quarta de les situacions, de manera que $p(G) = \frac{3}{6} = \frac{1}{2}$. La probabilitat d'obtenir el nombre més gran ha augmentat fins al 50 %.

Per tant, la decisió d'esperar ens ha ajudat a millorar la probabilitat de guanyar. Això passa sempre que un sap parar a temps. Es pot demostrar que l'estratègia que fa màxima la probabilitat de guanyar és la següent: descartem el 37 % dels papers (recordant el valor més gran trobat) i, a partir del següent, n'anem destapant i ens quedem amb el primer que tingui el nombre més gran que tots els anteriors. D'aquesta estratègia en direm «Descartar-triar».

Aquest 37 % no és arbitrari, sinó que correspon a descartar $\frac{N}{e}$ papers abans de començar a plantejar-nos quan finalitzar.

Aquest exemple lúdic ens ajuda a veure que, de vegades, triar a l'atzar no és la millor opció. Si mirem uns quants casos més, podem observar com l'estratègia proposada ens dona una probabilitat d'èxit molt més alta que deixar-ho a l'atzar.

Candidats (*N*)	Descartats (*r*)	Probabilitat d'èxit Estratègia descartar-triar	Probabilitat d'èxit estratègia atzar
3	1	0,5	0,333
6	2	0,427	0,167
10	3	0,398	0,1
100	37	0,371	0,01

Ara et toca a tu!

Vols triar una carrera universitària a l'estranger i tens 6 opcions preseleccionades. Aniràs a fer una entrevista a cadascuna d'elles, però ja t'han dit que només els queda una plaça disponible i, per tant, hauràs de decidir just després de l'entrevista si tries aquella universitat o no. Altrament, entrarà el proper candidat.
Vols saber si el nombre primer 111 està a la llista dels primers de Germain. Per això, buscaràs a la llista si hi ha el nombre 111 usant la cerca dicotòmica.

a) Calcula la probabilitat de quedar-te amb la universitat més adient si has desestimat les 3 primeres opcions.
b) Calcula-la ara si només desestimes les dues primeres.
c) És coherent el resultat trobat amb els resultats teòrics explicats en el text?

$$p[X = k] = \binom{n}{k} p^k (1 - p)^{n-k}$$

n	k \ p	0,01	0,05	0,10	0,15	0,20	0,25	0,30	1/3	0,35	0,40	0,45	0,49	0,50
2	0	0,9801	0,9025	0,8100	0,7225	0,6400	0,5625	0,4900	0,4444	0,4225	0,3600	0,3025	0,2601	0,2500
	1	0,0198	0,0950	0,1800	0,2550	0,3200	0,3750	0,4200	0,4444	0,4550	0,4800	0,4950	0,4998	0,5000
	2	0,0001	0,0025	0,0100	0,0225	0,0400	0,0625	0,0900	0,1111	0,1225	0,1600	0,2025	0,2401	0,2500
3	0	0,9703	0,8574	0,7290	0,6141	0,5120	0,4219	0,3430	0,2963	0,2746	0,2160	0,1664	0,1327	0,1250
	1	0,0294	0,1354	0,2430	0,3251	0,3840	0,4219	0,4410	0,4444	0,4436	0,4320	0,4084	0,3823	0,3750
	2	0,0003	0,0071	0,0270	0,0574	0,0960	0,1406	0,1890	0,2222	0,2389	0,2880	0,3341	0,3674	0,3750
	3	0,0000	0,0001	0,0010	0,0034	0,0080	0,0156	0,0270	0,0370	0,0429	0,0640	0,0911	0,1176	0,1250
4	0	0,9606	0,8145	0,6561	0,5220	0,0469	0,3164	0,2401	0,1975	0,1785	0,1296	0,0915	0,0677	0,0625
	1	0,0388	0,1715	0,2916	0,3685	0,4096	0,4219	0,4116	0,3951	0,3845	0,3456	0,2995	0,2600	0,2500
	2	0,0006	0,0135	0,0486	0,0975	0,1636	0,2109	0,2646	0,2963	0,3105	0,3456	0,3675	0,3747	0,3750
	3	0,0000	0,0005	0,0036	0,0115	0,0256	0,4609	0,0756	0,0988	0,1115	0,1536	0,2005	0,2400	0,2500
	4	0,0000	0,0000	0,0001	0,0005	0,0016	0,0039	0,0081	0,0123	0,0150	0,0256	0,0410	0,0576	0,0625
5	0	0,9510	0,7738	0,5905	0,4437	0,3277	0,2373	0,1681	0,1317	0,1160	0,0778	0,0503	0,0345	0,0312
	1	0,0480	0,2036	0,3280	0,3915	0,4096	0,3855	0,3602	0,3292	0,3124	0,2592	0,2059	0,1657	0,1562
	2	0,0010	0,0214	0,0729	0,1382	0,2048	0,2637	0,3087	0,3292	0,3364	0,3456	0,3369	0,3185	0,3125
	3	0,0000	0,0011	0,0081	0,0244	0,0512	0,0879	0,1323	0,1646	0,1811	0,2304	0,2757	0,3060	0,3125
	4	0,0000	0,0000	0,0004	0,0022	0,0064	0,0146	0,0284	0,0412	0,0488	0,0768	0,1128	0,1470	0,1562
	5	0,0000	0,0000	0,0000	0,0001	0,0003	0,0010	0,0024	0,0041	0,0053	0,0102	0,0185	0,0283	0,0312
6	0	0,9415	0,7351	0,5314	0,3771	0,2621	0,1780	0,1176	0,0878	0,0754	0,0467	0,0277	0,0176	0,0156
	1	0,0571	0,2321	0,3543	0,3993	0,3932	0,3560	0,3025	0,2634	0,2437	0,1866	0,1359	0,1014	0,0938
	2	0,0014	0,0305	0,0984	0,1762	0,2458	0,2966	0,3241	0,3292	0,3280	0,3110	0,2780	0,2437	0,2344
	3	0,0000	0,0021	0,0146	0,0415	0,0819	0,1318	0,1852	0,2195	0,2355	0,2765	0,3032	0,3121	0,3125
	4	0,0000	0,0001	0,0012	0,0055	0,0154	0,0330	0,0595	0,0823	0,0951	0,1382	0,1861	0,2249	0,2344
	5	0,0000	0,0000	0,0001	0,0004	0,0015	0,0044	0,0102	0,0165	0,0205	0,0369	0,0609	0,0864	0,0938
	6	0,0000	0,0000	0,0000	0,0000	0,0001	0,0002	0,0007	0,0014	0,0018	0,0041	0,0083	0,0139	0,0156
7	0	0,9321	0,6983	0,4783	0,3206	0,2097	0,1335	0,0824	0,0585	0,0490	0,0280	0,0152	0,0090	0,0078
	1	0,0659	0,2573	0,3720	0,3960	0,3670	0,3115	0,2471	0,2048	0,1848	0,1306	0,0872	0,0603	0,0574
	2	0,0020	0,0406	0,1240	0,2097	0,2753	0,3115	0,3177	0,3073	0,2985	0,2613	0,2140	0,1740	0,1641
	3	0,0000	0,0036	0,0230	0,0617	0,1147	0,1730	0,2269	0,2561	0,2679	0,2903	0,2918	0,2786	0,2734
	4	0,0000	0,0002	0,0026	0,0109	0,0287	0,0577	0,0972	0,1280	0,1442	0,1935	0,2388	0,2676	0,2734
	5	0,0000	0,0000	0,0002	0,0012	0,0043	0,0115	0,0250	0,0384	0,0466	0,0774	0,1172	0,1543	0,1641
	6	0,0000	0,0000	0,0000	0,0001	0,0004	0,0013	0,0036	0,0064	0,0084	0,0172	0,0320	0,0494	0,0547
	7	0,0000	0,0000	0,0000	0,0000	0,0000	0,0001	0,0002	0,0005	0,0006	0,0016	0,0037	0,0068	0,0078
8	0	0,9227	0,6634	0,4305	0,2725	0,1678	0,1001	0,0576	0,0390	0,0319	0,0168	0,0084	0,0046	0,0039
	1	0,0746	0,2793	0,3826	0,3847	0,3355	0,2670	0,1977	0,1561	0,1373	0,0896	0,0548	0,0352	0,0312
	2	0,0026	0,0515	0,1488	0,2376	0,2936	0,3115	0,2965	0,2731	0,2587	0,2090	0,1569	0,1183	0,1094
	3	0,0001	0,0054	0,0331	0,0839	0,1468	0,2076	0,2541	0,2731	0,2786	0,2787	0,2568	0,2273	0,2188
	4	0,0000	0,0004	0,0046	0,0185	0,0459	0,0865	0,1361	0,1707	0,1875	0,2322	0,2627	0,2730	0,2734
	5	0,0000	0,0000	0,0004	0,0026	0,0092	0,0231	0,0467	0,0683	0,0808	0,1239	0,1719	0,2098	0,2188
	6	0,0000	0,0000	0,0000	0,0002	0,0011	0,0038	0,0100	0,0171	0,0217	0,0413	0,0703	0,1008	0,1094
	7	0,0000	0,0000	0,0000	0,0000	0,0001	0,0004	0,0012	0,0024	0,0033	0,0079	0,0164	0,0277	0,0312
	8	0,0000	0,0000	0,0000	0,0000	0,0000	0,0000	0,0001	0,0002	0,0002	0,0007	0,0017	0,0033	0,0039
9	0	0,9135	0,6302	0,3874	0,2316	0,1342	0,0751	0,0404	0,0260	0,0207	0,0101	0,0046	0,0023	0,0020
	1	0,0830	0,2985	0,3874	0,3679	0,3020	0,2253	0,1556	0,1171	0,1004	0,0605	0,0339	0,0202	0,0176
	2	0,0034	0,0629	0,1722	0,2597	0,3020	0,3003	0,2688	0,2341	0,2162	0,1612	0,1110	0,0776	0,0703
	3	0,0001	0,0077	0,0446	0,1069	0,1762	0,2336	0,2668	0,2731	0,2716	0,2508	0,2119	0,1739	0,1641
	4	0,0000	0,0006	0,0074	0,0283	0,0661	0,1168	0,1715	0,2048	0,2194	0,2508	0,2600	0,2506	0,2461
	5	0,0000	0,0000	0,0008	0,0050	0,0165	0,0389	0,0735	0,1024	0,1181	0,1672	0,2128	0,2408	0,2461
	6	0,0000	0,0000	0,0001	0,0006	0,0028	0,0087	0,0210	0,0341	0,0424	0,0743	0,1160	0,1542	0,1641
	7	0,0000	0,0000	0,0000	0,0000	0,0003	0,0012	0,0039	0,0073	0,0098	0,0212	0,0407	0,0635	0,0703
	8	0,0000	0,0000	0,0000	0,0000	0,0000	0,0001	0,0004	0,0009	0,0013	0,0035	0,0083	0,0153	0,0176
	9	0,0000	0,0000	0,0000	0,0000	0,0000	0,0000	0,0000	0,0001	0,0001	0,0003	0,0008	0,0016	0,0020
10	0	0,9044	0,5987	0,3487	0,1969	0,1074	0,0563	0,0282	0,0173	0,0135	0,0060	0,0025	0,0012	0,0010
	1	0,0914	0,3151	0,3874	0,3474	0,2684	0,1877	0,1211	0,0867	0,0725	0,0403	0,0207	0,0114	0,0098
	2	0,0042	0,0746	0,1937	0,2759	0,3020	0,2816	0,2335	0,1951	0,1757	0,1209	0,0763	0,0495	0,0439
	3	0,0001	0,0105	0,0574	0,1298	0,2013	0,2503	0,2668	0,2601	0,2522	0,2150	0,1665	0,1267	0,1172
	4	0,0000	0,0010	0,0112	0,0401	0,0881	0,1460	0,2001	0,2276	0,2377	0,2508	0,2384	0,2130	0,2051
	5	0,0000	0,0001	0,0015	0,0085	0,0264	0,0584	0,1029	0,1366	0,1536	0,2007	0,2340	0,2456	0,2461
	6	0,0000	0,0000	0,0001	0,0012	0,0055	0,0162	0,0368	0,0596	0,0689	0,1115	0,1596	0,1966	0,2051
	7	0,0000	0,0000	0,0000	0,0001	0,0008	0,0031	0,0090	0,0163	0,0212	0,0425	0,0746	0,1080	0,1172
	8	0,0000	0,0000	0,0000	0,0000	0,0001	0,0004	0,0014	0,0030	0,0043	0,0106	0,0229	0,0389	0,0439
	9	0,0000	0,0000	0,0000	0,0000	0,0000	0,0000	0,0001	0,0003	0,0005	0,0016	0,0042	0,0083	0,0098
	10	0,0000	0,0000	0,0000	0,0000	0,0000	0,0000	0,0000	0,0000	0,0000	0,0001	0,0003	0,0008	0,0010

Tabla 11.3. Funció de probabilitat de la distribució binominal $B(n, p)$.

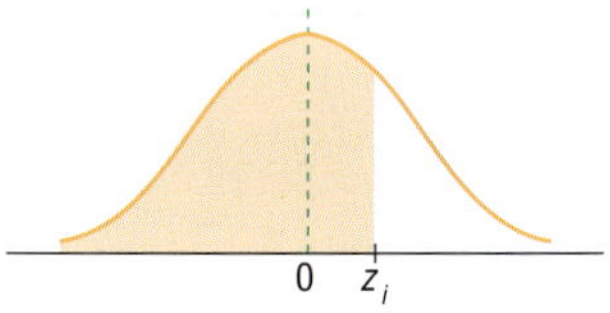

$P[Z \leq z_i]$

z	0,00	0,01	0,02	0,03	0,04	0,05	0,06	0,07	0,08	0,09
0,0	0,5000	0,5040	0,5080	0,5120	0,5160	0,5199	0,5239	0,5279	0,5319	0,5359
0,1	0,5398	0,5438	0,5478	0,5517	0,5557	0,5596	0,5636	0,5675	0,5714	0,5753
0,2	0,5793	0,5832	0,5871	0,5910	0,5948	0,5987	0,6026	0,6064	0,6103	0,6141
0,3	0,6179	0,6217	0,6255	0,6293	0,6331	0,6368	0,6406	0,6443	0,6480	0,6517
0,4	0,6554	0,6591	0,6628	0,6664	0,6700	0,6736	0,6772	0,6808	0,6844	0,6879
0,5	0,6915	0,6950	0,6985	0,7019	0,7054	0,7088	0,7123	0,7157	0,7190	0,7224
0,6	0,7257	0,7291	0,7324	0,7357	0,7389	0,7422	0,7454	0,7486	0,7517	0,7549
0,7	0,7580	0,7611	0,7642	0,7673	0,7704	0,7734	0,7764	0,7794	0,7823	0,7852
0,8	0,7881	0,7910	0,7939	0,7967	0,7995	0,8023	0,8051	0,8078	0,8106	0,8133
0,9	0,8159	0,8186	0,8212	0,8238	0,8264	0,8289	0,8315	0,8340	0,8365	0,8389
1,0	0,8413	0,8438	0,8461	0,8485	0,8508	0,8531	0,8554	0,8577	0,8599	0,8621
1,1	0,8643	0,8665	0,8686	0,8708	0,8729	0,8749	0,8770	0,8790	0,8810	0,8830
1,2	0,8849	0,8869	0,8888	0,8907	0,8925	0,8944	0,8962	0,8980	0,8997	0,9015
1,3	0,9032	0,9049	0,9066	0,9082	0,9099	0,9115	0,9131	0,9147	0,9162	0,9177
1,4	0,9192	0,9207	0,9222	0,9236	0,9251	0,9265	0,9279	0,9292	0,9306	0,9319
1,5	0,9332	0,9345	0,9357	0,9370	0,9382	0,9394	0,9406	0,9418	0,9429	0,9441
1,6	0,9452	0,9463	0,9474	0,9484	0,9495	0,9505	0,9515	0,9525	0,9535	0,9545
1,7	0,9554	0,9564	0,9573	0,9582	0,9591	0,9599	0,9608	0,9616	0,9625	0,9633
1,8	0,9641	0,9649	0,9656	0,9664	0,9671	0,9678	0,9686	0,9693	0,9699	0,9706
1,9	0,9713	0,9719	0,9726	0,9737	0,9738	0,9744	0,9750	0,9756	0,9761	0,9767
2,0	0,9772	0,9778	0,9783	0,9788	0,9793	0,9798	0,9803	0,9808	0,9812	0,9817
2,1	0,9821	0,9826	0,9830	0,9834	0,9838	0,9842	0,9846	0,9850	0,9854	0,9857
2,2	0,9861	0,9864	0,9868	0,9871	0,9875	0,9878	0,9881	0,9884	0,9887	0,9890
2,3	0,9893	0,9896	0,9898	0,9901	0,9904	0,9906	0,9909	0,9911	0,9913	0,9916
2,4	0,9918	0,9920	0,9922	0,9925	0,9927	0,9929	0,9931	0,9932	0,9934	0,9936
2,5	0,9938	0,9940	0,9941	0,9943	0,9945	0,9946	0,9948	0,9948	0,9951	0,9952
2,6	0,9953	0,9955	0,9956	0,9957	0,9959	0,9960	0,9961	0,9962	0,9963	0,9964
2,7	0,9965	0,9966	0,9967	0,9968	0,9969	0,9970	0,9971	0,9972	0,9973	0,9974
2,8	0,9974	0,9975	0,9976	0,9977	0,9977	0,9978	0,9979	0,9979	0,9980	0,9981
2,9	0,9981	0,9982	0,9982	0,9983	0,9984	0,9984	0,9985	0,9985	0,9986	0,9986
3,0	0,99865	0,99869	0,99874	0,99878	0,99882	0,99886	0,99889	0,99893	0,99897	0,99900
3,1	0,99903	0,99906	0,99909	0,99913	0,99916	0,99918	0,99921	0,99924	0,99926	0,99929
3,2	0,99931	0,99934	0,99936	0,99938	0,99940	0,99942	0,99944	0,99946	0,99948	0,99950
3,3	0,99952	0,99953	0,99955	0,99957	0,99958	0,99959	0,99961	0,99962	0,99964	0,99965
3,4	0,99966	0,99968	0,99969	0,99970	0,99971	0,99972	0,99973	0,99974	0,99975	0,99976
3,5	0,99977	0,99978	0,99978	0,99979	0,99980	0,99981	0,99981	0,99982	0,99983	0,99983
3,6	0,99984	0,99985	0,99985	0,99986	0,99986	0,99987	0,99987	0,99988	0,99988	0,99989
3,7	0,99989	0,99990	0,99990	0,99990	0,99991	0,99991	0,99991	0,99992	0,99992	0,99992
3,8	0,99993	0,99993	0,99993	0,99994	0,99994	0,99994	0,99994	0,99995	0,99995	0,99995
3,9	0,99995	0,99995	0,99996	0,99996	0,99996	0,99996	0,99996	0,99996	0,99997	0,99997
4,0	0,99997	0,99997	0,99997	0,99997	0,99997	0,99997	0,99998	0,99998	0,99998	0,99998

Tabla 11.4. Funció de distribució $N(0,1)$.

Prepara't

AMAGAT ENTRE IGUALS
Gestió i comunicació de la informació

1

Moltes vegades, les notícies ens omplen de dades pensant a oferir una informació rellevant i que pugui resultar útil. La **mitjana** de l'increment de preus al consum o la correlació que hi ha entre l'edat i les hores que hom passa davant d'una pantalla són alguns dels paràmetres estadístics descriptius més usats. Aquests, però, ens donen una informació parcial de la situació, esbiaixant la nostra mirada sense saber ben bé què pensar.

El quartet d'Anscombe (1918-2001) ens mostra un exemple clar en què aquestes dades mal usades ens donen molt poca informació de la realitat. Suposem que tenim quatre conjunts d'11 dades tal com es veu en la següent taula de valors.

	I		II		III		IV	
	x	*y*	*x*	*y*	*x*	*y*	*x*	*y*
	10,00	8,04	10,00	9,14	10,00	7,46	8,00	6,58
	8,00	6,95	8,00	8,14	8,00	6,77	8,00	5,76
	13,00	7,58	13,00	8,74	13,00	12,74	8,00	7,71
	9,00	8,81	9,00	8,77	9,00	7,11	8,00	8,84
	11,00	8,33	11,00	9,26	11,00	7,81	8,00	8,47
	14,00	9,96	14,00	8,10	14,00	8,84	8,00	7,04
	6,00	7,24	6,00	6,13	6,00	6,08	8,00	5,25
	4,00	4,26	4,00	3,10	4,00	5,39	19,00	12,50
	12,00	10,84	12,00	9,13	12,00	8,15	8,00	5,56
	7,00	4,82	7,00	7,26	7,00	6,42	8,00	7,91
	5,00	5,68	5,00	4,74	5,00	5,73	8,00	6,89
Total	99,00	82,51	99,00	82,51	99,00	82,50	99,00	82,51
Mitjana	9,0	7,5	9,0	7,5	9,0	7,5	9,0	7,5
Desviació	3,32	2,03	3,32	2,03	3,32	2,03	3,32	2,03

En aquest quartet, F. Anscombe mostrava com aquests quatre conjunts tenen els mateixos indicadors estadístics.

1 **Comprova que la mitjana de cada llista és $\bar{X} = 9$, $\bar{Y} = 7,5$.**

SOLUCIÓ:

$$\bar{X} = \frac{1}{11}(10+8+13+9+11+14+6+4+12+7+5) = \frac{99}{11} = 9$$

$$\bar{Y}_I = \bar{Y}_{II} = \bar{Y}_{IV} = \frac{1}{11}(8,04+6,95+\ldots+5,68) = \frac{82,51}{11} = 7,5$$

El mateix passa per la resta de columnes de les variables *Y*, ja que la seva suma és sempre 82,50 excepte la llista número III, que $\bar{Y}_{III} = \frac{1}{11}(7,46+\ldots+5,73) = \frac{82,50}{11} = 2,03$ si aproximem a 2 decimals correctes.

2 **Comprova que la desviació típica de cada llista és $S_x = 3{,}32$, $S_y = 2{,}03$.**

SOLUCIÓ: $S_x^2 = \frac{1}{11}\sum_{i=1}^{11}(x_i - 9)^2 = \frac{1}{11}\left((10-9)^2 + (8-9)^2 + \ldots + (5-9)^2\right) = 11$ i per tant $S_x = \sqrt{11} \simeq 3{,}32$

$$S_y^2 = \frac{1}{11}\sum_{i=1}^{11}(y_i - 2{,}03)^2 = \frac{1}{11}\left((8{,}04-7{,}5)^2 + \ldots + (5{,}68-7{,}5)^2\right) = 4{,}125 \text{ i per tant } S_x = \sqrt{4{,}125} \simeq 2{,}03$$

Calculant el coeficient de correlació $r = 0{,}816$ per a totes les llistes i la recta de regressió lineal que aproxima els quatre models és $y = 3 + 0{,}5x$. Amb totes aquestes dades hom diria que els quatre conjunts de dades són molt semblants, ja que tenen la mateixa mitjana, variància, correlació i recta de regressió.

L'exemple està posat expressament perquè ens adonem que l'anàlisi de dades és quelcom més que fer estadística descriptiva. Les següents gràfiques mostren els valors de les quatre llistes juntament amb la recta de regressió, que és exactament igual en cadascuna d'elles.

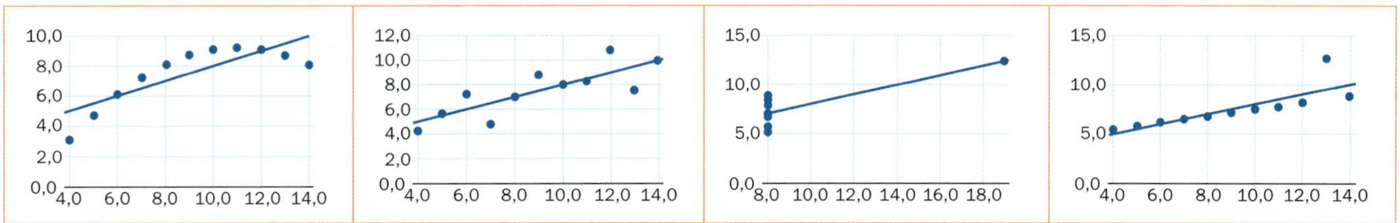

3 **Quina gràfica creus que correspon a cada llista?**

SOLUCIÓ: La gràfica A correspon a la llista II, ja que si prenem algunes de les dades extremes (4, 3,10), (5, 4,74) aquestes tenen tendència a pujar fins a (12, 9,13), i a partir d'aquí tornen a baixar (14, 8,10). Aquest sembla un model parabòlic amb una tendència a pujar fins a un màxim i després baixar.

La gràfica C correspon a la llista IV, ja que els valors de les x són totes 8 excepte només una. Aquest problema ha de representar una situació on hem agafat un valor atípic 19 que ens esbiaixa totes les dades estadístiques. Aquest seria un model lineal, però la recta de regressió seria vertical.

La gràfica D correspon a la llista III i sembla un model totalment lineal, i de fet si calculem la variació de les dades $\frac{y_2 - y_1}{x_2 - x_1}$ notarem que si no fos per la dada (13, 12,74) sempre és més o menys igual a 0,35. El model hauria de ser una recta amb un pendent semblant a la variació.

Finalment, la gràfica B ha de correspondre a la llista I. Aquest model és fortament lineal i no sembla tenir cap valor atípic. Segurament és el que queda més ben definit pels estadístics que hem trobat, així com per la recta de regressió lineal.

Ara tu...

4 **F. Anscombe ho va fer expressament. Volia deixar palès que abans de qualsevol estudi estadístic cal mirar les dades per aplicar els mètodes més adients per poder extreure'n conclusions. Altrament, tots aquests valors queden buits de significat i no ens diuen realment res del que està passant a la realitat.**

Anem, doncs, a posar-nos crítics i a pensar per tal de donar resposta a les qüestions següents:

a) **Creus que una recta és la millor manera d'aproximar les dades del conjunt "parabòlic"?**

b) **Creus que sabent la mitjana d'un conjunt de dades és suficient per descriure la situació real?**

c) **Creus que val la pena considerar el valor atípic en la quarta llista?**

d) **Si les dades B i C fossin gràfiques de sous de dues empreses (abscisses) versus categoria laboral (ordenades), descriu la situació dels treballadors de cadascuna d'elles.**

Prepara't

MATEMÀTIQUES I L'ESCALFAMENT GLOBAL
Pensament crític

2

Llegim en un titular de premsa que l'escalfament global s'accelera o s'intensifica.

- *"escalfament global":* la temperatura creix
- *"s'accelera o s'intensifica":* el creixement creix

En la figura següent tenim representades la mitjana mensual de les temperatures mínimes del Baix Penedès el 2021 [1]. En aquest context, l'anàlisi de la variació mitjana de la temperatura ens donarà informació sobre l'escalfament o refredament de l'ambient.

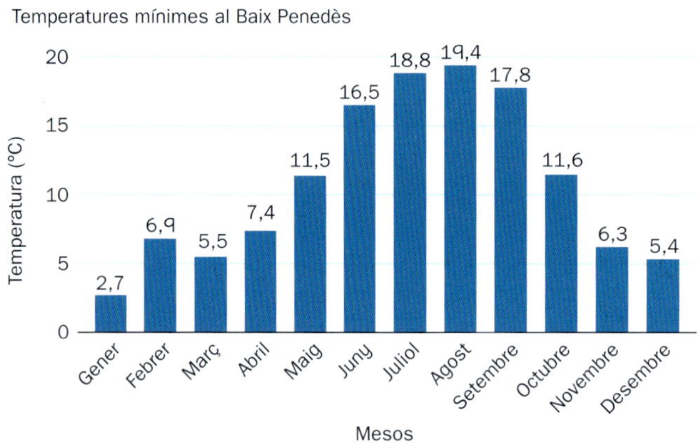

Per exemple, la variació mitjana de gener a juliol és de

$$\frac{18,8-2,7}{7-1}=2,68 \quad °C/mes$$

és una variació positiva que indica que de gener a juliol la temperatura de mitjana ha pujat (encara que, puntualment, al març fes més fred que al febrer).

Tanmateix, la temperatura pot créixer de maneres diferents. De març a juny, la temperatura ha pujat, així com de juny a agost. Ara bé, si analitzem l'evolució de les variacions mitjanes mensuals observem que de març a juny augmenten, mentre que de juny a agost disminueixen, tal com es veu en la taula.

Interval	Variació mitjana	Variació de la variació
[març, abril]	1,9	
[abril, maig]	4,1	3,2
[maig, juny]	5	0,9
[juny, juliol]	2,3	−2,7
[juliol, agost]	0,6	−1,7

De març a juny sí que podem dir que l'escalfament del Baix Penedès s'accelera; l'increment de temperatura creix, però no ho podem dir de juny a agost.

Fixa't que en el primer cas, la variació de la variació és positiva, mentre que en el segon cas és negativa.

[1] https://www.idescat.cat/indicadors/?id=aec&n=15194

Ara tu...

1 **El següent gràfic, basat en dades del National Center for Environmental Information, mostra la mitjana de la temperatura de la superfície terrestre des de 1960 fins a 2022 comparada amb la temperatura mitjana del segle XX. Els valors negatius indiquen els anys amb temperatures més fredes que la mitjana, i els positius indiquen els anys amb temperatures més altes que la mitjana.**

Variacions de la temperatura terrestre respecte de la mitjana del segle XX

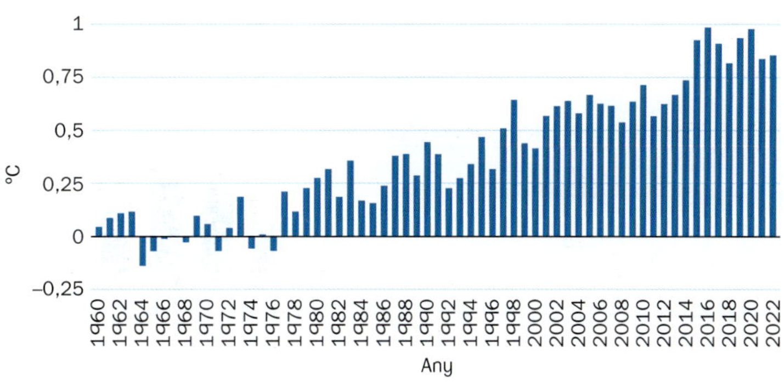

Per als càlculs tens a disposició les dades del gràfic en la taula següent:

	Any	Variació respecte de la mitjana (°C)	Any	Variació respecte de la mitjana (°C)	Any	Variació respecte de la mitjana (°C)	Any	Variació respecte de la mitjana (°C)	Any	Variació respecte de la mitjana (°C)	Any	Variació respecte de la mitjana (°C)	Any	Variació respecte de la mitjana (°C)
	1960	0,05	1970	0,06	1980	0,28	1990	0,45	2000	0,42	2010	0,72	2020	0,98
	1961	0,09	1971	–0,07	1981	0,32	1991	0,39	2001	0,57	2011	0,57	2021	0,84
	1962	0,11	1972	0,04	1982	0,19	1992	0,23	2002	0,62	2012	0,63	2022	0,86
	1963	0,12	1973	0,19	1983	0,36	1993	0,28	2003	0,64	2013	0,67		
	1964	–0,14	1974	–0,06	1984	0,17	1994	0,34	2004	0,58	2014	0,74		
	1965	–0,07	1975	0,01	1985	0,16	1995	0,47	2005	0,67	2015	0,93		
	1966	–0,01	1976	–0,07	1986	0,24	1996	0,32	2006	0,63	2016	0,99		
	1967	0,00	1977	0,21	1987	0,38	1997	0,51	2007	0,62	2017	0,91		
	1968	–0,03	1978	0,12	1988	0,39	1998	0,65	2008	0,54	2018	0,82		
	1969	0,10	1979	0,23	1989	0,29	1999	0,44	2009	0,64	2019	0,94		
Mitjana de les variacions en la dècada	[1960-69]	–0,02	[1970-79]	–0,07	[1980-89]	0,28	[1990-99]	0,41	[2000-09]	0,59	[2010-19]	0,79		

a) Considera intervals de temps de 10 anys i calcula les variacions mitjanes per dècada des del 1960 fins al 2020.

b) Segons els teus resultats anteriors, justifica si creus que l'escalfament global s'accelera, és a dir, que el planeta s'escalfa cada vegada més ràpidament.

c) En estadística, els valors anòmals d'una base de dades s'anomenen valors atípics. Mirant el gràfic, veiem que de manera general la temperatura terrestre tendeix a augmentar. Si ens perdem en els detalls, però, podem extreure conclusions errònies.
Justifica a partir de la taula que la variació de temperatura entre el 1983 i el 1993 és de –0,08 °C/dècada. Quina informació ens dona aquesta dada? Creus que és suficient per rebatre que l'escalfament global s'accelera?
Dona dos altres exemples d'intervals temporals en els quals la temperatura terrestre de mitjana hagi disminuït.

d) Justament per no "perdre'ns en els detalls" és útil utilitzar les mitjanes per dècada. Disposes d'aquestes dades a la darrera fila de la taula. Repeteix l'apartat a) usant les mitjanes per dècada, en comptes dels valors corresponents al primer any de cada dècada. Analitza les dades i comenta-les.

Prepara't

MATEMÀTIQUES AL SERVEI DE LA COMUNITAT
(Aplicació integrada de coneixements a la) Resolució de problemes

3

A la biblioteca del barri han obert l'opció de presentar projectes per millorar la comunitat.

Com que és una biblioteca al costat d'un gran parc, has pensat a proposar que tinguin bicicletes i patinets de préstec perquè els nens més petits hi puguin jugar.

Ja has investigat diferents opcions i com s'ha fet en altres barris. Has arribat a algunes conclusions que vols escriure en el teu projecte:

1. Per raons d'espai, la biblioteca pot guardar com a molt 12 vehicles.

2. Els patinets són més cars de comprar, costen 42 € per unitat enfront dels 33 € per unitat que costen les bicicletes.

3. La biblioteca podrà cobrar 2 € per llogar un patinet 1 hora i 1 € per llogar una bicicleta també 1 h.

4. La inversió màxima que pot fer la biblioteca inicialment és de 450 €.

5. En una enquesta s'ha vist que un 60 % dels nens prefereix anar en bicicleta, mentre que un 30 % vol anar en patinet. Al 10 % restant li és indiferent.

Elabora una proposta per convèncer algú del teu projecte, on com a mínim:

L'informe hauria de contenir com a mínim els següents punts:

a) **Pensa en raons per les quals aquest projecte pot ser positiu.**

El projecte fomenta la col·laboració entre la comunitat del barri. Cobreix una necessitat real.

b) **Planteja el problema com un problema de programació lineal.**

Sigui x el nombre de patinets i y el nombre de bicicletes, podem modelar la situació com a un problema de programació lineal.

La primera equació és equivalent a demanar $x + y <= 12$.

c) **Dibuixa la regió factible.**

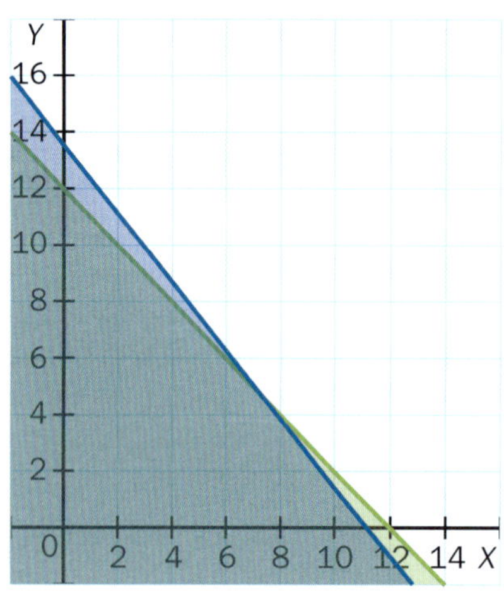

d) **Troba la solució d'aquest sistema.**

Si busquem la solució tenim que la que maximitza $2x + y$ és $x = \frac{450}{42}$ i $y = 0$. D'aquesta manera, la funció objectiu pren valor: $z = 21{,}43$ €/h.

e) **Busca gràficament quins punts de coordenades enteres queden pròxims a aquesta solució i compleixen les restriccions.**

Els punts de coordenades enteres es poden veure en la taula següent. El punt més proper és el (10,0) i el (9,2), tots dos donant una funció objectiu de 20 €/h. Fixem-nos que el punt (11,0) no compleix l'equació: $42x + 33y \leq 450$.

x	*y*	Benefici	Cost	Amortització	Proporció *x*	Proporció *y*
11	0	22	462	21,00	1,000	0,000
10	0	20	420	21,00	1,000	0,000
9	2	20	444	22,20	0,818	0,182
8	3	19	435	22,89	0,727	0,273
7	4	18	426	23,67	0,636	0,364
6	6	18	450	25,00	0,500	0,500
5	7	17	441	25,94	0,417	0,583
4	8	16	432	27,00	0,333	0,667
3	9	15	423	28,20	0,250	0,750
2	10	14	414	29,57	0,167	0,833
1	11	13	405	31,15	0,083	0,917
0	12	12	396	33,00	0,000	1,000

Ara tu...

f) **Planteja't si la solució resol el problema.**

g) **Discuteix la solució entera que creguis més adient.**

Matemàtiques aplicades a les ciències socials 2 • Batxillerat

Totes les activitats proposades en aquest llibre han de fer-se en un quadern a part.
Els espais inclosos en les activitats són només indicatius, amb finalitat didàctica.

McGraw-Hill/Interamericana de España, S.L.
Edificio A, 1a planta
Basauri, 17
28023 Aravaca (Madrid)

ISBN: 978-84-486-3767-5
Dipòsit legal: M-120-2023

Equip editorial: Josep Estela, Iñaki Sanz, Ormobook
Corrector: Àlex López
Revisors tècnics: Javier Giménez, Jordi Mena i Jordan Pujadas
Disseny de coberta: Juan Pablo Mora
Disseny interior: DCG
Fotografies: 123 RF, AGE Fotostock; Archivo McGraw-Hill
Il·lustracions: Sergi Medina i Servei Gràfic NJR, S.L.U.
Composició: OrmoBook
Impressió: Centro Gráfico Ganboa
0123456789 - 2726252423

IMPRÈS A ESPANYA-PRINTED IN SPAIN